山前复杂构造带
地震成像技术实践与应用

冯许魁 等编著

石油工业出版社

内容提要

本书是对山前复杂构造带地震成像技术研究与应用的认识和总结。首先分析了早期基于时间域的成像技术在山前复杂构造带勘探中遇到的技术难题、面临的挑战、导致钻探失利的关键技术问题。然后在讨论叠前深度偏移成像方法的理论假设与应用条件的基础上，通过大量的模型与实际资料分析，指出了叠前深度偏移技术应用对传统地震采集、处理与解释各环节技术应用的不同要求与变化，提出了面向叠前深度偏移成像技术的地震采集、处理、解释一体化解决方案与策略。该书为广大从事石油地震勘探的技术人员认识山前复杂构造带地震波场传播和速度变化规律的复杂性，认识目前地震勘探技术解决这一复杂问题的能力与局限性，系统提高地震技术应用水平提供了非常有益的借鉴，是一本理论与实践完美结合的参考书。

本书适合从事石油地震勘探工作的科研人员和相关高等院校的师生学习参考。

图书在版编目（CIP）数据

山前复杂构造带地震成像技术实践与应用 / 冯许魁等编著.
—北京：石油工业出版社，2021.10

ISBN 978-7-5183-4793-3

Ⅰ．①山… Ⅱ．①冯… Ⅲ．①地震层析成像—研究 Ⅳ．① P631.4

中国版本图书馆 CIP 数据核字（2021）第 156693 号

出版发行：石油工业出版社
（北京市朝阳区安华里 2 区 1 号　100011）
网　　址：www.petropub.com
编辑部：(010) 64523533　图书营销中心：(010) 64523633
经　　销：全国新华书店
印　　刷：北京晨旭印刷厂

2021 年 10 月第 1 版　2021 年 10 月第 1 次印刷
787 毫米 ×1092 毫米　开本：1/16　印张：19.25
字数：480 千字

定价：168.00 元
（如发现印装质量问题，我社图书营销中心负责调换）
版权所有，翻印必究

序

　　近20年来，随着石油天然气需求的持续驱动，以及地震勘探技术和钻井技术的快速发展与勘探开发能力的迅猛提升，国际油气勘探开发总体向"隐、深、海、非、难"方向和典型区域发展（参见正文1.1节）。其中，"难"泛指在盆地周缘地表起伏变化大的地区进行野外作业难、在地下构造变形剧烈的陆上山前复杂构造带的油气勘探开发难；典型区域是指造山带与含油气盆地的结合部，主要包括各含油气盆地周缘的前陆盆地发育区域。尽管长期的勘探开发实践证实前陆盆地是全球油气资源最富集的区域，如伊朗的扎格罗斯山前等，但由于地表起伏变化大、地震成像困难、安全作业风险大、成本高，以及钻井等其他勘探技术储备不足，制约了这些区域油气勘探开发的进程。目前，山前复杂构造带成为陆上常规油气勘探开发程度最低、潜力最大的油气勘探开发接替领域。

　　我国中西部特定的大地构造背景决定了每个大型含油气盆地的周缘都发育了不同类型的前陆盆地及一系列前陆冲断构造带，油气勘探开发潜力巨大。如塔里木盆地北缘的库车、南缘的塔西南，四川盆地西北的龙门山、大巴山前，准噶尔盆地的南缘等，都是油气资源潜力巨大、勘探开发前景好的重要领域。尽管各个区域都经历了半个多世纪的勘探技术攻关，但由于山前带地表起伏变化大、高陡岩层出露或巨厚砾石层的覆盖等复杂的地表条件，与逆冲、逆掩推覆等复杂地下地质构造发育、速度横向变化剧烈等原因，造成了山前带地震勘探资料采集与成像长期存在一系列的技术问题与难题，制约了油气勘探开发的进程。

　　中国石油集团东方地球物理勘探有限责任公司自成立以来，始终把攻克山前复杂构造带地震勘探技术瓶颈，以及推动山前复杂构造带油气勘探取得全面突破，作为履行找油找气职责使命的重中之重，长期立项专题研究。从20世纪末最早研究山地地震勘探技术，重视山地装备与作业能力建设，加强静校正与提高单炮信噪比的方法研究，以及开展时间域偏移成像与变速成图等配套技术研究，到库车前陆盆地克拉2大气田的发现，取得了一定效果，但未能真正解决"双复杂"（复杂地表与复杂高陡构造）区"构造带轱辘、高点带弹簧"的现实勘探问题，导致后期一批钻探井的失利。21世纪以来，随着"十一五"至"十三五"国家油气重大专项的实施，进一步加大了山前复杂构造带地震勘探技术的研究力度，逐步研发形成了以起伏地表小圆滑面叠前深度偏移成像为核心的山前复杂构造带地震勘探配套技术，创新了采集、处理、解释一体化的解决方案与技术思路，发展完善了基于叠前偏移成像的地震采集设计优化技术与评价方法，研发了表层调查与静校正技术应用的新技术新方法，创新并应用了一系列与叠前深度偏移成像方法相适应的关键信号预处理技术，重塑了地震资料处理的流程，形成了山前复杂构造带勘探突破的关键技术，并在近几年的勘探实践中取得显著效果。这为推动我国塔里木盆地库车坳陷、准噶尔盆地南缘、柴达木盆地英雄岭等西部复杂构造带的勘探开发发挥了重要支撑作用，也推动西部山前复杂构造带成为我国常规油气勘探开发的重要现实接替领域。

当然，山前复杂构造带的地震勘探是一项非常复杂的系统工程，是目前地震勘探各个环节最先进技术、最新方法在各个特定勘探目标区的最优整合。以起伏地表小圆滑面叠前深度偏移成像为核心的山前复杂构造带地震勘探配套技术的攻关研究和发展过程，也带动了东方地球物理勘探有限责任公司陆上地震勘探技术的整体研发能力与作业能力的提升。从装备制造，采集设计方法创新，成像技术研发，以及采集、处理、解释一体化复杂油气藏解决方案的形成等，全产业链的创新能力得到了显著提高，从而为中国石油集团东方地球物理勘探有限责任公司全面参与国际竞争、成为国际最大的地球物理服务公司发挥了重要支撑作用，也必将为中国石油集团东方地球物理勘探有限责任公司率先打造世界一流技术服务公司发挥积极作用。

该专著用翔实的资料，丰富的内容，图文并茂地再现了山前复杂构造带地震勘探技术研发过程，高度凝练了技术创新与进步的本质规律，不愧为复杂构造油气勘探的佳作。该书对丰富和发展山前复杂构造油气勘探的理论和实践具有重要的学术价值。在该书面世之际，略写片言，以之为序。

2021 年 5 月 8 日

前 言

随着石油工业的发展和油气勘探开发程度的提高，地表平缓、易于展开作业、地下构造简单、埋藏不深、容易发现的大型规模效益资源发现殆尽。新的规模储量发现已经越来越困难。油气勘探开发的重点已经全面转向复杂地表、复杂构造、深海、深层或超深层、非均质岩性体等隐蔽圈闭及非常规的致密油气、页岩油气领域。其中，各大含油气盆地周缘的盆山结合部往往发育石油地质条件优越的不同类型前陆盆地。由于长期持续的构造变形，使其成为典型的地表复杂与地下构造复杂叠置发育的"双复杂"构造区。本书把这类区域称作山前复杂构造带，是近些年全球常规油气勘探的重要方向和领域之一。

特定的大地构造背景形成了我国西部各大含油气盆地周缘发育的大量前陆或类前陆盆地，如塔里木盆地的库车、塔西南，准噶尔盆地的南缘、西北缘，四川盆地龙门山前、大巴山前，以及鄂尔多斯盆地的西缘等，都已经成为我国非常重要的勘探领域。但由于其剧烈起伏的复杂地表及横向快速变化的表层结构、高陡复杂的地下构造，导致基于水平层状介质假设条件的传统勘探理论技术和时间域成像方法无法适应这样复杂的勘探对象，油气勘探工作常常由于采用了时间域成像地震资料上显示的"假构造"导致钻探失利。或者表现为"偶尔的钻探成功大发现"往往伴随一系列大失利。构造规律认识不清，勘探工作举步维艰。

本书正是通过分析多年来在山前复杂构造带进行地震勘探技术实践与应用中成功与失败的经验和教训，并在对比理论假设条件与实际勘探对象的主要差异的基础上，提出了以起伏地表小圆滑面叠前深度偏移成像为核心的地震采集、处理、解释一体化解决方案与技术思路，发展完善了地震采集设计优化技术与评价方法，提出并应用了一系列与叠前深度偏移成像方法相适应的关键信号预处理技术，重塑了地震资料处理的流程，形成了山前复杂构造带勘探的关键技术，并在近几年的实践应用中取得显著效果，为塔里木盆地库车坳陷天然气勘探的持续突破，以及准噶尔盆地南缘、柴达木盆地英雄岭等西部山前复杂构造带的勘探发挥了积极的技术支撑作用。

全书共分为7章。第1章是绪论，简单阐述了山前复杂构造带地震地质特点，回顾了我国在此领域的地震勘探历程，概述了技术发展变化及取得的主要成果；本章由冯许魁、王克斌、温铁民编写。第2章从理论分析到模型试算两方面分析了传统三维地震采集对复杂构造带勘探的局限性，提出了面向叠前深度偏移成像的复杂构造地震采集优化思路和主要方法；本章由冯许魁、李道善、温铁民编写。第3章重点讨论了浅表层速度建模对山前复杂构造带地震成像的重要性，指出了传统静校正技术应用方法对复杂构造成像所产生的不可逆的重要负面影响，分析了不同静校正方法的应用条件和策略，提出了与叠前深度偏移成像方法相适应的浅表层速度建模及应用方法与流程；本章由冯许魁、王兆磊编写。第4章从叠前偏移成像方法本身对噪声压制的特点出发，分析了叠前叠后成像对噪声处理的不同要求，以及不同噪声压制方法在叠前偏移数据预处理中的适应性；本章由冯许魁、袁燎、王兆磊编写。第5章重点阐述山前复杂构造带叠前深度偏移速度建模技术应用策略，是本书最重要的部分，从偏移基准面建立、多信息综合表层速度建模、中深层初始速度模型建立，到数据驱动的速度迭代优化方法、各向异性参数建模，以及各种过程监控方法、图件等方面系统分析总结了复杂构造叠前深度偏移与速度建模的工作思路与技术应用方法；本章主要由冯许魁、方勇、王永明编写。第6章在简单分析讨论目前工业化程度较高的几种叠前深度偏移方法及其优缺点的基础上，重点分析了山前复杂构造偏移成像的特点和对方法、数据的要求，指出了在目前技术条件下，对山前复杂构造成像方法的选择与成像处理的基本策略；本章主要由顾小弟、李道善、冯许魁等编写。第7章介绍了我国西部山前复杂构造油气勘探中地震技术应用，包括近几年技术突破进展明显，勘探成效显著的3个典型实例；库车盐下双重高陡构造勘探可谓是一个国际知名的成功案例，以起伏地表小圆滑面叠前深度偏移为核心的山前复杂构造地震采集、处理、解释一体化配套技术应用在此发挥得淋漓尽致；柴达木盆地英雄岭复杂构造勘探和准噶尔盆地南缘勘探两个实例，也是地震技术攻关应用历经数十年，始终无法突破，近两年通过以叠前深度偏移为核心的地震技术攻关后，资料品质获得了质的提高，油气勘探取得全面突破；库车前陆区应用实例由刘军、方勇等编写，英雄岭地区应用实例由张军勇编写，准噶尔盆地南缘应用实例由于宝利、陈鹏编写。全书由冯许魁统稿、定稿。

在编写过程中，王克斌教授对全书的审定修改提出了非常宝贵的意见和建议；彭章礼同志在修改审校中做了大量深入细致的工作。在此，笔者向在本书编写、修改、审校过程中给予支持和帮助的所有专家、学者致以衷心感谢。

本书引用了大量的参考文献和中国石油集团东方地球物理勘探有限责任公司（简称东方地球物理公司）在各油田服务中攻关得到的相关资料，在此对相关参考文献和资料的作者表示由衷的感谢。

由于笔者受查阅资料范围、知识深度及理解能力所限，书中表达的观点、技术可能存在一定的局限性，不足之处敬请读者批评指正。

目 录

1 绪论 1

    1.1 油气勘探发展总体趋势 1
    1.2 山前复杂构造带地震地质特点 2
    1.3 地震成像技术的快速发展和地震勘探精度的不断提高 5
    1.4 山前复杂构造油气勘探新突破 17

2 面向叠前深度偏移成像的复杂构造地震采集优化技术 19

    2.1 叠前深度偏移对采集方法的要求 20
    2.2 波动方程正反演模拟与观测系统优化 21
    2.3 基于波动方程的照明度分析技术 33
    2.4 面向叠前偏移的观测系统属性分析 38
    2.5 面向叠前深度偏移速度建模的观测系统优化 44
    2.6 KS5 区块开发三维采集观测系统优化应用实例分析 50
    2.7 小结 61

3 山前复杂构造带浅表层速度建模与静校正方法应用策略 62

    3.1 山前复杂构造带地震资料静校正处理技术应用面临的挑战 62
    3.2 模型法静校正和折射波静校正原理及其适用条件 70
    3.3 层析静校正 73
    3.4 初至波剩余静校正 83
    3.5 超级道剩余静校正 86

— 1 —

3.6　全局寻优剩余静校正 ·· 90
3.7　叠前深度偏移中静校正技术应用策略 ·· 93

4　山前复杂构造带叠前去噪方法及策略 ·· 98

4.1　不同偏移成像方法对叠前噪声压制的要求 ·· 98
4.2　山前复杂区地震噪声的主要类型 ·· 102
4.3　规则干扰压制 ··· 104
4.4　叠前非规则干扰压制 ··· 116
4.5　五维插值与噪声衰减 ··· 123
4.6　复杂山地叠前去噪策略 ·· 129

5　山前复杂构造带叠前深度偏移速度建模技术应用策略 ·· 144

5.1　叠前深度偏移速度模型的基本认识 ·· 144
5.2　叠前深度偏移数据准备 ·· 146
5.3　山前复杂构造带初始速度模型的建立 ·· 149
5.4　山前复杂构造带浅表层速度建模 ·· 159
5.5　山前复杂构造带速度模型的迭代优化 ··· 163
5.6　各向异性参数建模 ·· 174
5.7　山前复杂构造带连片叠前深度偏移速度建模 ··· 182
5.8　小结 ··· 188

6　山前复杂构造带叠前深度偏移成像方法和策略 ·· 189

6.1　Kirchhoff 积分法叠前深度偏移技术 ·· 190
6.2　高斯束偏移 ··· 198
6.3　波场延拓偏移 ··· 205
6.4　各向异性叠前深度偏移 ·· 212
6.5　山前复杂构造带成像方法选择策略 ·· 223

7　应用实例分析 ··· 227

7.1　塔里木盆地库车前陆区应用实例 ·· 227
7.2　准噶尔盆地南缘应用实例 ··· 271
7.3　柴达木盆地英雄岭地区应用实例 ·· 285
7.4　结论 ··· 290

参考文献 ··· 293

1 绪论

1.1 油气勘探发展总体趋势

从 1859 年美国人在宾夕法尼亚州钻成第一口具有现代意义的油井开始，经过 160 多年的勘探开发，世界油气工业进入了一个前所未有的快速发展阶段。世界石油工业发展总体可划分为三大阶段：第一阶段（1859—1921 年）是石油工业体系形成阶段。人类用 62 年的时间使石油产量增长到 $1 \times 10^8 t$。在这一时期，灯用煤油是石油工业的主导产品。第二阶段（从第二次世界大战至 20 世纪 80 年代）是世界石油工业飞速发展的黄金时代。这个时期发现了沙特阿拉伯的加瓦尔油田、科威特的大布尔甘油田、伊拉克的鲁迈拉油田等中东的一系列大型、特大型油田，当时的苏联发现了罗玛什金、萨莫特洛尔等大油田，在亚洲、欧洲、非洲也相继发现一系列大油田，油气资源给人以"取之不尽"的感觉。这一时期石油工业的大发展得益于以电子信息技术为核心的科技革命，尤其是电子仪器和计算机的应用，使得油气勘探的核心技术——地震勘探技术得到快速发展和大面积推广应用，大大提高了勘探、开发精度和能力。这一时期把地表易展开作业、地下构造简单、埋藏不深、容易发现的大型规模效益资源发现殆尽。第三阶段为石油生产增长变缓阶段。从 1980 年之后，世界石油勘探开发进入了一个相对缓慢的稳定发展阶段。在 1979—2013 年的 34 年中，全球石油总产量仅仅上升了 $8.96 \times 10^8 t$，达到 $41.3 \times 10^8 t$。据 BP 的统计，到 2016 年，全球产量为 $43.8 \times 10^8 t$。油气勘探与生产遍及全球五大洲 100 多个国家，但很少发现大油田，已探明储量保持相对稳定的缓慢增长。近 10 年来，随着地震勘探技术和钻井技术的快速发展与能力的迅猛提升，以及石油天然气需求的持续驱动，国际油气勘探开发总体形势向好，但勘探开发趋势明显向"隐、深、海、非、难"方向和典型区域发展。"隐"是指勘探开发高成熟区的岩性地层、低幅度小构造、小断块等早期勘探技术难以发现的隐蔽性油气藏，它们尽管规模不大但数量众多，一般位于地面设施完备的高成熟区，开发动用的效益非常好。之所以称其为"隐蔽性油气藏"，就是由于其发现难度大，在地层尖灭线、砂体的识别和低幅度构造的准确描述等方面对地震勘探技术精度和地下地质认识程度要求高。"深"是指埋藏深度大的油气藏。勘探深度的加大不仅造成对油气成藏理论突破的难度和投资费用的大幅上升，更对地震技术成像能力、识别精度和钻井技术能力水平形成了挑战。国际上，传统的油气勘探开发深度一般不超过 4000m，否则储层变差、效益降低。近几年随着技术能力的提升和需求的驱动，勘探开发的深度正不断加大。我国的深层油气勘探已经上升到国家战略层面部署，并进行了非常好的实践探索，为人类开发深层或超深层资源做出了巨大的贡献。目前普遍认可的标准为：深度4000m向上为中浅层、4000～6000m为深层，6000m向下为超深层。在我国西部塔里木盆地，不仅在库车地区8000m左右的产层获得了高产气流并建成开发区，而且在塔北的轮南地区完钻了亚洲最深的轮探1井，完钻深度8882m，8000m下见到多层非常好的油气显示，并于8660m左右获得日产油133.46t、气$4.87×10^4m^3$的高产工业油气流。"海"是指在海洋底部以下的地层中勘探开发油气。这方面开始的探索较早，20世纪70年代，英国、挪威在北海发现石油并成为重要生产国；80年代后，中亚里海地区、西非几内亚湾、美国墨西哥湾及巴西坎波斯湾深水区成为新的找油热点地区，勘探开发的水深已经逐渐突破2000m，技术难度和勘探开发成本越来越高。从近几年的油气大发现来看，70%来自深海，主要集中在大西洋两岸，从南大西洋、中大西洋到北大西洋都是近期勘探和发现的重点。当然在其他海域也不断有新的发现，如ENI在东地中海生物礁大型天然气藏的发现、中国石油在缅甸海底扇的气藏发现。另外，南非海域、加拿大东海、爱尔兰海域都值得关注。尤其值得重视的是海上地震勘探技术近几年取得重大突破，从多缆、OBC、宽频处理到近期快速发展的OBN勘探技术、FWI反演技术等，这必将推动海上油气勘探新一轮发现的高潮。"非"是指非常规油气藏的勘探开发利用。以近10年来美国页岩油气革命为标志，发展形成了以水平井钻井和体积压裂改造技术为代表的非常规油气的勘探开发配套技术，彻底颠覆了传统的找油找气与成藏理论。"盖层变储层、源岩变目标、孔隙纳米级、圈闭无边界、油藏变连续、钻井工厂化、渗流靠人工"，彻底改变了10年前人们对能源枯竭的看法和担心，页岩油、页岩气、致密油、致密气的勘探开发刚刚起步，储量规模无限，成为目前及未来相当长阶段规模储量产量增长的最重要领域，将推动油气工业发展进入一个新的历史发展阶段。但由于孔渗条件的变化，产量主要靠不断增加的钻井数量和完井改造来补充，勘探开发的成本较高，对环境的破坏、水资源的消耗等又面临新的挑战。"难"则是泛指盆地周缘地表起伏变化大、作业难、地下构造变形剧烈的山前复杂构造带。典型区域在这里主要指前陆盆地的山前。尽管长期的勘探开发实践证实前陆盆地是油气最富集的区域，如伊朗的扎格罗斯山前等。由于地表起伏变化大、安全作业风险大、地震成像困难，以及钻井等其他勘探技术也不过关，制约了这些区域油气勘探开发的进程。山前复杂构造带成为陆上常规油气勘探开发程度最低、潜力最大的油气勘探开发接替领域。近几年，随着地震成像技术的快速发展，对复杂构造的成像能力和精度大幅度提高，曾经复杂构造区勘探的烦恼"构造带轱辘、高点带弹簧"的问题已经基本成为历史。结合钻井技术能力的提升，山前复杂构造带必将成为陆上油气勘探开发的大趋势，成为陆上常规油气勘探发现的重要接替新领域。

1.2　山前复杂构造带地震地质特点

山前复杂构造带泛指在盆山结合部的地表起伏变化大、（地震）勘探施工作业难、地下构造变形剧烈的复杂构造区带。在大地构造位置上处于造山带两侧，盆地周边的盆山结合部。地貌上多表现为从盆地的平原、戈壁、丘陵，逐步向造山带的山区变化，地表高差越来越大，从平原到山地的高差从几百米至几千米变化。图1.2.1是一条横贯塔里木盆地—天山—准噶尔盆地的地质结构剖面示意图。从南部的昆仑山与塔里木盆地的结合部发育了塔西南前陆盆地及其山前复杂构造带。在天山的南北两侧，与塔里木盆地结合部发育了库车前陆及其山前复杂构造带，与准噶尔盆地结合部发育了准前缘前陆及其山前复杂构造带。山体区构造变形剧烈、相对老的地层依次或有序相间出露。从山体到盆地方向，多发育剥蚀剩余的较新地层，或新近系—第四系沉积的冲积扇、扇三角洲平原。

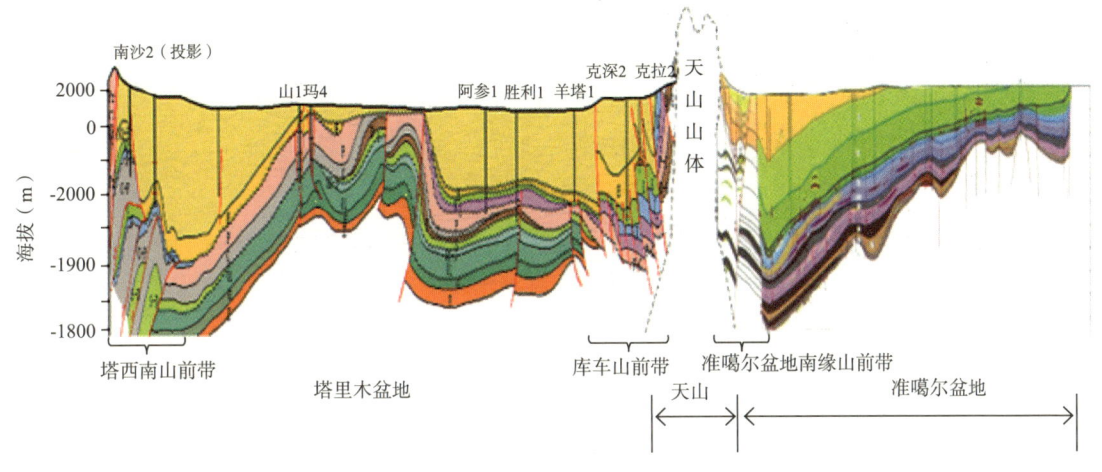

图1.2.1　横贯塔里木盆地—天山—准噶尔盆地的地质结构剖面示意图

在地质演化历史过程中的造山带、盆地边缘，往往是张性裂陷或地块边缘，多发育优质的烃源岩及良好储盖组合，后期构造活动翻转形成造山带及前陆、类前陆盆地，具有优越的含油气地质基础。在造山运动的强烈挤压背景下，能形成成排成带的大型背斜构造，有利于油气聚集成藏，形成大型规模油气田群。图1.2.2是一条四川盆地西北缘的龙门山山前褶皱—冲断带地震地质结构剖面图。从构造变形特征角度看，大致可以分为三段，逆冲推覆带、构造三角带、逆冲背斜带，再向盆地方向逐步发育前缘斜坡到前缘隆起，构造变形越来越弱。从西北龙门山的逆冲推覆带看，地形起伏大，构造变形最强，出露地层为新老相间有序排列的基底卷入式褶皱带，变形强，地震成像质量差，构造落实难。向西南的盆地方向为构造三角带，浅层构造变形强、保存较差，逆掩带下构造保存相对完整，对勘探有利。保存最有利的是进入盆地的逆冲背斜带，地震成像质量好，但勘探深度大。

由于我国特定的复杂大地构造背景，决定了我国中西部发育了一系列山前复杂构造带，几乎在每个盆地周缘都发育了不同类型的前陆冲断带，油气勘探开发潜力巨大。图1.2.3是中国中西部各大含油气盆地周缘山前带分布图，勘探程度总体都比较低。即使在油气发现最早、勘探程度最高的准噶尔盆地西北缘，近几年在"两宽一高"三维地震勘探技术推广应用后，又迎来了新一轮的油气大发现高潮。前不久探明玛湖三叠系百口泉10×10^8t大油田，近年又揭示出乌尔禾、凤城等具有10×10^8t级规模的勘探场面。在准噶尔盆地南缘高探1井的大突破也证实了其勘探的巨大潜力和意义。在天山南侧的塔里木盆地库车前陆山前带，通过近30年的地震技术、钻井技术持续攻关，近几年取得了真正全面的突破。KL—KS万亿方气区的开发动用、BZ—DB万亿方气区的新发现，东秋构造带的重大突破等，再次证实山前复杂构造带勘探的前景。除此之外，中西部地区还有10多个已经证实富含油气的山前复杂构造带，需要我们持续加大地震成像技术攻关、推动油气勘探新突破。

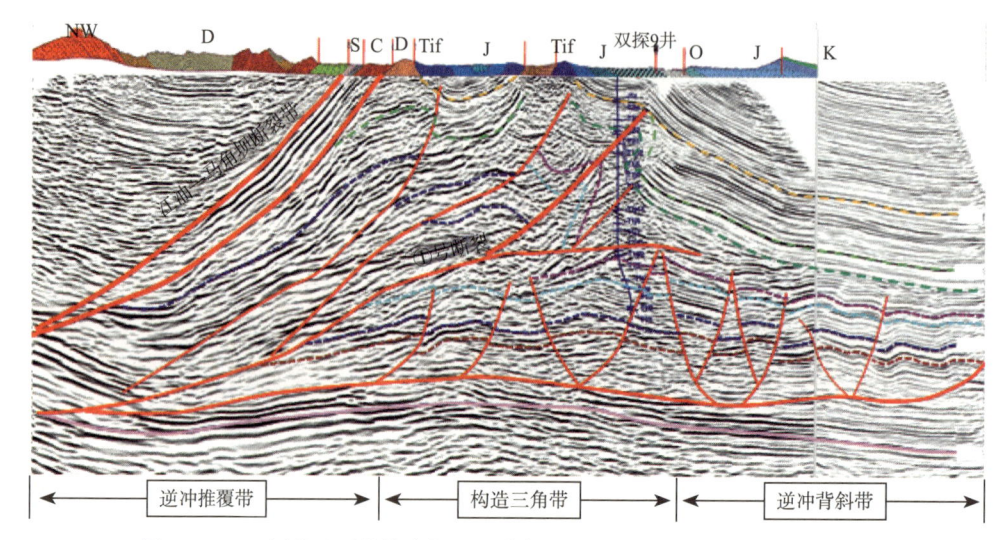

图1.2.2　四川盆地西北缘龙门山山前褶皱—冲断带地震地质结构剖面图

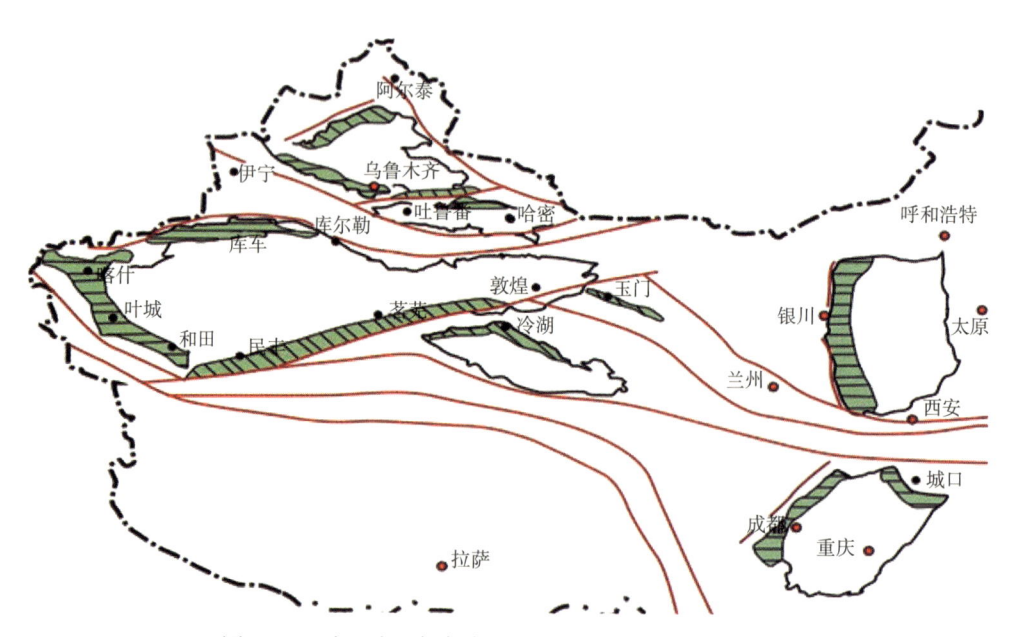

图1.2.3　中国中西部各大含油气盆地周缘山前带分布图

正是由于山前带地表起伏变化大、高陡岩层出露或巨厚砾石层的覆盖等复杂的地表条件，逆冲和逆掩推覆等复杂地下地质构造发育，速度横向变化剧烈等原因，造成了山前带地震勘探的资料采集与成像处理存在一系列技术难题。首先是山高地险，机械化设备施工作业难、安全风险大；地表复杂造成地震资料次生干扰严重、信噪比低、表层模型难以描述等一系列技术问题。其次是地质构造变形复杂、高陡，地震成像技术及精度能力有限，在早期的时间域处理往往表现为不成像，或成像位置、高点、形态不对，深度域成像仅仅强调最后的深度偏移方法应用，没有形成与之相适应的采集、信号预处理及速度建模等完整的配套成像技术，导致实施钻探的成功率低，技术难度极大。由此，导致前陆盆地的油气勘探与发现主要集中在地表起伏不大、构造相对简单、埋藏不太深的盆地区或前缘斜坡区域。而对石油地质条件更好、构造集中发育的山前复杂构造带，长期以来勘探进展不太大。这是一种普遍现象，无论是在中东波斯湾的扎格罗斯山前、南美洲的安第斯山前、北美的落基山前、北非阿特拉斯山前，还是在欧洲、中亚等各大含油气盆地的周缘山前带，勘探程度都不高，它们仍是全球陆上最具潜力的常规油气勘探开发重点区域。对我国来说，特殊的大地构造背景决定了类似区域勘探潜力和勘探意义更大、更重要。

1.3 地震成像技术的快速发展和地震勘探精度的不断提高

地震勘探技术是采用人工激发地震波勘测与地下石油、天然气等矿藏有关的地质结构和地层岩性的方法总称。由于地下介质的动力学性质不同，地震波在传播过程中，会发生走时、频率、振幅、相位、速度等信息的空间变化及波场类型的转换。这些变化的信息，可以通过地表或井下的高精度仪器和相应的观测系统记录下来，再利用复杂的地震波传播理论和大型计算机，对地震记录数据进行成像处理，将这些信息转换为地质学家可识别的图像。在此基础上，经地质学家的地质解释，最终获得地下地层的构造形态和断裂展布，以及古地理、古沉积环境及沉积相的信息，进而达到预测储层与油气藏的目的。所以，地震成像技术的发展依赖于记录人工地震波场的电子仪器和大型电子计算机的发展水平。技术发展的核心则体现在应用地震波传播理论，通过大型计算机对记录数据（波场）进行模拟、反演与成像的方法、精度及能力方面。地震成像技术将各种图像解译为地下各种复杂的地质结构及其演化过程，达到预测储层与油气藏的目的。

1.3.1 叠前时间偏移技术的发展

地震勘探技术发展的历程大致经过了 3 个阶段：第一阶段是从 20 世纪初出现折射波和反射波理论到 20 世纪 50 年代建立了以光点地震仪观测和单次覆盖解释技术为主要特征的地震勘探初级阶段。该时期只有信号分析，并没有做严格意义上的成像处理。第二阶段是 20 世纪 50—80 年代。随着电子工业的快速发展，模拟地震仪和数字地震仪研制先后取得突破，推动了多次覆盖技术的发展，数字计算机及数据处理软件系统形成。该时期为地震勘探理论技术快速发展的重要阶段。这一阶段不仅形成了水平叠加成像技术，也探索研究了叠后时间偏移成像技术。第三阶段是 20 世纪 90 年代以来到现在。随着电子技术的快速发展，大道数及超大道数地震采集仪器设备和大型计算机的快速发展及地震勘探理论的逐步完善，三维地震技术大面积推广，地震勘探开始进入三维立体高精度勘探快速形成阶段。最显著的特征是基于三维空间的成像技术不断突破，推动地震勘探的精度和能力不断提高。从二维到三维、三维 DMO、三维叠后偏移、三维叠前时间偏移、三维叠前深度偏移、三维各向异性（如 VTI、TTI）叠前深度偏移及 Q 叠前深度偏移等，每一次成像理论技术的突破和推广都能推动地震勘探整体配套技术的进步和成像精度的大幅提高，进而推动油气勘探的持续发现与突破。

从国内地震勘探技术发展应用的变化历程看，最明显的变化发生在2000年到2010年间，国内地震成像技术实现了由叠后时间偏移到叠前时间偏移的突破和全面推广应用。叠前时间偏移新的成像方法和成像条件的变化，使原来20多年时间里基于水平叠加和叠后时间偏移理论进行的观测系统设计，以及采集的大部分三维地震数据不再满足叠前偏移处理的成像算法要求，地震勘探从野外采集设计开始就必须考虑如何能更好地满足最终叠前成像方法对数据的要求，进一步推动地震采集技术实现了由叠后到叠前的发展。在此期间，地震勘探野外采集方面出现了叠前照明分析、高密度采集、宽方位采集等先进技术。这些技术在推动我国东部地区大面积实施二次三维地震采集发挥了重要作用。同时，在各油田大面积实施三维连片叠前时间偏移处理的过程中，为满足叠前时间偏移算法，提高成果数据的信噪比、保幅性、成像精度，采用了新的处理技术，如分频异常振幅压制、自适应面波压制、十字子集去噪、OVT处理、数据规则化、弯曲射线叠前时间偏移等。与此同时，面向叠前偏移的采集和处理技术进步也推动了地震解释与反演技术实现了由叠后向叠前的发展，形成了叠前AVO反演、叠前裂缝预测、整体构造沉积演化研究等新解释技术方法。因此，核心成像技术的进步推动了地震勘探技术从采集、信号处理到解释的系统全面的升级换代，形成了基于叠前时间偏移的新一代地震勘探配套技术系列。它主要解决了三大地质问题：一是对横向速度变化不大的东部地区，解决了叠后偏移技术先天不足的复杂断块成像问题，理清了断块分布、断裂结构和对油气成藏的控制作用。图1.3.1是大庆某区大面积连片处理地震相干切片图。在不用人工解释的条件下，就可以非常清晰地识别出曾经无法想象的复杂辫状断裂系统。二是通过二次采集和整体连片叠前时间偏移处理，得到了大区域、整区带或整凹陷的高品质三维地

a   b

图1.3.1　大庆某区大面积连片处理地震相干切片图

a—地震反射层断裂系统平面分布图；b—地震反射层相干属性平面图

震资料，实现了对富油气坳陷或区带的整体结构解剖，提高了沉积构造演化过程与油气富集规律的认识，新发现了一大批断块、岩性或构造岩性油气藏。三是通过叠前时间偏移输出的叠前CRP道集，发展应用了叠前反演技术，有效提高了储层及油气预测的精度，进一步提高了钻井的成功率和油气藏描述的精度。这些地质问题的解决，有力地支撑了中国石油在此期间持续实施10余年的"储量增长高峰期工程"，为东部硬稳定、西部快发展，以及保障我国能源安全发挥了积极作用。

1.3.2 叠前深度偏移技术的发展

从地震成像技术理论本质和国际地震勘探技术发展应用趋势分析，叠前时间偏移是在速度横向变化不大、构造相对简单的假设条件下得到的成像结果。国际上并没有人把叠前时间偏移作为一项大的独立技术与产品进行规模化推广，而是仅仅将其视作地震成像技术由叠后时间偏移到叠前深度偏移转型的过渡型技术。在多数情况下叠前时间偏移是作为叠前深度偏移初始速度建模和速度分析的手段或过程质控成果在应用，并且在我国东部地区的勘探中发挥了极其重要的作用。从理论上讲，地震偏移成像应该实现叠前深度偏移，而叠前时间偏移仅仅解决了从叠后到叠前、先偏移后叠加的问题，并没有摆脱水平层状、横向速度不变的基本成像理论的假设条件。自然界的地下地层在纵横向上都在变化，不仅有构造的起伏变形和纵横向的沉积变迁，也有岩性及其力学性质的横向变化。这必然带来速度的纵横向变化。因此，地震成像技术只有走向叠前深度偏移，突破和解决水平层状和速度横向不变两个基本的理论假设条件，才是从理论上、算法上解决复杂构造成像问题的根本。

虽然从地震波传播理论角度，在准确描述地下介质的结构、速度及其他物理参数基础上，进行叠前深度偏移是最理想的成像方法。但在实践中，一方面，地下介质的结构、物理特性不可能完全已知和准确描述，否则也就不用勘探了，地震勘探研究追求的目的就是要搞清地下的结构与特性。所以地震偏移成像的本质就是一个求解反问题的迭代反演过程。另一方面，地震波场的模拟和成像反演过程是一个求解二阶偏微分方程的复杂计算过程，受计算机能力与计算量的限制，往往要在不同的假设条件下，进行不同程度的简化与近似。叠前时间偏移只是在最严格、最大胆的假设条件下的产物。从叠前时间偏移到叠前深度偏移的技术发展转型是一个非常复杂的、困难的过程。

早在20世纪80年代，墨西哥湾盐下勘探的突破及其巨大的勘探潜力，推动了叠前深度偏移技术的研究、发展与推广应用。但它具备两个非常特殊的条件：一是在海上，海水速度几乎不变，为已知的1500m/s左右，地震记录和成像的起始面为海平面，不存在地表起伏及其表层速度的横向复杂变化问题，方法上较容易实现；二是地下地层的速度尽管变化大，但规律明显，即正常地层的速度为随深度梯度变化，盐岩层的速度基本稳定，且相对在4500m/s左右。其复杂性主要在于盐刺穿构造发育的形态、盐岩体的不规则分布。解决地震成像问题的核心任务就是描述不规则盐岩刺穿体的空间分布，只要把盐岩体的范围、形态描述清楚了，速度模型就建立起来了，应用叠前深度偏移技术就可以得到非常清晰的盐下构造成像。图1.3.2是一条典型的墨西哥湾叠前时间偏移与叠前深度偏移剖面对比图。岩盐体速度较低，其厚度变化导致总的速度横向明显变化。时间偏移无法解决的盐下构造的准确成像问题，通过深度偏移迎刃而解。

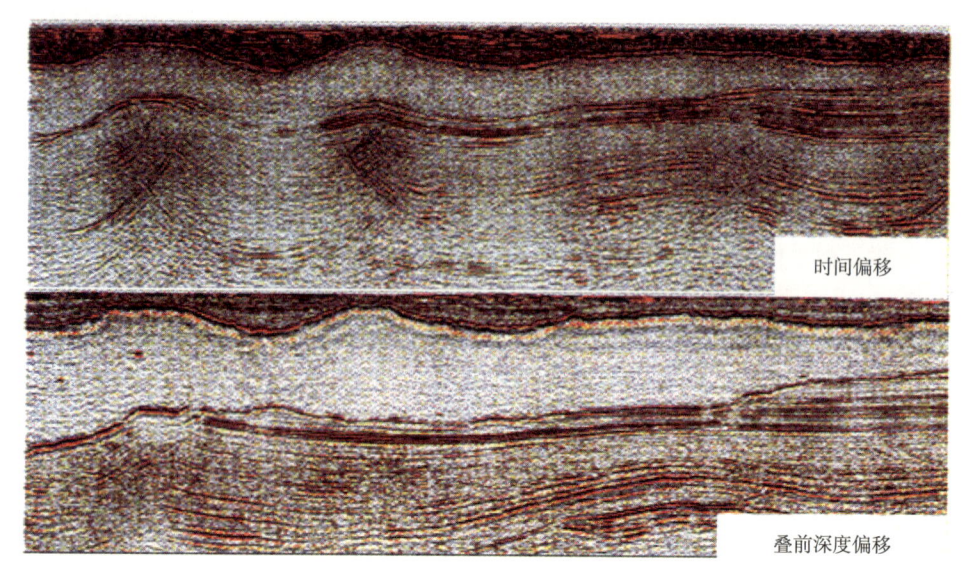

图1.3.2 墨西哥湾叠前时间偏移与叠前深度偏移对比图

在这样显著的成像效果和勘探应用效果驱动下，叠前深度偏移技术一步到位走向深度域，而且快速发展应用起来。实现方法上，伴随着大型并行机群的快速发展应用，该技术走过了百家争鸣、百花齐放的蓬勃发展阶段：从最早最易实现的Kirchhoff积分法偏移到波动方程的各种不同近似偏移、高斯束偏移、逆时偏移、各向异性偏移、各种方法的最小二乘法偏移等。但无论什么方法或算法，都是对波动方程的某种不同近似解法或介质特性的不同描述方法。总体上，追求的成像精度越高，运算量就越大。但再大的计算机运算能力也是有限的，偏移方法总是对波动方程精确解的近似。而且，在追求算法精度和计算效率的过程中，地球物理学家很快发现，在一定算法精度下，介质速度和其他参数的描述精度要比追求偏移方法的精度本身更重要。甚至在速度模型精度有限时，越简单的算法，比如积分法等，成像效果越好越稳定。

从近几年在SEG、EAGE国际会议上所发表的论文来分析，国际地球物理学界的研究重点和热点已经不再是基于波动方程的偏移方法本身，大部分逐步转向研究速度建模及其他偏移参数（各向异性参数、弹性参数）建模的方向上了，少部分转向弹性波方程等更前沿的研究方向。

但是，对于像我们国内这样以陆上勘探为主的地区和国家，地表往往起伏变化大，速度变化规律也非常复杂，不具备像墨西哥湾这样具备已知海水速度、地下速度规律也基本明确等特殊有利条件，由此形成和发展起来的海上叠前深度偏移技术要在起伏变化的陆地上推广应用会遇到一系列新问题、新挑战。但是时间偏移又无法准确成像，这就要求地球物理学家从成像的基本理论与复杂的地表结构研究出发，从分析时间偏移理论假设的不足、叠前深度偏移理论假设的特殊性出发，研究形成适合于起伏地表与复杂表层结构描述的方法与技术，满足叠前偏移的成像条件。

在海上地震勘探中发展起来的叠前深度偏移技术，应用于前面提到的盆山结合部山前复杂构造变形区时面临着前所未有的挑战。首先，该区域的地表起伏剧烈，地面背斜、向斜横向复杂变化，导致地层高陡、倾角变化快，完全不满足时间域成像（无论叠后时间偏移还是叠前时间偏移）的水平层状假设条件。其次，盆山结合部的冲积扇体发育导致的岩性多变、构造应力场强、变化快等因素都会引起地震波传播速度的剧烈变化，不满足速度横向不变的假设条件。对这样的区域进行地震勘探，成像处理中不做叠前深度偏移是万万不行的。由于是基于时间域的成像，常常会导致其出现3种假象：

（1）偏移剖面不成像。在从前，有些山前带资料时间域偏移不成像往往被认为是信噪比低，采集技术不过关造成的（当然也有部分断裂破碎带目前确实难以从技术上解决问题）。图1.3.3展示的是一条过准噶尔南缘XH1构造的叠前时间偏移与叠前深度偏移的剖面对比图（2008年采集资料的新老处理成果对比）。在叠前时间域成像剖面上浅层无法成像，信噪比极低，早期总认为是野外采集的问题，而深层构造形态通过XH1井的钻探失利也证实是完全不对的。再看10年后的现在，还用2008年7月采集的老资料重新做叠前深度偏移处理后，浅层信噪比大幅度提高，深层构造形态变化极大，高点向东偏移，形态受深层古构造控制明显，可信度得到明显提高。这很好地回答了XH1构造在K_1q层以下钻探失利（见好的显示但未获工业突破）的地质原因：钻探井位不在含油气的圈闭范围内。

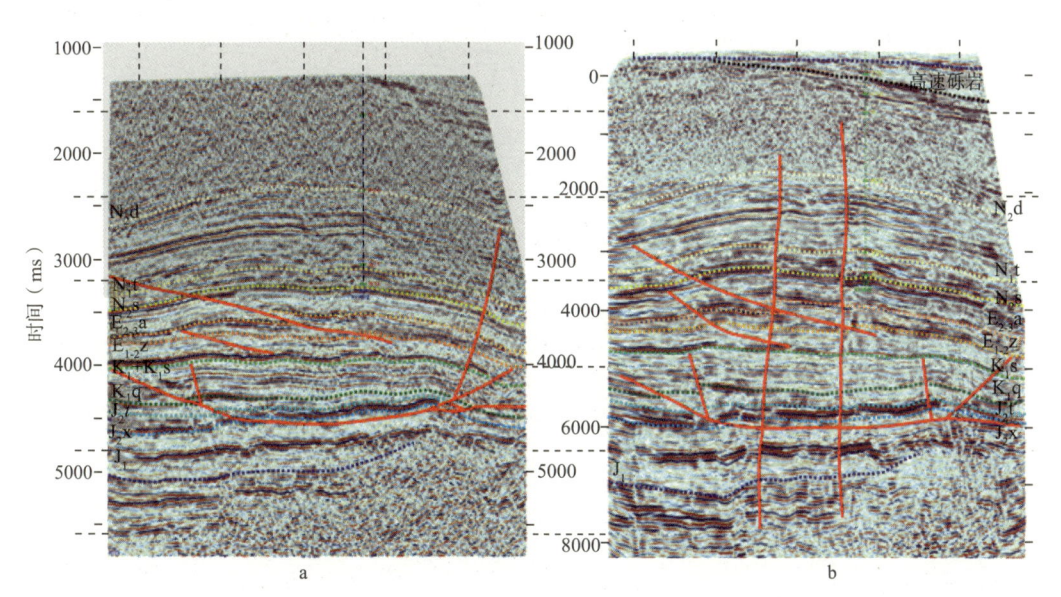

图1.3.3　过准噶尔南缘XH1构造的时间偏移剖面（a）与叠前深度偏移剖面（b）对比图

a—叠前时间偏移地质解释剖面（老）；b—叠前深度偏移地质解释剖面（新）

（2）有些山前带资料时间域即使成像了，但反射波场非常复杂，无法辨认或解释地下的地质结构。偏移速度低了，绕射收敛不足，不同波组交叉打架；偏移速度高了，产生翻转或划弧，都无法识别和描述地下地质构造。出现这种情况传统上往往认为是偏移速度不合适，不断要求调整速度，但总也达不到地质家的要求，即使偶然可能会碰到一种模式让地质家接受，可一旦实施钻探不是误差大就是钻井失利。图1.3.4是过塔里木盆地DB103井的时间偏移与叠前深度偏移的剖面对比图。可以看出，2006年采集的三维地震资料信噪比较高，盐下构造的反射非常丰富，可是构造该如何解释？只能画个大的轮廓，按照大构造提交控制储量。但后期的勘探开发实践证实完全不对，而叠前深度偏移处理的资料就非常清晰地表现为大背景上的一系列断块构造，与目前开发生产动态极其吻合。这是由于上覆地层尽管构造相对简单（为一向斜），但速度横向变化极大，导致盐下复杂断块、断点的一系列绕射波无法正确收敛，形成无法辨识解释的"复杂波场"。这是时间域偏移无法解决的问题，只能用叠前深度偏移解决。

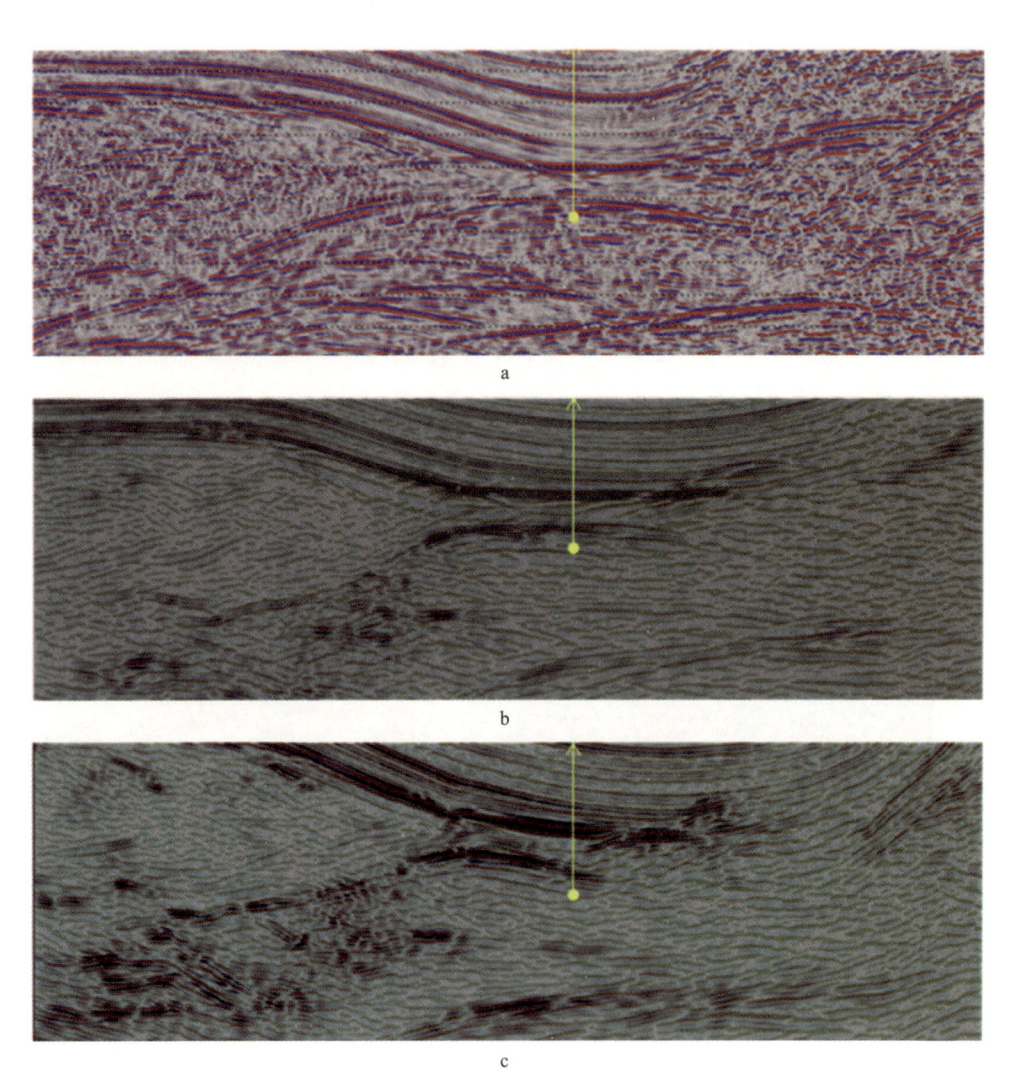

图1.3.4　塔里木盆地过DB103井的时间偏移与叠前深度偏移的剖面对比图

a—叠加剖面；b—叠后时间偏移；c—叠前深度偏移（2006年）

（3）上覆地层结构不太复杂，下伏构造成像清晰完整，但与实际的构造形态不符，是高点偏移的假构造。这些假象被前人戏称为"构造带轱辘、高点带弹簧"。原石油工业部王涛老部长在总结了复杂区多年油气勘探成败经验和教训时曾感叹道"油气勘探，成亦物探，败也物探"。图1.3.5是过塔里木盆地DN2-3井的时间偏移与叠前深度偏移的剖面，以及相应构造对比图。DN2气藏是继KN2之后，在塔里木油田发现的又一大气藏。2005年，为了开发评价，上钻了DN204评价井和DN2-3开发评价井，但两口井相继落空。这是当时非常不可思议的勘探挫折。同一构造上多口井成功，为什么这两口井失利？百思不得其解！可是在做完叠前深度偏移处理后，发现了失利原因，就是由于盐上地层变形轴线与盐下不同，导致盐下构造位置上覆地层速度变化偏离了构造轴线，进而使构造的西高点向南偏移了2.4～2.7km。后期根据叠前深度偏移资料钻探的一系列开发井证实了叠前深度偏移技术的应用才是复杂构造可靠成像的根本途径。

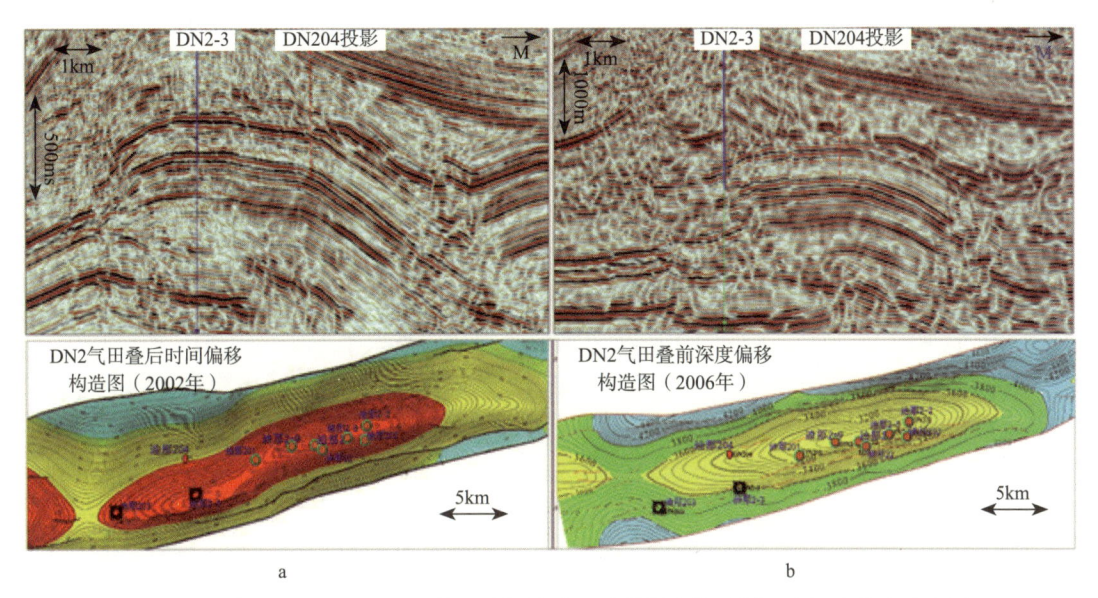

图1.3.5 塔里木盆地过DN2-3井的时间偏移、叠前深度偏移剖面及相应构造对比图

a—叠后时间偏移剖面及其对应的构造图；b—叠前深度偏移剖面及其对应的构造图

理论分析和应用探索证实，在山前复杂构造带实施地震勘探，走叠前深度偏移的技术路径是我们的必然选择。从国际技术发展（尤其是墨西哥湾的地震勘探实践和技术发展）的水平看，海洋地震勘探已经形成了完善的叠前深度偏移技术体系。与此相比，我们要在陆上，尤其在山前复杂构造区发展和应用叠前深度偏移技术，还必须要解决以下4个方面的核心技术问题：

（1）偏移基准面问题。

与墨西哥湾最成熟的应用相比，最明显的不同是山前复杂构造区剧烈起伏的地表及其近地表复杂的速度变化问题。如何解决？单从地表起伏的角度，解决问题还相对简单，可以选择像Kirchhoff积分法这样的算法，仅仅考虑激发接收点的射线追踪就完全可以适应地表起伏。即使基于波动方程差分解法的波场延拓类的偏移方法，理论上也可以做适当的算法改进或起始面校正就可以解决问题。可是，一旦谈到校正，大问题就来了——怎么校正？用什么速度？这就又回到速度问题上了。近地表的速度变化才是我们陆上叠前深度偏移最头疼的大问题！

无论积分法还是差分法，近地表从地面到几百米深度范围内的速度模型是地震勘探技术无法回避又最难得到、对偏移成像的影响最大的"盲区"。而且它对成像的影响会随深度增大而逐步放大，严重影响成像质量和深层构造形态。

需要特别指出的是这一问题在时间域（无论叠前偏移还是叠后偏移）的成像处理中，由于我们采用了传统的静校正技术，把地表起伏的问题与近地表速度变化的问题都视作横向时差变化问题，在地表一致性假设条件下将此两者"等效在一个静校正量中"，最终用不同点的静校正量，把数据静校正到统一的水平基准面或浮动基准面上进行偏移成像处理。表面上看问题得到了解决，但事实上，应用静校正的方法仅仅是"掩盖了"事实，山前复杂构造时间域成像的最大"问题"和"祸根"恰恰就埋在这里。回忆过去我们在进行山前复杂构造资料处理时，往往要进行十几到几十轮的静校正量计算、应用，不断试算和"猜"更合适的校正量，大部分情况还要用不同方法、不同计算量进行人为拼接，期望得到一个更好的叠加成像，导致整个处理周期超过2/3的时间在做静校正，最后还是做不好，不了了之"凑合用"。这个过程本身就说明了基于时间偏移的技术路线并不适合山前复杂资料的成像。而且更为严重的问题是：由于近地表的横向变化导致不同点的静校正量值不同，应用以后必然改变了地震道与道之间的时差关系，也就改变了原始波场。而这一时差关系正是我们叠前深度偏移速度分析与建模时应用的关键信息。因此，静校正技术最终会导致偏移速度模型畸变，产生假构造或成像错误。图1.3.6是基于地表一致性假设条件下，应用静校正以后再做速度分析得到的过DN2井的速度剖面与时间域偏移的地震剖面对比图。可以看出，在地表古近系老地层出露的区域应该速度变大，而向南北两翼主要为新近系欠压实地层分布，速度较小，这是实钻揭示的速度规律。可是应用静校正处理后的地震分析得到的速度恰恰相反，正像图1.3.6反演层速度剖面上显示的一样，在"？"标识处的速度"高、低、高"趋势与钻井揭示的速度、剖面反应的地质结构正好相反。这就是图1.3.5中导致DN2-3失利的根本原因。其实，从目前应用远近道时差分析反演速度的原理，及静校正改变地震远近道时差关系，从而改变了由此反演速度值的角度分析，这个道理也非常简单。图1.3.7是一个由地表高速速度异常，导致不同排列长度做地震速度反演时形成的不同畸变速度曲线。可以看出，这种速度畸变与地表速度异常本身的大小、与排列的长度，以及排列跨过异常体时所处的位置都有关系。当异常体平面规模小于排列长度时，往往形成与实际速度相反的"高低高、或低高低的波状"形态。图1.3.7中，DN地区古近系康村组高速地层钻井揭示的厚度约2000m，由于地层倾角变化导致地表出露的跨度为4000～4500m，地震的排列长度为6500m，异常范围小于排列长度，必然导致应用远近道时差分析的速度出现"高低高"的假象。因此，这一现象也正是在山前复杂构造勘探中要发展和推广应用叠前深度偏移技术来解决的重点问题之一。

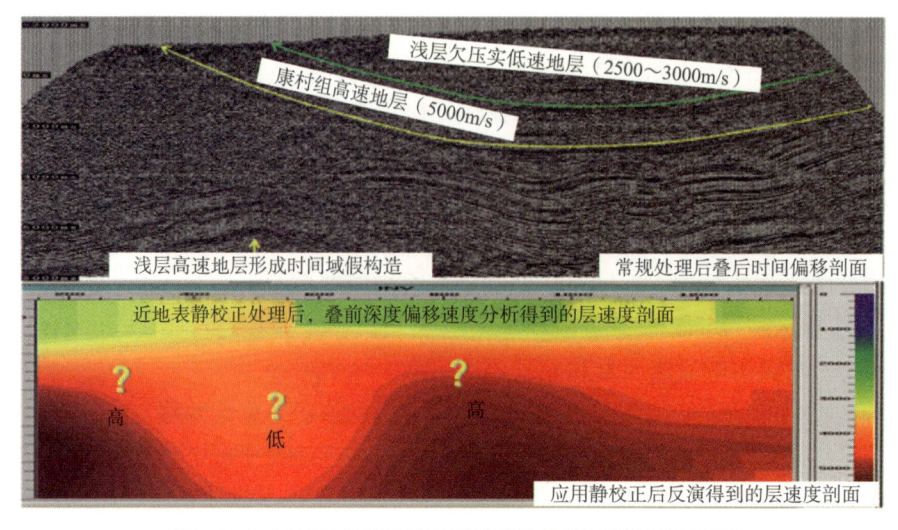

图1.3.6　过DN2井的速度剖面与时间域地震剖面对比图

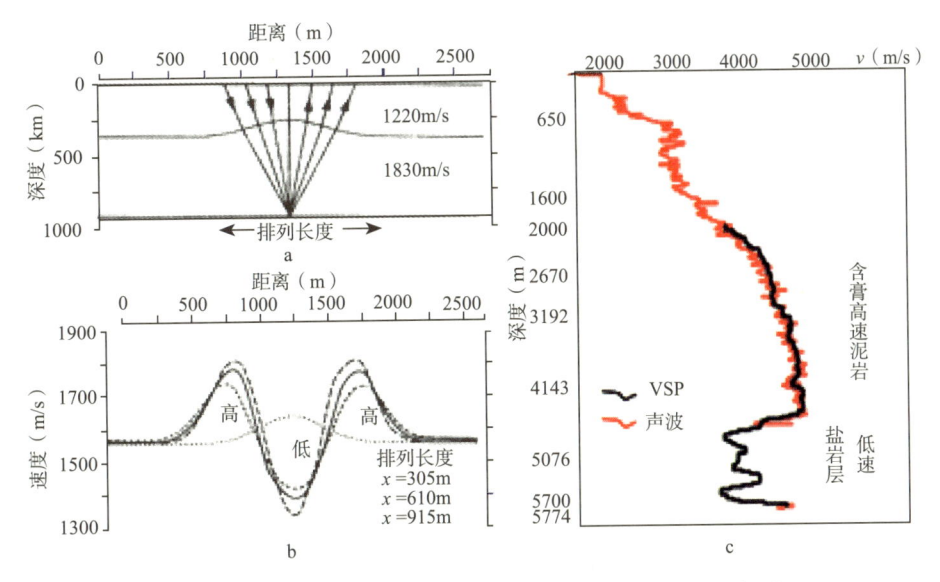

图1.3.7 近地表速度异常与地震反演畸变速度关系示意图

a—速度异常及观测方式；b—不同排列长度得到的速度曲线；c—迪那地区钻井深度—速度曲线

解决的办法就是用于做叠前深度偏移的数据不再做静校正或尽可能少用静校正量的处理。通过技术创新、应用创新，实现从"真"地表面开始进行叠前深度偏移与速度分析、反演与建模。这是近几年我们陆上资料处理最大的技术进步，也是本书最核心的内容之一，将在后面的章节重点阐述。

（2）速度建模问题。

众所周知，偏移速度建模是叠前深度偏移的关键与核心。正如前面所述，叠前深度偏移是一个迭代求解反问题的过程，要得到高精度的偏移结果，必须得先有高精度的速度模型，而速度模型又必须从叠前深度偏移过程中分析得到，因此，存在"鸡生蛋、还是蛋生鸡"的问题。再高精度的偏移算法，只要速度精度不够，还不如像Kirchhoff积分偏移这样较低精度的传统方法成像的品质好、且稳定收敛。理论上，速度是地下岩石非常重要的物理特性，与地层的埋深、温度、压力及其含流体性质有关，是描述地层弹性、地震波传播特征最重要的参数。在地震勘探的实践中，由于测量方法、条件、精度的不同，也由于理论方程的近似方法不同，用其反演得到的结果也不同、成像要求的精度也不同。但无论什么方法，大致的速度范围、反应的速度规律基本一致。对于叠前深度偏移来说，地下的真实速度根本无法测得，即使可以从少量的钻井中用声波测井、VSP等技术进行实测，空间各点的速度变化也无法得到。即使得到了，也不一定适合某一深度偏移算法。当然，在地表条件简单单一、速度变化不大、地震资料品质好的区域，各种测量和反演方法得到的速度变化较小。但山前复杂构造区情况会复杂得多，叠前深度偏移反演的速度是一个非常复杂、难以确切描述的物理量。速度甚至可以不确切地描述为一个"有利于得到最好、最可靠成像的参数"。在具体应用中应该遵循由浅到深、由表及里，把握规律、注重细节的原则。尽可能得到更多的浅表层微测井速度、深井VSP速度，以及其他重磁物探资料、地层地质变化规律、构造模型等重要资料，构建符合地震地质规律的偏移速度初始模型。宏观上把握速度的纵横向变化规律，有利于加快迭代收敛。构建思路大致可按层段依次研究。

浅层速度（指从地面到 500～800m 以上，时间域处理时，主要需通过静校正技术解决的部分，特别是对相对的高速层的速度变化较快或易出现长波长校正量的区域、高低速度突变的区域）横向变化最快、最敏感、对目的层成像质量影响和相对规律影响最大。但是，恰恰由于三维地震采集的小偏移距的反射覆盖次数少、信噪比低，反射波的反演精度不够，目前只能靠少量的微测井与初至层析反演得到（在地表条件好、资料信噪比高的区域可以探索 FWI 叠前波形反演，可以得到更高精度的速度）。所以，对这一层段的速度建模进行反复研究试验，最能体现处理员的综合专业素质和采集、处理、解释一体化的水平。既要充分掌握和应用地表地质露头、近地表地质结构与沉积变化规律的认识，微测井的数量及其对平面速度变化规律的控制，还要分析野外采集观测系统及其初至资料品质、层析反演网格、射线密度与可反演的可靠深度，微测井约束层析反演速度资料的评价和应用方法，以及对最终成像质量与构造形态的影响等。这些都充分体现了速度建模与叠前深度偏移的理论与技术水平。

中层段一般是指在叠加剖面或时间偏移剖面上可以清晰识别的有效反射层以下，到主要勘探目标层以上，或者在相当于大约 1/2 排列长度到 2/3 排列长度的深度范围内选择的一套标准反射层以上的一套大的构造变形层。这个深度段的速度建模，由于覆盖次数高、信噪比高、远近道的时差明显，是目前应用地震走时进行速度反演的最有效可靠的层段。应该从纵向上分层段，技术上分阶段，用好迭代反演技术。在目前技术条件下，要从理论上搞清、实践中用好各种基于走时的速度反演方法。包括：基于初至波的层析反演、微测井约束层析反演、全局优化的网格层析反演、TTI 各向异性参数与速度迭代或同时反演方法等。通过处理解释一体化控制每一轮反演的结果，使每次迭代向正确的方向发展收敛。对已有钻井资料较多的区块要正确处理好 TTI 参数建模、速度建模与钻井误差分析的关系。大多数情况下很难做到没有井震误差，我们更应该追求和分析变化的规律，不仅是速度规律，还有各向异性参数的空间规律、井震误差的空间规律等。复杂构造区地震成像的精度和能力应该体现在对空间相对关系的预测方面，而不是绝对的深度、厚度值。由于山前复杂构造区资料信噪比低，FWI 叠前波形反演还需要持续深入研究，尤其要关注基于初至波与反射波结合的 FWI 反演方法。对复杂构造区，需要特别强调的是应该把一个处理项目作为一项系统工程来实施。山前极其复杂的地表地下构造及速度变化规律，决定了反演迭代过程不仅是把握速度规律、反演求取地下速度的过程，也是让采集处理的数据与偏移模型、偏移算法相匹配的过程。有些矛盾问题可能也不一定是速度分析或偏移方法的问题，也可能是采集的观测系统问题，或信号预处理不当导致的数据不满足叠前偏移要求的问题。要做好一个复杂区块的叠前深度偏移确实是一项从采集设计、施工、信号处理、偏移成像到地震地质一体化综合建模的系统工程。例如：几乎每个复杂区的资料偏移处理项目，都会遇到成像结果剖面划弧的问题。这可能是由于采集观测系统对目标区的照明不均、采集参数变化或其他地质空间特征变化太大所致；也可能是由于信号预处理中振幅处理、子波处理、去噪处理不到位的问题；还可能是速度模型不对、偏移算法不适应造成的划弧等问题。这就要求我们处理技术人员的理论知识、专业能力要非常综合全面，在成像处理中要系统分析，一步一个脚印把好每步的质量关，综合解决问题。

（3）采集与叠前深度偏移技术。

野外采集的目的是为了最终的偏移成像质量。山前复杂构造的地震地质特点和叠前深度偏移成像算法的要求，决定了其野外采集的方法、观测系统设计、装备研发与施工都不同于其他区域，每块资料都必须有其针对性。在前述基于叠前时间偏移的地震采集设计技术应用的基础上，针对山前复杂构造叠前深度偏移成像的三维采集设计，更要关注以下几个方面的因素：

①突出目标照明分析的三维地震观测系统设计。由于传统的三维地震设计方法，对各种面元属性的分析，大部分仅仅考虑均匀介质的条件，在上覆地层变形复杂时，这些属性根本不能反应地下目的层的变化。不同于传统或基于叠前时间偏移设计的照明分析，要进行针对目的层的照明程度进行分析，或模拟分析目的层的覆盖次数分布，得到在复杂构造条件下，应该如何加密或改变布设地面炮、检点，才能保证勘探目标的有效照明与最终成像。如果具备条件，最好在设计前应用老资料建立初步地质模型，通过从目的层向上的射线追踪，得到更有利于炮、检点布设的位置与方案，这称之为基于 CRP（共反射点）的面元属性分析技术。当然，能做三维正、反演模拟最好，这样能够更好地、有针对性地优化采集效果。

②有利于速度反演与建模的观测系统设计。正如前面的讨论，浅层速度问题是山前复杂构造勘探最大的技术难题。设计中必须考虑如何能得到更多有利于浅层速度反演的信息。增加微测井深度、密度，力争微测井控制点能基本控制大的浅层速度规律。观测系统上尽可能增加基于初至反演所需的中、小偏移距的数量点及其质量、信噪比。如缩小小偏移距的物理点距，增加小炮，增加小排列及尽可能推广单点接收提高初至精度等。在地震资料采集过程中，也应该采集更精细的露头、甚至数字露头等地质资料，为微测井约束层析反演收集丰富可靠资料，提高浅层速度反演精度。对于中深层速度反演，当然要考虑勘探目的层的深度与排列长度的关系，也要考虑仪器工作能力与经费投资的问题。

③有利于叠前深度偏移噪声压制的因素。高密度、宽方位均匀分布的观测系统最有利于提高信噪比、压制偏移噪声。但在复杂山地开展三维地震采集必然存在 3 个方面的问题：一是安全风险大，有些炮检点的设计点位根本无法实现到位，导致缺失；二是投资费用高，很难实现均匀高密度采集；三是山前出露地层陡峭、走向单一，从浅到深会存在非常严重的 TTI、HTI 各向异性问题，从理论的角度应该进行正交晶系的偏移才能合理成像。目前技术条件下，各向异性参数建模与速度建模同样困难，而且浅表层的 HTI 反演还不成熟，方位角设计不宜宽。所以，设计中既要遵守有利于野外、室内技术结合压制噪声，又要考虑经济技术一体化，有利于目前技术基础条件的原则。

(4) 与叠前深度偏移相适应的信号预处理问题。

从前面偏移基准面与浅层速度反演的讨论可以看出，复杂区叠前深度偏移前的数据预处理与传统的叠后时间偏移、叠前时间偏移都不同。必须研究与之相配套的信号预处理技术与流程，下面讨论几个主要问题。首先要回答的问题是静校正还做不做？回答是肯定要做！否则，其他信号处理：如叠前去噪技术、地表一致性振幅处理技术等还需要在时间域、在均匀介质的反射双曲线假设条件下进行等。需要改变的是应用流程，先做静校正及其他信号处理，再在偏移前对道集进行静校正反应用，将数据恢复到实际地表，以深度域近地表速度模型时代替时间静校正，进行深度域偏移成像。其次要回答的是去噪工作要做到什么程度？非常彻底干净吗？回答是否定的，没必要！原理非常简单，叠前偏移过程的噪声压制能力远远大于叠加过程，叠前偏移本身即是一个非常好、非常强的压噪系统，当然副作用是能量不均、数据不满足偏移算法时，或偏移速度不合理时，叠前偏移过程本身就会产生强烈的偏移噪声。因此，需要改变我们噪声压制技术应用的流程和思路。充分发挥好叠前偏移这个噪声压制系统的作用，更有利于实现保幅保真处理。这是一个非常重要的认识问题，目前各种去噪技术手段非常丰富，对噪声的压制能力也非常强，如果忽略了偏移这个系统，一味地追求偏移输入道集的信噪比，去噪越强，对断点的保护、对能量相对关系的损害越大，甚至会改变波场的能量关系，导致偏移不收敛。这就要遵循两个原则：以强能量噪声、异常噪声压制为主，与地表一致性振幅补偿处理结合；一个目标就是偏前道集的能量相对均衡，达到偏移过程不因振幅异常造成画弧则可！没必要把输入道集的噪声去得非常干净，"看起来信噪比非常高！"。再次需要讨论的是数据规则化问题。山前复杂地表区的地震采集，往往因为投资问题、安全问题、设计物理点无法到位问题，以及观测系统不均和变观、局部加密、激发接收参数变化等都会造成数据属性不均，导致不满足偏移算法的问题，需要偏移前进行数据规则化处理，这些需要具体情况具体分析。但规则化方法最好是五维插值等，不能用面元均化或 DMO 与反 DMO 等手段。五维插值也可以用于低信噪比区域的提高信噪比处理，或为满足某种数学算法进行插值，提高正反变化效果。

以上 4 个方面的问题讨论，充分体现了复杂区的叠前深度偏移绝非是一个简单的偏移方法改变问题，而是一项从野外采集设计开始，到构造解释与钻探目标评价的一项系统工程。这也很好的回答了为什么叠前深度偏移理论技术发展如此之快，国际宣传应用得如此成熟，而在我们国内推广较慢的问题所在。

1.3.3 山前复杂构造区地震勘探技术的突破

地震勘探是一项非常复杂的系统工程，绝非某一技术点的创新与改变就可以提升最终的勘探效果。尽管偏移成像是其最核心的关键技术，但由叠前时间偏移向叠前深度偏移成像技术的转型，尤其针对山前如此复杂的目标区，绝非易事，必须从野外采集的方法和基础数据准备入手，系统地创新，改变传统的方法、技术、流程，以及思路、经验，才能达到叠前深度偏移的目标。正像足球场上的射手，如果没有全体队员的良好素质与精诚团结，没有教练的宏观指导布局，没有守、断、传、助攻，就没有射手攻门的成功。

近几年，紧紧围绕叠前深度偏移这一核心成像技术的算法变化和对采集、处理基础数据的不同要求，开展了系统全面的技术攻关研究，形成了以起伏地表叠前深度偏移为核心的山前复杂构造地震勘探配套技术系列。同时，由于成像能力提高，带来了油气勘探的不断突破、勘探信心的持续提振，这又进一步促进了地震的部署、采集、处理解释与钻探的良性循环、迭代式持续攻关与技术提升，推动山前复杂地表和复杂地下构造的"双复杂"构造区地震勘探配套技术取得了实质性突破和全面升级换代。主要表现以下几个方面：

在采集技术方面，地震叠前深度偏移技术的形成、成像能力的提高，推动地震采集设计的思路及技术完全面向勘探目标、面向叠前深度偏移技术要求。主要技术进步包括：较宽方位高密度采集、基于目标照明分析的观测系统设计优化、室内室外相结合的噪声压制观测系统优化、正反演模拟、高精度航拍或卫片数据应用、室内飞行模拟物理放样等室内研究与分析的系列配套方法、技术。作业能力方面，为确保技术设计能在复杂山地真正实施，研发形成一系列便于山地作业的技术与能力，包括局部网络、基于卫星的测量定位，规则与不规则观测系统结合，规则观测与局部炮检点加密，大排列与小排列结合，有线与无线节点仪器结合的采集，井炮与震源结合的激发，单点接收与组合接收的优化结合，直升机、无人机支持，深浅结合的微测井表层调查等。这些灵活多变与先进适用的新技术应用，都是为了满足偏移成像对数据的要求，确保了技术设计在剧烈起伏的山区能"上得去、摆得开、测得准、取得实"。

在室内处理方面，一切围绕满足起伏地表叠前深度偏移与速度建模方法要求为目的，进行了系统的创新和持续的发展完善。从初至自动拾取、微测井约束网格层析反演建模、静校正计算方法的改进、应用思路创新，到偏移基准面校正、起伏地表面叠前深度偏移方法的实现，每一步都是非常重要的技术进步；从采集设计的室外室内联合噪声压制、十字子集抽取 f-k-k 滤波、自适应面波衰减、K-L 变换线性噪声压制、异常振幅压制、与振幅补偿结合的噪声压制、五维插值数据规则化等技术方法的发展进步，以及适合复杂地表变化的系列反褶积新方法的发展与应用，形成了面向复杂构造区叠前深度偏移的信号预处理配套技术系列等；从野外采集设计加强表层调查与反演信息获取，应用各种地质露头、地层、构造建模，声波及 VSP 测井、地震反演及非地震信息综合建立初始偏移速度模型，到速度反演迭代过程中的微测井约束浅表层建模、测井或 VSP 速度约束的中浅层网格层析反演、深层地质约束反演，再到各向异性参数反演，处理解释一体化分析与研究等，进行了系统的方法创新、应用创新，以及流程与思路创新，推动针对山前复杂构造的叠前深度偏移技术逐步形成、配套技术得到全面升级换代与工业化大面积推广。

1.4　山前复杂构造油气勘探新突破

针对国内中西部广泛发育的山前复杂构造带，在持续攻关中形成的山前复杂构造的地震勘探技术的突破，助推了山前复杂构造带油气勘探开发思路与部署的改变。曾经由于地质复杂得不到资料，或不准确不正确的成像导致钻探屡遭失败的勘探局面得到彻底扭转，开创了良性向好的油气勘探开发新局面，有力地推动了中西部油气勘探的持续突破和发现。

从作业能力上看，由于基于卫星的准确测量定位、直升机无人机的支持、仪器设备发展的轻量化、无线节点化等，再也没有了曾经人们"上不去的山"，也没有了无法作业的所谓"勘探禁区"。技术能力上，正如前面所说的一系列创新与集成，使地震资料品质与成像的精度大幅提高，勘探认识得到持续深化。在塔里木库车山前地表地下如此复杂的 KS、DB 地区，最大钻探深度已经达到近 8000m 以下，圈闭钻探成功率成倍提高。近几年的探井成功率达到了 80%，在有已知井控制的区块，正常情况成像深度误差基本控制在 2% 以内。这是了不起的技术成就！正是有了这样的技术能力和成果，坚定了管理部门对复杂区油气勘探的信心与自信，推动了勘探开发部署的思路变化，形成了全区整体评价解剖，勘探开发一体化的复杂山地高密度三维地震整体部署、分步实施的勘探思路创新。在天山南侧的库车山前，已经实现了近 5000km² 的山地三维整体连片勘探，推动了克拉苏构造带的整体突破，KL-KS、BZ-DB 两个万亿方大气区已经发现并开发动用，中秋新区带实现突破。在天山北侧的准南缘山前，高探 1 井突破推动一次性部署实施近 800km² 复杂山地三维，这充分体现了勘探家对技术水平提高与勘探能力提升的自信。

山前复杂构造地震勘探技术不仅仅在天山的南北，应该说在我国西部实现了全面突破，而且其成熟的技术和成功的经验已经推广应用到了国外多个区域。众所周知，在我国柴达木盆地的英雄岭地区，从20世纪50年代以来，三代石油人孜孜追求，曾"五上五下"无法攻克的世界物探技术难题，也在以起伏地表叠前深度偏移技术为核心的山前复杂构造勘探配套技术的推广应用中得到彻底解决，青海高原的油气勘探取得重大突破。当然，还有像四川盆地的龙门山前、鄂尔多斯的西北缘、吐哈北部山前带、玉门酒泉盆地等区域的应用，都取得了显著勘探效果。在国外，在土库曼斯坦的阿姆河右岸、南美安第斯山前的厄瓜多尔、玻利维亚及秘鲁等多个区域都取得了非常好的应用效果。山前复杂构造地震勘探配套技术将在持续推广应用中不断发展完善，为全球陆上常规油气勘探开发发挥越来越重要的作用。

2 面向叠前深度偏移成像的复杂构造地震采集优化技术

在山前复杂构造地震勘探过程中，剧烈起伏的地表和地下复杂的逆掩推覆构造造成地下波场极其复杂、地震资料信噪比低、表层描述难、成像质量差、构造建模和圈闭描述精度低等一系列地震勘探难题。而解决上述问题的第一步应该从资料采集入手。围绕地质目标与勘探需求，优化采集观测系统参数，对地下波场做到无假频、均匀、对称采样，不仅使记录到的地震信号能够满足目标照明和偏移算法的要求，满足偏移速度分析和各向异性分析的要求，而且要充分发挥采集处理一体化互补的优势和叠前偏移算法的滤波优势，达到通过观测系统设计压制噪声和通过叠前偏移滤波提高信噪比的目的，进而提高复杂构造成像的精度和质量。

首先，复杂山地高陡构造准确成像必须采用三维地震勘探技术。对于断裂发育和波场复杂的山前高陡构造，二维地震勘探技术难以真正做到有效波偏移归位和绕射波收敛，必须进行三维地震勘探才能落实构造和搞清复杂构造特征。

第二，在地表条件及地下构造双复杂的情况下，由于上覆高速逆掩推覆构造的遮挡及横向速度剧烈变化和各向异性问题的影响，不能沿用传统的基于共中心点(CMP)水平叠加成像理论的观测系统设计方法，必须适应叠前深度偏移成像对数据的要求。一方面，由于叠前叠后偏移对输入数据的要求不同，因而观测系统设计思路不同。叠后偏移输入的是定义好的规则三维网格上的叠加数据（零炮检距数据），特点是经过叠加处理，数据规则均匀分布；而叠前偏移输入的是叠前道集数据，且不同的偏移算法实现的数据域不同，对观测系统的要求也有所不同，如积分法要求炮检点对均匀、炮域偏移要求每炮的检波点分布均匀。另一方面，复杂的地表条件和地下介质会导致目的层照明度严重不均，甚至存在照明阴影区，以至于难以取得理想的成像效果。因此，在采集观测系统设计时，必须以基于满足叠前深度偏移处理需求的思路，发展和改进三维观测系统的关键参数分析论证和优化方法。

第三，三维观测系统设计中，要考虑满足成像要求的原则，同时也要考虑经济性评价。要满足山前复杂构造的叠前深度偏移成像，需要对地震波场充分无假频、均匀和连续对称采样，观测系统参数设计要求做到小面元（满足空间采样定理）、宽方位（提高空间照明度）、高密度（提高信噪比）。但这会大幅度增加采集工作量和投入成本，不具备经济可行性。因此，进行三维观测系统参数的优化设计时，必须考虑当前设备能力和经济投入许可的条件，达到既满足叠前深度偏移成像对采集数据的需求，又能充分发挥经济技术一体化的实效。基于上述讨论，明确了山前复杂构造带三维地震观测系统优化设计的思路和原则。

本章从波动方程正演模拟技术出发，以照明分析和偏移振幅分析等技术为优化手段，以叠前偏移成像与观测系统的关系为研究对象，依托库车坳陷DB地区三维数学、物理模型正反演结果，探讨山前复杂山地三维地震观测系统的优化设计技术，形成了基于叠前深度偏移的较宽方位较高密度三维地震采集设计思路和关键技术。

2.1 叠前深度偏移对采集方法的要求

2.1.1 传统采集设计技术的不足

一般来说，地震采集设计流程可以概括为五步，即：收集相关信息、参数论证、选择合适的观测系统、正演模拟、成本预算。常规观测系统设计的参数论证一般围绕分辨率、面元大小、炮检距、偏移孔径、非纵距、覆盖次数、观测系统几何形状等进行论证和优化设计。传统采集技术设计的出发点是从满足共中心点叠加和叠后偏移来考虑的，在叠前偏移方面也仅考虑了偏移孔径对工区边界的影响，部分考虑了观测系统与叠前偏移响应的关系。但真正从叠前深度偏移成像技术本身及其配套技术出发，对观测系统的考虑还不充分，有些方面还没有涉及。与叠前深度偏移成像的要求比，传统的采集设计技术的不足主要表现在以下方面：

（1）没有充分考虑叠前偏移对空间采样的要求。复杂构造的观测系统设计的最终目标是保证复杂构造的准确成像，微小断裂岩性的识别。要满足这一目标，首先要满足叠前深度偏移对数据采集的要求，需要对地震波场（数据空间）做到充分无假频、均匀和连续对称采样，同时，还要考虑偏移算子的空间假频问题，做到适当面元（满足采样定理）、较宽方位（提高空间照明度）、高密度（提高信噪比）等，才能达到压制地表噪声和偏移噪声的目的。

（2）没有充分考虑复杂介质的照明不均问题。复杂构造区地下介质速度具有较剧烈的纵横向不均匀性，会导致目的层照明度严重不均，甚至存在照明阴影区，以至于难以取得理想的成像效果。必须以叠前深度偏移成像的思路，进行复杂介质照明分析，改进三维观测系统关键参数分析论证方法。

（3）没有充分考虑地下介质参数的求取问题。地下介质本身是各向异性的，叠前深度偏移成像需要准确的介质参数模型（速度和各向异性参数）。各向异性层析反演是求解速度模型的重要工具，考虑表层初至层析反演及中深层速度反演的要求，满足各向异性层析反演精度的炮检距大小及反演矩阵的均匀性和适定性，也是三维观测系统设计需要充分考虑的方面。

2.1.2 叠前深度偏移对采集方法的要求

从叠前深度偏移成像理论和配套速度建模技术的需要出发，满足山前复杂构造区叠前深度偏移成像，三维地震观测系统优化设计的思路和原则满足要求如下：

（1）适当的横纵比。能够满足叠前成像对横向偏移孔径的需求，有利于偏移速度反演，同时又要达到足够的方位角宽度，有利于HTI各向异性裂缝反演。当然，在复杂构造区成像方法未推广应用正交晶系成像方法时，横纵比不宜太大，否则不利于成像，效果适得其反。

（2）足够的密度。满足观测系统与叠前偏移成像一体化互补的噪声压制原则，达到提高信噪比的要求。对复杂逆掩体下地质目标，还需要局部加密或变观，确保目标的照明。同时在投资和成像质量的矛盾之间找到合理的平衡点。

（3）相对的均匀、对称度。在一定覆盖密度和投资限制条件下，既考虑满足空间采样定律要求，又要尽量放大炮检点距、缩小炮线距，同时要满足观测系统压制地表散射干扰、压制偏移噪声的要求。通过优化炮检点距和炮线距之间的几何关系，达到提高成像质量和保持振幅等属性均匀的目的。

（4）灵活加密布设小排列。在常规布设的检波线之间，加密布设小排列，补充小炮检距初至数据，满足表层初至层析反演的要求，提高浅表层速度建模精度。

（5）适当的最大炮检距。从偏移速度分析和各向异性参数求取的角度保证一定的炮检距长度，同时满足各向异性层析速度反演对观测系统的要求。

2.2　波动方程正反演模拟与观测系统优化

地震波场的正演模拟就是在假定已知地下介质的结构模型和相应物理参数的情况下，模拟地震波在地下介质中的传播规律，并计算在地面或地下各个观测点所应观测到的数值地震记录的一种地震模拟方法。而反演模拟技术是指对正演得到的波场记录数据，开展地震资料处理及相应的叠前偏移成像，对介质模型进行地震成像的过程。通过波动方程正、反演模拟技术联合，可以模拟和研究采集、处理及成像各个环节的关键技术应用是否合理、如何得到最佳组合配套。该方法已在石油天然气地震勘探领域中得到广泛的应用。它一方面可以为地震数据采集、处理、解释提供理论依据，评估方法的科学性、可行性和先进性；另一方面可以用来检验各种成像方法和结果、解释成果的可信度，以及各种反演算法的正确性和可靠性等，为实际勘探生产提供技术理论依据。

这里讨论的复杂区三维地震观测系统优化设计技术是以波动方程正演模拟技术为基础，结合灵活多变的三维观测系统采集参数，在已知的地质模型和速度模型情况下，通过正演模拟获得丰富的模型地震模拟数据体，再对正演数据体进行不同成像方法和流程处理，并分析成像方法及效果，指导观测系统参数优化和成像技术线路的确定。

2.2.1　三维正反演数值模拟及基本观测系统参数分析

文中研究应用的正反演模拟模型依托于塔里木盆地库车坳陷DB工区。根据前期地质认识和钻井、测井资料及老三维地震处理解释成果，建立了该区三维地震地质数据模型。图2.2.1为所建立的DB山地三维速度模型和南北向速度剖面。该模型不仅考虑了地下非常复杂的双重构造变形（双滑脱叠瓦构造发育）、盐变形构造、浅层逆掩推覆与褶皱变形，而且考虑了剧烈变化的起伏地表、近地表纵横向速度变化（600～900m/s）、厚度从0～180m变化的低降速层。这一模型基本能代表山前复杂构造的主要类型和地震地质面临的一系列问题与挑战。该模型的不足之处在于为了简化问题分析的复杂性，未考虑地层的各向异性及其变化。

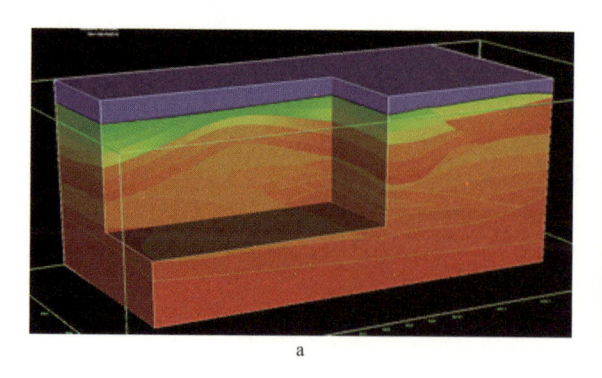

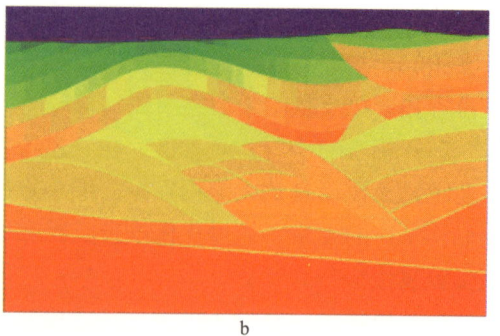

图2.2.1 DB三维正演速度模型

a—三维速度体；b—南北向速度剖面

为了便于与实际地震采集资料（2005年采集窄方位三维：面元15m×30m、炮检线距180m、横纵比0.2）参考对比，这里设计了如表2.2.1所示的基本观测系统，进行正演计算模拟采集地震记录。图2.2.2为不同区域正演单炮与实际采集单炮记录的对比图。从图中可见，无论戈壁区还是山体区，二者除了由于正演子波与空间实际变化的子波不同引起的反射频率特征差异外，在基本面貌、各种波场特征（包括面波、折射波、主要反射波、地表散射及随机干扰）、浅表层响应等方面均非常相似。可以用此数据进行各种采集观测系统的优化分析和成像方法的合理有效性分析等。

表2.2.1 三维模型正演基本观测系统参数表

观测系统	480L6S480T
面元尺寸（m²）	15×15
道距（m）	30
炮距（m）	30
接收线距（m）	30
炮线距（m）	180
滚动距（m）	180
纵向最大偏移距（m）	7200
最大非纵距（m）	7200
横纵比	1

后期进行的不同观测系统参数对比试验均以此数据为基础，根据要对比分析的观测系统参数变化，抽取相应数据子集，或进行适当的加密正演重新抽取多种不同观测系统（前后抽取对比了16种典型的不同观测系统）进行对比分析，并针对每一种观测系统数据都进行叠前深度偏移后，再对比成像效果，以此分析研究什么样的观测系统更适应于复杂构造叠前深度偏移成像，以及找出哪些观测参数的变化对叠前深度偏移的影响更敏感，从而得到复杂山前三维地震勘探观测系统设计中优化的思路及重点参数。需要强调，在这些成像对比中，为

了不受其他因素影响，偏移中的速度统一应用正演时的已知模型速度，没有考虑观测系统变化对速度反演精度的影响。

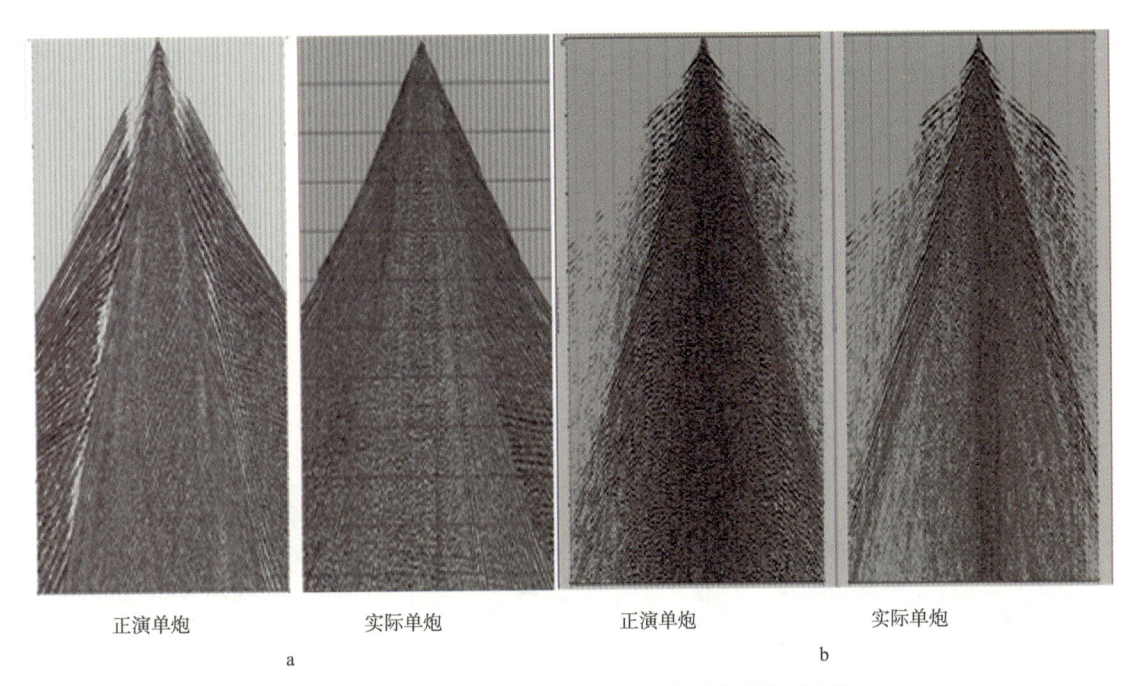

正演单炮　　　　　实际单炮　　　　　正演单炮　　　　　实际单炮
　　　　　　a　　　　　　　　　　　　　　　b

图2.2.2　三维正演模拟单炮与实际三维采集单炮对比图

a—戈壁区正演单炮与实际单炮对比；b—山体区正演单炮与实际单炮对比

2.2.2　观测系统参数对比试验分析

从三维正演模拟数据中共计抽取了16种观测系统，总体可分为两大类。下面列举几种对采集观测系统参数设计和优化方向有重要指导意义的对比试验进行讨论。

（1）增加覆盖密度及排列片宽度，包括3方面共7种观测系统对比。

①不同横纵比观测系统叠前深度偏移成像对比（3种）。具体对比内容及其他观测系统参数参考表2.2.2。在纵向参数不变的前提下，通过增加横向接收线的方式，逐渐增加了观测方位角（横纵比由0.3，0.5增加到1），覆盖密度也随之逐渐增加。其中，这里所提到的"覆盖密度"概念，就是为了适应目前叠前偏移成像技术要求而提出的，以区别于水平叠加时代共面元覆盖次数。覆盖密度即是单位面积内的总接收道数。覆盖密度的提出，更有利于评价和分析叠前偏移孔径内参与偏移的炮、道数量。而传统的CMP面元内覆盖次数，仅仅适应于评价水平叠加的指标。由于相同覆盖次数，可能会由于面元大小的变化影响叠前偏移孔径内参与偏移的数据量及野外施工的投资费用。当然相同面元条件下，覆盖次数越高，覆盖密度越高。因此，在叠前偏移时代，应用覆盖密度能更合理有效评价勘探的投入和预期的叠前偏移成像质量。

通过对比不同观测方位成像效果可以发现，随着观测方位的增加，导致了覆盖密度和覆盖次数的显著提高，复杂断块成像效果得到明显改善，剖面的信噪比也得到有效提高（图2.2.3）。但有一点需要说明，在复杂山前构造的强变形区域，方位各向异性特征非常突出，由于正演模型设计没有考虑速度的各向异性特征，以及HTI偏移方法目前在工业生产中还很难实现，这一结论可能在一定条件下有失偏差。因此，在复杂山体区我们不一定要用横纵比为1的观测系统（本节后面会讨论这一观点）。

但从上述对比试验中可以发现，通过简单增加接收线的方式来增加横纵比会导致两个方面问题：一是仪器道数和野外工作量显著增长，勘探费用大幅上升，这种成本大幅上升的作业方式是项目运作方无法接受的。二是这种接收线数的增加，已经引起了观测系统两个关键参数（即横纵比和覆盖次数）的变化。那么，横纵比和覆盖次数的改变究竟对复杂构造成像的效果分别起什么样的作用？以上对比结果并不能给出明确的结论。为此，我们又分别对横纵比和覆盖密度进行了对比研究。

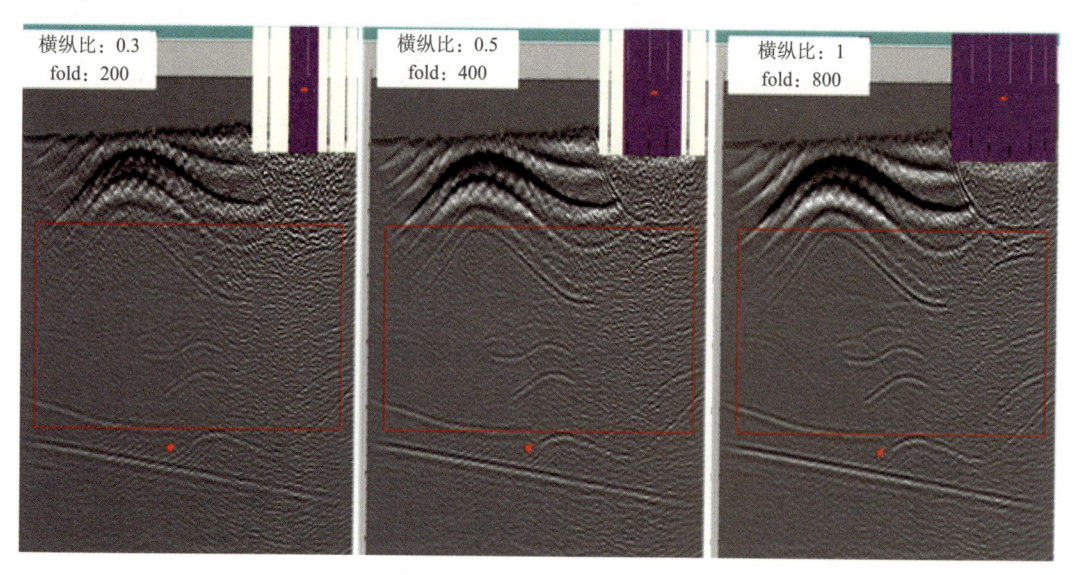

图2.2.3　不同横纵比观测系统叠前深度偏移剖面

②不同炮线距观测系统叠前深度偏移成像对比（2种）。具体对比内容及其他观测系统参数参考表2.2.3。

这一组对比，实现了在保持观测宽度不变的情况下，通过改变炮线距的方式，改变了覆盖次数和覆盖密度。通过对比图2.2.4的成像效果，我们发现，通过减小炮线距的方式，在纵向上有效提高了覆盖次数，小断块成像质量得到改善，剖面噪声明显减弱。但对野外施工来说，炮线距减小，意味着工作量增大、费用投入也随之增长。

③不同接收线距观测系统叠前深度偏移成像对比（2种）。具体对比内容及其他观测系统参数参考表2.2.4。

这组对比相当于实现了在野外施工工作量（即勘探投资费用或成本）基本相同的情况下，保证覆盖次数不变。通过改变接收线距，达到改变横纵比参数的目的。图2.2.5为不同横纵比的对比效果。从图上不难发现，适当增大接收线距，扩展观测方位角（提高了横纵比）后，叠前深度偏移剖面上，逆掩体下的陡倾角地层成像效果得到一定程度改善，相对平缓地层成

2 面向叠前深度偏移成像的复杂构造地震采集优化技术

像效果无明显差别，但不利于浅层成像。即适当增加观测方位角有利于提高复杂掩体下的目标照明和成像质量。

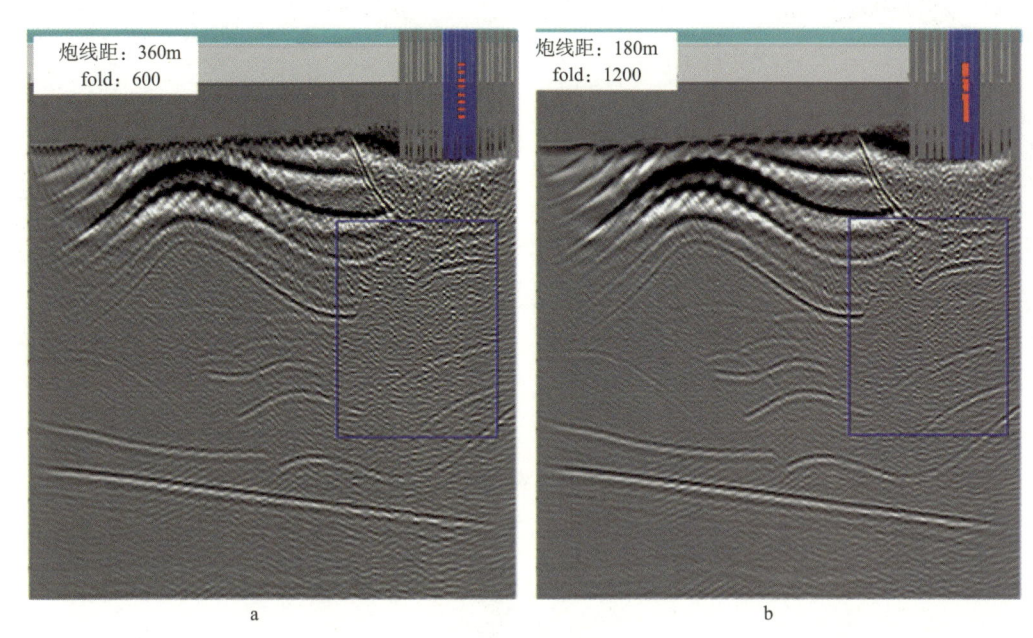

图2.2.4 不同炮线距叠前深度偏移剖面

a—大线距；b—小线距

表2.2.2 不同横纵比参数

对比内容	不同横纵比	0.3/0.5/1
其他观测系统参数	面元	15m×15m
	道距	30m
	炮距	30m
	接收线距	180m
	炮线距	360m
	滚动距	180m
	纵向最大偏移距	7200m

表2.2.3 不同炮线距

对比内容	不同炮线距	180m/360m
其他观测系统参数	面元	15m×15m
	道距	30m
	炮距	30m
	横纵比	0.5
	接收线距	120m
	滚动距	180m
	纵向最大偏移距	7200m

表2.2.4 不同接收线距

对比内容	不同接收线距	120m/180m
其他观测系统参数	面元	15m×15m
	道距	30m
	炮距	30m
	横纵比	0.5
	炮线距	360m
	滚动距	180m
	纵向最大偏移距	7200m

但是在实际生产中，由于正交晶系各向异性偏移成像方法还没有成熟的技术和工业化软件可以实现。因此HTI各向异性的存在一直是困扰复杂构造成像非常重要的因素。图2.2.6显示的是塔里木盆地库车地区迪西全方位三维资料的分方位角叠加剖面显示。不同的观测方位角范围，剖面成像质量差异非常大。经分析主要因素来自全方位采集带来的HTI方位各向异性问题无法得到解决所致。因此，针对目前的技术现状，要根据地质需求及实际地下构造情况设计优化观测系统，但方位角不宜太宽，以横纵比为0.5左右为宜，避免过宽方位采集带来的方位各向异性问题影响最终成像质量。

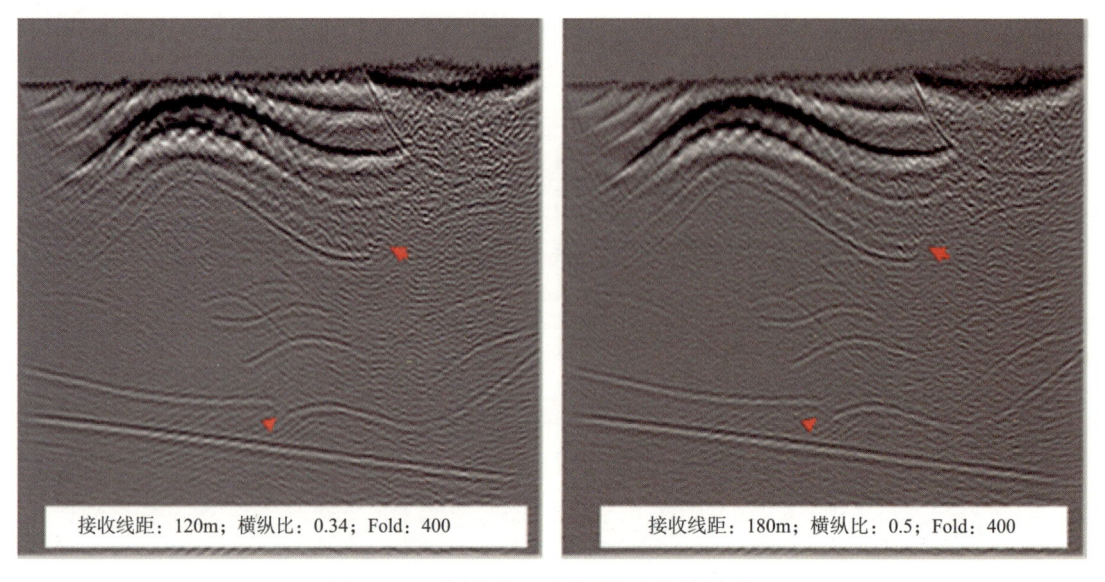

图2.2.5　不同横纵比观测系统成像效果对比

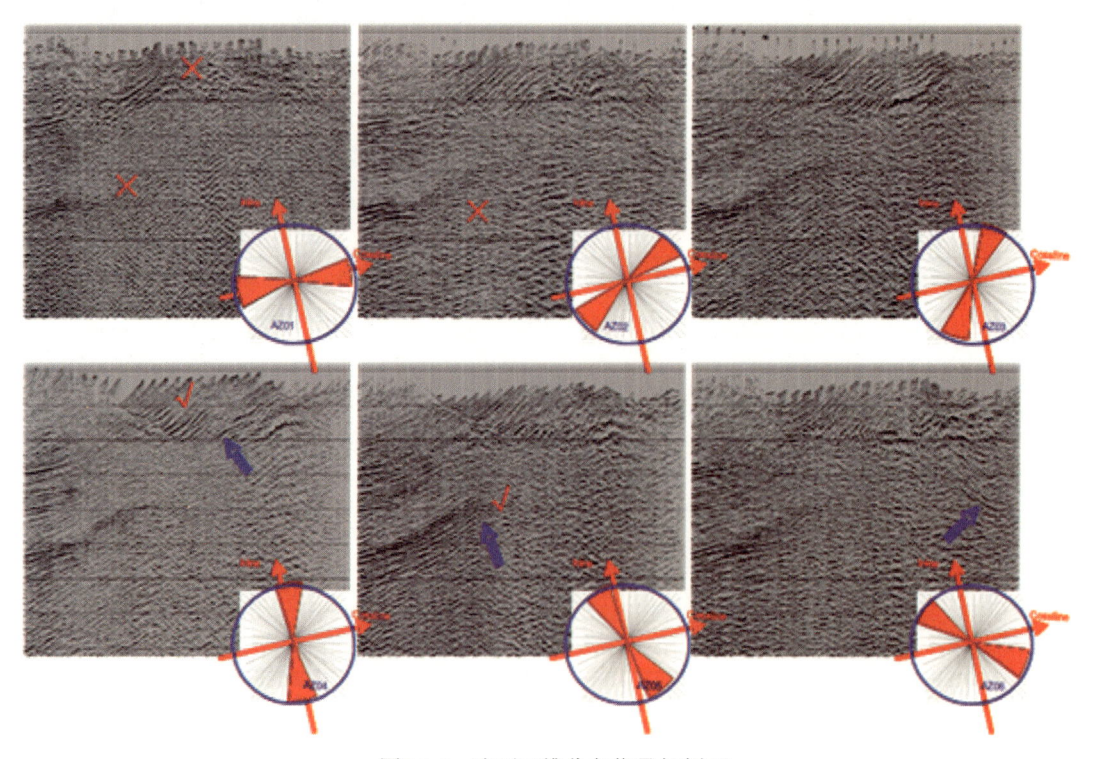

图2.2.6　迪西三维分方位叠加剖面

通过以上的对比试验可以得到两方面认识。一方面，要保证复杂高陡构造、推覆体下构造或小断块的叠前偏移成像效果，首先必须保证有足够的覆盖密度，才能保证资料的信噪比。在此基础上，适当增加观测方位，保证对复杂波场的记录更完整，最终达到改善复杂断块成像效果的目的。另一方面，在三维地震资料采集过程中，为保证成像效果而大幅度地提高覆盖次数，增加观测方位，必然造成勘探投入和成本大幅度飙升，这是不现实、不经济的。因此，必须考虑如何在相同工作量条件下，通过改变炮检点的相对几何关系，以最经济实用的观测系统（采集方案）达到压制噪声、提高信噪比、改善成像质量的目的。基于这个出发点，我们在原有的观测系统基础上又进行了一系列的观测系统参数对比试验，前提是采用相近采集工作量（采集成本相对固定条件下），对面元尺寸、接收线距、炮线距、炮点距、道间距、观测方位等参数进行适当调整优化，目的是改善炮检点分布的均匀度。具体参数参考表 2.2.5。

（2）保持采集成本基本不变（即占用设备不变、实物工作量基本相当）情况下的观测系统参数优化对比。

①接收线距变化对比，即缩小线距、减小观测方位角。具体观测系统参数参考表 2.2.5。事实上，看似工作量相当的这组对比并不合理。由于其他参数不变的条件下，减小了接收线距、降低了观测方位角，等于增加了覆盖密度。而且，对于一定工区范围的三维勘探来说，线距减小，意味着线束数必然增加，从而在同样达到满覆盖时必然增加了摆放排列的工作量。当然，这些工作量的增加和覆盖密度的增加，其结果也同样体现在最终的成像效果上。从深度偏移结果对比（图 2.2.7）可以看出：120m 接收线距的偏移效果，即使在横纵比较小的情况下，依然优于 180m 接收线距结果。这也从另一个方面说明一个问题，即在山前复杂构造低信噪比区域的三维地震勘探中，增加覆盖密度、提高信噪比，比横向拓展观测方位更重要。所以，在复杂山前低信噪比地区勘探中，讨论观测系统参数，必须把保证覆盖密度、提高信噪比放在首位。只有在保证了信噪比要求的前提下，才能讨论进一步优化和降低成本。

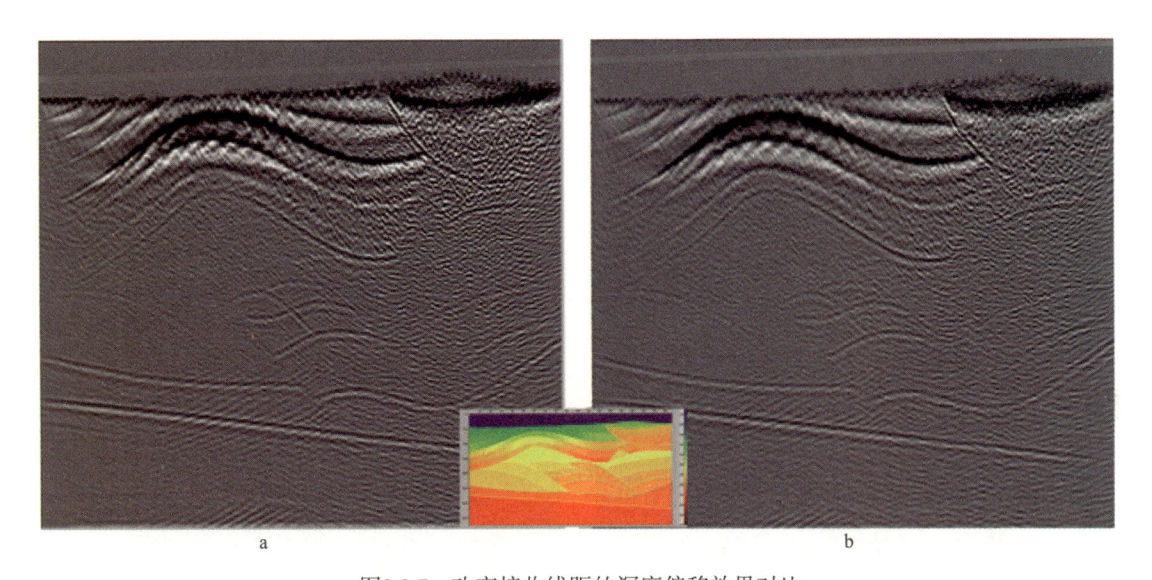

图2.2.7 改变接收线距的深度偏移效果对比

a—接收线距120m，纵横比0.34；b—接收线距180m，横纵比0.5

②纵向最大偏移距和横纵比变化对比试验。即把最大偏移距由 7200m 缩短到 5700m（目的层深度 6200m 左右），由此甩出的道数，摆放在排列片的两边，达到不改变线距和接收道数，而扩展观测方位角和增加横纵比的目的（共试验了 6 种方案、形成 3 组对比）。具体观测系统参数参考表 2.2.6。

表2.2.5 接收线距变化对比

观测系统参数	面元	15m×15m
	炮线距	360m
	道距	30m
	炮距	30m
	横纵比	0.34/0.5
	接收线距	120m/180m
	滚动距	180m
	纵向最大炮检距	7200m

表2.2.6 不同炮检点分布均匀度对比

观测系统参数	面元	15m×15m
	炮线距	180m
	道距	30m
	炮距	30m
	横纵比	0.23/0.14、0.46/0.28、0.9/0.56
	接收线距	180m
	滚动距	180m
	纵向最大炮检距	5700m/7200m

这组对比与上一组试验类似，尽管占用设备相当，但实际工作量有所变化。由于其他参数不变的条件下，减小了接收线长度、拓展了观测方位角，在观测方位角较窄时，相当于相对降低了覆盖密度。而且，对于一定工区范围的三维勘探来说，意味着线束数必然减少，从而一定程度上减少了工作量，其效果也同样体现在最终的成像效果上。从深度偏移结果对比（图2.2.8）可以看出：7200m排列（相对窄方位）接收的偏移效果，即使在横纵比较小的情况下，依然优于5700m接收线（相对宽方位）的结果。这与上一组试验对比类似，即在山前复杂构造低信噪比区域的三维地震勘探中，增加覆盖密度、提高信噪比，比横向拓展观测方位角更重要。而且，还没有考虑由于方位角扩展带来的HTI问题。更没有考虑由于减小偏移距而影响了中深层速度反演精度，从而影响成像质量。所以，与上一组试验的结论类似，在复杂山前低信噪比地区勘探中，讨论观测系统参数，必须把保证覆盖密度、提高信噪比放在首位，只有在保证了信噪比要求的前提下，再讨论进一步优化和降低成本。

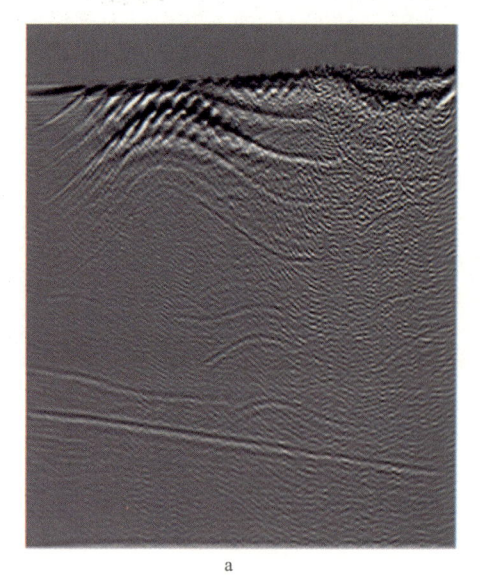

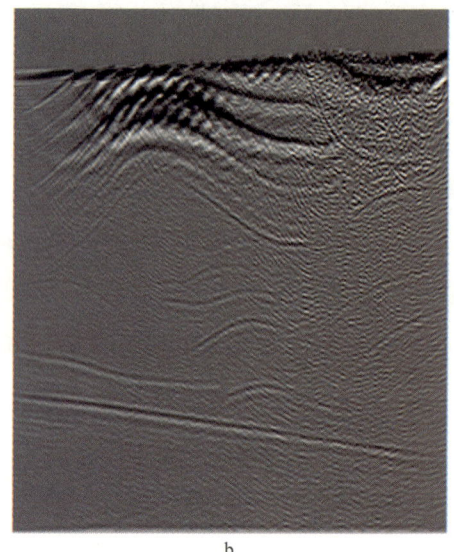

图2.2.8 纵向最大偏移距和横纵比变化对比试验

a—纵向排列长5700m，横纵比：0.46；b—纵向排列长7200m，横纵比0.28

③在野外采集工作量保持基本不变,且满足采样定理条件下,改变炮检点距和炮检线距,尽量使炮检点纵横向(平面空间上)均匀对称性分布,以利于地表噪声和偏移噪声压制,达到提高成像质量的目的。

改变传统的线束状三维观测系统,在工作量相同的情况下,即炮、道数不变,施工采集的工作量基本不变。只改变炮检点的相对几何关系,提高炮检点的均匀度和对称性,如图2.2.9所示。这种观测方式的改变,实际上是改变了目前一直沿用的传统的线束状的观测系统布设方式。

为适应目前地震采集技术发展的趋势与方向,即为了提高复杂山地地震采集作业的安全性,降低采集成本,减小采集大、小线布设的劳动强度,近两年大面积发展和推广应用节点、单点采集,实现复杂区的灵活、随机采样,便于施工,突破勘探禁区,也有利于下一步发展和实现无人机物理点布设的勘探。

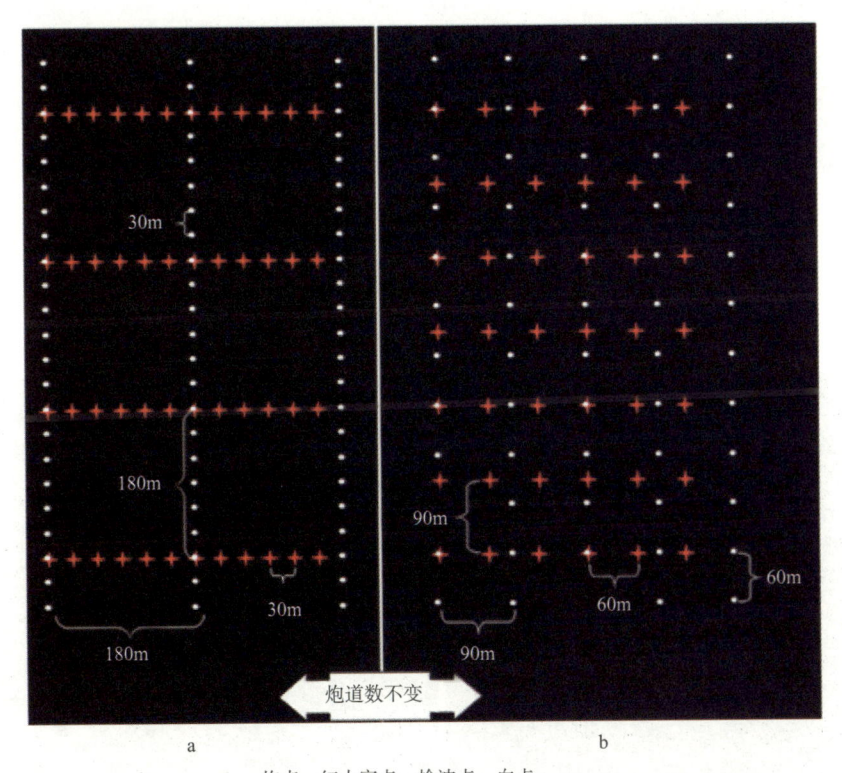

炮点:红十字点;检波点:白点

图2.2.9 传统线束状三维与炮检点均匀布设观测系统对比示意图

a—传统线束状三维,炮线距与检波线距都为180m、点距30m;b—炮检点90m×60m

那么,在满足采样定理的条件下,我们通过对比这两种观测系统的叠前偏移成像效果,可以发现,提高炮检点的均匀度和对称性,更有利发挥观测系统的压噪作用,提高成像质量,(图2.2.10)。在此基础上,根据目前仪器的带道能力,不增加炮数,而通过增减检波点的个数或拆分多串检波器组合,达到增加接收道数和记录的数据量(图2.2.11),更加有利于提高剖面的信噪比,改善山前复杂盐下断块的叠前成像效果(图2.2.12)。因此,在现代电子仪器迅速发展的今天,完全可以通过提高仪器的带道能力(如目前的百万道仪器发展趋势)和原始记录的数据量，增加检波（接收）点数，以及拆分传统的多串检波器组合、降低组合的混波效应。这些都是优化三维地震观测系统设计的重要方向，尤其有利于节点和单点采集技术的发展，也为提高初至拾取精度，进一步提高表层模型反演精度奠定了基础。

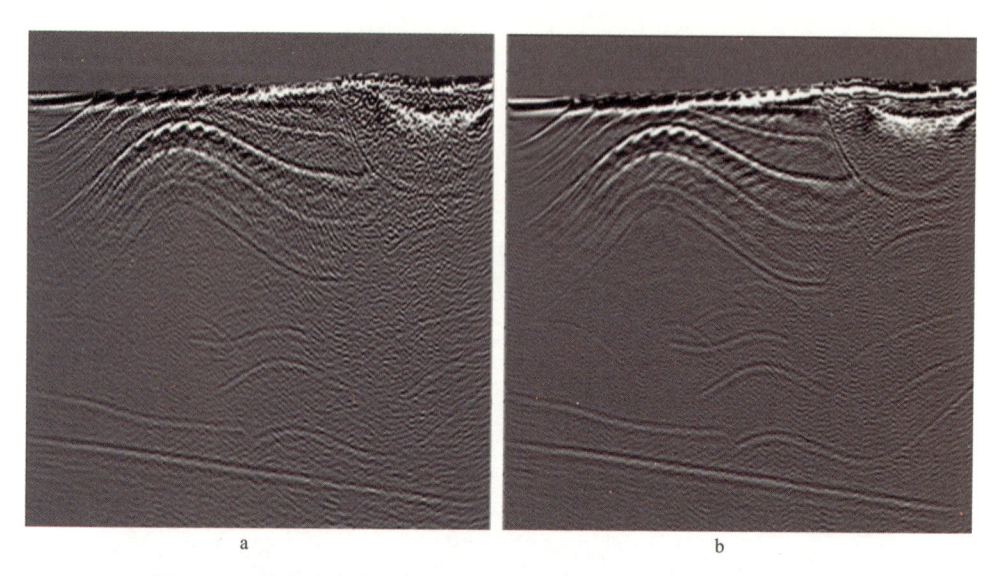

图2.2.10　传统线束状三维与炮检点均匀布设叠前深度偏移对比剖面

a—传统三维；b—炮检点均匀布设

炮点：红十字点；检波点：白点

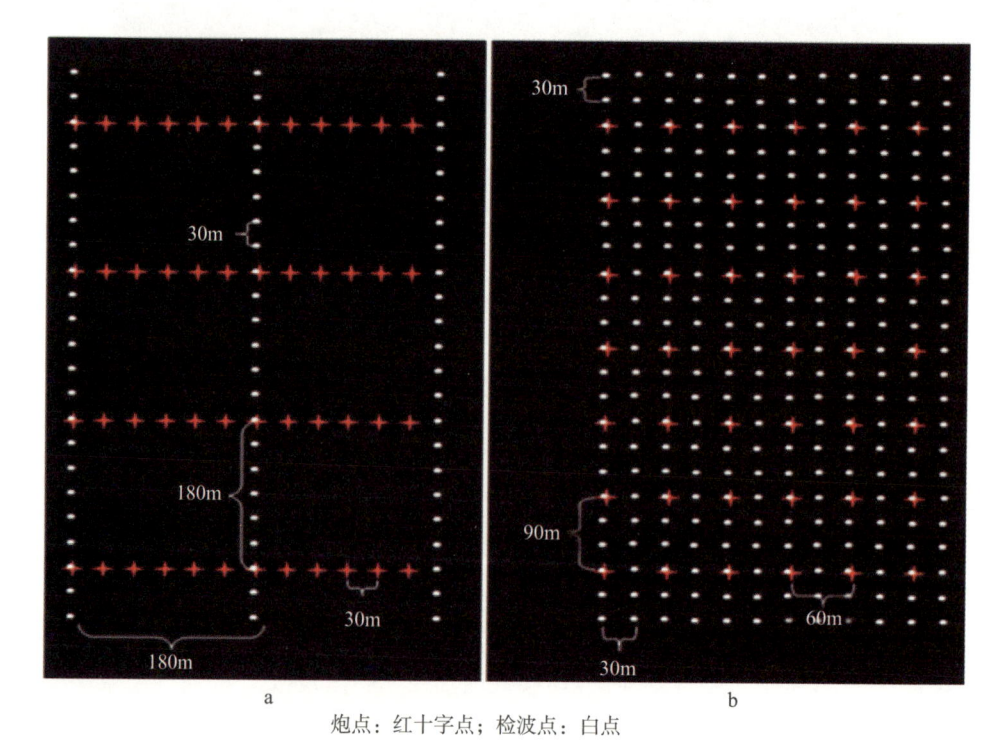

图2.2.11　传统三维与增加接收点或拆分检波器组合的均匀布设前后对比示意图

a—传统三维；b—炮点均匀布设、检波点均匀增加4倍

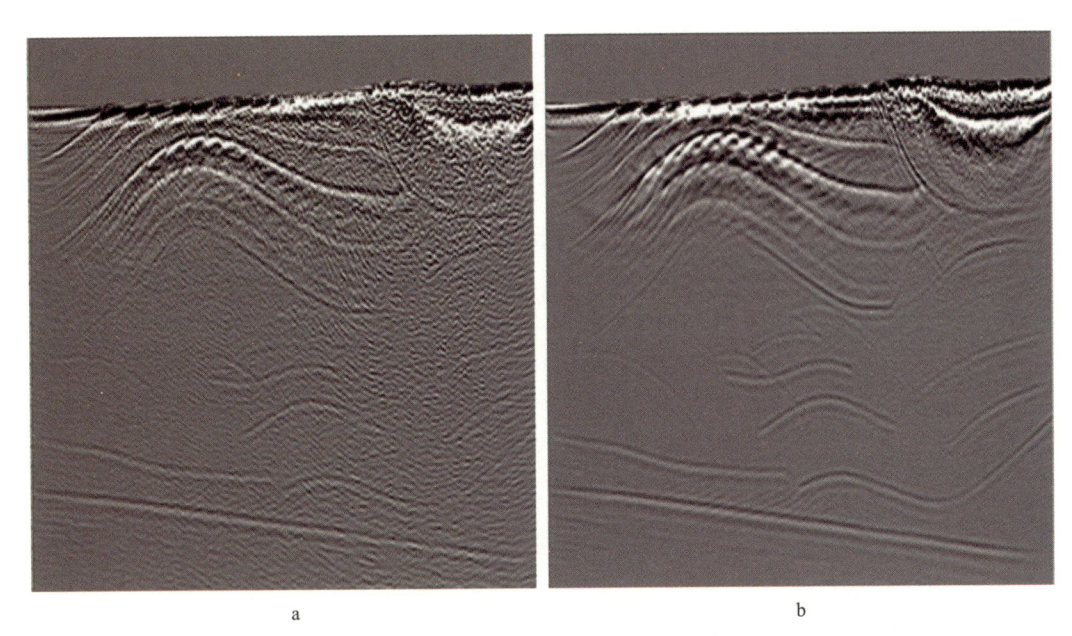

2 面向叠前深度偏移成像的复杂构造地震采集优化技术

图2.2.12 传统三维与增加接收点或拆分检波器组合的均匀布设前后叠前深度偏移剖面对比图

a—传统三维；b—炮点均匀布设、检波点均匀且增加到原来的4倍

通过改变传统的线束三维设计与施工方式对比试验可以得到新的认识：在工作量不变的情况下，改善炮检点的几何分布关系，提高炮检点分布的均匀性和对称性，即摒弃传统的线束状观测系统，同样可以达到改善复杂构造及深层断块成像效果的目的。在此基础上，结合仪器的实际带道能力和目前仪器的发展方向，通过拆分原有的检波器组合（将传统2～3串组合，拆分为单串接收，或适应于单点数字检波器发展趋势），或者通过直接增加接收点个数，提高覆盖密度、降低野外组合的混波效应，改善地震成像品质是我们在山前复杂低信噪比地区三维地震观测系统参数设计和优化的指导方向和需要把握的原则。最重要的是这一组对比实验，为在山地复杂区发展和推广节点仪器采集技术奠定了基础，为突破山地勘探禁区、降低山地作业风险和勘探成本提供了新的技术解决方案和思路。

④在保持采集成本基本不变（即占用设备不变、实物工作量基本相当）的情况下和保证覆盖密度的前提下，一方面炮点、检波点随机布设的观测系统更有利于山地三维地震采集野外工作的顺利实施；另一方面炮点、检波点随机布设在一定程度上有利于弱化规则观测系统中固有的采集脚印的影响。随着无线节点可扩展仪器的发展和"盲采技术"的应用，加之五维插值等信号处理技术的发展，适应复杂地表的随机采集技术很可能是下一步地震技术发展的一次重大变革。

理论上，三维观测系统中炮检点的布设要求满足均匀性和对称性的几何分布关系，以便更好地满足叠前深度偏移成像算法对观测数据的属性要求。但在山地三维采集实施过程中，由于地表条件的复杂，施工环境和HSE风险的限制，以及施工成本的制约，观测系统炮检点的实际布设很难做到理想观测系统要求的均匀和对称，甚至有些施工区域还会出现炮检点缺失的情况。目前有一种观点认为：在覆盖密度达到一定程度的时候，炮点、检波点的摆放位置对叠前偏移成像的质量没有影响。下面我们通过对比炮点随机采样和规则采样数据的成像效果来验证以上观点。

表 2.2.7 为对比试验采用的观测系统。图 2.2.13 为炮点规则布设与随机布设情况下炮检点关系图。这两种布设方式中，检波点位置一致，总炮数一致。

表2.2.7 炮点规则布设观测系统参数表

观测系统	6S480T
面元尺寸	12.5m×12.5m
道距	25m
炮距	25m
接收线距	200m
炮线距	200m
滚动距	200m
横纵比	1
覆盖次数	784
覆盖密度	5017600道/km²
总炮数	3192

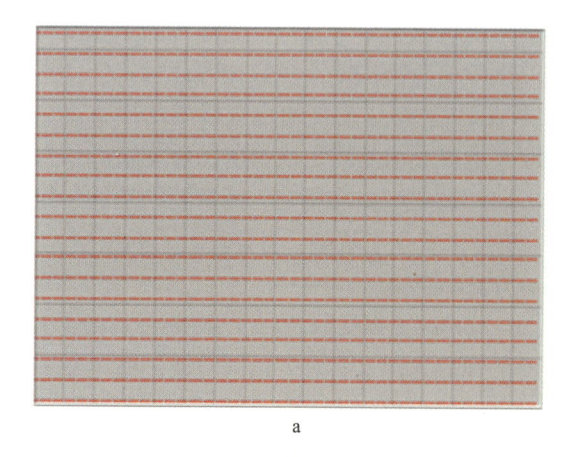

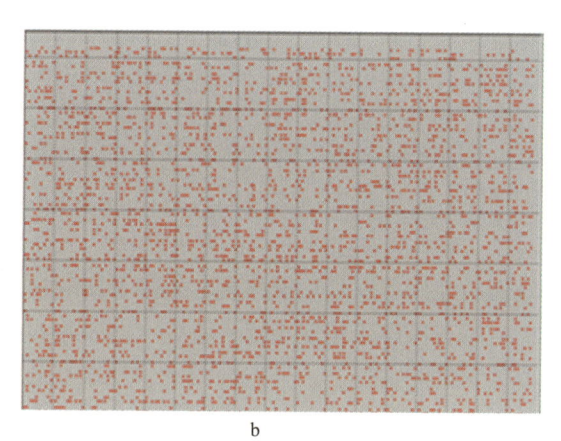

图2.2.13 炮点规则布设（a）与炮点随机布设（b）炮检点关系图

通过对两种观测系统得到的数据分别进行 Kirchhoff 叠前时间偏移（浅层地层水平、速度没有变化使得叠前时间与叠前深度偏移结果相当），并对比偏移剖面效果及水平切片的脚印变化情况（图 2.2.14）。

从叠前偏移剖面上可以明显看到，在规则炮点布设剖面上浅层采集脚印非常明显，而随机炮点布设剖面上采集脚印痕迹相对很弱。从浅层 2500ms 的时间切片上，我们也可以清晰地看到，由于炮点和检波点的规则摆放，造成时间切片上采集脚印呈现网格状分布特征。而对于炮点随机摆放的观测系统，其时间切片上表现出来的只有来自检波点方向的采集脚印的影响。根据炮检点互换原理，如果检波点也采用同样的随机布设的方式，那么同样也可以有效弱化来自检波点方向的采集脚印的影响。

炮、检点的随机布设尽管可以有效压制采集脚印的影响，但是这种观测系统必然造成面元内属性的不均变化，比如覆盖次数、炮检距分布、方位角分布等。后期可以通过五维插值的技术对采集数据进行规则化处理，以满足叠前偏移成像方法对数据的属性需求。

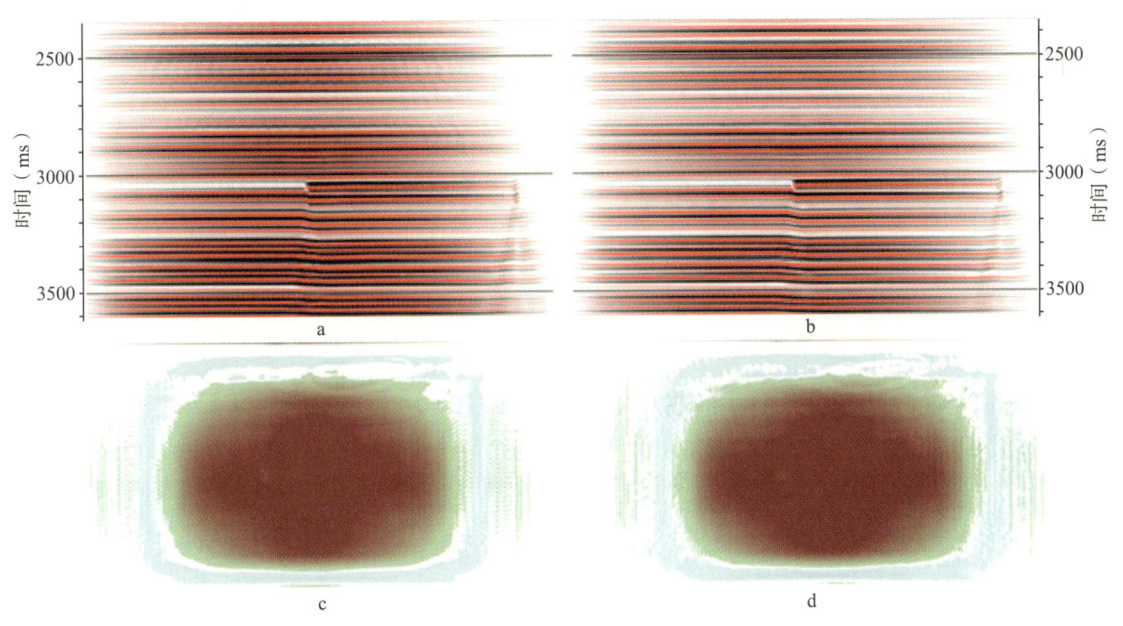

图2.2.14 两种炮点布设Kirchhoff叠前偏移剖面及切片对比

a—规则炮点布设叠前偏移剖面inline方向；b—随机炮点布设叠前偏移剖面inline方向；
c—规则炮点布设2500ms切片；d—随机炮点布设2500ms切片

因此，随着无线节点仪器的发展，五维插值技术的不断进步，叠前偏移配套技术的不断完善，炮、检点随机布设观测技术的实施将在很大程度上提高复杂地表采集的施工效率，降低采集成本，减小野外施工风险，为复杂地表条件下采集提供新的工作思路和研究方向。

2.3 基于波动方程的照明度分析技术

在传统地震采集设计中，往往以地表水平、均匀或水平层状介质的假设条件为基础，根据区内地层速度和实践经验，结合射线理论，对野外观测系统的覆盖次数、排列长度等主要参数进行设计。这种设计方法对于地表平坦、地下构造变化简单的地区基本可行。然而，在山前复杂构造地震勘探中，复杂山地近地表结构的不稳定，表层速度横向变化剧烈，以及地下复杂的逆掩推覆及高陡构造变形，造成地下波场的传播已经变得相当复杂，简单的射线理论已很难描述如此复杂的波场传播，目的层段地震波能量分布严重不均。传统方法采集到的地震数据由于反射盲区和各种噪声干扰的存在，变得无法识别和解释反射信号，直接影响复杂高陡构造及断块的成像质量，是地震勘探的重大难题。

基于波动方程的照明度分析是目前比较成熟的、面向目标成像的地震观测系统设计分析技术。运用该项技术可以直接计算出地质模型空间各点的波场值。该技术可以分为：炮点激发地震波向下传播的照明度分析（波场下传）和地下反射点（绕射点）波源向上传播的照明度分析（波场上传）。分析地表震源对地下目的层的照明度，可以用于确定有利激发区域。同时，通过波场上传分析地表检波器对地下各点的照明度分布，可以对所采集到的反射能量分布是否均匀进行分析判断。通过双向照明分析，可以进一步确定观测系统对目标的（成像能力）照明情况和最终处理成像后的可靠性，为采集设计人员对观测系统进行合理有效的优化和改进提供帮助。因此，照明分析可以帮助采集设计人员，确定野外激发与接收对地下反射界面的照明和反射盲区的位置，有针对性地优化炮道数、加密范围和最佳激发接收位置，改善阴影区照明强度，从而保证目的层的成像效果，提高野外施工的质量和针对性。

通过对地震波的射线追踪和波动方程波场模拟，实现面向地质目标、基于目标照明分析的地震采集设计与优化论证，达到优化观测系统参数、提高采集质量、节约采集成本的目的，也可为后续资料处理和偏移成像提供有效的针对性处理技术对策。

2.3.1 震源排列的定向照明分析

对于一个给定的地震地质模型，由于上覆地层速度结构变化对地震波传播方向和路径的影响，会使不同的地震观测系统、不同的震源与排列布设方向对地下目标产生不同的照射效果和不同照明强度。根据散射或惠更斯二次震源的原理，同一空间点收到震源激发能量等于该点作为二次震源，再向各个方向传播的能量和。同理受上覆速度变化影响，对同一空间点接收到的照明能量在不同方向上的强弱也不尽相同。其表现为在某些方向上的照明能量强，而其他方向上照明能量弱的特点。也就是说，不同的观测系统对地下目标体的反映不同，最终处理得到的成像质量也不同。因此，需要从地面激发点向下进行照明分析和从地下目标层向上进行照明分析，指导炮检点的布设和观测系统参数优化。

对于倾角结构的照明有利与否，可通过不同倾角结构的照明方向进行判断，但对于该处照明能量强度的变化却无能为力。照明分析希望能够得到震源点、接收点的排列方式对地下波场传播的影响。即要求既能反映所有照射源对于同一位置总的照明强度，也能反映来自不同方向的照明能量强度。图2.3.1为单个点源情况和一组点源情况下，对同一目标点的照明示意图。

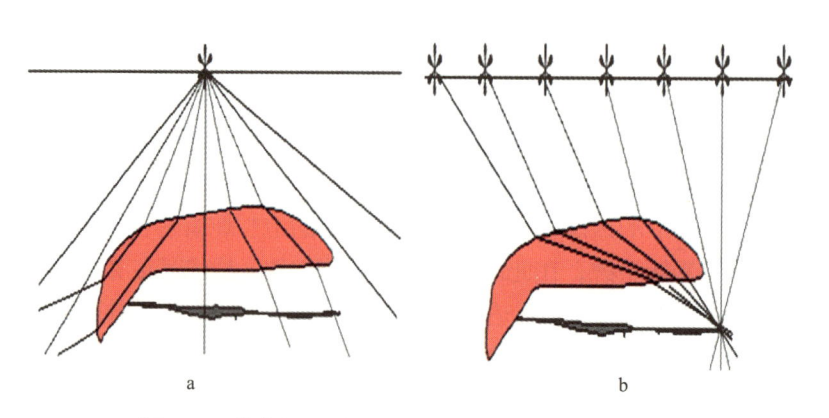

图2.3.1 单点源照明（a）与组点源照明（b）示意图

2.3.2 照明分析对采集参数优化

根据波动方程地震照明结果指导采集参数设计，就是通过单向照明、双向照明及射线追踪等方法结合，通过目的层照明强度统计分析，确定地面最优炮、检点分布范围及其几何关系，分析特定目的层各 CRP 点的覆盖次数与照射能量的分布情况、不同炮检距地震道对各 CRP 点的覆盖次数和能量贡献分布等，最终达到优化炮点、炮线和检波点、检波线的排列方式和排列长度等关键采集参数的目的。以下具体介绍利用照明分析和射线追踪来确定各个采集参数的方法。

2.3.2.1 确定炮点加密范围的方法

根据波动方程正演模拟照明分析结果，利用照明统计或波场上传的方法，指导确定勘探目的层的地面最优炮点、检波点分布范围（董良国等人提出）。

2.3.2.1.1 照明统计法

该方法属于波场局部角度域分解方法，通过单程波方程计算激发波场下传中对地下各点的照明分布，通过不同位置激发的地震波对目标区域照明强度分布曲线来判断是否有利于目标区的成像。

2.3.2.1.2 波场上传方法

根据地震波传播的互易性原理，在上传波场照明强的地面区域激发、接收，对该目的层界面的照明越有利。因此，炮点及需要加密炮点的最有利分布范围可根据该原理确定。

2.3.2.2 检波器排列方式及排列长度

通常在确定接收排列布设方式时，根据勘探目的层深度、倾角变化，定性或依据反射几何路径估算反射波到达地面空间区域，来确定检波器排列方式和排列长度，这些方法欠缺定量化的科学分析。如果遇到复杂构造区，目的层的覆盖次数受地下介质结构的严重影响，CRP 点覆盖次数越高，地震波对该点的照明强度也越高。因此，可通过 CRP 点覆盖次数的计算来表示地震波对地下的照明度。而目的层的最优检波点布设区域、排列方式及排列的长度等可根据射线追踪和波动方程模拟结果的分布曲线进行分析得到。

2.3.3 照明分析技术在山前复杂构造观测系统优化中的应用

综上所述，在复杂构造区三维地震观测系统设计与优化应用中，波动方程照明分析技术实现过程如图 2.3.2 所示。

（1）根据工区已有地震、钻井、测井资料及地震地质综合解释成果，建立采集区域的三维地质及地球物理模型。

（2）根据老资料提取的地球物理参数，结合已有的地震地质资料，设计一个（与勘探投入相近的）基础三维观测系统。在此基础上，过构造主体区域或最复杂区域，设计一个更强化的二维观测系统，用波场模拟技术对目标地质体进行炮域地震波场的数值模拟分析。

（3）分析每炮激发的地震波场对勘探目标的照明强度，并统计各个不同激发点地震波对目的层的照明强度，绘制出该目的层的照明强度分布曲线，进行炮点、检波点的分布调整或加密方案设计。

(4)在分析目标区地震波传播规律和特征的同时,记录正演波场,并利用叠前偏移方法对正演记录进行不同采集参数的成像结果对比,包括不同道距、不同覆盖次数、不同最大炮检距等。

(5)根据不同的叠前成像效果对比分析,结合目的层成像精度要求,优化确定基本的采集参数。

在用二维正演确定初步观测系统参数基础上,如果计算机能力允许,可再进行三维正演和三维叠前深度偏移成像,进一步论证炮线距、检波线距、观测方位角(横纵比)等主要观测系统参数。通过计算分析与观测系统参数、成像质量有关的属性变化,达到优化采集参数与成本概算的目的。

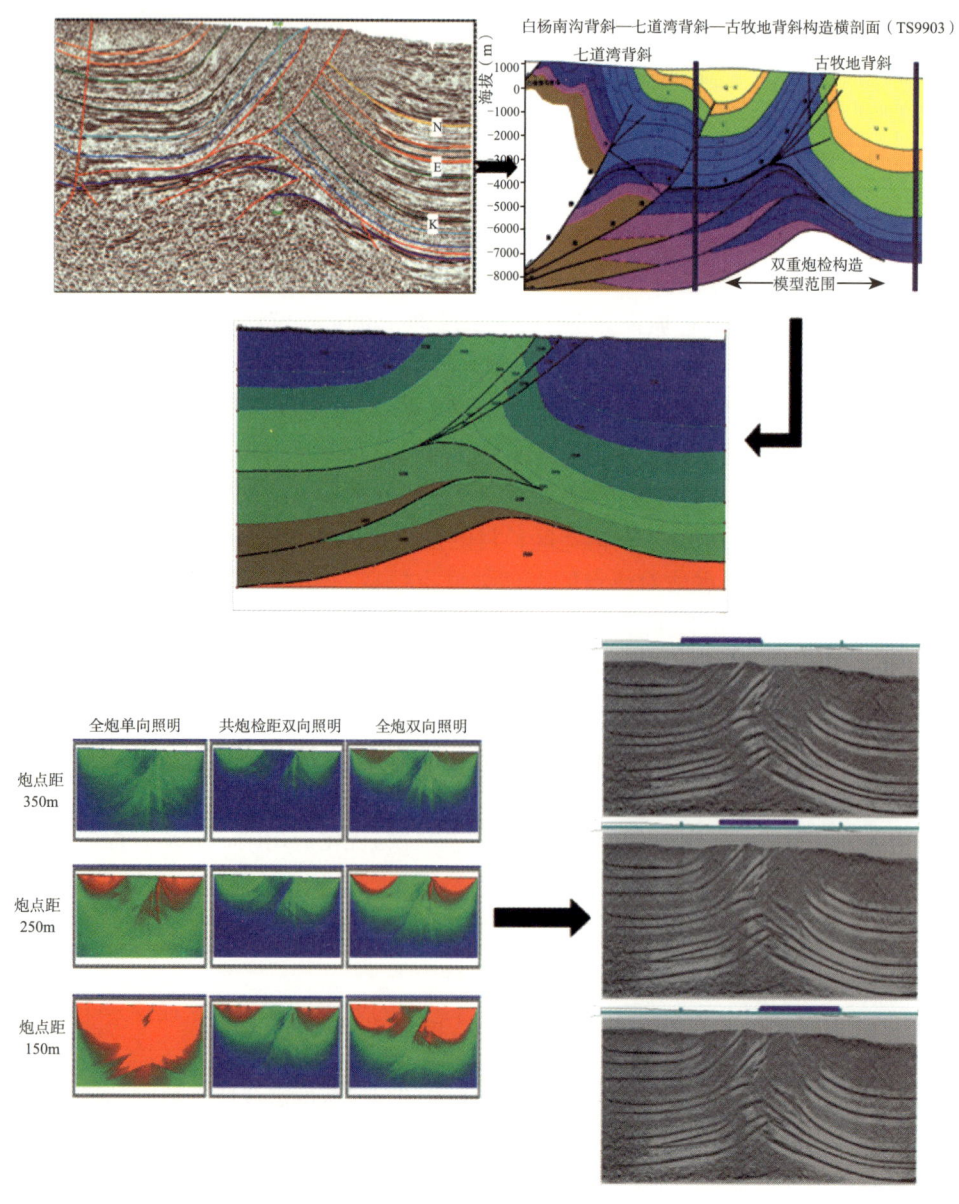

图2.3.2　波动方程正演技术与照明分析设计技术应用流程示意图

下面以塔里木盆地某A区复杂构造带为依托，阐述波动方程照明分析技术在实际三维观测系统参数优化设计过程中的作用。

图2.3.3为A区测线不同激发部位的照明分析图。在大型逆冲断层下覆的凸发构造是勘探的重点目标，凸发构造左翼（黄色线圈区）受上覆逆掩体的遮挡，为照明阴影区（照明较弱）。可以看到，在对应凸发构造高点部位的地表激发时，对凸发构造左翼的照明度相对较高，有利于构造的成像。所以，可以通过在该部位加密炮点，提高高速推覆体下的勘探目标成像效果。

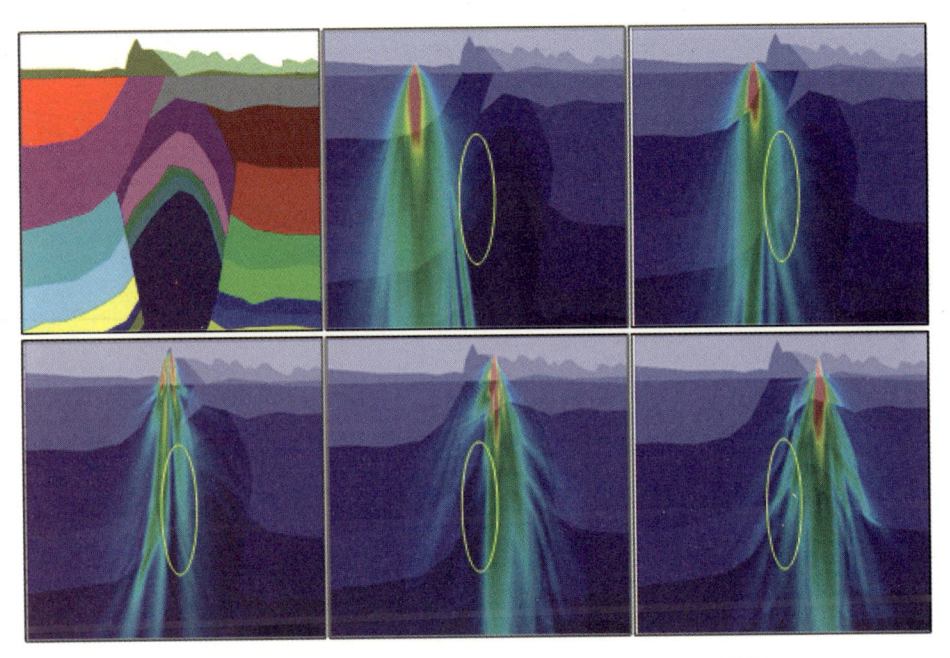

图2.3.3 塔里木盆地A区构造带不同部位激发的照明分析

图2.3.4为构造部位加密炮点前（a）、后（b）得到的照明强度对比。可以看到，在构造顶部对应的地表位置加密炮点后，尽管未完全消除高速推覆体所引起的地震波照明阴影区，但推覆体下凸发构造勘探目标的照明度得到了明显改善。

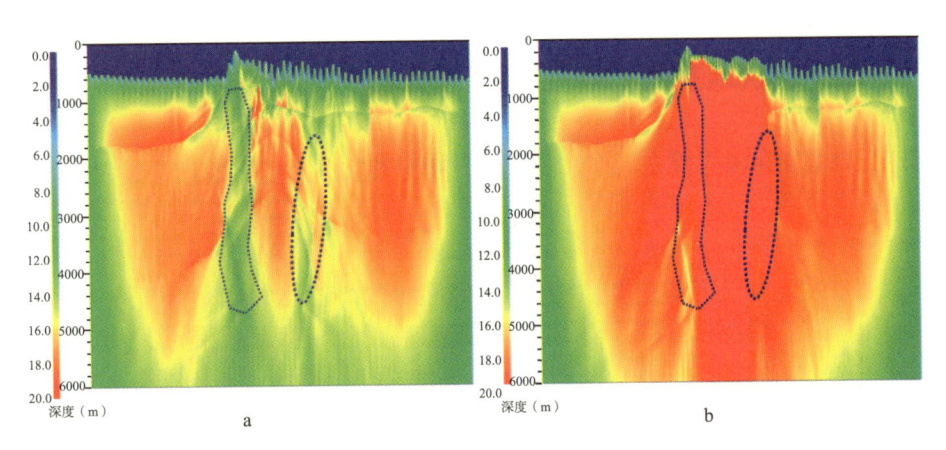

图2.3.4 A区构造部位炮点加密前（a）、后（b）的照明强度对比

图 2.3.5 是 A 区地震剖面通过照明分析，在所选区域（构造顶部）加密炮点采集前、后的对比剖面。可以看到，推覆体下的目的层成像质量有了一定的改善。

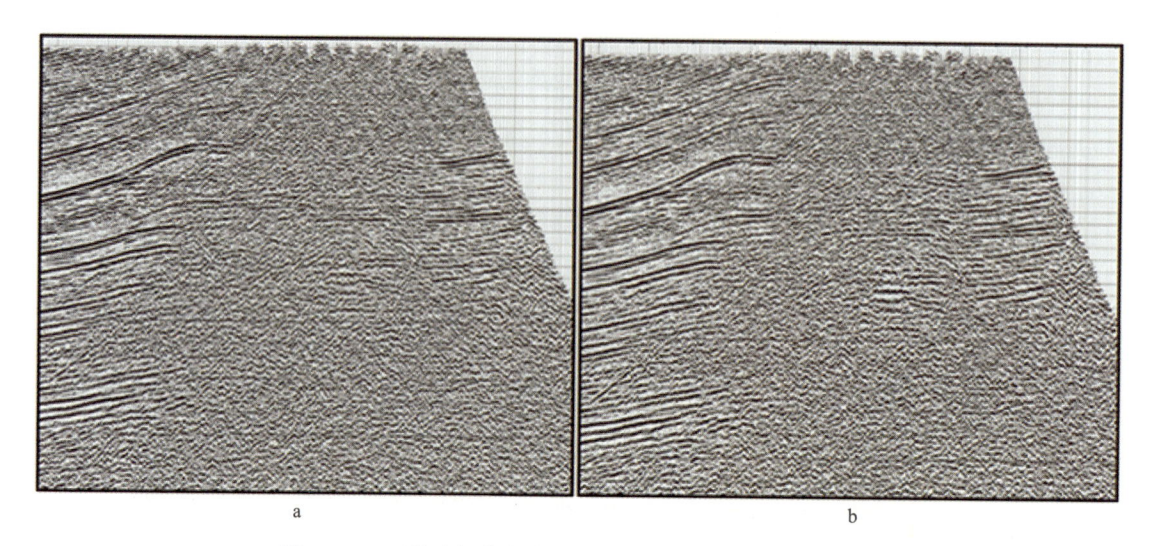

图2.3.5　A区构造部位炮点加密前（a）、后（b）剖面对比

2.4　面向叠前偏移的观测系统属性分析

通过前面的讨论，我们知道，通过波动方程正演模拟技术和照明分析技术，可以直观定性地了解地面炮检点的布设对地下目标层段的照明情况，在严格控制勘探投入成本和持续改善复杂构造资料成像品质的前提下，如何量化评价标准，明确优化依据，定量评价观测系统与采集成本、压噪能力、成像效果的关系，成为复杂构造观测系统参数优化设计研究的又一个重要方向。在这一小节中，我们主要介绍基于起伏地表的 CRP 面元属性分析技术、偏移振幅模拟技术及偏移振幅离散度分析技术，用于定量评价观测系统优劣和明确参数优化方向。

2.4.1　基于起伏地表的 CRP 面元属性分析

传统的三维地震采集观测系统面元属性分析，是基于水平地表和水平层状（或均匀）介质结构的假设条件下，对水平叠加定义的 CMP 面元属性进行分析，包括覆盖次数、炮检距等。由于假设条件的限制，无法满足复杂地表和复杂高陡构造对采集设计的要求。对复杂构造的叠前深度偏移来说，衡量观测系统对目标点能否成像和信噪比高低的关键是 CRP 面元属性（共成像点面元属性）。可根据工区已有资料建立三维起伏地表地震地质初始模型，通过三维地震正演模拟的方式，对预设三维观测系统的 CRP 面元属性进行分析，指导和优化观测系统参数。这是一种与叠前深度偏移成像技术相适应的、科学合理的山前复杂高陡构造三维地震采集观测系统设计优化重要方法之一。

2.4.1.1 三维地质地球物理模型建立

利用三维地质建模的技术方法，即由地层层面、断层面和边界面建立三维地质格架模型，并将速度、密度计算的阻抗属性充填到格架模型中，得到三维空间地质地球物理模型。如图2.4.1 所示，a 图和 b 图分别为针对断块构造和透镜体构造的三维模型及其特定观测系统的三维射线追踪示意图。

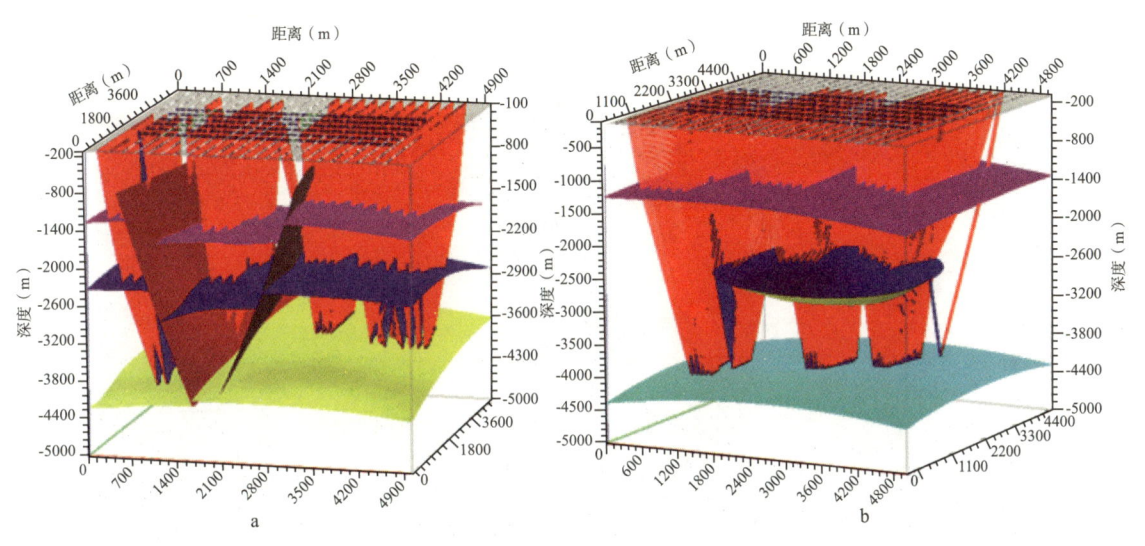

图2.4.1　三维模型的射线追踪

a—断块模型；b—透镜体模型

2.4.1.2 CRP 面元属性分析

CRP 是指叠前深度偏移过程中的共反射（成像）点。对地下共反射点道集进行与观测系统参数有关的属性分析，就是这里所说的 CRP 面元属性分析。

通过建立三维起伏地表地质地球物理模型，对目的层进行射线追踪或波场模拟，获得目的层反射点射线密度或照明度（图2.4.2），由此可根据偏移网格的划分进行 CRP 面元的属性分析。

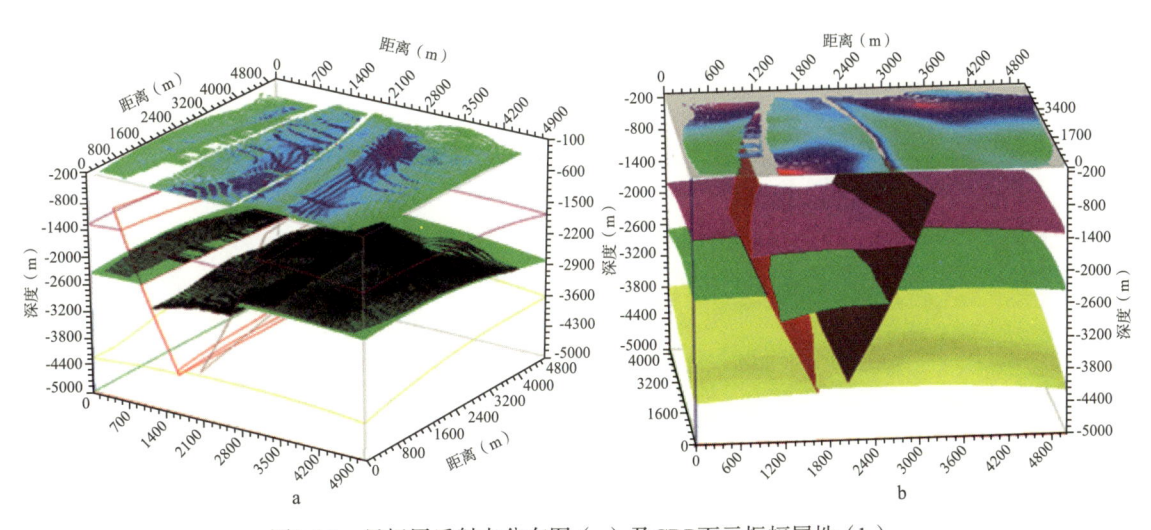

图2.4.2　目标层反射点分布图（a）及CRP面元振幅属性（b）

CRP面元属性分析包括CRP面元覆盖次数（密度）、CRP面元炮检距分布、CRP面元方位角分布等属性。与传统上共中心点(CMP)面元属性分析相比较，它反映的是对地下目的层真实反射信息的分析，是从叠前深度偏移的技术角度对观测系统进行优化分析与评价的方法。

图 2.4.3 为某 B 区 3D 地质模型地下勘探目标层的共 CMP 面元和共 CRP 面元覆盖次数分布图对比。图 2.4.4 为该区对应目的层的三维共 CMP 面元、CRP 面元的炮检距分布的柱状显示图。

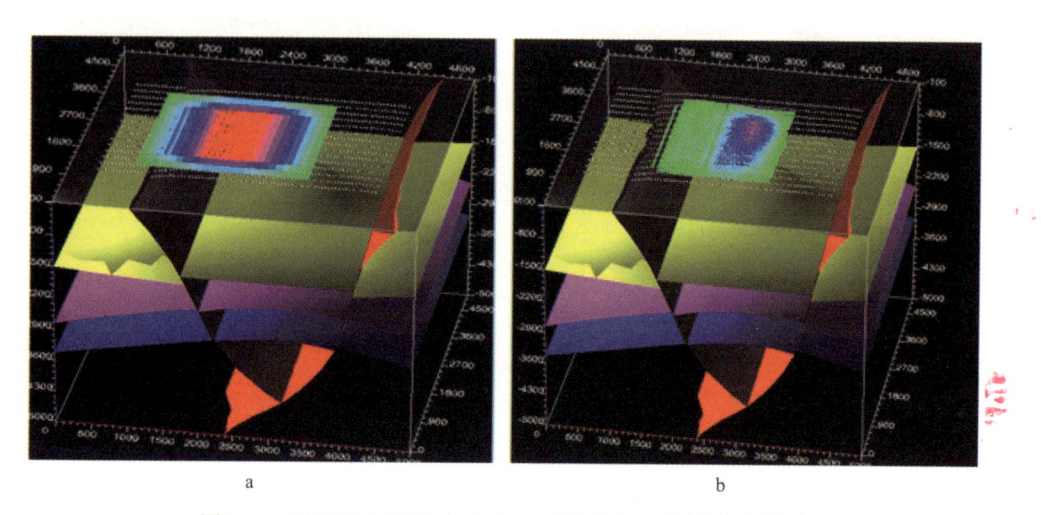

图2.4.3　基于CMP面元（a）和CRP面元（b）的覆盖次数图

对比图 2.4.3 和图 2.4.4 可以看出，对于同一目的层的 CMP 与 CRP 的覆盖次数与炮检距分布完全不同。基于三维模型的 CRP 面元属性分析更接近于地震波的实际传播特征，它已经考虑了上覆地层、断层及速度变化对下伏目的层反射的影响。根据该信息，不仅更易于选择合理的观测系统类型及其参数，指导野外观测系统设计，而且是真正反映了基于叠前深度

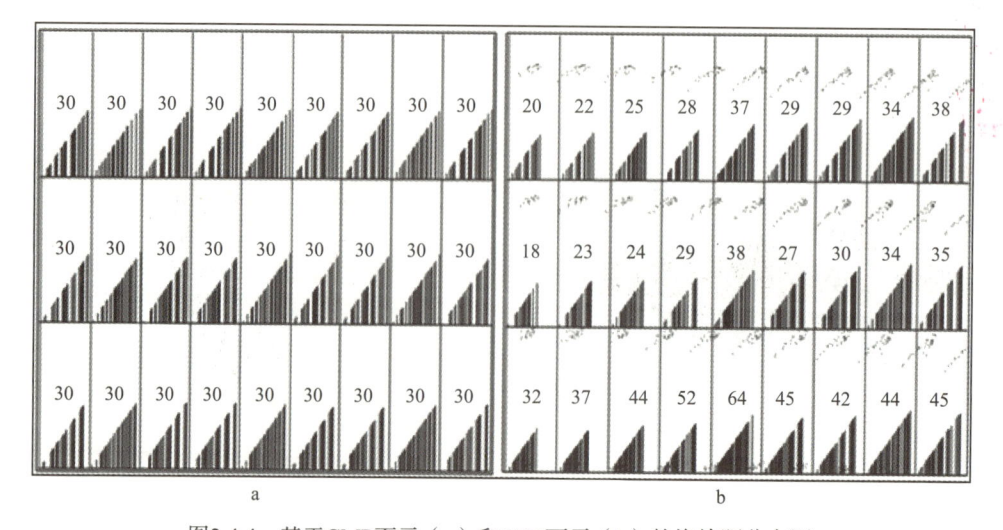

图2.4.4　基于CMP面元（a）和CRP面元（b）的炮检距分布图

偏移的观测系统设计的重要参数。它有利于评价观测系统是否能够满足复杂构造叠前偏移成像的要求，可用于评价该观测系统得到的资料是否满足叠前反演或方位各向异性分析解释的要求等。

2.4.2 模拟偏移振幅分析

模拟偏移振幅是一种非加权的 Kirchhoff 叠前深度偏移射线路径统计数据，输出的是目标层的偏移振幅模拟值，其与 PSDM 振幅值具有一定的对应性，可以作为观测系统参数选择的可靠依据。与 CRP 面元属性相比较，模拟偏移振幅（SMA）提供的振幅值，比直接估算的属性更准确。以表 2.4.1 所示的两个不同观测系统为例，通过对比分析不同方案的 CRP 覆盖次数、模拟偏移振幅值（图 2.4.5）可以发现，方案 A 与方案 B 覆盖密度一样，方案 A 面元大一倍，线距小一倍，线距与面元边线长之比小，炮检点分布要均匀。方案 A 的 CRP 属性和 SMA 都好于方案 B，说明在覆盖密度相当的条件下，追求炮检点分布的均匀性（当然必须在满足采样定律条件下），要比追求小面元照明效果更好。这与前面 DB 三维正反演模拟得到的结论一致，有利于提高叠前深度偏移的成像质量。

表2.4.1 不同参数观测系统

观测系统		面元网格 (m×m)	覆盖次数	线距 (m)	点距(m)	横纵比	覆盖密度 (万道/km²)
方案A	16L5S300R	20×20	30×8=240	200	40	0.27	60
方案B	8L20S600R	10×10	15×4=60	400	20	0.27	60

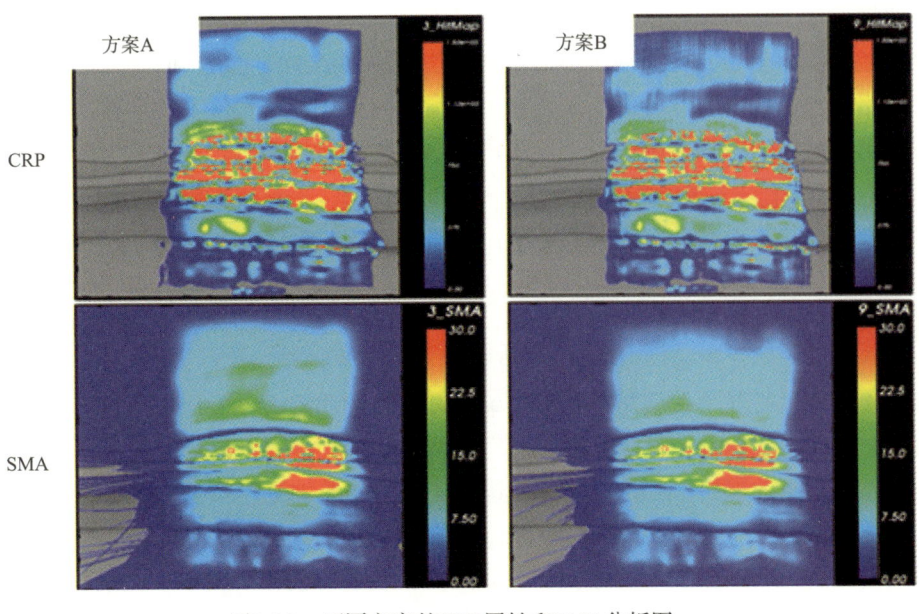

图2.4.5 不同方案的CRP属性和SMA分析图

2.4.3 偏移振幅离散度分析

任何规则的线束状三维观测系统都会产生采集脚印，这是线束状观测系统对成像结果的必然影响，多表现在水平切片上振幅等地震属性的规律性变化。即观测系统采集脚印通常以规律性条带状出现在时间和深度偏移数据体较浅层的水平切片或反射层振幅、频率等信息的平面属性图上。这必然降低了最终成像的信噪比，而且掩盖了振幅、频率等属性真实的规律，影响储层预测和 AVO 特征分析的精度。

采集脚印是由观测系统产生的，如何定量评价一个观测系统采集脚印的强弱，是对观测系统优化的另一个关键因素。在这方面，东方地球物理公司（夏建军博士等人）引入了偏移响应主瓣峰值、反射波偏移振幅离散度 σ 等概念及其定义，较好地描述了观测系统参数与采集脚印的关系。定义离散度 $\sigma = \dfrac{A_{\max} - A_{\min}}{A_{\text{ave}}}$。式中，$A_{\max}$ 是观测系统子区中反射波模拟偏移振幅的最大值；$A_{\min}$ 是子区中反射波模拟偏移振幅的最小值；A_{ave} 是最大值与最小值的平均值。反射波模拟偏移振幅离散度越小采集脚印就越弱，反之就越强。

覆盖密度是反映观测系统属性的又一项主要指标，同时也是一项反映采集成本的最主要参数。覆盖密度越大，叠前偏移成像质量越好，但是采集成本越高。为了提高地震采集的偏移成像质量，应该采用尽可能高的覆盖密度。但是为了尽可能降低采集成本，提高采集的经济可行性，应该采用尽可能低的覆盖密度。从覆盖密度的定义可知，在给定覆盖密度不变的情况，还可以选择不同的观测面元和覆盖次数，面元和覆盖次数的变化又会带来偏移成像质量的变化。因此，实际工作中，首先要确定一个野外采集成本上经济可行的覆盖密度参数。在此基础上，通过面元和覆盖次数的几何关系优化，获得尽可能好的偏移成像结果。这是观测系统参数优化设计的一项重要工作任务。

实践操作中，通过给定的观测系统参数（横纵比 0.83），我们可以得到对应不同观测系统的模拟偏移振幅离散度随覆盖密度变化的曲线。如图 2.4.6 所示，偏移振幅离散度随覆盖密度的变化非常明显。随着覆盖密度的增加，离散度变化曲线趋缓，说明对应观测系统的采集脚印随覆盖密度的增加而减弱。当覆盖密度增加到一定程度时，观测系统采集脚印的减弱不再明显。

同样，在保持覆盖密度不变的条件下，也可以得到横纵比变化对偏移振幅离散度的影响曲线（图 2.4.7）。很明显，覆盖密度不变，增加观测系统的横纵比宽度，偏移振幅离散度明显增加，说明观测系统采集脚印显著加强。这一变化趋势表明：仅靠增加炮线或检波线距来提高观测系统的观测宽度（横纵比），会使观测系统采集脚印变得更为严重。

由覆盖密度、排列片宽度与观测系统采集脚印（偏移振幅离散度）的关系可以看出，在选择覆盖密度与排列片宽度时，必须保证空间波场的均匀性要求。最优选择是给定观测系统参数的偏移振幅离散度趋于稳定位置时，选取对应的覆盖密度与排列片宽度。为了实现这种选择，建立覆盖密度与排列片宽度（横纵比）的乘积与模拟偏移振幅的均值、或离散度的关系曲线（图 2.4.8）。通过对该曲线分析可知，其出现趋于稳定的拐点时，对应的覆盖密度与排列片宽度（横纵比）即是要选择的最经济、成像质量最佳的一组观测系统参数。由此可见，

2 面向叠前深度偏移成像的复杂构造地震采集优化技术

在投资基本确定，即覆盖密度确定时，如何优化横纵比、面元大小、炮线和检波线距等参数之间的关系非常重要。找到上图曲线的拐点对应的参数才是最有利于压制噪声观测参数。这需要做大量的分析工作，但对高精度岩性三维地震勘探显得尤为重要。

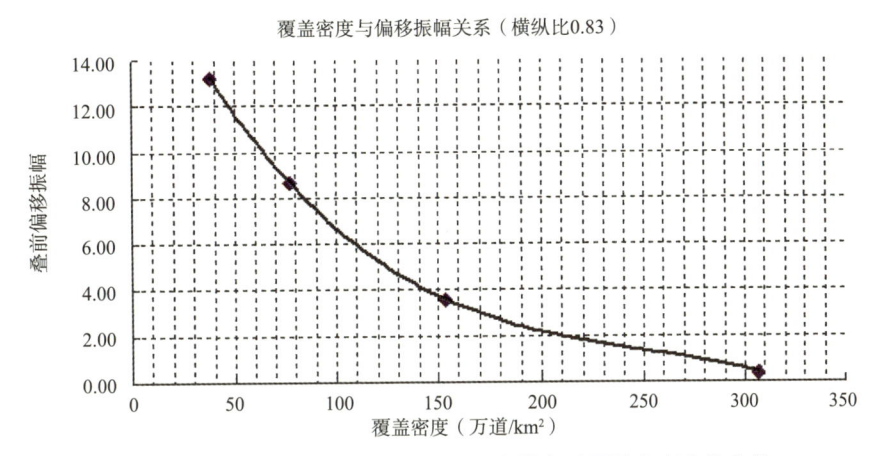

图2.4.6 特定观测系统模拟偏移振幅离散度随覆盖密度变化曲线

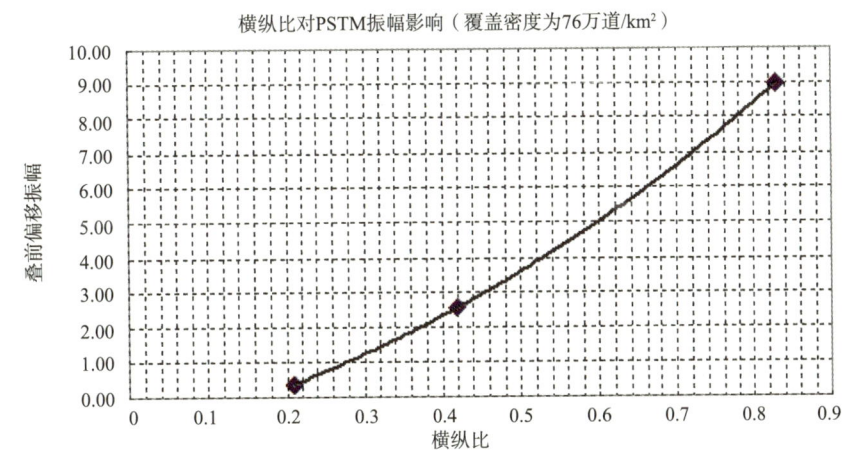

图2.4.7 模拟叠前偏移振幅随横纵比的变化曲线

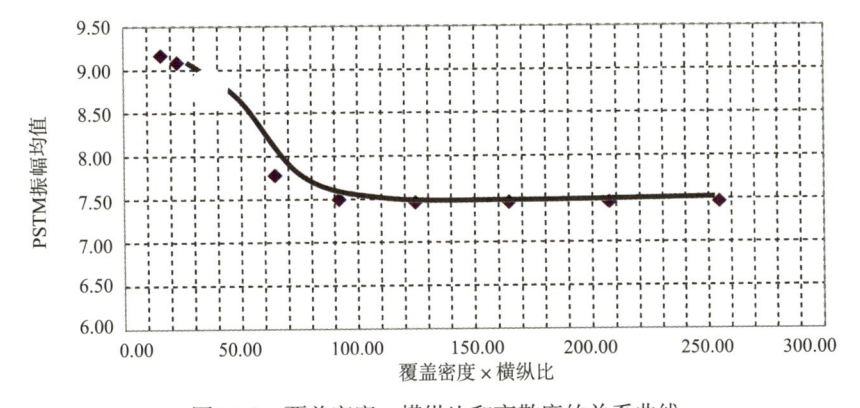

图2.4.8 覆盖密度×横纵比和离散度的关系曲线

2.5　面向叠前深度偏移速度建模的观测系统优化

2.5.1　速度建模主要方法及与观测系统的关系

速度建模是叠前深度偏移的核心，层速度是最重要的参数。叠前深度偏移初始速度建模通常从叠前时间偏移的均方根速度转换而来，目前主要应用的方法是约束速度反演（CVI），然后根据测井、VSP、地质认识，对初始的深度—层速度模型进行迭代优化。层速度模型的迭代优化是叠前深度偏移的核心工作，常用的数据驱动层速度迭代优化的方法包括沿层谱分析和层析反演技术。沿层谱分析思路是首先按当前速度进行偏移，在偏移后 CIP 道集上按照单参数（抛物线）拾取不同层位反射同相轴的时距误差曲线，此参数就是真实速度模型的均方根速度和当前速度模型的均方根速度的比值，从而通过更新均方根速度，来更新层速度。该方法的优点是能够获得横向相对稳定变化的层速度，控制大套层位的层速度变化规律；缺点是速度不能横向变化大，每套层位中间不能纵向变化，而且要求速度更新从浅至深逐层进行或多层同时更新。

层析反演技术的思想是将地下介质剖分成一定尺度的网格，每个网格的大小一般不变，主要更新每个网格的速度值。该技术的思路是从偏移后 CIP 道集上拾取不同炮检距反射同相轴相对于零炮检距的深度误差，通过在网格化的速度模型上进行射线追踪，建立不同炮检距的深度误差（转换成时间扰动量）与网格上的速度扰动量的非线性关系矩阵，从而求解每个网格的速度误差，称作反射走时层析反演。反射走时层析反演应用于地震反演通常要考虑观测角度、速度分辨率、射线密度等几个重要参数。

（1）观测角度。层析速度反演的理论基础来自 Radon 变换及其反变换。1917 年数学家 Radon 证明，已知所有观测角度的投影函数，可以唯一的恢复介质的图像函数。医学中的 CT 可以全角度观测，但是反射地震观测孔径有限，而且随着观测目标深度的增大，观测角度越来越小，我们不能在每个角度用射线去测量地下介质，必然存在反演的多解性问题。因此，若要提高反演精度，需要适当增加观测角度，也即是需要适当增大炮检距和方位角。

（2）速度反演的分辨率。当偏移速度不准确时，在偏移后的 CIP 道集上，表现出同相轴的上翘或下拉现象。在进行反射层析反演时，需要拾取反射同相轴在不同炮检距与零炮检距的深度差。炮检距越小，误差表现得越不明显，同时，速度和深度的耦合问题在近炮检距表现也更突出。有学者研究认为：大的炮检距和反射深度比值是反射层析中速度和深度的解耦合的必要条件。因此，从速度反演的分辨率上也要求适当增大炮检距，从而减小反演结果的不确定性，提高速度反演的分辨率。

（3）射线密度。射线层析中稀疏、欠定（或混定）、病态的大型方程组求解是不可避免的问题。炮检点分布不均匀会导致射线密度不均，从表象上看是观测数据不均匀，覆盖不足，而本质却表现在层析反演矩阵的超定或欠定问题上。从方程求解的角度讲，反演矩阵的不均匀会以一种不均匀且不可预测的方式使反演结果发生畸变。因此，需要优化炮检点布设，使纵横向面元尺寸一致，提高覆盖密度和射线均匀度，使观测数据对反演矩阵每一模型参数的控制程度近似相同。

在双复杂区叠前深度偏移速度建模中，浅表层速度建模越来越受到重视，目前浅表层速度建模的主要技术是初至层析反演技术。三维观测系统具有近炮检距数据缺失或者分布不均匀的特点，由于数据缺失，无法建立极浅层的速度误差与小炮检距初至时间的对应关系。从反演方程上来看，增加反演矩阵的稀疏性，只能得到相对粗糙的等效的表层速度模型。一般情况下，极浅层速度值较真实值偏大，表层的深部的速度值较真实值偏小，显然这个模型应用于深度偏移是不合适的。因此，从精确表层反演的角度讲，需要增加近炮检距的有效初至数据，这就要求在采集时要针对性地设计加密部署一些小排列的接收线，增加小偏移距初至数据的比例，减小每个面元网格内的小炮检距的离散度和不均匀性。

2.5.2 针对速度反演的观测系统优化重点

2.5.2.1 浅表层速度建模优化重点

长期以来，静校正一直是复杂地表区地震资料处理的重点和关键，是资料处理首要解决的基础问题。静校正的目的是消除近地表风化层速度和厚度横向变化引起的地下反射双曲线的畸变，满足时间域的处理要求。时间域静校正处理有两个基本假设，一个基本假设是地震波在风化层内是近似垂直传播的，另一假设是炮点和检波点静校正量是地表一致性的。对时间域处理来说，只要得到的表层内的传播时间是正确的，表层的等效模型即可满足处理要求。但对于深度偏移来说，这恰恰是完全错误的。第一，时间域的校正，不考虑射线出射角度，进行完全垂直时移，改变了地震波在复杂介质中传播固有时间特性；第二，等效的表层模型，使得深度偏移中反射旅行时计算一开始就是错误的。关于表层误差对深度偏移成像的影响有很多文献论述，这里不再过多描述。

从地表或地表小圆滑面进行深度偏移速度建模，首先需要得到准确的表层速度模型。微测井约束的初至层析反演是目前山前带表层速度反演最有效的方法，下面首先简单介绍该方法的原理，然后提出为了做好微测井约束初至层析反演，野外采集需要加强的工作。

初至层析反演应用"网格化"建模，假设近地表速度由一个个速度单元组成，每个单元的速度不同。首先，应用初至时间采用截距法建立一个初始的速度模型，通过射线追踪计算初至时间，它与实际初至时间的差被用来计算速度模型的修正量。模型修改后，再计算基于当前速度模型的初至旅行时，这样就构成了一个迭代过程。当正演初至时间和实际拾取初至时间的差小于给定门槛值时，迭代停止，就得到了最终的速度分布。当近炮检距道缺失或不足时，本应反映浅层速度信息的旅行时残差数量变少，参与浅层网格速度更新的旅行时残差更多来源于反映较深层的较高速介质的中远炮检距，导致浅层速度更新不准，整个速度模型与真实值相差较大。通常表现为地表极浅的低降速层反演速度偏高，较深层的近高速顶面反演速度偏低。但总的走时相当，累计的低降速层厚度就会偏大，导致模型不准。为了克服这一问题，发展了微测井约束的层析反演技术。其基本思路是通过微测井调查的表层资料，建立垂向速度结构与真实值相符的表层控制模型，在对浅层网格的速度更新时进行一定控制度的约束，使得浅表层的速度接近真实速度值，从而保证整体纵向速度规律的正确性。因此，从建立合理、可用于反演约束的表层模型的要求出发，野外表层

— 45 —

调查应加强以下工作：

（1）提高复杂区初至质量，准确的观测值是反演的基础。目前野外采集的发展方向是高密度高效采集，对野外环境噪声的控制要求有所降低，导致初至前的干扰波非常强，初至拾取的难度增大。另一方面，复杂的近地表结构导致初至波形变化也非常大，初至波的横向可追踪性变差。提高野外初至质量是保证初至准确拾取的关键。

（2）加强表层调查工作，提高表层约束模型的精度。野外表层调查方法比较多，常用的如微测井、微 VSP 测井、浅层折射、小反射及山体速度调查等。微测井能够钻入地层内部，是准确获得表层速度和厚度值的一种成熟、有效的方法，也是应用最广泛的表层调查方法。其野外实施最大的困难是钻机钻深能力及钻井效率低、勘探投入成本高的问题。综合考虑施工成本和野外调查点有足够的密度和精度，以及结合室内微测井约束的初至波走时反演技术的要求，应综合考虑多种表层调查方法的联合使用。首先，应根据以往的表层资料信息初步划分表层变化区带，按照一定密度部署微测井，基本要求是调查点的密度能反映表层空间变化的基本规律，测井深度能穿透表层低降速带，能够测量到高速层的速度；在地表相对简单、低降速带较薄的地方，可以采用增加部署浅层折射表层调查方法，适当补充表层调查点；在表层结构变化较快的地方，如山体变化区、地表突变区，应适当加密微测井的部署，修正和调整表层调查结果；在表层厚度较大的地方，应增加超深微测井的部署，能反映低降速带和高速层的空间变化。通过这样的表层调查，可以获得工区表层的低速层、降速层、高速顶的合理变化，建立能够用于约束初至层析反演的表层速度初始模型，提高室内表层反演的精度，为叠前深度偏移建模提供准确的表层速度模型。

（3）增加小炮检距有效道数，提高反演矩阵的均匀性。前面提到过，从层析反演方程求解的角度讲，反演矩阵的不均匀会以一种不均匀，且不可预测的方式使反演结果发生畸变。受投资成本和作业条件的限制，常规的三维观测系统虽然道间距和炮检距较小，多数达到了 20～40m，但检波线距和炮线距还比较大，一般在 200m 以上，小炮检距的比重较少，而且一个子区内（两条炮线和两条检波线所夹持的区域）不同面元间的分布也不均匀。对于初至层析反演来说，主要应用近、中炮检距的初至信息，这种不均匀性数据所占比重相对较大的问题，会进一步加剧反演矩阵的不均匀性，从而影响反演结果的稳定性。因此，从这个角度讲，需要合理增加近炮检距的信息。比较可行的方法是在原有的检波线之间加密布设短排列（排列长度一般不超过 2000m）。在采集设计时，通过分析面元内的炮检距分布的属性图，来确定加密设计的方案是否达到改善近炮检距的分布密度和均匀性的目的。

初至层析反演的策略可以采用迭代处理的思路。我们知道，合理的初始模型对提高层析反演的结果有重要的影响。在室内的反演计算中，采取逐步增大炮检距范围的迭代处理流程，可以逐步优化反演结果，使反演结果逐步向正确的结果收敛。具体迭代处理思路如下：最初的初始模型一般根据初至时间利用截距法求得。第一次迭代处理首先选用较小的最大炮检距范围进行，主要反演出相对较准确的浅层部分的速度模型，将此模型作为第二次迭代的初始模型。第二次迭代选用的炮检距范围适当增大，此时能得到合理速度模型的反演深度逐步增大。再以此结果作为第三次迭代的初始模型，再增加炮检距范围进行反演。直至反演结果达到要求。一般来说 2～4 次迭代就可以达到要求。如果采用微测井约束的反演方法，微测井建立的表层控制模型在每次迭代中都需要应用。

2.5.2.2 中深层速度建模
2.5.2.2.1 地震速度分辨率与排列长度关系

常规的观测系统设计中的排列长度参数（或者最大炮检距）是基于水平叠加概念提出的，主要满足叠加速度分析的精度。但对于满足叠前偏移，特别是叠前深度偏移来说，已经是完全不同的概念，需要从满足叠前深度偏移速度分析的角度来探讨。

前面已提到，由于起伏地表与其单炮记录波场的复杂特点，决定了目前理论上最先进准确的叠前波形反演 FWI 技术推广应用的挑战性，反射走时层析反演仍是近期山前复杂构造带叠前深度偏移速度建模的主要方法。其中速度和深度的耦合性是利用反射数据进行速度分析所面临的一个重要问题。1993 年 Lines 分析了水平均匀介质下速度和反射界面深度的耦合性。1997 年 Rathor 研究了倾斜界面情况下两者的耦合性。他们的基本出发点是从走时信息能够分辨速度的相对变化量来考察速度和反射界面深度的耦合性的。1994 年 Tieman 指出：速度和深度的耦合性与所选用的旅行时计算方法、反演方法无关，其本质上是炮检距过小引起的，大炮检距可以增加解耦的能力。当速度的变化量满足下面公式时，速度和反射界面的深度是完全不可分辨的。

$$\left|\frac{\mathrm{d}v}{v}\right| \leqslant \frac{v^2 T_0^2}{X^2} \frac{T_\varepsilon}{T_0} \sec^2\theta$$

式中，v 是介质速度；$\mathrm{d}v$ 是速度误差量；x 是炮检距；T_0 是零炮检距双程旅行时；T_ε 是旅行时拾取误差；θ 是地层倾角。

从该公式可以看出，可分辨的速度变化量受旅行时拾取精度、偏移距大小、目的层深度及地层倾角 4 个参数的制约。显然，在拾取误差确定的情况下，炮检距和目的层埋深之比越大，可分辨的速度误差越小，也就是速度的分辨能力越高。图 2.5.1 为地层倾角为 30°时，在不同拾取误差下，炮检距与埋深之比所能反映的速度误差曲线分析。图 2.5.2 为拾取误差在 3% 时，在不同地层倾角下，炮检距与埋深之比所能反映的速度误差曲线分析。

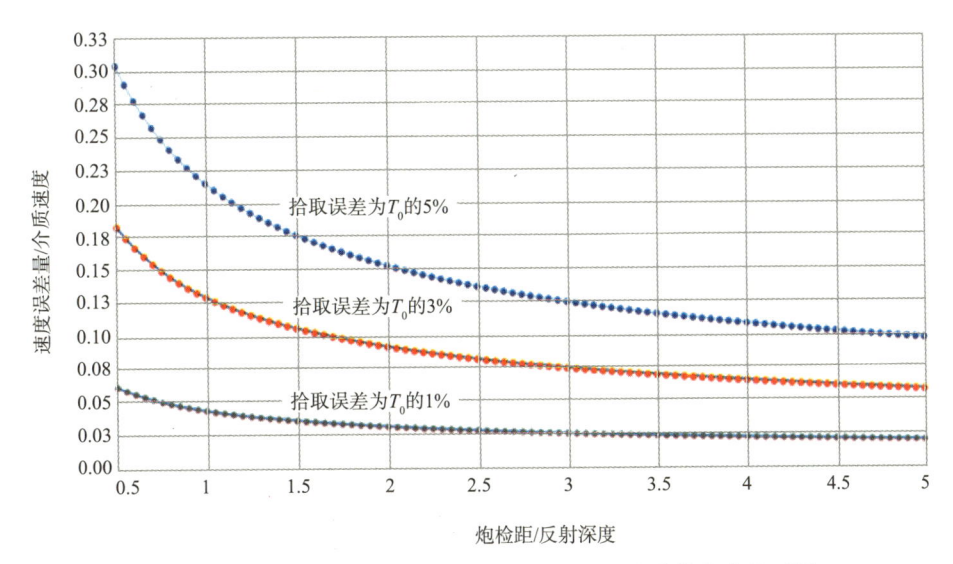

图2.5.1 地层倾角30°时炮检距/反射深度与速度分辨能力的下限

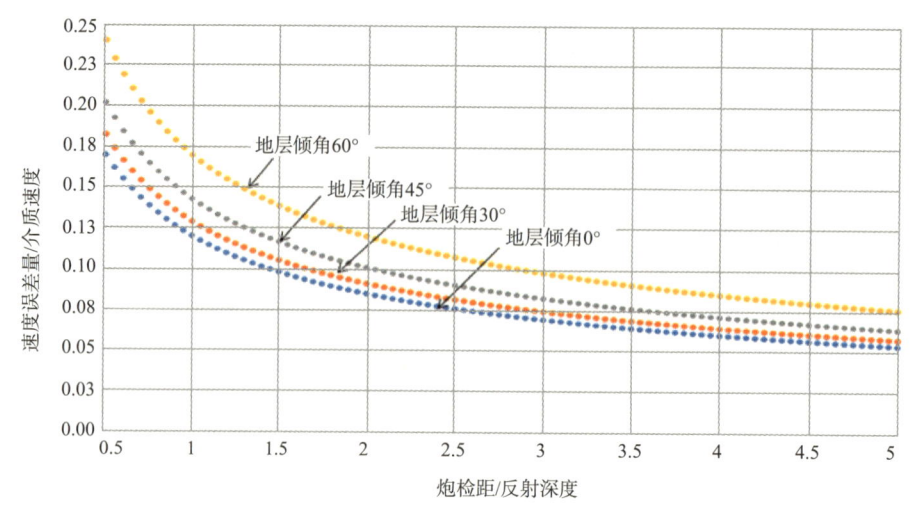

图2.5.2　在不同地层倾角下炮检距/反射深度与速度分辨能力的下限

因此，在野外采集设计时，应根据地层的埋深、倾角、速度特征考虑炮检距大小对速度分辨率的影响，保证一定的炮检距长度，以利于提高偏移速度分析对较小速度误差的求解能力。通常情况最大炮检距的理论长度不应小于目的层埋藏深度的 1.5 倍，才能对存在一定拾取误差，地层倾角 30°以内变化的地质背景下，将反演速度的理论精度误差控制在 10% 以内。这是个非常低的精度。实际工作中，一方面要提高资料信噪比，提高拾取精度，增加排列长度提高反演精度；另一方面，需要有尽可能多的已知速度信息，如 VSP、声波测井和地质信息约束才能提高速度建模的精度。

2.5.2.2.2　网格层析反演与观测系统属性的关系

基于走时的反射波射线层析反演是求解地下介质速度的重要技术，理论上是求解小于一个排列长度的速度异常的理想方法。射线层析反演可以在未偏移的地震数据上进行观测和射线追踪，也可以在偏移后的数据上进行。目前工业界常用的方法是深度偏移域中的数据和观测值，即叠前深度偏移后数据的网格层析技术。网格层析的主要步骤和环节包括：地下介质的网格划分、CIP 道集上拾取每个炮检距与零炮检距的深度差，基于当前速度模型进行射线追踪，对每个炮检距都建立慢度误差与拾取深度差（需要换算到时间差）的非线性方程矩阵，最后进行全局优化求解，得到每个网格的慢度（或速度）更新量。其中网格大小，网格密度、采集方位宽窄对网格层析效果都有影响。

网格定义的大小一定程度上决定了速度模型的精度、反演矩阵的规模和射线密度的均匀性问题。较大的网格会减小反演矩阵的规模，增加每个网格的射线密度，提高矩阵的均匀性，但是会降低反演结果的分辨率，模糊纵横向的速度细节。减小网格则会导致射线密度不均，增加层析反演矩阵的规模。前面也提到，从方程求解的角度讲，反演矩阵的不均匀会以一种不均匀且不可预测的方式使反演结果发生畸变。因此，野外采集设计时，也应考虑工区地质结构和介质速度的复杂程度，从满足速度反演的分辨率的要求出发，分析不同网格尺寸下的射线密度和均匀程度，合理设计面元尺寸和覆盖密度。

宽方位采集对网格层析反演的影响也是非常重要的。从层析反演的方程建立上可以看到，CIP 道集上每个炮检距所拾取的一个深度误差与模型中同一个点对应的所有方位角上的炮检距建立对应关系，这显然在纵横向速度结构变化较大的目标反演中是不合适、多解的。因此，多方位层析反演为解决这个问题提供了思路。其方法是把输入数据分方位进行偏移，对每个方位的偏移的 CIP 道集上进行剩余深度误差拾取，这样就可以在一个统一速度模型下，建立多个反演矩阵进行求解，提高速度反演精度。目前发展的最新层析反演技术是全方位的角度域层析技术，偏移后保留了每个方位的方位角信息，这样可以建立每个方位角上、每个开角（炮检距）与三维模型射线追踪的每条射线的一一对应关系，是精度最高的偏移域的层析反演技术，这里不再赘述。因此，叠前地震数据必须具备较宽的方位，保证不同方位的炮检距长度，以使不同方位的道集拾取的深度误差具备足够的分辨精度。当然，当介质存在强烈的 HTI 各向异性特征时，偏移方法必须选择正交晶系偏移，描述参数也会相应增加到 9 个，问题会复杂得多。鉴于山前构造定向应力变形强，构造成排成带规则发育，目前成像主要应用 TTI 偏移方法，没有考虑 HTI 的问题，观测系统设计时的观测方位角不应太宽。

2.5.2.2.3 TTI 各向异性速度建模

TTI 各向异性介质叠前深度偏移成像技术在工业生产应用中具有普遍性，而 VTI 是倾角和方位角为零时的 TTI 介质的特例。描述 TTI 介质需要 5 个参数：v_{p0} 为 P 波垂直方向传播速度；ε 表示纵波各向异性；δ 表示变异系数；地层的倾角和方位角参数是 θ 和 ϕ。TTI 介质与 VTI 介质的差异只是对称轴与地表的夹角不同。对于 TTI 介质来说，由于倾角和方位角是确定的，在偏移后的 CIP 道集上进行各向异性参数更新，其原理与 VTI 介质完全一致。由 VTI 介质的相速度公式可以看到，δ 和 ε 影响了不同炮检距（入射射线与对称轴夹角）的地震速度。δ 可以通过各向同性偏移结果的井震误差来衡量，而 ε 则需要观测反射同相轴在炮检距方向（随对称轴夹角）的变化来测量。实际生产中 v_{p0}, δ 和 ε 参数求取通常有以下两种做法。

第一种做法是通过计算各向同性偏移结果的井震误差来求取 δ 和 v_{p0}。在固定了 v_{p0} 和 δ 后，利用各向异性的数据体扫描或自动追踪得到倾角和方位角体。然后用扫描法对不同的 ε 参数进行偏移。准确的 ε 将使得中远炮检距同相轴更平直，道集的叠加能量最大。因此，保证一定的炮检距将提高 ε 谱的精度。

第二种做法是针对 v_{p0} 和两个各向异性参数对不同角度的敏感性而采取的分步反演的策略。第一步，首先利用小角度射线的时间残差反演 v_{p0}。此时认为小角度范围内的时差均由 v_{p0} 引起，经多次迭代后得到更新的 v_{p0}。如果此时 v_{p0} 的精度达到要求则进行下一步。第二步，以更新 v_{p0} 替换初始 v_{p0}，利用大角度射线的时间残差反演。此时认为大角度范围内由 v_{p0} 引起的时差都已消除，只剩下由 ε 引起的时差。经多次迭代后得到更新的 ε。如果此时 ε 的精度达到要求则进行下一步。第三步，以更新 ε 替换初始 ε，用 20°～50° 射线的时间残差反演。此时认为由 v_{p0} 和 ε 引起的时差都已消除只剩下由 δ 引起的时差，经多次迭代后得到更新的 δ。如果此时 δ 的精度达到要求则完成 3 个参数反演。

因此，无论哪种方法求取各向异性参数，都必须保证一定排列长度，达到 ε 和 δ 参数求取或反演的精度要求。目前工业生产中多用第一类方法，且通过网格层析来实现 v_{p0}、ε 的迭代更新，在不同迭代阶段的数据体上不断更新地层的倾角和方位角参数 θ、ϕ。在观测系统设计时，需要根据工区以往的资料初步估算各向异性参数，利用相速度公式模拟计算，分析不同炮检距大小与各向异性参数的敏感程度和变化关系，评估确定合理的炮检距大小。

2.6 KS5区块开发三维采集观测系统优化应用实例分析

2.6.1 勘探背景与问题分析

2.6.1.1 勘探背景与存在问题

KS5区块、KS11区块是勘探发现的上、下叠置发育的两个天然气藏区块。为了规模开发建产，2017年上半年该区已完钻井9口，其中，获工业气流井8口，失利井1口，正钻井2口（KS1101和KS1102）。

但是气藏进入开发建产阶段面临了诸多问题：一是断块结构不清楚，无法落实KS5井与KS11井之间的关系；二是井震误差大，无法准确落实圈闭形态，开发井部署困难；三是气藏气水关系不清，如KS502井、KS503井的气水界面高于-5146m，而KS505井在-5095～-5166m测试为气层，气水界面低于-5166m，气藏不同部位井气水界面不一致。

导致这些问题的主要原因就是地震资料品质不过关。原KS5区块三维于2010年采集，满覆盖面积为521km²，面元30m×15m，覆盖次数147次，采集方法相对较弱化。2011—2016年持续进行了多轮次、多家单位的叠前深度偏移处理攻关（图2.6.1）。每次处理都得出截然不同的像，且空间变化也极大。从2016年的叠前深度偏移攻关处理成果（图2.6.2）来看，断块结构不清楚、KS5井与KS11井之间的关系无法落实等问题依然存在，地震资料成果仍然无法满足气田开发需求。

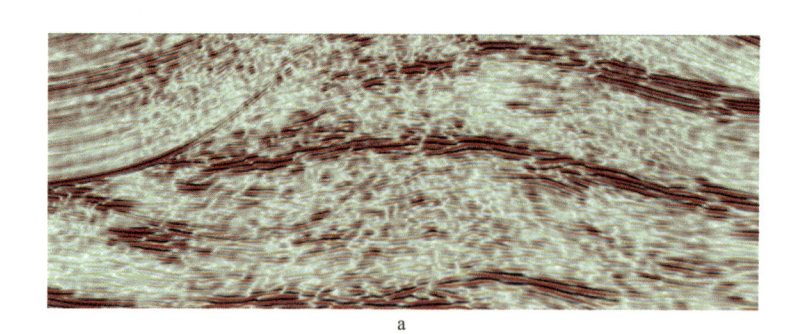

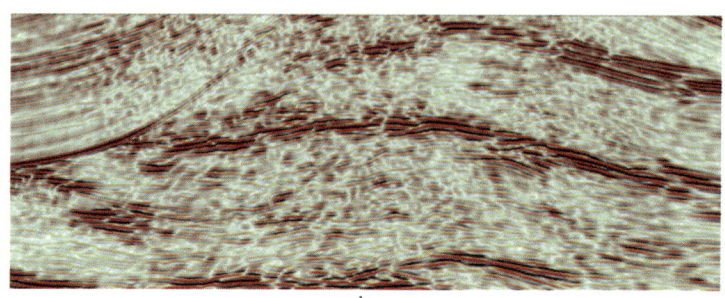

a

b

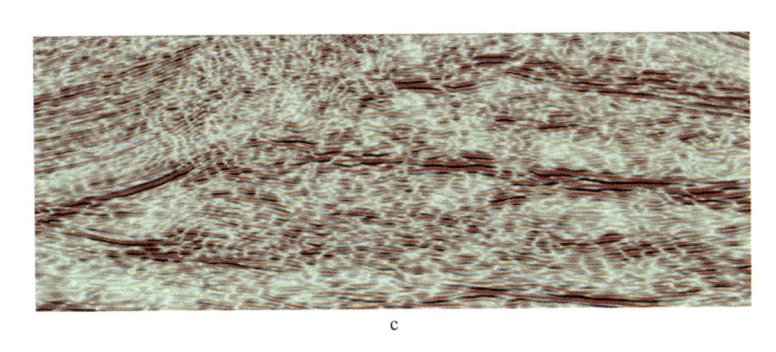

2 面向叠前深度偏移成像的复杂构造地震采集优化技术

c

图2.6.1 2016年不同时间、不同单位KS5老三维line1718叠前深度偏移剖面对比

a—2016年BGP；b—2012年BGP；c—2012年JSK

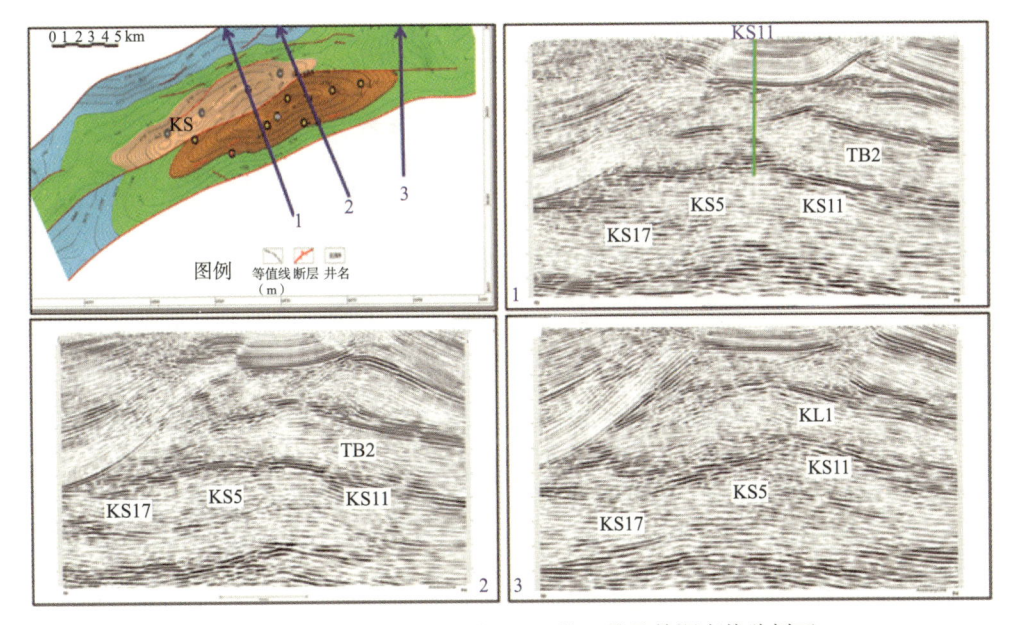

图2.6.2 2016年重新处理的KS5区块三维叠前深度偏移剖面

2.6.1.2 主要原因分析

通过对该区域地表及地下构造特征、原始资料特点及叠前深度偏移处理过程中的问题进行深刻剖析认为，以往采集资料成像质量不能满足要求的主要问题概括为3个方面：

（1）原采集资料难以满足对深度偏移速度模型的反演与准确刻画。深度偏移速度模型的建立需要由浅至深进行，浅层速度模型不准确，使得旅行时计算错误、速度更新方法失效，从而难以得到正确的速度模型。从准确建立浅层速度模型这个角度讲，原采集的资料存在两个难以克服的问题。

首先，工区浅层存在较大面积低信噪比区，成像差，基于反射波的速度更新难以发挥作用，浅层速度难以准确刻画。图2.6.3 显示了一张过 KS5 的深度剖面和 CRP 道集，图中的虚线部分勾勒出了信噪比低的浅层区域。从 CRP 道集上看到浅层圆圈标示的位置，反射同相轴难以识别，更谈不上利用它进行速度更新了。低信噪比是导致多期次、多家处理单位成像

— 51 —

存在差异主要原因。

其次，用于约束层析反演的微测井信息不足、近炮检距信息少。上节已经论述微测井约束层析反演在浅层速度建模中的作用以及应用条件。以往工区范围内共有358口微测井，图2.6.4为工区原有的微测井分布图，其中100m以上微测井25口；整体上山体密度为4个/（1km×2km），局部6个/（1km×2km）；戈壁区风化层巨厚，密度大体为1个/（2km×2km），山前巨厚区局部缺少控制，无法建立准确的用于微测井约束层析反演的近地表模型。此外原观测系统炮线距和检波线距较大（表2.6.1），导致缺失近炮检距信息，层析反演速度模型在极浅层出现较大误差，浅表层速度模型失真，不能满足深度偏移速度建模的应用（也许一定程度上可以满足时间域的静校正处理）。图2.6.5的模型数据偏移对比表明，浅层速度不准确将导致深度偏移成像失败，其对深层成像影响的范围也是非常大。

总之，以上两个主要原因使得深度偏移中浅层速度模型难以准确建立。

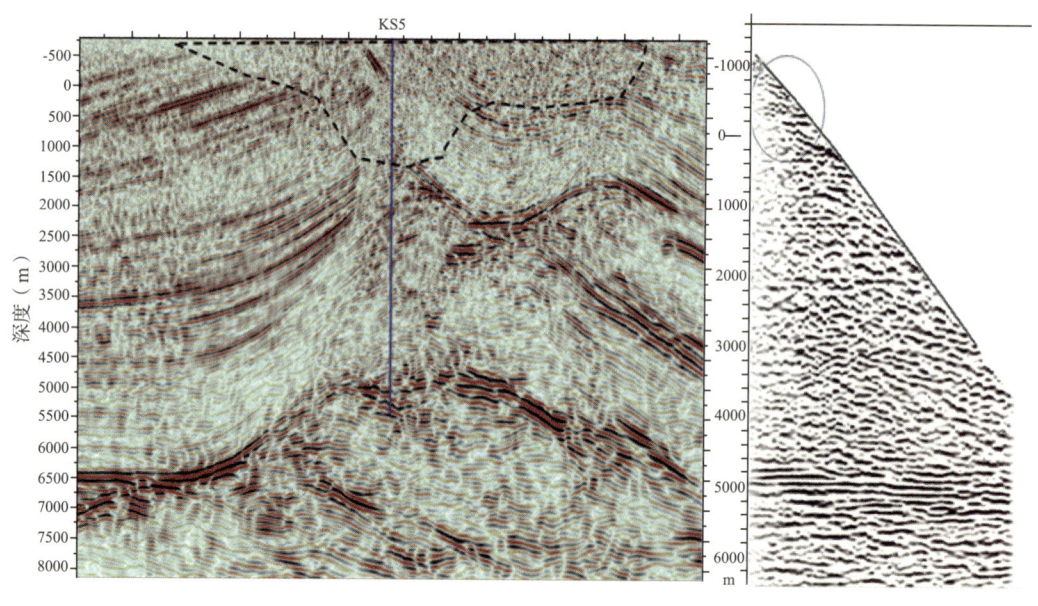

图2.6.3　过井KS5叠前深度偏移剖面和CRP道集

（2）原有观测系统方案难以满足复杂构造成像需要。

首先，覆盖密度不够，观测方位较窄，表2.6.1是以往工区的采集观测系统主要参数，可以看到设计的观测系统相对弱化，横纵比小仅为0.22，非纵距不超过2000m、覆盖密度比较低。这将导致地震波场信息采集不充分、不全面，不利于偏移成像时对绕射波的收敛和偏移噪声的压制。尤其过窄的观测方位角，很不利于浅层高陡构造下覆深层复杂断块的照明、断点绕射收敛与成像。其次，原观测系统对构造主体部位区域的照明度不够。图2.6.6是根据KS5构造建立的速度模型及在不同位置处进行正演放炮得到的射线照明图。可以看到，当炮检点均在南部构造简单的区域时，射线分布基本均匀；当检波点布设在构造复杂区域时，射线分布开始不均（第10炮和第14炮所示）；当炮检点均在构造复杂区时（第18炮和第22炮所示），射线分布严重不均匀，甚至很多地方没有射线照明。从表2.6.1的观测系统参数上，看到炮线距和炮点距较大，难以对构造主体部位进行充分的照明，也就难以保证得

2 面向叠前深度偏移成像的复杂构造地震采集优化技术

到用于偏移成像的足够的反射信息。必须要有足够的密度和较宽的观测方位角,才能得到较充分的反射信息用于偏移成像。

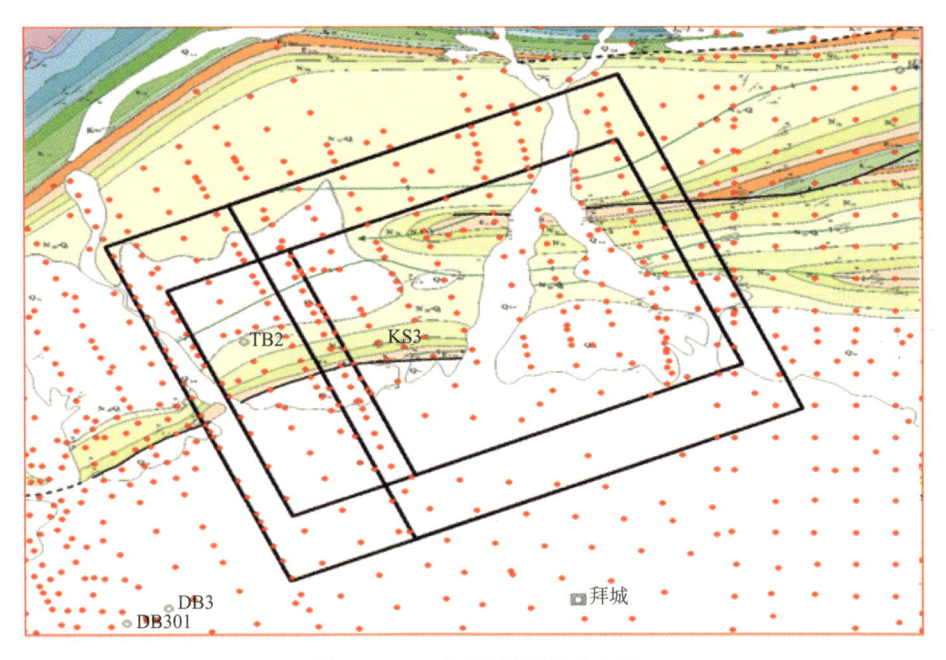

图2.6.4 工区以往微测井分布图

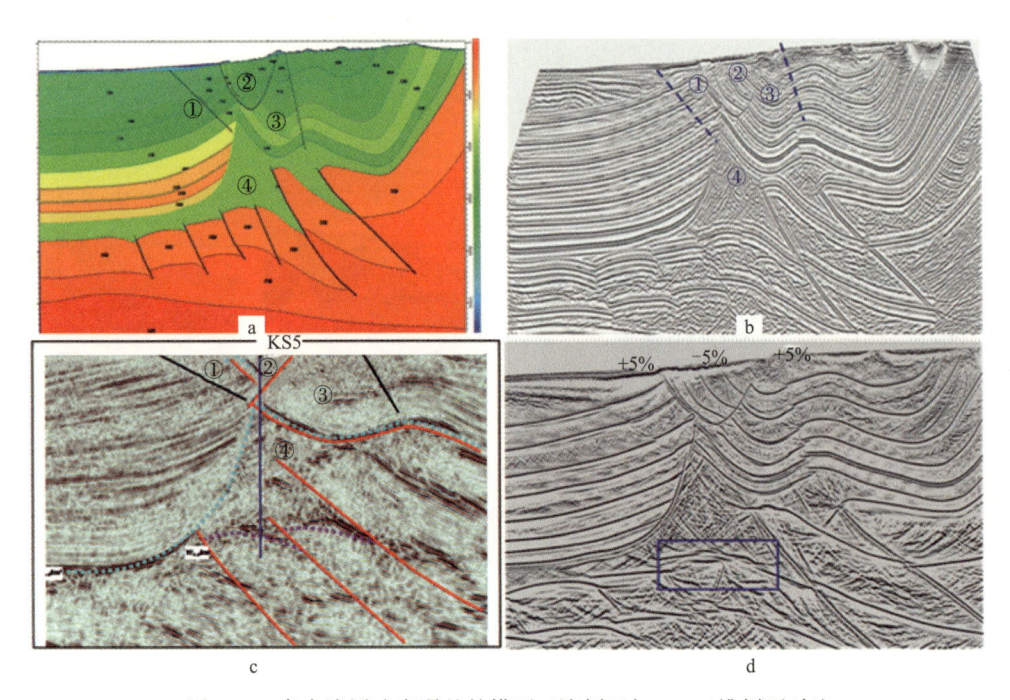

图2.6.5 存在浅层速度误差的模型正演剖面与KS5三维剖面对比

a—用于正演的过KS5井的模型;b—正确速度模型正演的PSDM剖面;
c—对应位置的KS5三维PSDM剖面;d—①、②、③块存在速度误差的PSDM剖面

表2.6.1　工区以往观测系统

观测系统要素	2010年度KS5	2008年度KS1-2
观测系统类型	14L4S504T	12L9S480T
面元尺寸（m²）	15×30	15×30
接收道数	7056	5760
接收线距（m）	240	180
炮线距（m）	360	360
覆盖次数	147	120
横纵比	0.22	0.17
炮道密度（万道/km²）	32.67	26.67
最大非纵距（m）	1650	1230
纵向最大炮检距（m）	7545	7185

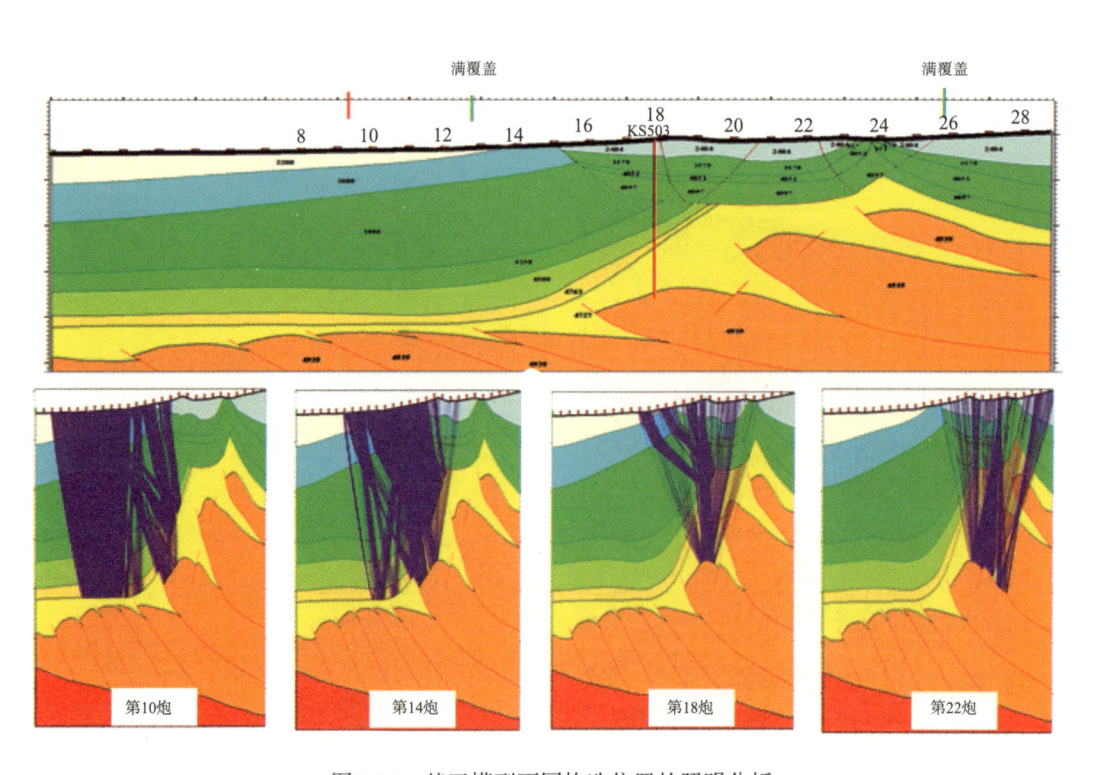

图2.6.6　基于模型不同构造位置的照明分析

（3）南部砾石区及地面陡构造区域的低信噪比问题影响成像效果。工区岩性整体上分为3种：中部砂泥岩区、砂泥岩两侧的砾石山区、南部戈壁区。砂泥岩区激发、接收条件最好，单炮信噪比全区最高；砾石山区激发、接收条件最差，单炮信噪比全区最低；戈壁区单炮信

2 面向叠前深度偏移成像的复杂构造地震采集优化技术

噪比介于两者之间。从表层结构上看,砾石山区可划分为南部砾石山和北部砾石山两个区域,北部砾石山低降速带较薄(基本在30m以内),下伏砂泥岩,激发条件尚可,接收条件较差;南部砾石山低降速带厚度较大(30～60m),难以实现高速层激发,且接收条件差,因此北部砾石山信噪比高于南部砾石山。南部戈壁区可划分为西部戈壁区和东部戈壁区,东部戈壁区低降速带厚度大(最厚可达150m),西部戈壁区厚度相对薄(60m以内),因此西部信噪比好于东部(图2.6.7)。

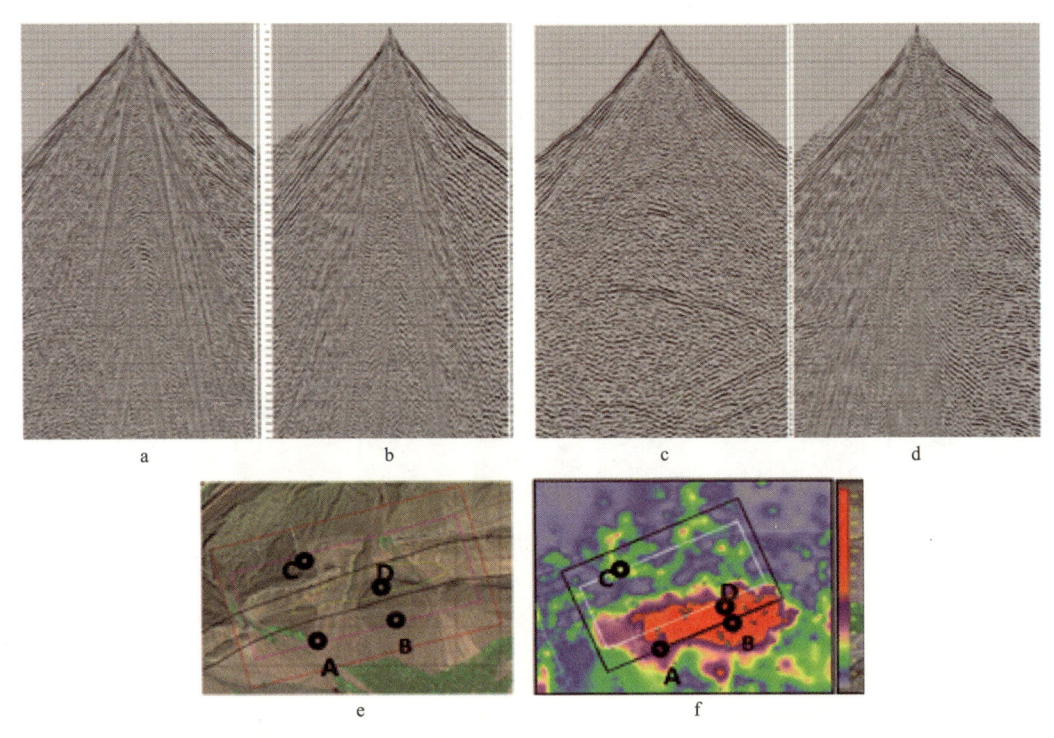

图2.6.7 工区不同地表区域原始单炮记录存在极大差异

a—戈壁(薄);b—戈壁(厚);c—砾石山(薄);d—砾石山(厚);e—工区地面卫片;f—老三维反演的低降速层厚度

低信噪比的原始资料使得局部地区难以得到高信噪比的成像,特别南部砾石区及地面陡构造区域是浅层低信噪比区始终存在的主要原因。图2.6.8为工区内不同部位剖面显示,不同地表信噪比差异明显。而浅层低信噪比使得叠前深度偏移速度分析困难。图2.6.9为不同位置的深度偏移剩余速度谱和CRP道集。可以看到,在高信噪比区可以拾取比较准确的剩余速度谱能量团,速度更新结果可靠。在浅层低信噪比反射层段,剩余速度谱发散,求取的速度不可靠。这些区域的速度精度得不到保证,也就难以对深层进行正确的速度建模。尽管通过多轮迭代成像质量和速度会得到一定改善,但地表条件差的区域往往仍然难以得到理想成像质量。

整体而言,原KS5三维观测系统覆盖次数低、观测方位窄、照明不均、表层调查不足等是导致资料品质一直不过关的根本原因,而南部砾石山区及地面构造变形强烈区又是影响资料品质的两个重点区域,东西向条带状分布的地表岩性及地面构造则是影响浅层信噪比的关键因素。

过KS5井　　　　　　　　　过KS501井　　　　　　　　　过KS504井

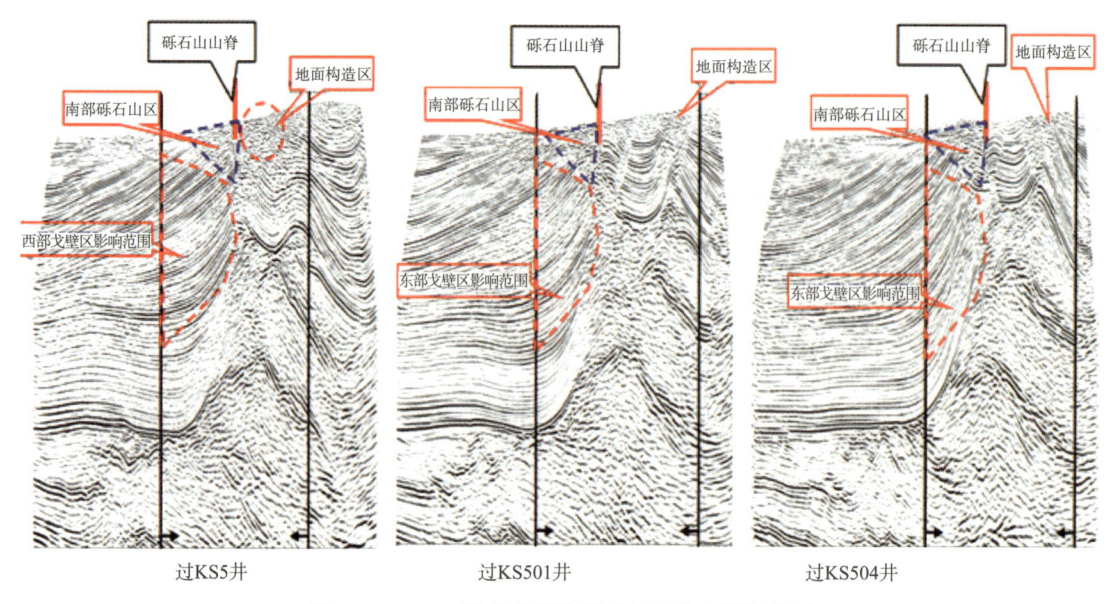

图2.6.8　KS5三维叠前深度偏移剖面横向资料分区

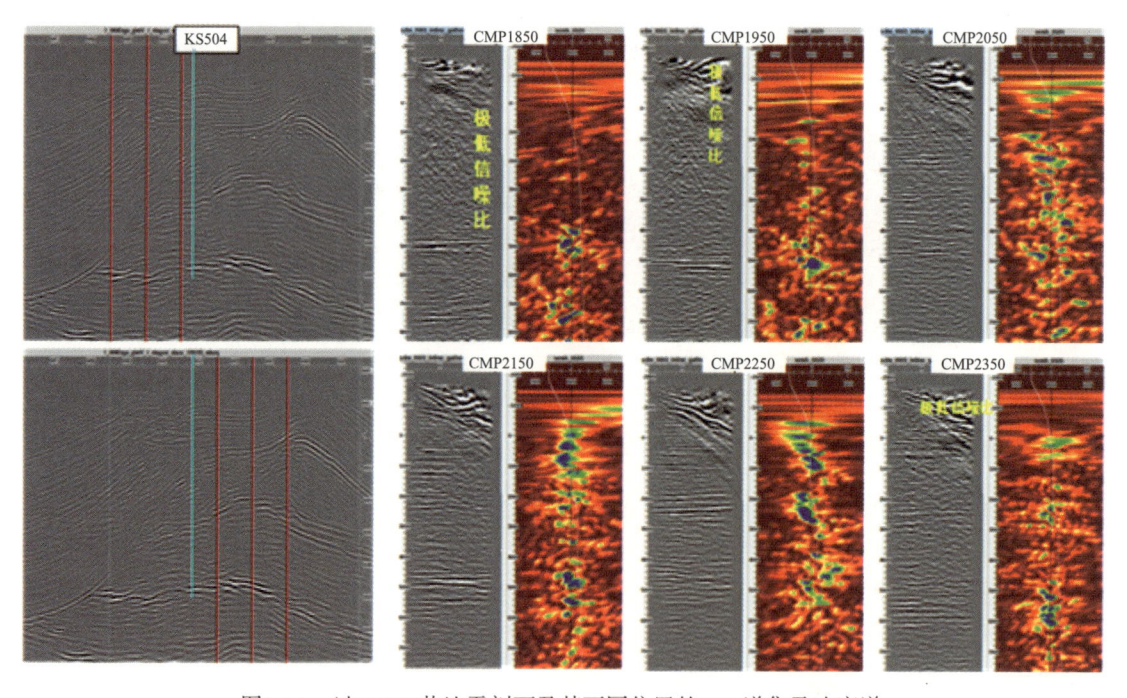

图2.6.9　过KS504井地震剖面及其不同位置的CRP道集及速度谱

2.6.2　针对性采集设计

2.6.2.1　采集设计理念

2017年新采集的KS5新三维，在基于叠前深度偏移成像的设计理念指导下，进行了观测系统设计。首先，针对整体低信噪比的特点，大幅增加了覆盖密度，保证了偏移后地震资料的信噪比；其次，适当增加了观测方位，保证了对复杂波场记录更全面、完整；第三，从照明分析的角度分析了复杂速度结构引起的反射盲区和照明不均的问题，设计了炮点加密的方案；第四，考虑了满足偏移速度分析精度、各向异性参数求取等要求，优化了观测系统参数；第五，针对高精度表层速度反演的要求，设计了灵活的接收线加密方式，增加了近炮检距初至数据采集的数量和均匀性。与此同时，加强了野外表层调查工作，特别是低降速带变化剧烈地区的微测井和超深微测井布设。通过这一套完整的基于叠前偏移成像理念的观测系统设计，最终较好地满足了该区深度偏移成像的要求，取得了较好的深度域成像效果和地质效果。

2.6.2.2 采集设计方案

（1）观测系统设计。考虑浅层成像及对噪声充分采样的需要及压制偏移算子噪声的要求，采用较小的道距；采用较小的线距以提高浅、中层有效覆盖次数，进而提高浅、中层资料信噪比；相对较高的覆盖次数和适中的观测宽度，尽可能获得复杂构造相对完整的地震波场，由于浅层构造的变形特征决定了地层陡、倾向变化大，走向单调，导致浅层速度存在极其明显的方位各向异性。但在目前生产中主要以TTI成像方法为主，在还未考虑HTI的问题和正交晶系成像方法的技术条件下，无法达到全方位或更宽方位观测，横纵比仅仅由原来的0.22提高到0.47，覆盖密度由原来的32万提高到180万；炮检距长度设计满足偏移速度分析精度和各向异性参数求取要求；针对南部砾石山区资料品质较差问题，结合波动方程照明分析，在KS505井以南的砾石山区加密炮排22排，同时在该区增加49条小排列（266道/条），并采用近炮点的10条小排列接收；砾石山以南（即上加密区以南）至原设计炮点边框加密炮排为120m，可控震源同时再加密炮点（炮点距由60m变为30m）；炮框外以炮带道增加21～30排炮点（炮线距120m），南端附加排列缩短179道/条。通过增加炮线、小排列接收线，不仅提高了地面构造区域低信噪比信号区的有效覆盖次数和地震射线的照明度；而且有效提高了中小偏移距炮检点对的密度及其占总炮检点对的比例，有利于提高表层层析反演技术应用的精度和表层反演速度模型的质量。综合这些有效的措施，保证了新采集地震数据能够满足叠前深度偏移成像的要求。最终设计的观测系统参数如表2.6.2所示。

表2.6.2　KS5井区开发三维观测系统设计参数表

名称	参数	名称	参数
观测方式	正交	观测系统	36L×3S×720R (36+10)L×3s×720R/266R 36L×6S×720R
纵向排列方式	7190-10-20-10-7190	接收道数(道)	最大28580
纵向面元(m)	10	纵向覆盖次数	30～60
横向面元(m)	30/15	横向覆盖次数	18～36
面元(m×m)	10×30/15	覆盖次数	540～1609
道距(m)	20	最大炮检距(m)	7874
激发点距(m)	60/30	最小炮检距(m)	18.03/31.62

续表

名称	参数	名称	参数
接收线距(m)	180/90	最大最小炮检距(m)	125～275
激发线距(m)	240/120	最大非纵距(m)	3210
束间滚动距(m)	180	横纵比	0.45
覆盖密度(万道/km²)	180～536.3	记录长度(s)	8

（2）检波方式。采用单点低频高灵敏度单支检波器接收，与传统的多串检波器串组合接收方式有了重大变革。与传统方式比，单点单支检波器接收达到了3方面目的：一是单点单只接收，大幅度降低了在复杂山地施工的野外搬运、埋置检波器的工作量，降低了施工难度、费用及安全风险；二是避免组合对面波等波场的压制，有利于对噪声的充分采样和无改造采集，有利于室内对噪声的识别，以及便于系列去噪技术的应用；三是单点单只记录的初至波形不受组合效应、组内高差的影响，初至起跳时间准确，有利于提高基于走时的表层层析反演精度；初至波的波形保真，有利于进一步应用叠前波形反演技术（FWI）的研究与应用。

（3）激发方式。本次采集采用井震联合激发，工区整体上全区可划分为4种激发分区。①南部冲积扇区：采用低频可控震源激发；②中部砂泥岩山区：采用井炮高速层激发；③北部砾石—砂泥岩山区：采用井炮高速层激发，在砾石层下激发岩性亦为砂泥岩；④南部砾石山区：井炮激发，砾石山体从北向南变厚，到与冲积扇结合部变为巨厚，大部分区域不能实现高速层激发，激发岩性为砂砾层。震源类型为BV-620LF低频可控震源，2台1次，扫描频率1.5～84Hz，扫描方式为线性升频，扫描长度为16s；井炮激发在北部山体区采用1口×高速层顶下5m×8kg；南部山体区，能够实现高速层激发采用1口×高速层激发×10kg；不能够实现高速层激发采用1口×固定井深24m×10kg。

（4）表层调查与建模。本次表层建模采用微测井建模与微测井约束层析反演建模相结合方法。表层调查方案设计如下：①北部山体区，采用以往微测井资料为主，适当加密部分微测井；②砾石山区，结合以往微测井分布，本次部署58口微测井，调查出1600m/s左右的速度，用于控制层析反演的低速；③山前冲积扇区，布设7口深井微测井，调查出1600m/s左右的速度，用于控制层析反演的低速部分及提高用于层析反演的约束速度模型精度。

2.6.3 资料品质与应用效果

2.6.3.1 资料品质得到改善

以问题为导向，强化采集、处理、解释一体化融合目标研究与攻关，KS5新三维资料品质较老资料有明显改善。从叠加剖面（图2.6.10）到深度成果剖面（图2.6.11），新资料浅、中、深层同相轴连续性更好、波组特征更加清楚；新资料信噪比与分辨率都得到改善，叠加剖面的信噪比提高得益于覆盖次数的大幅提高。叠前深度偏移资料构造形态和结构关系更加清楚，得益于整体设计理念、方法都是基于叠前深度偏移，是一项系统工程，包括覆盖密度、观测方位确保信噪比与照明度，基于速度反演精度的设计等。统计工区内盐顶、目的层的叠前深度偏移成果深度与实钻误差，误差率分别为0.57%和0.41%；同时新资料地层倾向与倾角与实钻误差较小,已知18口井的地层产状与实钻产状倾向一致,倾角误差在5°之内,首次实现了KS5山前复杂区资料对井误差在1%以内,地层倾向吻合、倾角误差在5°之内。新资料为KS5和KS11气藏开发井位部署与开发方案编制奠定了坚实的基础。

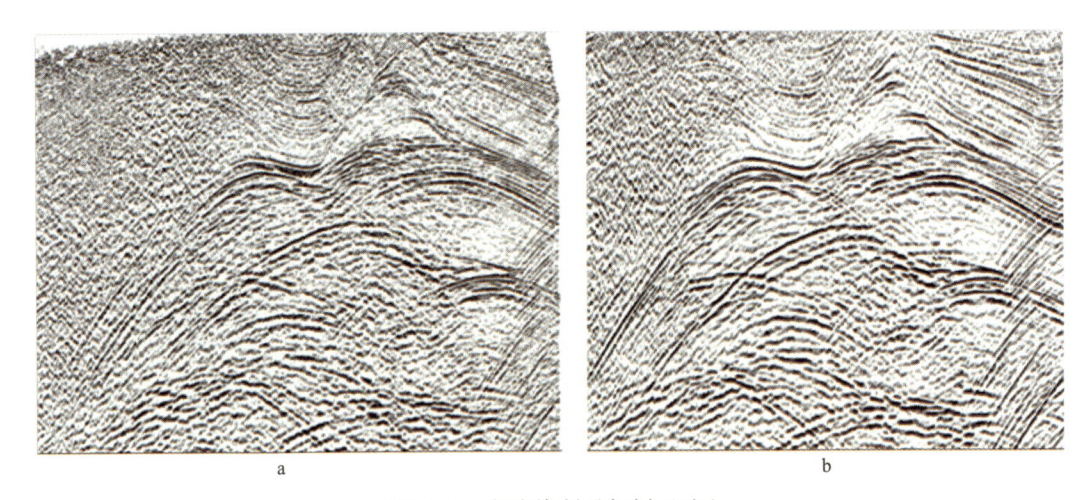

图2.6.10 新老资料叠加剖面对比

a—老资料;b—新资料

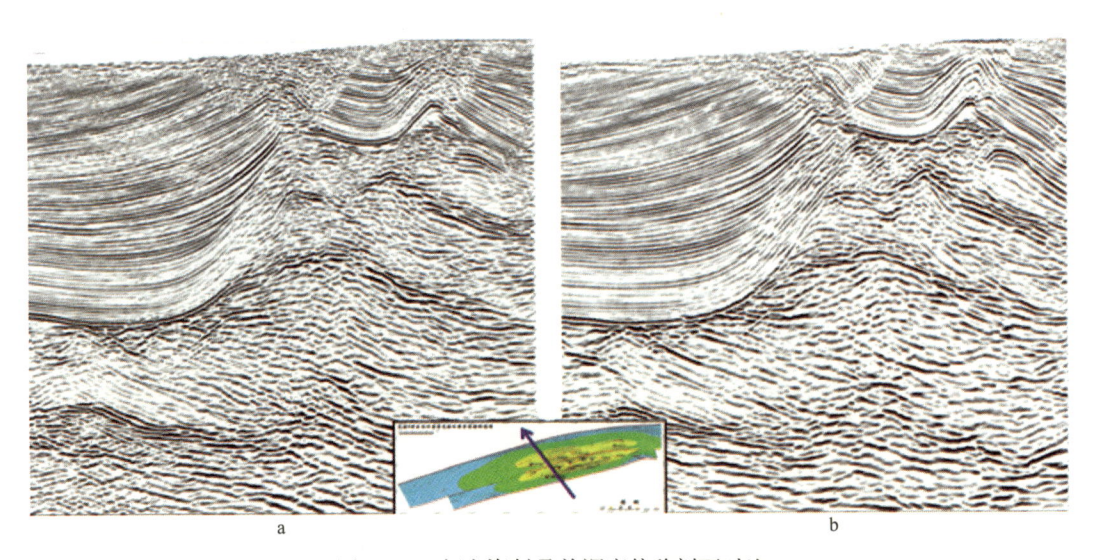

图2.6.11 新老资料叠前深度偏移剖面对比

a—老资料;b—新资料

2.6.3.2 新资料有效支撑气藏开发

利用新资料重新落实了KS5、KS11气藏构造和断裂特征,精细刻画了气藏特征。新构造图(图2.6.12)与老构造图(图2.6.13)相比,构造和断裂细节得到刻画,KS5与KS11气藏关系更加明确。新资料落实的KS5气藏形态特征与老资料变化不大,但KS11气藏由以前整体一个气藏变为东、西两个气藏(KS11与KS1103气藏)。这与开发动态的实际相吻合,为下一步气藏开发井位部署和开发方案优化调整提供了依据。基于新地震资料,到目前为止,共提供并采纳开发井位6口，均获得高产工业气流。同时，KS5开发新三维的成功实施，有效推动了库车地区高密度开发三维地震勘探技术的推广应用，为库车坳陷克拉苏油气富集带的重新认识和精细气藏描述，整体开发和高效产能建设发挥了积极作用，为油田2020年建成3×10^7t大油田发挥了重要技术支撑作用。

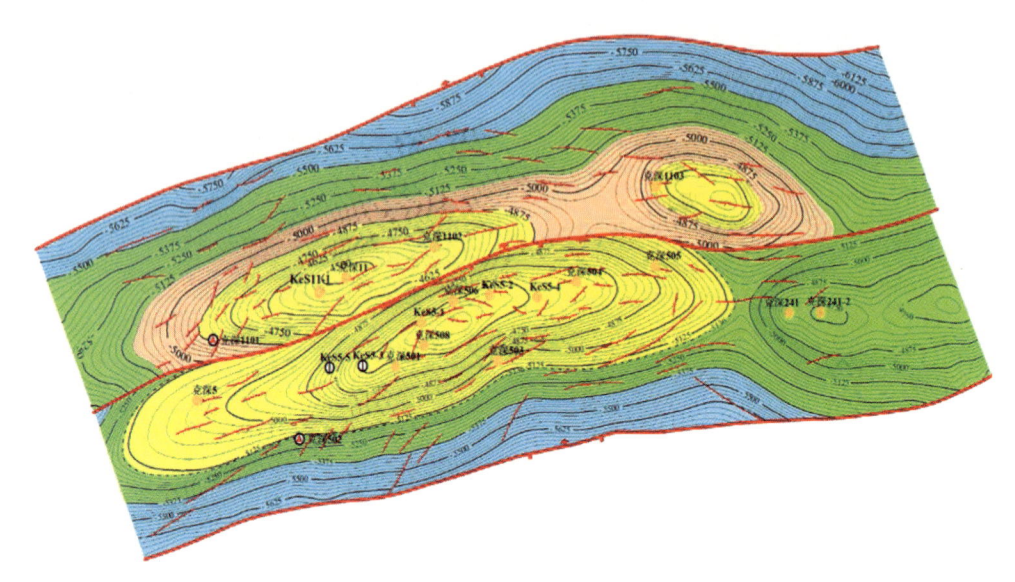

图2.6.12　KS5-11气藏白垩系巴什基奇克组顶面构造图（新资料）

等值线单位：m

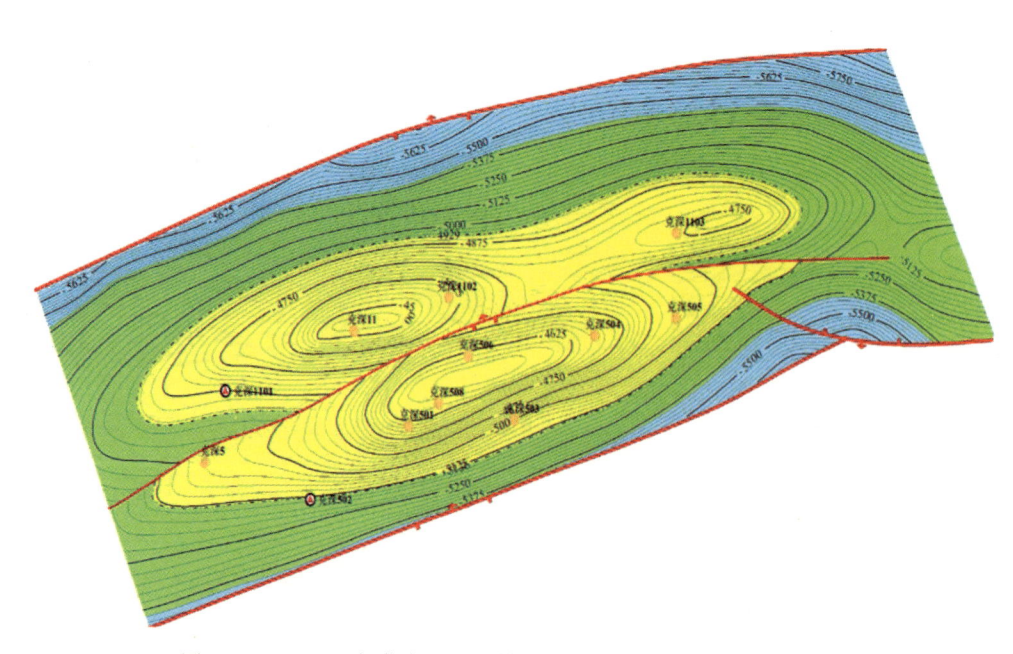

图2.6.13　KS5-11气藏白垩系巴什基奇克组顶面构造图（老资料）

等值线单位：m

2.7 小结

本章从波动方程正反演模拟技术、照明分析技术、观测系统属性分析技术、面向叠前深度偏移速度建模4个方面阐述了面向叠前深度偏移成像的山前复杂构造观测系统优化设计技术，主要结论和认识如下：

（1）要保证复杂构造叠前偏移成像效果，首先必须保证有足够的覆盖密度，才能保证山前复杂起伏地表地震资料的信噪比。在此基础上，适当增加观测方位，保证对复杂波场记录更全面、完整，最终达到提高复杂构造叠前成像效果与精度的目的。

（2）在工作量不变的情况下，改善炮检点几何分布关系，提高炮检点分布的均匀性和对称性，即摒弃传统的线束状观测系统，同样可以达到改善复杂构造成像效果的目的。在此基础上，结合仪器实际带道能力和成本可行性，可以通过拆分原有的检波器组合，或者通过直接增加接收点个数（接收道数），达到提高覆盖密度，改善资料成像品质的目的。

（3）在复杂构造区要考虑复杂速度结构地质结构引起的反射盲区和目标层照明不足问题，通过波动方程照明分析技术，确定炮点加密范围，检波点排列方式及排列长度，科学指导采集参数的优化、提高采集质量和节约采集成本。

（4）通过基于CRP面元属性分析技术，对比不同观测系统CRP面元属性，兼顾勘探目标与采集成本，定性与定量相结合，科学研判适合野外施工的观测系统设计方案。

（5）为适应叠前偏移技术发展应用的技术需求，三维地震观测系统分析和评价的参数不能再用传统的、基于叠加成像技术提出的面元大小、覆盖次数等参数。而要推广应用本章所提到的覆盖密度、CRP覆盖次数或照明强度、偏移振幅离散度等参数，来分析和评价三维地震观测系统的好坏与经济可行性。

（6）观测系统参数设计需要考虑满足各向异性叠前偏移深度速度建模的要求。重点应从偏移速度分析精度、网格层析速度反演稳定性、各向异性参数求取等方面分析炮检距长度、覆盖密度、射线照明度等观测系统参数的优劣，合理确定观测系统参数。针对初至层析速度反演对数据的要求，应采用灵活的接收线加密方式，增加近炮检距数据采集的数量和均匀性，同时加强野外表层调查工作。

（7）山前复杂构造区剧烈起伏的地表变化，必然带来野外采集施工的难度、采集成本的上升和安全作业的风险。因此，为满足叠前偏移技术对提高覆盖密度的需求，近几年的发展重点应是：无线超道数（可扩展）节点仪器＋针对复杂地表的随机采样采集＋五维插值等叠前数据规则化技术＋叠前深度偏移等配套技术系列，这将是通过采集处理一体化提高山前复杂高陡构造地震勘探精度的重要发展方向。

3 山前复杂构造带浅表层速度建模与静校正方法应用策略

　　山前复杂构造带地震勘探之所以说它复杂，是指其地下的构造变形强烈、形态复杂。不像海上地震勘探时，不存在地表的起伏，海水速度基本稳定已知，所以地震勘探相对简单，技术发展快，成像精度高。而山前复杂构造带地震勘探的技术难题是地表的剧烈起伏和近地表速度结构变化带来的低信噪比和成像复杂问题。第1章绪论中已经阐述了传统时间域成像处理中应用"静校正技术"等效地解决浅表层速度复杂和地表起伏问题。但问题没有真正解决，而是"掩盖"在资料的成像中，导致"假构造"或不成像的问题层出不穷，钻探失利常常发生。理论上，叠前深度偏移应该也可以实现从起伏地表的真实速度起算。可是真实的浅表层速度如何得到？偏移前的信号预处理又必须在已有的时间域利用成熟技术进行，还需要对数据进行静校正处理。这就提出一个极大的需要研究和讨论的技术问题，山前复杂构造浅表层速度建模与静校正方法应用策略问题。本章提出的基本观点是：以建立准确统一的浅地表速度模型为核心，把基于起伏地表的叠前深度偏移与基于静校正的信号预处理看作一个问题的两个方面分别应用。即在确保二者浅地表的速度模型统一的条件下，先应用静校正技术解决一系列偏移前的信号预处理问题，之后进行静校正反应用，从"真"地表开始偏移，达到走时不变、反射波场没有畸变，最终实现准确成像的目的。

3.1 山前复杂构造带地震资料静校正处理技术应用面临的挑战

　　陆上采集地震资料，由于其激发接收均在地表，当地表起伏或低降速带存在横向速度和厚度变化时会产生严重静校正问题。山前复杂构造带资料由于地表起伏较大、近地表速度剧烈变化，加之通常伴随地下构造复杂，造成地震波场杂乱，严重影响地震资料处理效果。如图3.1.1所示，我国西部某山地冲断带地区，中部为山体，山体两侧为黄土和砾石覆盖区，山体北侧为戈壁农田区。从低降速带调查结果来看，工区表层结构变化剧烈，在岩层露头区低降速层较薄，一般在3～15m，构造主体部位出露地层倾角较陡，高速顶层速度在2700～3800m/s；山体北部与戈壁的交界带，地表覆盖黄土层，低降速带厚度在10～100m，部分地区达到200m以上，从山体到山前过渡带，高速层速度一般为1800～2600m/s。表层的剧烈变化产生了严重的静校正问题，对资料品质的影响很大，而且山体与戈壁的交界地带往往也是地质目标的发育区带。因此解决静校正问题，一直是山前复杂构造带地震资料处理的重中之重。

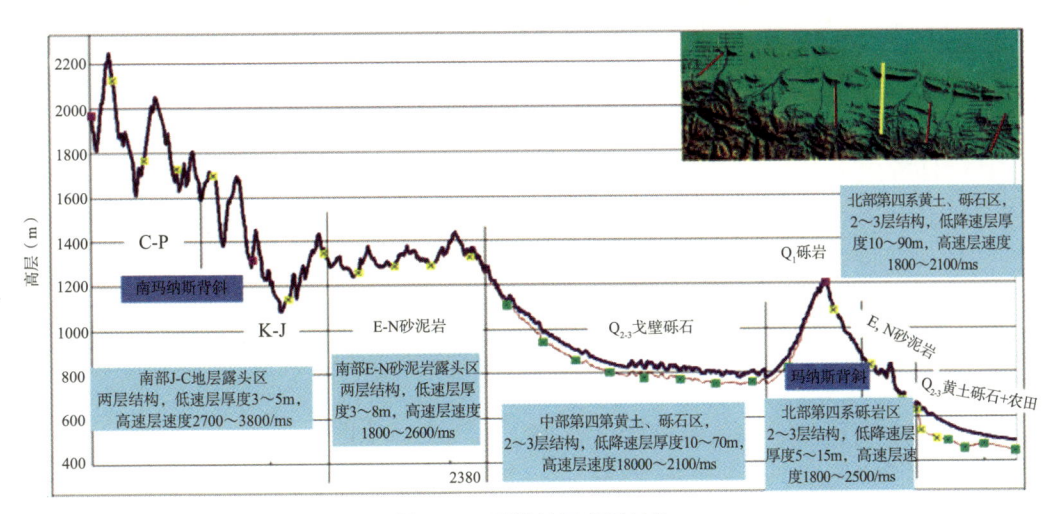

图3.1.1 西部地区表层结构

谢里夫（Sheriff）对静校正所做的定义为：用于补偿由于地表高程变化、风化层的厚度和速度变化对地震资料的影响。其目的是获得在一个平面上进行采集，且没有风化层或低速介质存在时的反射波到达时间。如图3.1.2所示，消除地表起伏和低降速带横向变化的影响，将地震数据校正到统一基准面上，后续地震处理工作就"好像"地震数据是在统一基准面上采集的。

针对静校正产生的原因，静校正一般包括风化层剥离和速度填充两个过程。第一步风化层剥离：首先需要建立近地表速度模型，假设射线在风化层内按垂直方向传播，然后根据地表到高速层顶的距离，计算出波在近地表层传播的双程时间，从地震记录中减去这个时间，相当于炮点和检波点都被移动到高速层顶界面。第二步风化层置换：风化层被剥离后一般需要选定一个水平面，用高速层顶的速度去替代风化层的速度。根据风化层底面到水平面的距离，计算出时间，相当于把炮点和检波点从高速层顶移动到指定的水平面上，这个指定的水平面为统一基准面，把地震数据校正到这个基准面上的过程叫基准面校正，也称为一次校正。

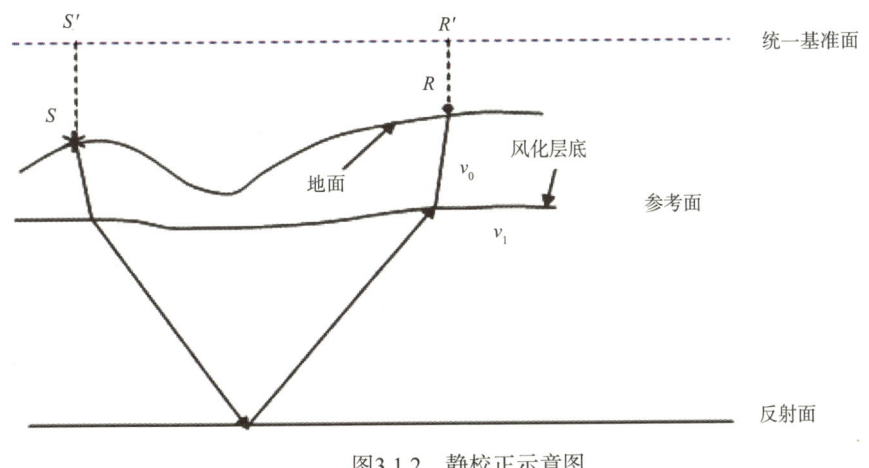

图3.1.2 静校正示意图

从图3.1.2和静校正技术的实现过程描述可以看出，做好静校正的关键包括4个方面。一是如何建立正确的浅表层速度模型，决定了静校正技术应用的成败和最终处理成果的质量。二是高速参考面与统一基准面的选择，尤其高速参考面，对静校正量计算的质量，所谓"静校不净"引起的长波长问题解决的程度等都非常重要。统一基准面会影响整体剖面的形态与构造的描述。三是替换速度的确定与试验对比。理论上按照钱荣钧提出的多剥少补的原则，替换速度应该选择高速顶面的速度，但复杂区并不存在稳定的高速层，而且横向变化很快，所以需要做系统的对比。四是由于复杂构造区的速度模型不可能用一个等效模型描述，静校正问题通常需要多种方法结合，以及与速度分析迭代共同解决。

3.1.1 静校正对时间域成像的影响

静校正问题的存在，严重影响复杂构造带的成像，同时对于后续线性噪声去除、速度分析及资料分辨率都有不同程度影响。下面通过一个复杂构造的二维正演模型来直观地看一下静校正对地震资料处理的影响。图3.1.3a为一个结构简化过的我国西部库车地区地质结构二维速度模型。为了更直观地说明山前复杂构造起伏地表对时间域处理影响，模型仅仅考虑了地表的起伏和高速地层速度的变化，没有考虑更复杂的低速风化层和山前地表高速砾岩异常体的速度变化，存在低速层、降速层、高速异常等纵横向不规律变化，真实的山前结构要比此模型复杂得多。图3.1.3a左上角为平层受挤压后形成的单斜构造，上部中间为一大角度倾斜断块，右上部为一隆两凹构造，模型中间为一受反向断层控制保留的相对新地层组成的断块（速度略低的蓝色），其下为叠瓦状逆掩推覆断块，不同颜色代表不同地层的速度变化，红粗线为观测系统所在的地表面。该模型属于典型的西部山地模型，地表起伏剧烈，最大高差近1000m，且地表类型复杂多变，近地表没有统一折射层，下伏地层受地表影响严重。

图3.1.3b为未做静校正的合成叠加剖面记录。可以看到各个主要层位的反射（包括两个凹陷处形成的回转波）和断点形成的绕射。受地表剧烈变化影响，同相轴被严重扭曲，与地表形成镜像关系。将模型地表以上到零之间填充速度为3700m/s的均匀介质，将观测系统移至z为零处摆放，得到图3.1.3c的合成叠加剖面记录。这相当于做过高程静校正。对比中下两图可以看出受静校正影响严重区域明显得到改善，同相轴形态更为合理，与模型更为一致，静校正问题基本得到解决。图3.1.3e，g为正演模拟得到的过KS5井二维模型的炮集记录，观测系统为7200m—0m—30m—0m—7200m，炮点距60m，道距30，481道接收，最大炮检距7200m，从中选取炮点位置10km处的正演记录，红色线条为检波点排列。图3.1.3e为在起伏地表激发接收，在模拟的炮集上能明显地看到静校正问题，而图3.1.3f将观测系统移至z为零处摆放，将模型地表以上到零之间填充速度为3700m/s的均匀介质，得到图3.1.3g相当于做过高程静校正后的炮集记录。对比静校正之前，初至更加连续，扭曲的同相轴得以恢复。

在实际资料处理过程中，如果静校正问题解决不好，容易导致时间域成果存在构造假象。例如西部某山前带实际地震资料，图3.1.4a为模型静校正对应的低降速层厚度，由于山前存在巨厚的低降速层堆积区，而当时的表层调查受条件限制没有打穿低降速层，所以导致模型校正量不能完全反映该区低降速带变化。图3.1.4b为层析静校正对应的低降速层厚度，从中可以看出层析反演得到的低降速层厚度明显大于模型法，更为重要的是层析反演得到的低降速层厚度空间上存在显著变化，在工区中南部有一个明显加厚区。

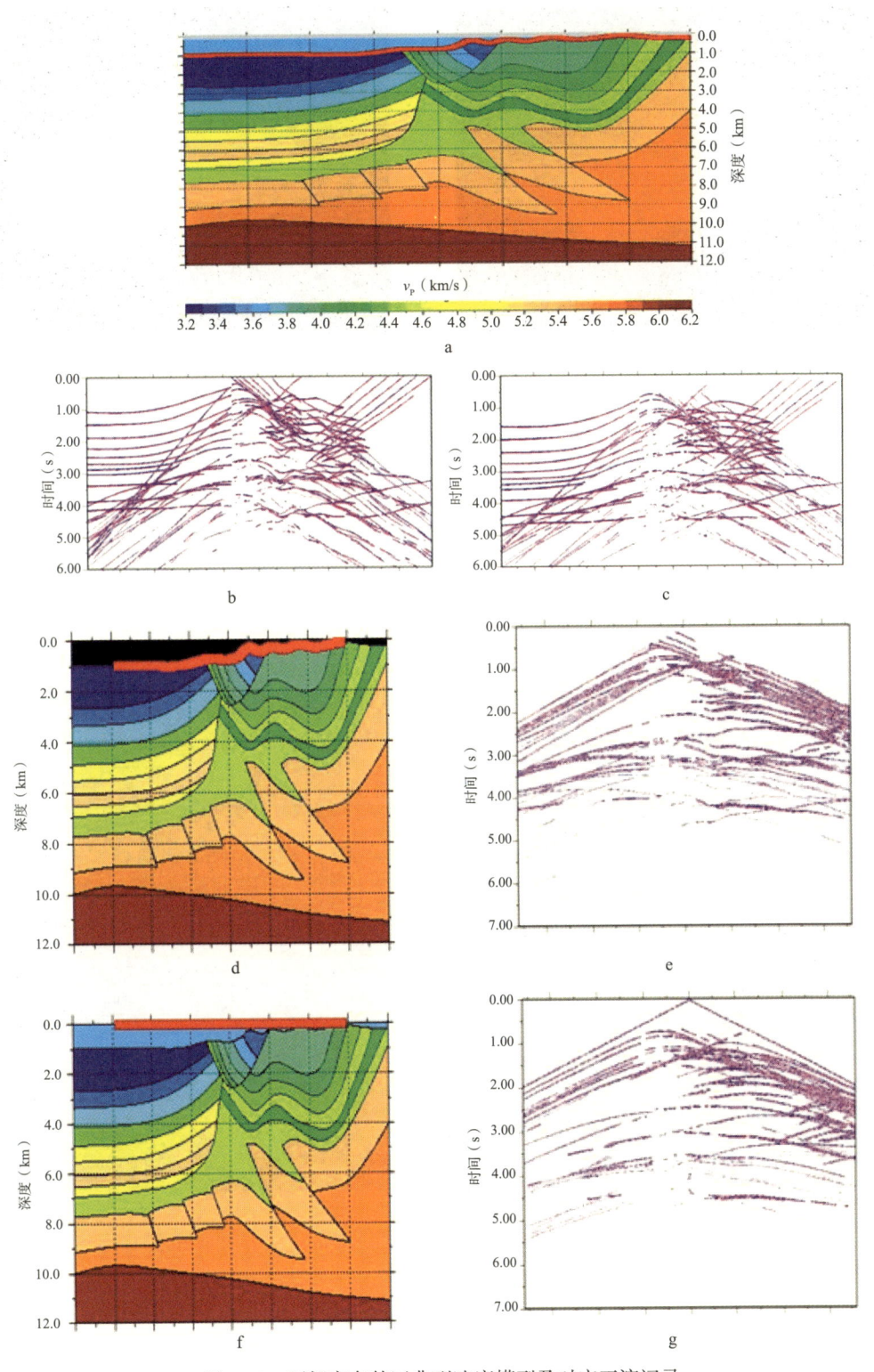

图3.1.3 西部库车某区典型速度模型及对应正演记录

a—二维速度模型；b—静校正前自激自收正演记录；c—静校正后自激自收正演记录；d—地表激发二维速度模型；e—地表激发正演炮集记录；f—统一面激发二维速度模型；g—统一面激发正演炮集记录

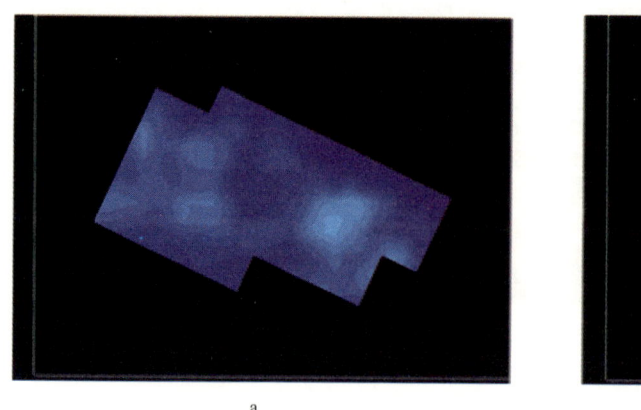

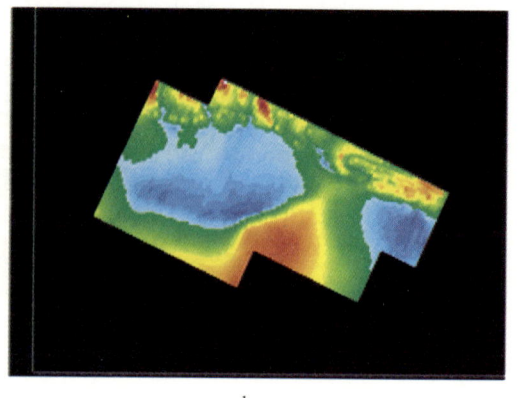

图3.1.4 某工区模型静校正（a）和层析静校正（b）对应的低降速层厚度

对图 3.1.4 黑线位置的测线，应用相应的静校正量得到图 3.1.5 所示时间域叠加剖面。在图 3.1.5a 应用模型静校正的叠加剖面蓝框位置中，可以看到明显的同相轴下凹现象。这正是由于该处低降速层加厚引起地震波走时增加导致。图 3.1.5b 为应用层析静校正量的叠加剖面。由于层析反演更准确地反映了该处的低降速层变化，因此其对应的时间域叠加剖面也更好的恢复了该位置的构造形态，消除了静校正问题引起的时间域构造假象。

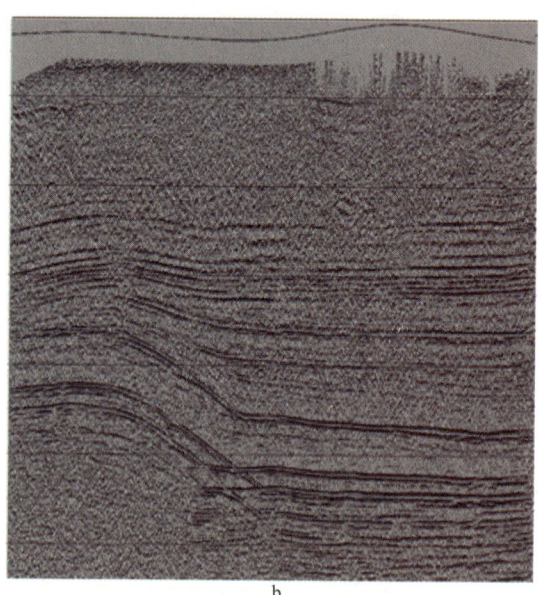

图3.1.5 某工区模型静校正（a）和层析静校正（b）对应的时间域叠加剖面

3.1.2 面向叠前深度偏移的浅表层速度建模与静校正之间的关系

经过多年的技术探索，目前业界对于复杂构造区成像必须依靠深度域偏移技术已经形成共识。而以往针对时间域成像的静校正方法对于复杂构造区成像或多或少的都存在一定问题，

3 山前复杂构造带浅表层速度建模与静校正方法应用策略

主要体现在以下两个方面。

（1）复杂构造区资料由于地表条件复杂、地下构造复杂，造成地震波场复杂。而其近地表横向速度变化尤为剧烈，传统的成像方法是将浅表层的速度模型横向变化归结为静校正问题，在偏移前通过整道时移校正的方式解决其影响。但是在复杂构造区，一方面由于低降速层及高速层速度变化极大，用于静校正计算的速度模型往往建立不准，导致计算的静校正量不准，通常存在"静校不静"的情况。另一方面，由于静校正技术的地表一致性假设条件，在低降速层厚度大、低速层速度与下伏高速层速度变化较小时，直接采用整道垂直的静态时移校正会改变波长传播的路径、破坏波场传播的纵横向关系与规律，对波场的破坏严重影响最终成像的质量和准确性。

如图3.1.6所示，对于复杂构造区资料，蓝色线代表地表高程面，黑色箭头代表地震波原始的炮检点射线路径，红色线代表时间域处理时的参考面，绿色箭头代表经过时间域静校正后数据偏移的射线路经。从中可以看出，由于大静校正量的应用，导致射线路径垂向时移，发生较大改变，从而必然造成地震波场的畸变和成像速度场畸变。尤其是对于高速岩体出露导致地震波垂直入射、出射的静校正假设不成立时，采用静校正的方式处理复杂构造区成像问题无疑会引进较大误差。

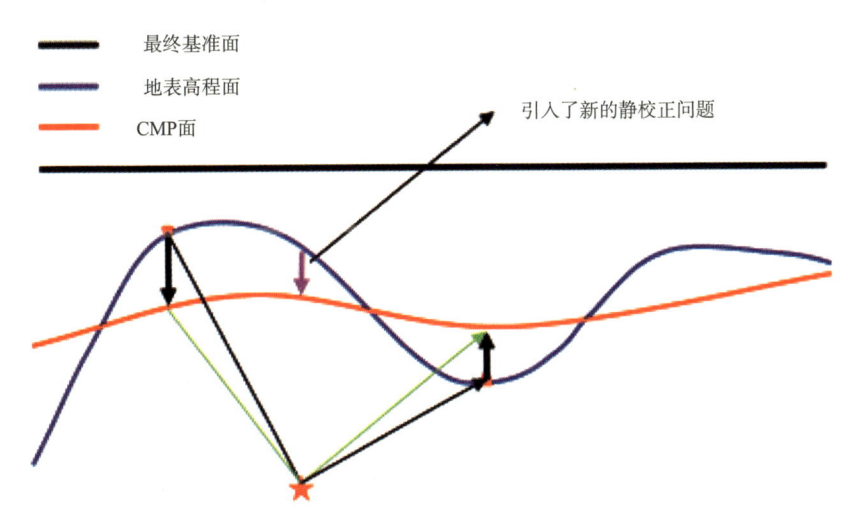

图3.1.6 静校正与偏移的差异分析

同样，使用已知的速度模型进行对比试验，能更为直观地反映出时间域静校正技术应用、浅表层建模对深度域偏移影响的差异。图3.1.7a为已知速度模型；图3.1.7b为将道集数据使用静校正的方式，把炮检点由蓝线所示地表位置校正到粉线所示参考面，然后深度偏移所得结果；图3.1.7c为从地表直接进行深度偏移的结果。对比图3.1.7b、c两个成像结果可以看出，对于地表较平、校正量较小的山体两侧区域，两者成像差异不大，但对于山体区域成像，两者存在较大差异，图3.1.7c在逆掩推覆构造下盘的直立结构及其之下断块成像较图3.1.7b有明显改善。

因此，理论分析和模型试验均可证明，传统的时间域静校正处理会对复杂构造成像引入较大误差。通常静校正量越大、模型越复杂，造成的影响越严重。

— 67 —

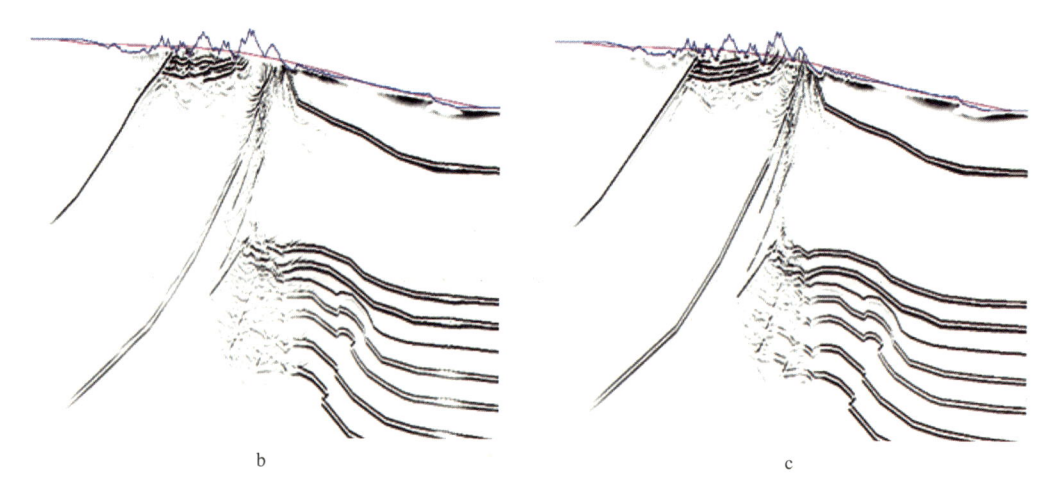

图3.1.7 用于试验的速度模型（a）及不同方法得到的偏移结果（b，c）

a—正演速度模型；b—静校正后的深度偏移；c—从地表直接深度偏移

（2）以往的经典静校正方法，无论是高程静校正、模型静校正，还是折射波静校正，对于复杂构造区来说都无法得到准确的浅层速度模型。要解决这一问题，目前最为行之有效的方法是微测井约束的初至层析反演与静校正技术。

3.1.3 静校正技术应用对偏移前信号预处理的重要性

纵然时间域静校正在处理复杂构造成像时有上述缺陷，但这并不意味着我们现阶段可以完全放弃静校正处理。由于目前绝大多数的信号处理技术和方法仍然是基于时间域处理的多次覆盖水平叠加理论发展起来的，无法取代。因此，静校正依然是复杂构造区资料处理的重中之重，其重要性主要体现在以下3个方面。

（1）静校正技术的应用是叠前道集预处理和提高信噪比的需要。如图3.1.8所示，复杂构造区地震资料受到静校正问题的影响，无论是有效信号还是规则干扰，其运动学特征都无法体现。在噪声方面，面波、线性噪声、多次波等规则干扰，不再表现为线性或双曲线等特征，无法有效去除；对于一次反射波来说，也无法体现正常的双曲线特征，不利于时间域速度分析。因此做好静校正，还原地震波运动学特征，对于规则干扰去除及时间域速度分析至关重要。

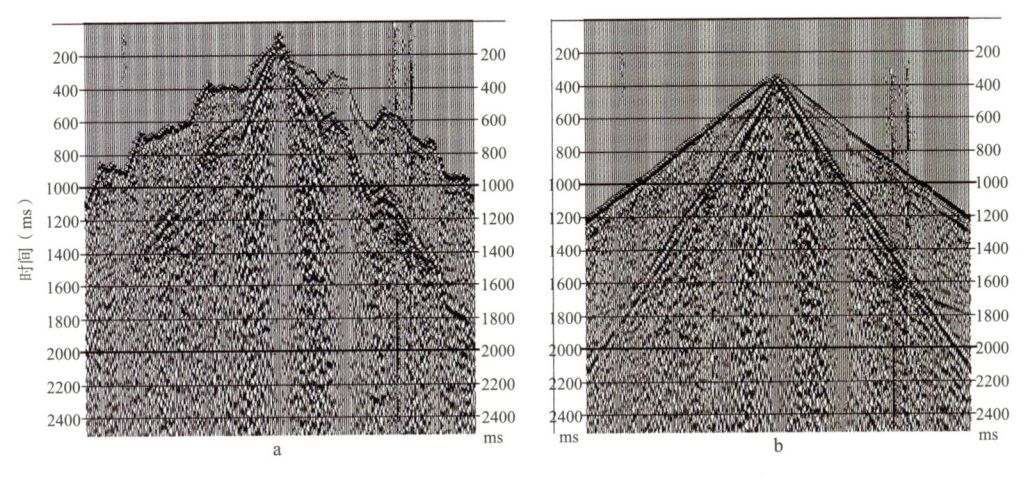

图3.1.8 未应用静校正的炮集记录（a）和应用静校正的炮集记录（b）

（2）叠加剖面是地震资料信号处理阶段最为重要的质控手段（如图3.1.9所示）。如果不做静校正处理或者静校正处理做得不好，将无法得到高质量的叠加剖面，这样我们就无法有效地判别去噪、振幅补偿、反褶积等环节的处理效果，直接影响信号处理参数的选择。

（3）由于复杂构造带地表高程剧烈起伏和表层速度快速变化，同时受限于表层野外调查的密度不足、初至拾取精度不够及反演方法等因素，目前的表层速度建模技术尚无法精确描述复杂的实际速度模型，通常只能得到一个低频近似速度场，而速度的高频变化也会严重影响叠前深度偏移的成像质量，尤其是浅层模型。因此对于复杂构造带地震资料还需要做大量的剩余静校正迭代工作，来弥补速度模型高频精度的不足。

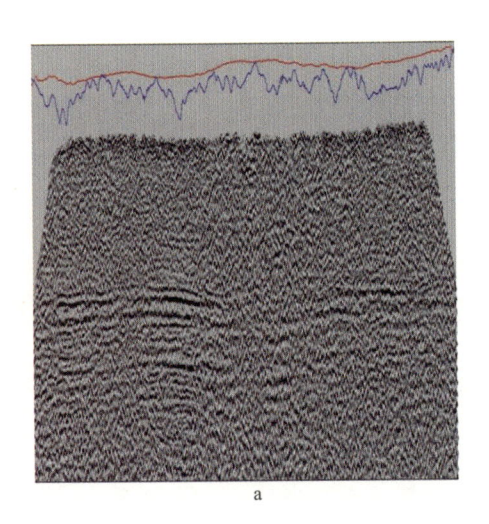

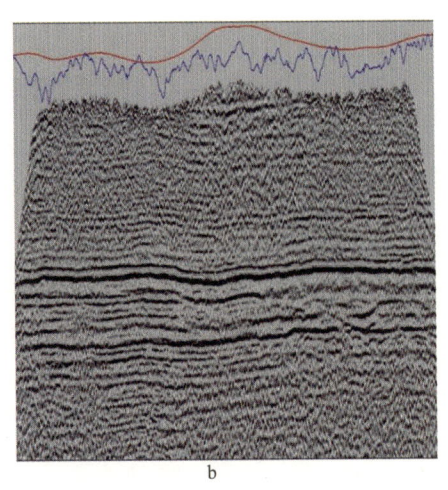

图3.1.9 应用高程静校正的叠加剖面（a）和应用层析静校正的叠加剖面（b）

3.2 模型法静校正和折射波静校正原理及其适用条件

以往常用的传统时间域处理基准面校正方法包括高程静校正、模型法静校正和折射波静校正。下面我们简要介绍模型法静校正和折射波静校正原理及其适用条件。

3.2.1 模型法静校正

主要以野外表层调查取得的资料为主建立近地表模型，这种方法称为表层模型静校正方法，简称模型法静校正。具体方法是利用常规微测井、深井微测井、小折射、多次覆盖小折射等资料的速度与厚度和层间关系，通过内插建立表层模型，最后根据此表层模型计算出静校正量。

复杂构造带常常伴有巨厚表层覆盖区，常规微测井探测深度无法控制表层厚度，因此需要实施深井微测井进行调查。通过提高钻井工艺，改变测井电缆等，超深微测井技术目前完全成熟，具备了砾石区 170m，沙漠、黄土区 300m 的调查能力。该方法在复杂构造带及深层勘探表层调查项目中被广泛应用。

深井微测井调查成本高，无法大面积使用。小折射方法是另一种基本的表层调查方法。2000 年以前，主要采用 24 道小折射的表层调查方法，在低降速带较厚且地表较平坦的地区，大都采用小折射或小折射初至结合大炮初至联合解释的方法追踪深层高速层。但该方法精度低，且生产效率低。2000 年以后，长排列小折射得到广泛应用，采用 48 道小折射仪器，通过增大排列长度和空间采样密度（小道距），大大地提高了低降速带较厚区的表层调查精度。因此，在复杂构造带的表层调查研究中，小折射层析反演表层调查建议采用多次覆盖长排列方法。该方法不仅调查厚度大，而且精度高。图 3.2.1 为同一点单次覆盖与多次覆盖层析反演结构对比。从图中可以看出，多次覆盖层析反演精度远高于单次覆盖。

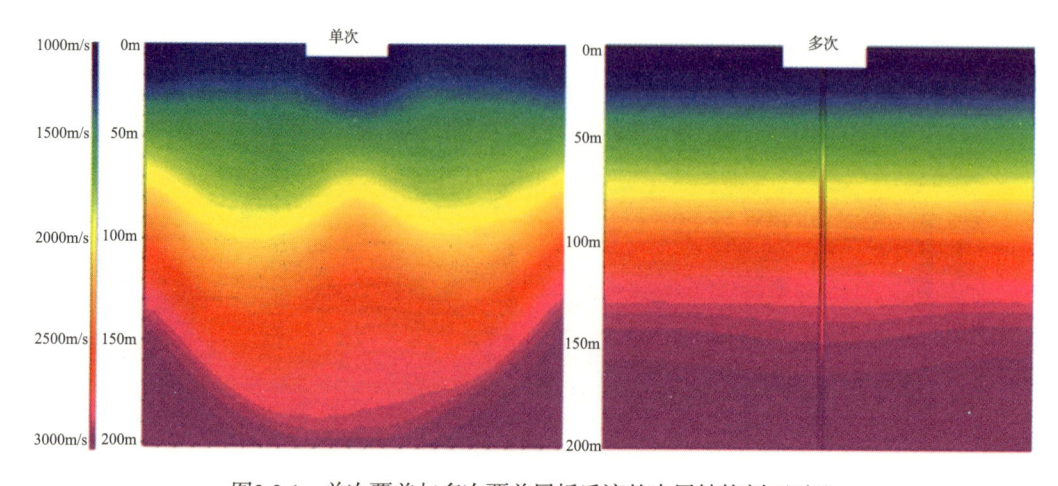

图3.2.1 单次覆盖与多次覆盖层析反演的表层结构剖面对比

将多次覆盖长排列小折射层析反演结果转换到深度—时间域与微测井时深曲线进行对比。如图3.2.2所示，a图为速度域的对比，b图为时间域的对比。可以看出，反演结果在速度域和时间域与微测井解释结果符合较好。只有在接近地表几米处的极浅低速层速度值仍有一定误差，但反应的纵向速度规律较好，基本能满足时间域处理要求，大量的对比结果均如此。因此，多次覆盖长排列小折射层析反演方法可以部分代替深井微测井进行巨厚低降速带地区的表层调查工作。该方法不仅降低施工难度，而且大大节约了生产成本。

采用模型法时需注意，要逐点分析全区表层调查数据，要求追踪同一高速层，并在平面上对数据进行监控，去伪存真。对异常、突变地区需要进行加密表层控制点。由此可见，对于复杂山地资料如果想用模型法做好静校正，需要大量的野外调查，这无疑大幅增加了施工成本。

山前复杂构造带在做完表层调查之后，通常会遇到高速顶界面速度及高程横向变化大的问题，这不利于时间域成像及速度分析。因此以往在山前复杂构造使用模型静校正时，常引入中间参考面的概念。如图3.2.3所示，在高速顶界面之下（距离越近越精确）选取一个速度及高程相对平缓的界面作为中间参考面，将地震数据按照高速顶界面速度向下剥离至该界面，然后按照替换速度回填至统一基准面，这样可以改善时间域成像及速度分析质量。

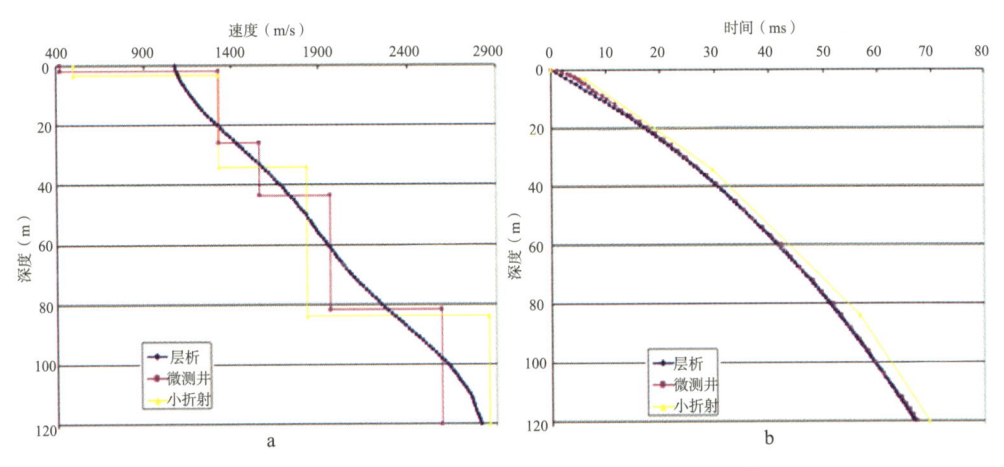

图3.2.2 层析反演、小折射、微测井解释结果比较

a—速度域对比；b—时间域对比

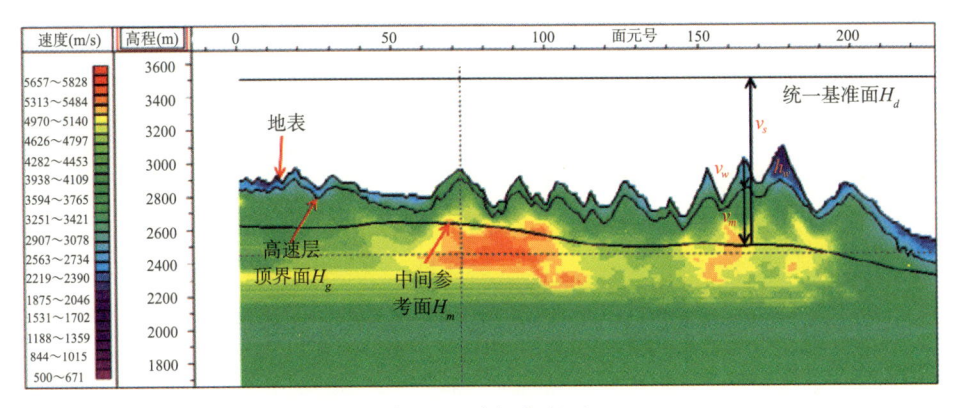

图3.2.3 中间参考面

从模型法静校正的技术特点和实现过程可以看出，其本质是一个综合速度建模的过程，较适应于山前复杂构造的地震勘探与成像处理。但模型的精度决定于调查点的密度和勘探费用的投入力度。在实际的生产实践过程中，在速度变化不是非常剧烈、结构相对简单的区域，一般能收到较好效果，生产中该方法得到普遍推广。在速度变化极其复杂的区域，往往需要特别加密调查点、进行反复试验、或结合其他方法共同解决复杂的静校正问题。因此，这一过程是传统山地复杂区资料处理难度最大、耗时最长的处理环节。最后的处理结果也有多不尽人意的地方，尤其在山体和平原结合部，时间域处理基本无法解决。深度域成像也是目前最复杂、很难描述清楚和解决好的领域。

3.2.2 折射波静校正

折射波静校正的基本思路是选定全区稳定的折射层，以炮检距控制拾取这个稳定折射层的初至，剔除掉该折射层以外的初至，使用这些初至和低降速带速度 v_0、高速层速度 v_1 计算延迟时间，最后通过延迟时间结合表层调查资料反演表层模型并计算校正量。折射波静校正方法有两点假设：一是假设地表模型是由几个局部水平层构成；二是假设波在折射界面上的入射角是临界角。这样就可以将沿着折射界面传播的初至时间分解成延迟时和折射层速度，通过临界角的假设将延迟时转换成厚度，即可建立表层速度模型和静校正量。目前生产中主要用到的折射波静校正方法有：延迟时法、ABC法、多域迭代法、EGRM法等。

折射波静校正适用于有稳定折射层的地区，是解决这类地区长波长静校正问题最有效的方法之一。但在复杂探区，折射波静校正的简单分层模型不能描述速度横向上的剧烈变化，也不适用于速度反转和尖灭的近地表速度模型。尤其是在有高速层出露的地区，初至波场复杂难辨，很难追踪到稳定的折射界面，在这些地区折射波静校正方法的应用效果通常都不理想。

对于低降速带存在横向变化的山前复杂构造带，为了确保成果资料的构造形态合理，同时兼顾成像质量，目前多采用（图3.2.4）微测井约束的层析静校正技术解决基准面静校正问题。后续通过初至波剩余静校正、超级道剩余静校正、全局寻优剩余静校正等多种技术手段进一步解决高频静校正问题。

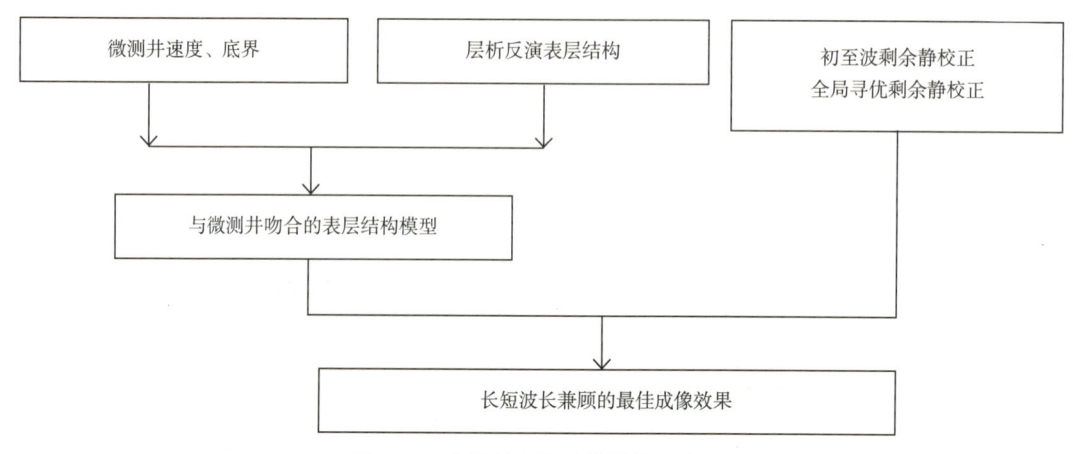

图3.2.4 山前复杂构造带静校正流程

3.3 层析静校正

我国中西部山前高陡构造地震勘探区，地表条件极其复杂，具有地表起伏剧烈、风化层厚度不稳定、速度横向变化剧烈等特点。这不仅造成了资料的信噪比低，各种规则、不规则干扰发育，更重要的是带来严重的近表层速度建模问题。表层速度模型发挥两方面的作用，静校正问题如果解决不好，不但会导致浅层资料信噪比低，成像困难，产生假的地质现象，还会影响到速度分析与整体偏移速度建模的精度，最终造成偏移剖面品质下降和成像精度降低。因此，建立复杂区准确的近地表速度模型，不仅是解决好静校正的需要，而且要获得准确的表层偏移速度模型，为后续叠前深度偏移提供相对准确的初始表层速度场。

3.3.1 层析静校正基本原理

估算地震波在地层中的传播速度一直是地震勘探的核心任务之一。自20世纪80年代层析成像技术从医学领域引入到地震勘探中之后，快速形成了地震层析成像技术。该技术主要是利用地表或井中观测到的地震波旅行时或波形，通过正演模拟和反演迭代，得到地下（近地表或深层）地层速度结构。它为解决复杂区速度建模提供了一套切实可行的方法。如图3.3.1所示，用地震记录的初至波旅行时进行层析反演近地表速度结构的主要流程可分为4步：

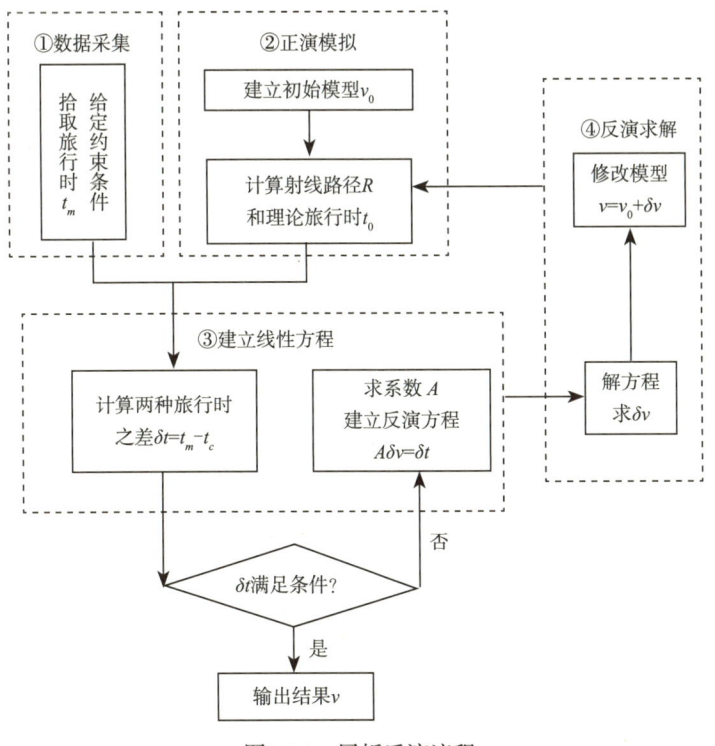

图3.3.1 层析反演流程

（1）拾取各炮记录上不同偏移距点的初至旅行时 t_m。

（2）建立初始速度模型。通过野外表层调查资料及应用初至旅行时估算等方法，建立层析反演迭代所需要的初始速度模型 v_0。相对准确的初始模型可以提高层析反演的效率。

（3）对初始速度模型网格化，然后进行射线追踪，计算射线路径和旅行时 t_c。通过分析计算实际记录中拾取的旅行时与正演得到的旅行时之差 $\delta t = t_m - t_c$。

（4）根据前一步的结果建立反演方程 $A\delta v = \delta t$。其中 δv 是介质速度的修正量；δt 为拾取的旅行时与正演的旅行时之差；A 为单元内的射线路径长度。通过调节 δv 不断迭代修改速度模型，降低 δt，再做正演、反演迭代。当 δt 满足精度要求时输出层析反演得到的速度模型和进一步计算得到静校正量。

3.3.2 层析静校正关键影响因素

由图 3.3.1 流程可知，层析反演主要包括初至拾取、初始模型建立、网格剖分、正演模拟、最优化求解等几个环节。

三维数据尤其是"两宽一高"三维海量数据带来的初至拾取量巨大，需要高效初至拾取技术作为保障，通常包括改善初至质量和提高拾取效率（例如抽道拾取）。改善初至可以通过小相位化、去噪、滤波等处理手段，对干扰初至的噪声进行衰减以提高初至信噪比，从而提高初至自动拾取的精度。抽道拾取，是针对初至信噪比极低，自动拾取无法满足要求，需要进行人工交互拾取时，为提高拾取效率，充分利用"两宽一高"初至数据的冗余性，在保证不影响射线密度要求和速度反演精度的前提下，减少初至拾取数量的方法。一般采用拾取部分检波线和部分中小偏移距的方式。

尽管用于近地表结构描述的层析反演技术不断优化改进，出现了能够适应不同类型介质结构的层析反演方法，包括适用于非层状介质的可形变层析，适用于连续介质的多尺度网格层析等。但是无论采用哪种层析算法，在基于走时反演的前提下，只能得到关于近地表结构的等效模型，即走时相等条件下得到的模型，而非准确速度模型。因为层析反演的基本原理是求解多个未知变量的非适定性方程。初至反演的基本公式为

$$\begin{bmatrix} a_{11} & a_{12} & \cdots & a_{1j} & \cdots & a_{1N} \\ a_{21} & a_{22} & \cdots & a_{2j} & \cdots & a_{2N} \\ \vdots & \vdots & \vdots & \vdots & \vdots & \vdots \\ a_{i1} & a_{i2} & \cdots & a_{ij} & \cdots & a_{iN} \\ \vdots & \vdots & \vdots & \vdots & \vdots & \vdots \\ a_{M1} & a_{M2} & \cdots & a_{Mj} & \cdots & a_{MN} \end{bmatrix} \begin{bmatrix} s_1 \\ s_2 \\ \vdots \\ s_i \\ \vdots \\ s_M \end{bmatrix} = \begin{bmatrix} t_1 \\ t_2 \\ \vdots \\ t_i \\ \vdots \\ t_M \end{bmatrix} \qquad (3.3.1)$$

式中，A 表示射线路径矩阵，与深度相关；s 表示慢度矩阵，是速度的倒数；t 是走时矩阵，即初至时间。网格层析反演基于初始速度模型，通过波前重建的方法计算矩阵 A 和走时 t，通过模型走时与实际走时的残差修改初始速度模型。当正演走时与实际走时残差足够小时，认为模型收敛。但从公式（3.3.1）中可以看出，走时是速度和深度耦合的关系，所以反演得到的速度—深度模型是多解的，需要加入先验信息。利用小折射、微测井、近地表调查等先验信息对深度和速度做一个约束，让反演过程只在约束条件下小范围进行修正，这样能够

3 山前复杂构造带浅表层速度建模与静校正方法应用策略

求得更接近真实速度—深度模型的近地表速度模型。下面，我们通过模型数据来验证以上结论。

图3.3.2a为用于试验的模型数据；图3.3.2b为选择不同炮检距范围、并进行初至层析反演获得的表层速度模型，反演应用的不同偏移距如图上所标注，从上到下依次为0～300m、0～800m、0～1500m、0～2500m、0～6400m；图3.3.2c、d为反演得到的速度模型和浅、中、深3条随偏移距变化的反演速度统计曲线。统计位置如图上所示垂线位置上的浅、中、深3个点，速度值是分别从类似右侧不同偏移距反演的大量剖面上读取得到的（实际反演了16个不同偏移距，图中的每个点对应一个不同偏移距反演拾取值）。

从图3.3.2可以得到以下结论与认识：

(1) 选择合适的炮检距范围（通常为反演目标深度的4～8倍）后，可使反演得到的速度模型较接近真实速度模型的纵横向速度变化规律。但不可能得到精确的速度模型。也就是说基于走时的反演，只能得到一个走时等效的速度模型，对比反演速度与真实速度模型的差异，发现低速偏大，高速偏小。

以0～800m炮检距层析反演结果为例，通过与已知点速度进行对比发现，层析反演得到的浅层速度，高于正演模型的近地表介质浅层的真实模型速度。在已知速度模型中，该点浅层速度为900m/s；层析反演得到的深层速度，小于正演模型的近地表介质对应的深层真实模型速度，在已知速度模型中，该点浅层速度为3700m/s。

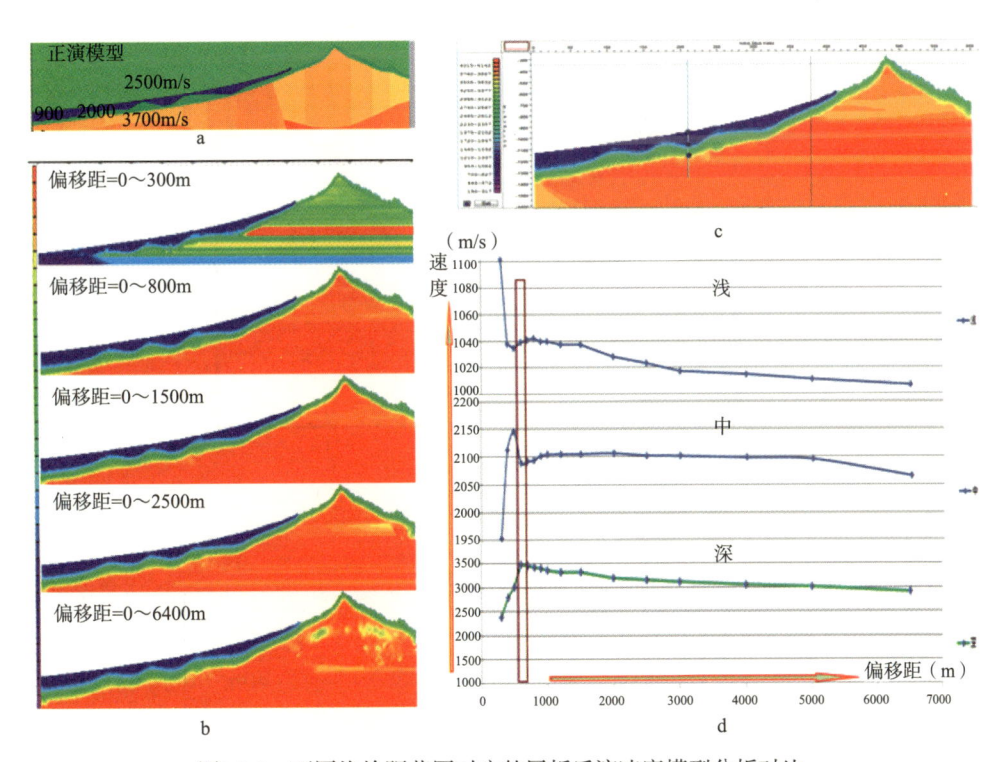

图3.3.2 不同炮检距范围对应的层析反演速度模型分析对比

(2) 用于层析反演的炮检距范围不同，反演后得到的近地表速度模型不同。在选择的偏移距范围太小时（本实验中小于800m），不同反演数据得到的速度值不稳定，更小偏移距可能会得到规律性错误的结果。在图3.3.2d中所示红色竖线左侧小偏移距反演速度的浅、中、深速度统计曲线变化不稳定，说明过小偏移距反演易出问题。选择偏移距范围过大，极浅层速度越偏大、深层速度（高速顶速度）越偏小，即平均效应越强。所以，纵向上最好用微测井速度约束，横向上可以先做较小偏移距的反演，得到较浅层段的速度，再用得到的速度模型做约束，做较大偏移距的反演，逐步得到相对较深的速度，这样有利于提高横向速度变化的规律和精度。通过多次反演逐步逼近较准确的实际速度模型。

这也就验证了前面的结论，基于走时的初至层析反演技术获得的近地表速度结构模型仅仅是一个等效的速度模型。

反演方法一定时，参数选择决定精度。走时层析反演中的网格大小是非常重要的一个参数。如图3.3.3所示，在做正演时要把近地表模型划分为小的矩形网格单元$b_{x,z}$。我们在选取网格参数时，首先要考虑穿过网格的射线密度，要保证每个网格射线密度达到一定数量（经验参数10~20条以上）才能保证反演结果的稳定性。一般情况下，横边长度等于道间距，竖边长度根据折射层厚度确定。在保证射线密度的前提下，网格越小，精度越高。但随着网格的减小，计算的工作量也急剧增大。因此，网格大小与计算效率、射线数量要综合考虑，找到一个既能保证反演精度，又能满足处理周期要求的最佳平衡点。有些方法研究人员也考虑了变网格的反演方法与软件实现来平衡精度与效率的矛盾。网格的尺寸还受到方程个数的限制，每个拾取时间可以列出一个方程，每一个网格代表一个独立参数，方程个数必须大于独立参数的个数，网格过小使穿过网格单元的射线条数不足，会导致迭代不能收敛。

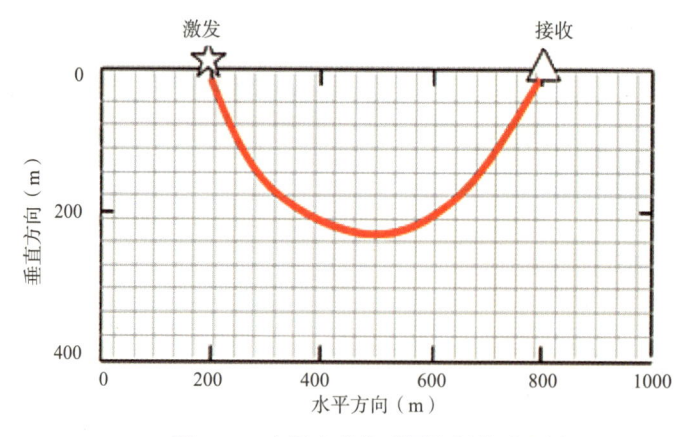

图3.3.3　表层速度模型网格剖分示意图

下面还是通过一个数值模拟的例子来看一下不同网格剖分对层析反演结果的影响。首先对比正演模拟的剖分网格，图3.3.4为正演模型，图3.3.5和图3.3.6分别是以2.5m、5m、10m及5m、10m、15m为垂直网格时，对比水平网格参数分别为40m、80m的反演效果。

在图3.3.5和图3.3.6的反演结果中，分别以黄线和黑线代表2000m/s和2700m/s速度界面。从结果来看：（1）垂直方向网格越小，反演得到的浅层和深层界面的精度都更高，且深层的形态与实际越接近，浅层表层异常对深层有影响，图中的断层处对深层的影响导致反演结果与实际存在较大差异；（2）采用水平小网格时，对浅层速度异常问题的反演精度较高，层析反演的2000m/s速度界面和断层反映效果较好；采用水平大网格时，对深层的2700m/s

3 山前复杂构造带浅表层速度建模与静校正方法应用策略

层反映效果较好些。兼顾浅层和深层，对比两组试验，最好的结果是用水平80m、纵向不大于5m的网格反演结果最稳定。生产中通常水平方向上采用1～2倍道距长度或选择线距的大小、垂向尽量小点为最佳网格。

图3.3.4 正演模型

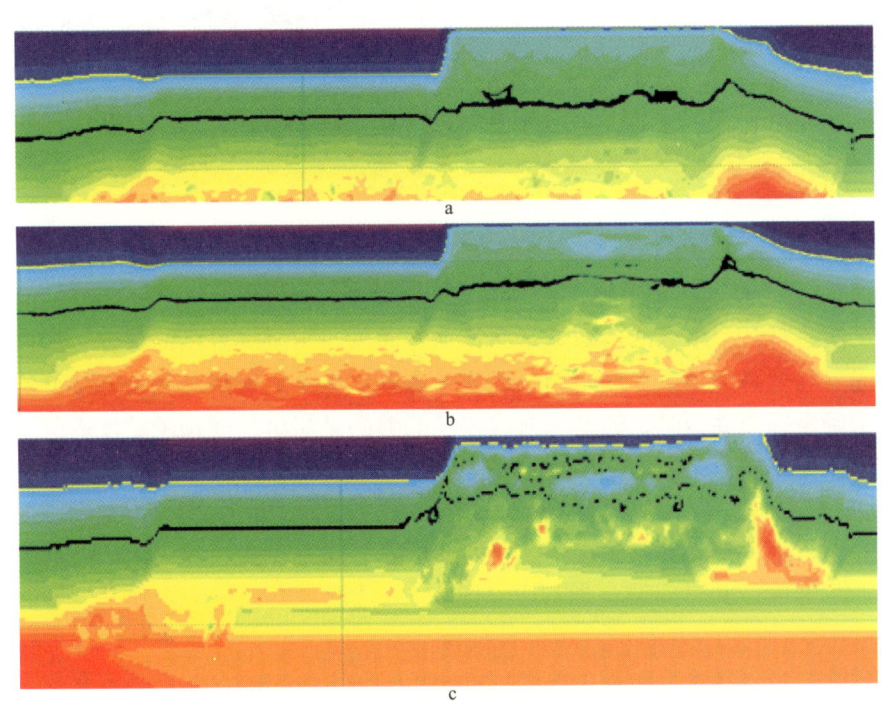

图3.3.5 以40m（2倍于20m道距）为水平网格及不同垂直网格（2.5m、5m、10m）反演结果对比图
a—40m×2.5m；b—40m×5m；c—40m×10m

（3）当反演结果的速度剖面上出现"上大下小"的速度倒转异常时，此异常及其之下的速度不再可用，反演结果只能是由浅到深速度逐步增大的规律才是正确合理的反演结果。这也是基于回转波层析反演技术不适应存在速度倒转的异常区域的关键技术缺陷。

（4）在模型反演结果剖面的左右两端都存在速度速度变小的异常，这是由于边界缺失炮检距所致。时间应用中要分析空间炮检距分布的均匀性、反演过程中射线密度的分布情况，以及地质结构等。多信息综合判断、解释和分析反演结果的可信度，才能得到可信的结果和实现正确合理的应用。

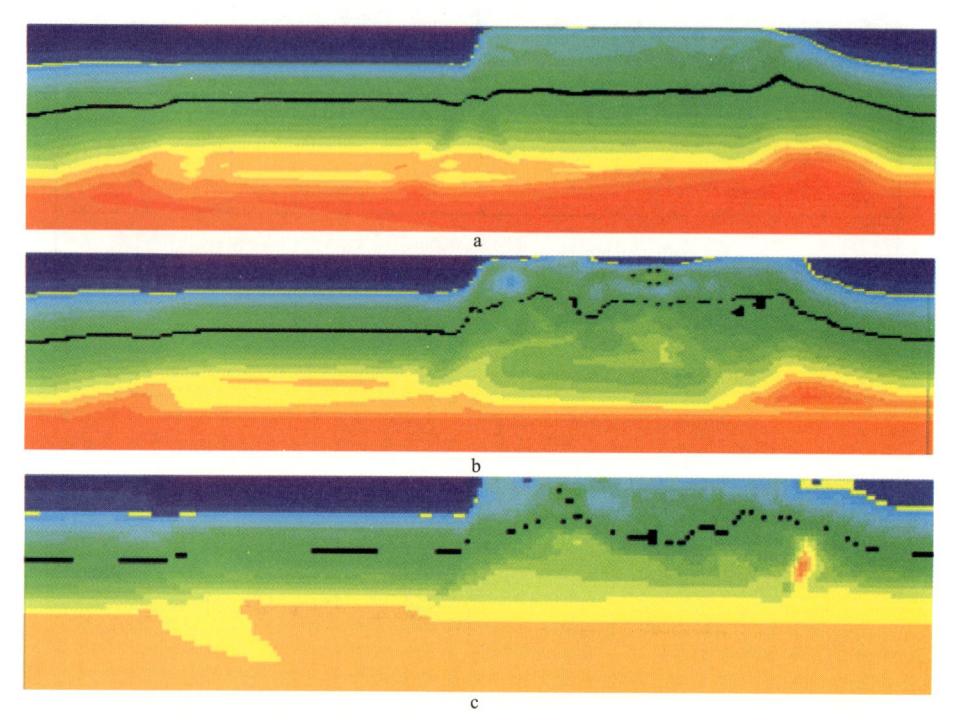

图3.3.6　以80m（4倍道距）为水平网格及不同垂直网格（5m、10m、20m）反演结果对比

a—80m×5m；b—80m×10m；c—80m×20m

层析反演还有一个重要的参数就是高速顶界面（向下剥离替换的深度）的确定。当有明确的高速层与低降速层分界面时，应优先选取该界面；当表层结构为连续介质，没有办法选取一个确定的分界面时，通常在射线密度能够满足层析反演预测精度的深度范围，选取一个相对平稳的等速界面作为高速顶界面。如图3.3.7所示，选取不同高速顶界面，代表着认可的表层模型不同。当选取2500m/s作为高速顶界面时（a图速度模型中黑线所示），在时间域处理，将2500m/s以上按反演所得速度模型向下剥离，然后用2500m/s速度向上填充至统一基准面。其时间域叠加剖面（图b）与选取3000m/s作为高速顶界面的时间域叠加剖面（图d）相比，在剖面左侧区域成像略好、右侧区域成像略差。这种程度的成像差异通过后续的剩余静校正和叠加速度分析迭代通常可以消除。而更为重要的是两者在构造主体位置的形态有所差异，这是后续解释人员做变速成图时需要注意的。对于深度域处理来说，选取的高速顶界面，意味着可用于深度域表层建模的速度—深度界面，在这个界面以上的速度可以用于深度域表层建模。这个界面的选取非常重要，需要结合反演过程的射线密度监控、地质露头与地质结构的分析等综合一体化解释来确定，且确保时间域静校正应用与深度域偏移浅速度模型拼接保持一致，是最能体现处理技术人员综合一体化素质水平和能力的关键技术环节。

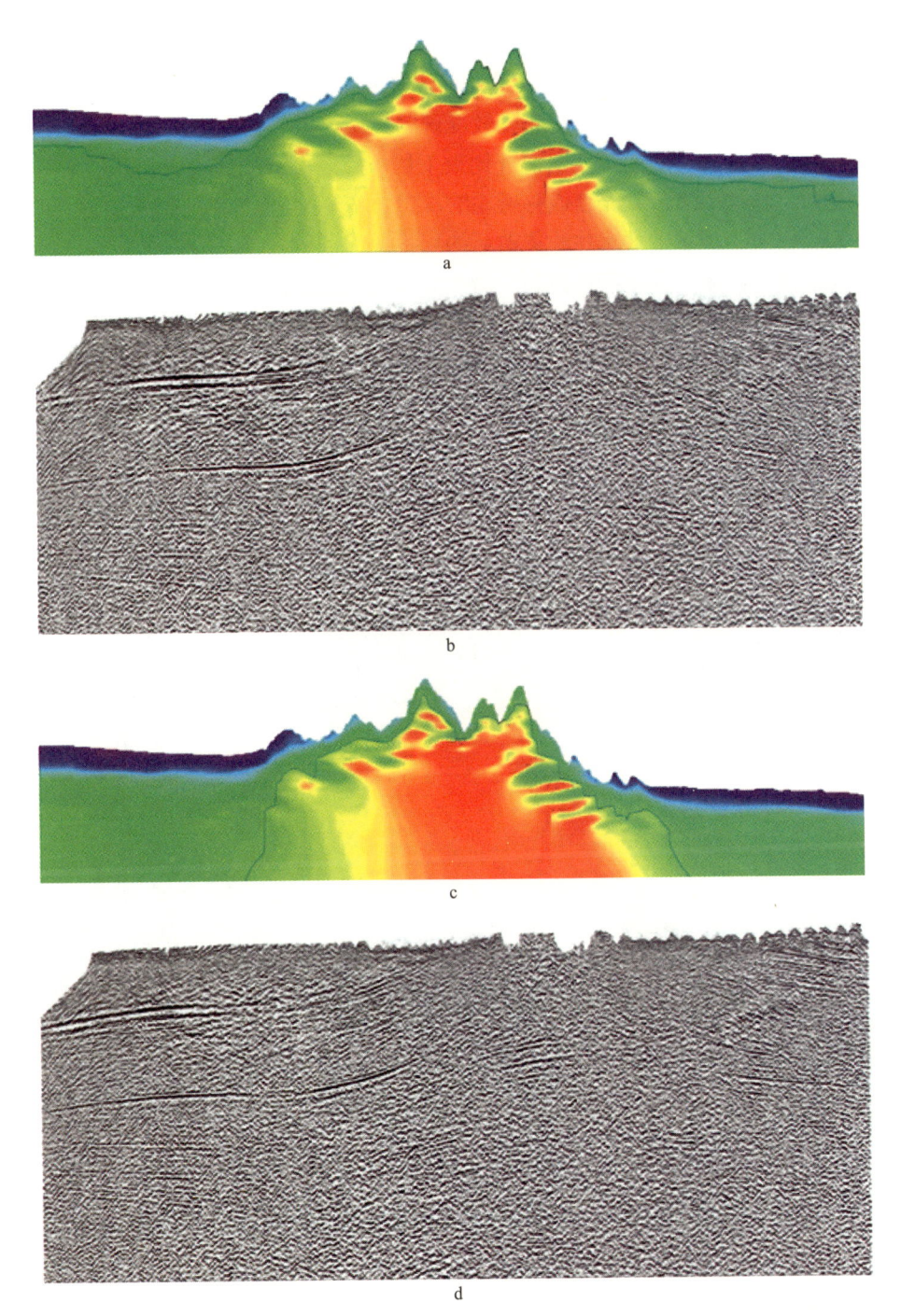

3 山前复杂构造带浅表层速度建模与静校正方法应用策略

图3.3.7 选取不同高速顶界面及其对应的叠加剖面对比

a—2500m/s速度界面；b—2500m/s速度界面对应的叠加剖面；c—3000m/s速度界面；d—3000m/s速度界面对应的叠加剖面

层析静校正方法适合地形起伏大，近地表结构复杂，速度变化剧烈的地区，其局限性在于对初始近地表模型要求相对较高，要求有相对精度较高的初始模型。从前面的试验分析可知，层析反演得到的速度模型是一个等效的速度模型。也就是说，在横向上基本可以把握速度的变化规律。但是，在垂向上，与实际模型对比，仍然存在较大误差。因此，我们一般需要采用深度标定的方式提高速度建模垂向上的精度和收敛效率。目前现实的解决办法是在层析反演等效速度模型基础上，利用调查点位置上确定的速度、深度值，对反演模型进行约束，将二者的优势充分结合起来。从而建立比较准确的表层模型，提高反演模型和静校正的精度，同时提高反演的收敛速度。而且表层调查约束下层析反演可以得到较接近真实垂向速度结构的近地表模型，能够用来建立深度偏移所需的浅层速度模型。

图 3.3.8a 和图 3.3.8b 为微测井约束前后的层析反演近地表模型；图 3.3.8c 是微测井对应位置处时深曲线对比图，其中蓝色线对应微测井速度、黑色线为微测井约束前层析反演速度模型、红色线为微测井约束后层析反演速度模型。从中可以看出，约束后的模型速度特征更符合地质认识，表层速度更低，成层性更好，且与微测井速度吻合的更好。应用微测井约束后层析反演求取的近地表速度模型具有较高的精度。

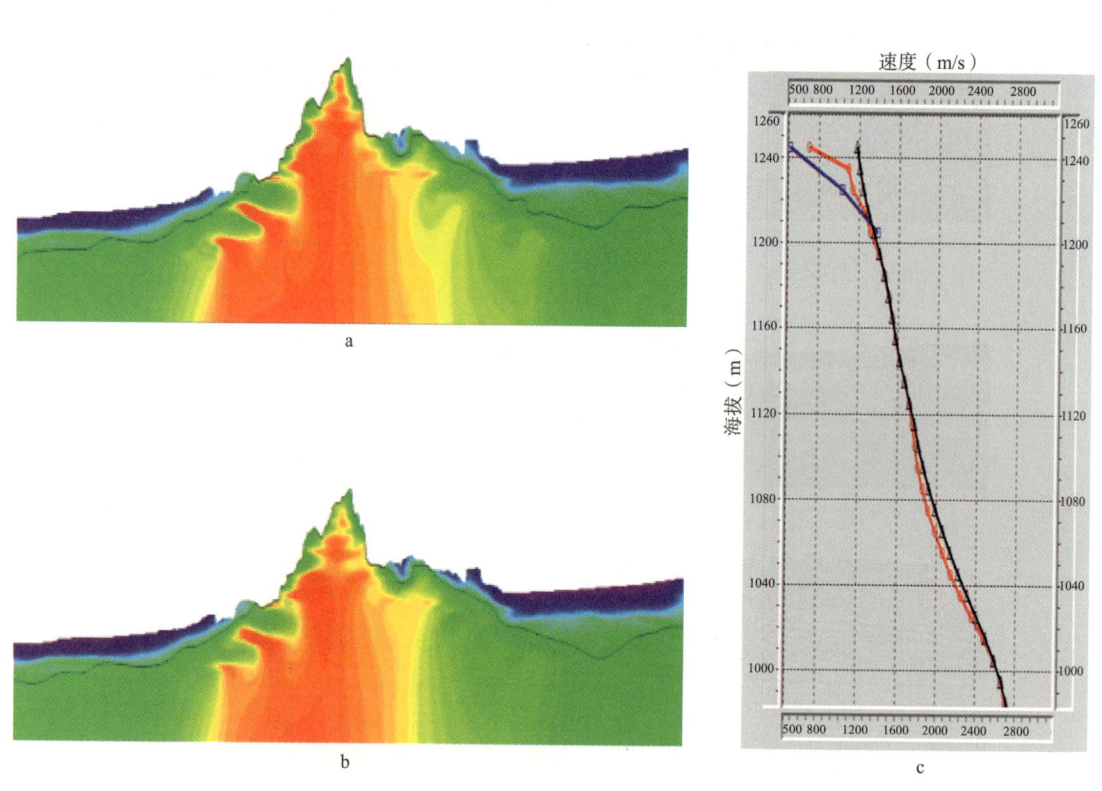

图3.3.8 微测井约束前后层析反演模型对比

a—微测井约束前层析反演模型；b—微测井约束后层析反演模型；c—微测井对应位置处时深曲线对比图

3.3.3 层析静校正应用实例

以西部某典型山体工区为例，地表岩性由南向北呈条带状分布，整体地形北高南低，为典型的山地地貌，海拔在 1000～2300m 之间。中部为陡峭山体区，地形起伏剧烈，中部复杂山体约占 33.4%，南北跨度 5～10km，相对高差达 900m 左右；南部及北部一般山体约占 35.5%，起伏一般在 25m 以内；中北部为戈壁砾石区（一级草场）约占 31.1%，地表相对平

3 山前复杂构造带浅表层速度建模与静校正方法应用策略

缓，工区地貌典型照片如图3.3.9所示。工区山体核部出露古近系吉迪克组（N_1）地层，两翼分别出露康村组、库车组（N_2-Q_1）地层，在北部和东南部为第四系地层（Q_1、Q_{3-4}），工区地表东西向岩性分布相对一致，南北向变化剧烈。图3.3.10为工区地表地质图（a）和工区高程遥感图（b）。中部复杂山体区地形起伏剧烈，地表条件不利于检波器的耦合；工区南部和中北部第四系砾石及西域组砾岩出露区较厚，松散的砾石层对有效反射波的吸收衰减作用明显，影响激发、接收效果。

图3.3.9　地区典型地表照片

a—中部复杂山体；b—南部一般山体；c—北部戈壁草场

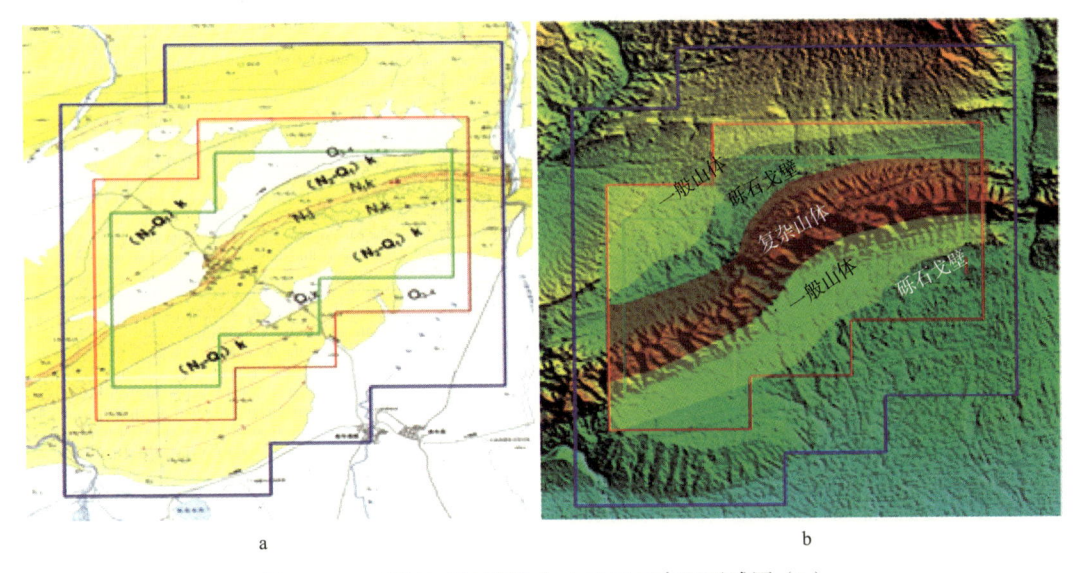

图3.3.10　工区地表地质图（a）和工区高程遥感图（b）

从以上表层地震条件分析来看，该工区具有典型的复杂构造带静校正问题。因此，参照前文的结论，该工区采用微测井约束层析静校正量作为基准面静校正。如图3.3.11、图3.3.12所示，应用微测井约束得到的层析静校正量后，在山体区和山前带的成像有较大幅度的改善。

— 81 —

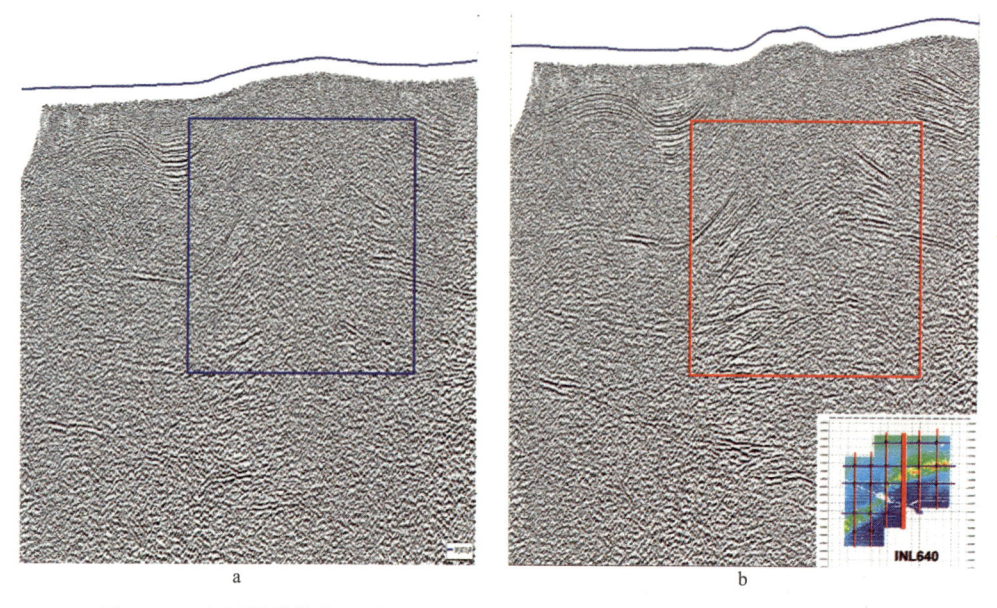

图3.3.11 应用野外静校正量（a）和微测井约束层析静校正量（b）后叠加剖面

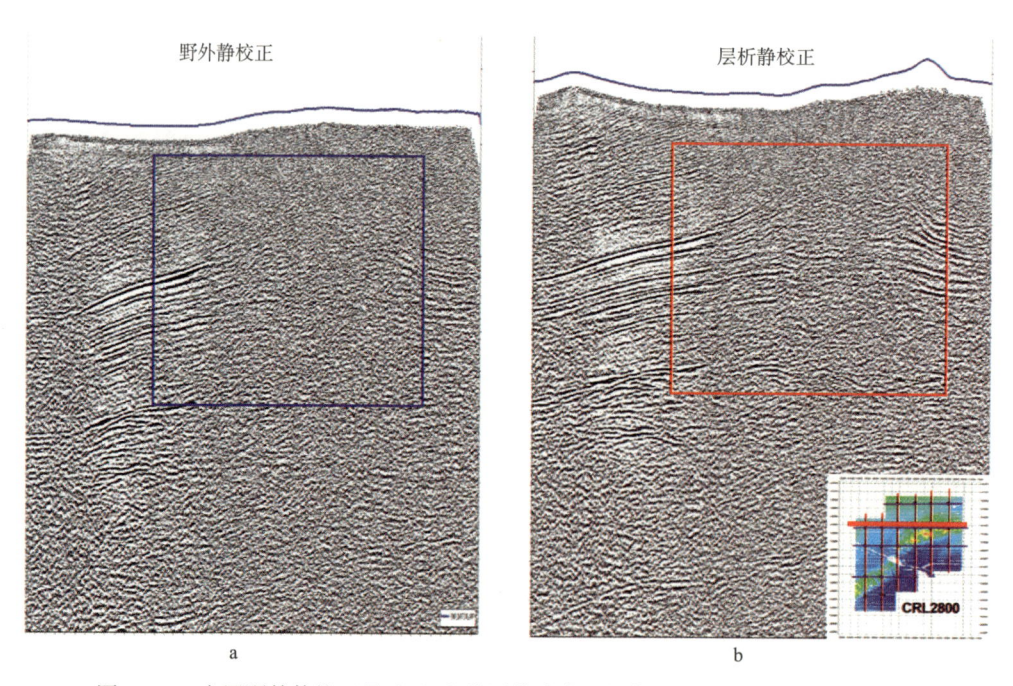

图3.3.12 应用野外静校正量（a）和微测井约束层析静校正量（b）后的叠加剖面

从上文分析中可知，目前广泛采用的表层模型约束层析反演方法，在解决复杂构造带静校正问题时，受到初至拾取质量差、表层调查空间采样不足、反演算法精度及多解性等因素影响，尚不能完全解决静校正问题。通常越是复杂的地区，剩余静校正问题越严重，因此还需要采用多种剩余静校正方法来弥补。接下来分别介绍初至波剩余静校正、超级道剩余静校正和全局寻优剩余静校正这3种目前复杂构造带剩余静校正常用方法。

3.4 初至波剩余静校正

山前复杂构造区近地表模型极其复杂，在目前技术条件下无论什么模型反演与描述方法都不能得到准确的地下表层速度模型，都是对模型的宏观近似。从静校正的角度，只能解决中低频的大部分问题，剩余的部分还必须借助剩余静校正方法解决。

3.4.1 CMP 参考面和长短波长静校正量

在介绍剩余静校正之前先引入几个重要的概念。如图 3.4.1，TS_m 为炮点 m 的静校正量，TR_n 为检波点 n 的静校正量，假设有一个参考面（通常是一个时间域近似地表的平滑面），T_j 为 j 位置 CMP 参考面到统一基准面的双程旅行时，即 j 位置 CMP 参考面静校正低频分量。

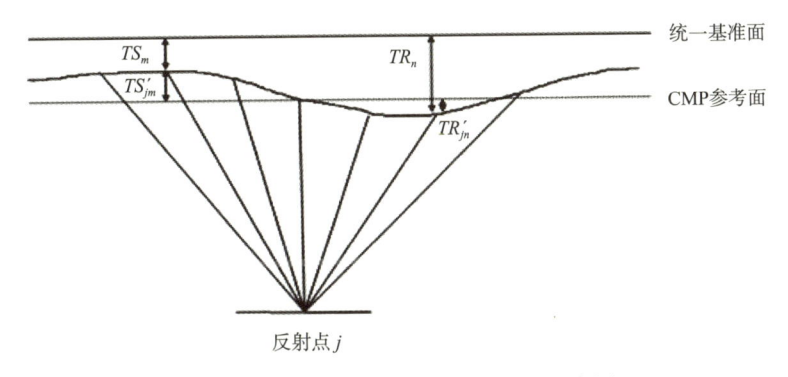

图3.4.1 CMP参考面高低频分离示意图

令

$$TS'_{jm} = TS_m - T_j/2$$
$$TR'_{jn} = TR_n - T_j/2 \tag{3.4.1}$$

式中，TS'_{jm} 为炮点 M 到 j 位置CMP参考面的静校正高频分量；TR'_{jn} 为检波点 N 到 j 位置CMP参考面的静校正高频分量。

根据静校正量对地震剖面影响范围的不同，静校正量分为长波长分量和短波长分量。CMP 参考面上的静校正低频分量是一种长波长校正量、高频分量是一种短波长校正量，所以 CMP 参考面实际上是长波长和短波长校正量的一个分界面，具有重要的意义和作用。为了减小高速层顶界面起伏和速度横向变化的影响，提高速度分析精度和叠加剖面效果，地震资料时间域处理速度分析在 CMP 参考面上进行。根据高低频分离时的平滑半径不同，可以得到不同的 CMP 参考面，通常时间域处理采用一个排列长度的平滑半径；而对于复杂山地深度域处理时，为了尽可能少的改变真实地震波传播路径，需要将最终道集放在地表高程时间域小平滑面上，通常采用炮线、检波线距为平滑半径。

从公式（3.4.1）可知，对于同一个反射点 j 位置来说，每一道的静校正量高频分量不尽相同。反过来，当 CMP 参考面上的静校正低频分量不是常值时，同一炮点或检波点在不同反射点的静校正量高频分量也不同。当仅考虑叠加和叠后偏移成像时可以采用非地表一致性剩余静校正（目的是将同一 CMP 内的道集对齐，不必要求同一炮点和检波点具有相同的静校正量）。但发展到叠前偏移阶段，通常要求同一炮点和检波点具有相同的静校正量，即满足地表一致性要求。因此建议采用符合地表一致性假设的剩余静校正方法，尤其是对于复杂构造带成像。

3.4.2 初至波剩余静校正原理

在风化层横向变化剧烈、相邻两个接收点之间的静校正值差别很大的地区，应用野外静校正后，还存在静校正问题，利用常规的反射波剩余静校正不能取得满意效果，此时使用初至波静校正方法进行剩余静校正量的求取并应用，可以有效地改善地震资料的成像效果。目前该方法已经广泛应用于地震资料处理中，尤其是对于复杂地表地区地震资料处理。

初至波剩余静校正，也是利用野外大炮的初至旅行时求取剩余静校正量，但其不需要确定近地表层的厚度和速度，而是直接对初至波旅行时进行统计处理，求取炮点和接收点的静校正值。它的优点是可以适应复杂的地表条件，计算静校正量的速度快、精度高，能很好地使反射同相轴聚焦，能求取大于反射波半个周期的中短波长静校正量；缺点是只解决中短波长静校正问题不能解决长波长静校正问题，所以只能作为剩余静校正。

初至波剩余静校正的应用前提是：(1) 对低速层不要求必须有一个可追踪的高速折射面；(2) 单炮初至品质好，能分段连续追踪（空间变换折射层）。初至波剩余静校正有多种分解算法，每一种分解算法都有其假设前提和适应性。对于解决复杂构造带的静校正问题，可以综合各种算法的优势，联合迭代求解。

(1) CMP 域统计分解法（C-M-G）原理。假设在同一炮集内各检波点的静校正量是随机分布的，选取来自某一个折射层的初至时间并对其在最小二乘意义下求取折射波的速度，用该速度作线性动校正，初至时间在共炮集、共检波点道集和共 CMP 道集上，其时距曲线都能校平，这样可以求取每个地震道线性校正以后与平直线之间的时差。每个地震道都可以得到一个时差，剩余静校正量就是通过这些时差求取的。若求炮点校正量，先求该炮点各道的时差均值 t_s，然后再在该炮集中任选一道，并求该道所在 CMP 道集中各道的时差均值 t_k，在每一迭代步骤中，该炮点的校正量取为 t_s-t_k，对每一个炮点均做上述运算，就可求取所有炮点的校正量。用同样方法，也可求各检波点校正量。为了提高校正量估算的质量，需要进行迭代运算。高速顶不稳定或横向速度变化太大时，它的效果都会受到很大影响。

(2) 共炮检距域统计分解法（C-O-G）原理。假设1，折射界面（即高速层顶界）起伏不大，相对平缓，那么在共炮检距内，初至旅行时的变化也应是相对平缓；假设2，在求炮点校正量时，认为所有检波点校正量的平均值为零、在求检波点校正量时，认为所有炮点校正量的平均值为零。对炮点中任意一道而言，其初至旅行时为 t_s，假设该道与具有同一炮检距的所有道的初至旅行时平均值为 t_f，那么 t_s-t_f 就是该道所对应炮点的校正量。依此类推，可以求出所有炮点校正量。同理可求出所有检波点校正量。

(3) 全差分静校正算法（DIFF）原理。假设产生折射波的折射面近似为水平或单斜，对初至旅行时做线性动校正后，在共炮点或接收点道集上，相邻两道的初至旅行时差为相邻两个炮点或接收点的静校正量差（或称一阶差分），依次可求得全测线炮点或接收点静校正量的一阶差分值，再积分一次就可得到各炮点或接收点的静校正量。

（4）模型曲线法静校正原理。假设近地表在横向上速度缓慢变化且厚度均匀变化，则初至旅行时应符合某种函数关系，他们可以作为多段线性函数或一至五阶指数函数。用相邻若干炮的初至旅行时，在最小二乘意义下，分别用这6种模型曲线进行拟合，根据静校正量越小越好的原则，找出同实际的初至旅行时偏差最小的那一种，然后，计算每个地震道的初至同模型曲线的时间差，在共炮点域求检波点的静校正量，在共检波点域求炮点的静校正量。

初至波剩余静校正的使用分为以下4步：

第一步，在定义观测系统的数据上应用基准面静校正量；

第二步，在基准面静校正量应用之后的地震数据上拾取初至时间；

第三步，利用拾取的初至时间计算初至波剩余校正量；

第四步，应用得到的剩余静校正量。

3.4.3 初至波剩余静校正应用实例

图3.4.2为初至波剩余静校正前后叠加剖面对比。从对比中可以看出，应用初至波剩余静校正后叠加剖面的整体成像效果得到较大改善，同相轴从浅到深都更为聚焦，尤其是位于中深层（3000～6000ms）的绕射得以呈现。同时，由于初至波剩余静校正能够求取大于反射波半个周期的中短波长静校正量，因此构造主体位置的构造幅度也有一定改变，初至波剩余静校正后叠加剖面的表层构造形态与表层调查结果更为相符。

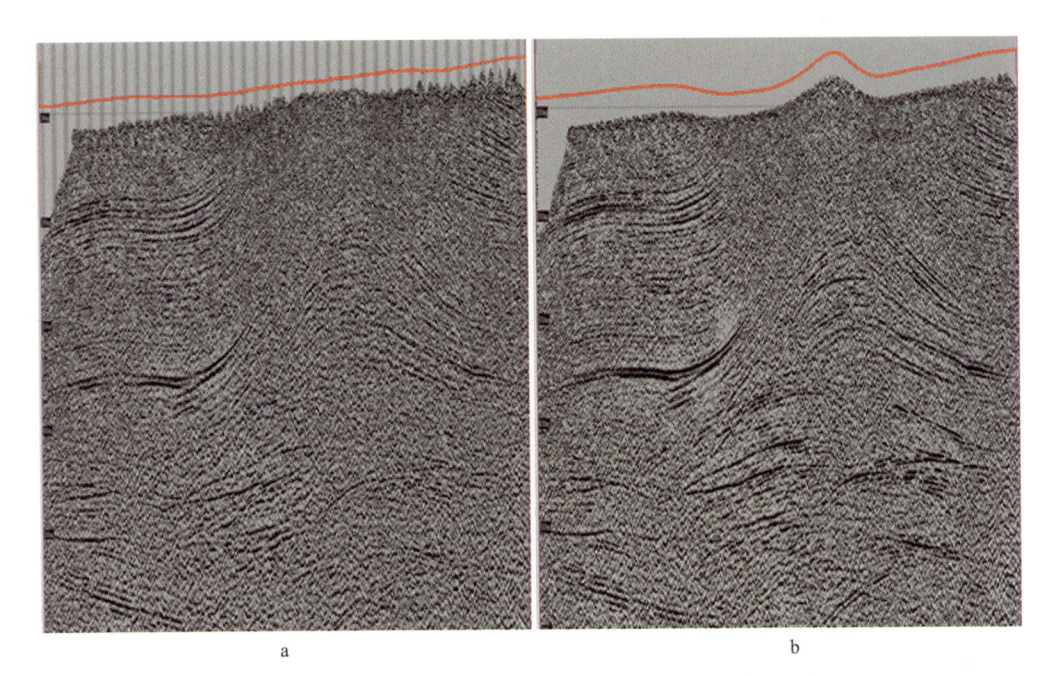

图3.4.2 初至波剩余静校正前（a）、后（b）叠加剖面对比

3.5 超级道剩余静校正

3.5.1 超级道剩余静校正原理

超级道剩余静校正是在反射波地表一致性剩余静校正的基础上引入超级道的概念，要理解其原理先要了解超级道和反射波地表一致性剩余静校正。

反射波地表一致性剩余静校正的算法很多，这里仅介绍基于时差分解的方法。Schneider(1971)把基本旅行时方程描述为：当炮检距为 X 时，其旅行时等于法向入射时间、炮点静校正量、检波点静校正量、动校正时差、误差项之和。这个关系式是用来求解剩余静校正量的重要公式，一般表示为

$$T_{ijk}=G_k+S_i+R_j+M_k X^2_{ij}+N \tag{3.5.1}$$

式中，T 表示经过动校正后的总反射时间；i 表示炮点位置；j 表示检波点位置；k 表示CMP点位置，$k=1/2$（$i+j$）；G 表示构造地质项（从基准面到反射面的双程旅行时即法向入射时间）；S 表示炮点静校正量；R 表示检波点静校正量；M 表示剩余动校正时差系数；X 表示炮检距；N 表示噪声。

经过旅行时分解，观测时间和计算的各个分量之间总是存在一个剩余时差。根据方程，可将时间误差定义为 ε_{ijk}，同时根据反射波地表一致性剩余静校正估算的基本假设条件：（1）近地表引起的反射波传播时间异常只与地面位置有关，而与反射界面深度、反射波传播路径以及炮检距等因素无关。也就是说，近地表引起的反射传播时间异常具有地表一致性的性质。（2）在一个排列长度范围内，上述时间异常值的均值为零，由此可知式（3.5.1）的第四、第五项可以忽略。这时有

$$\varepsilon_{ijk}=T_{ijk}-(G_k+S_i+R_j) \tag{3.5.2}$$

误差能量 E 为

$$E=\sum_{ijk}(\varepsilon_{ijk})^2=\sum_{ijk}[T_{ijk}-(G_k+S_i+R_j)]^2 \tag{3.5.3}$$

在方程个数多于未知数个数的情况下，可利用最小二乘法估算误差，当此时误差能量 E 的偏导数为零时，误差能量最小。

$$\frac{\partial E}{\partial G_k}=\frac{\partial E}{\partial S_i}=\frac{\partial E}{\partial R_j}=0 \tag{3.5.4}$$

具体应用时，将时差分别在炮集、检波点道集和CMP道集内进行统计，然后利用高斯－赛德尔迭代法求取剩余静校正量。高斯—赛德尔迭代的过程可以简要叙述如下：

(1) 设各个炮点、检波点和 CMP 点的初始剩余静校正量为 0。

(2) 炮集运算：对于某一炮，包含 N 道地震记录，用 N 道的初至时间总和减掉这些道对应的检波点静校正量和 CMP 静校正量，再对 N 求平均，得到本炮的静校正量。

(3) 检波点集运算：和炮集相似，只是需要减掉对应的炮点静校正量和 CMP 静校正量。

(4) CMP 运算：和炮集相似，只是需要减掉对应的炮点静校正量和检波点静校正量。

(5) 对得到静校正量做处理，去除低频成分。

(6) 对得到的静校正量做误差分析，即完成第一次迭代。

然后重复步骤（2）～（6）进行反复迭代，直到迭代次数满足要求或者误差值满足要求再退出循环。其中，第（5）步只需在第一次迭代的时候执行。

常规反射波地表一致性剩余静校正采用单个地震道和模型道互相关的方式获取单道的时差。该方法的优点是效果比较稳健；缺点是在低信噪比地区很难见到效果。

Roman 和 Claerbout（1985）提出对模型道进行处理，称为超级道。对这个概念进行扩展，如图 3.5.1 所示，在给定的拾取时窗内，假定地震数据的子波稳定而不时变，对于拾取时窗内的若干强反射同相轴，取其主波峰为中心的子时窗进行叠加，形成地震道。为了与常规的地震道区分，称之为超级道。通常建立超级道可分为以下 3 步：

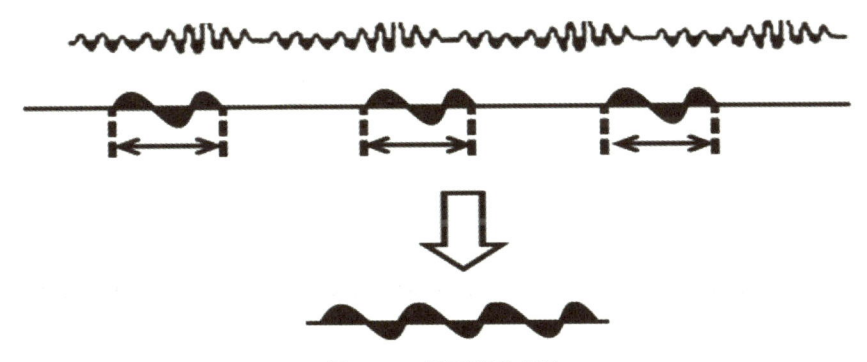

图3.5.1 超级道示意图

第一步，建立内部模型数据与外部模型数据；

第二步，在模型数据上进行层位拾取和倾角扫描，根据用户给定的时窗参数自动拾取反射能量最强、空间连续性最好的多个反射层；

第三步，根据第二步拾取的信息，在输入的动校正后的 CMP 道集数据上，根据当前 CMP 的层位和倾角，截取对应的反射能量较强的反射子波，并叠加，形成当前地震数据的超级道。

由于建立超级道的过程中就已用了倾角扫描的方法，可以认为去除了构造项的影响，因此可以将反射波超级道剩余时差分解计算各炮点和检波点的剩余静校正量。

常规的剩余静校正处理技术一般是仅针对模型道进行处理，而超级道是针对地震数据进行处理，且处理方法多种多样，可以通过扫描、组合和相干加强等技术对地震数据提取有效信号。这样形成的超级道可以大幅度增强地震记录的抗噪性能，尤其是对于高密度采集的海量叠前数据，在提高数据的信噪比的同时还可以精炼数据。因此具有计算效率高、低信噪比地区处理效果好的特点。

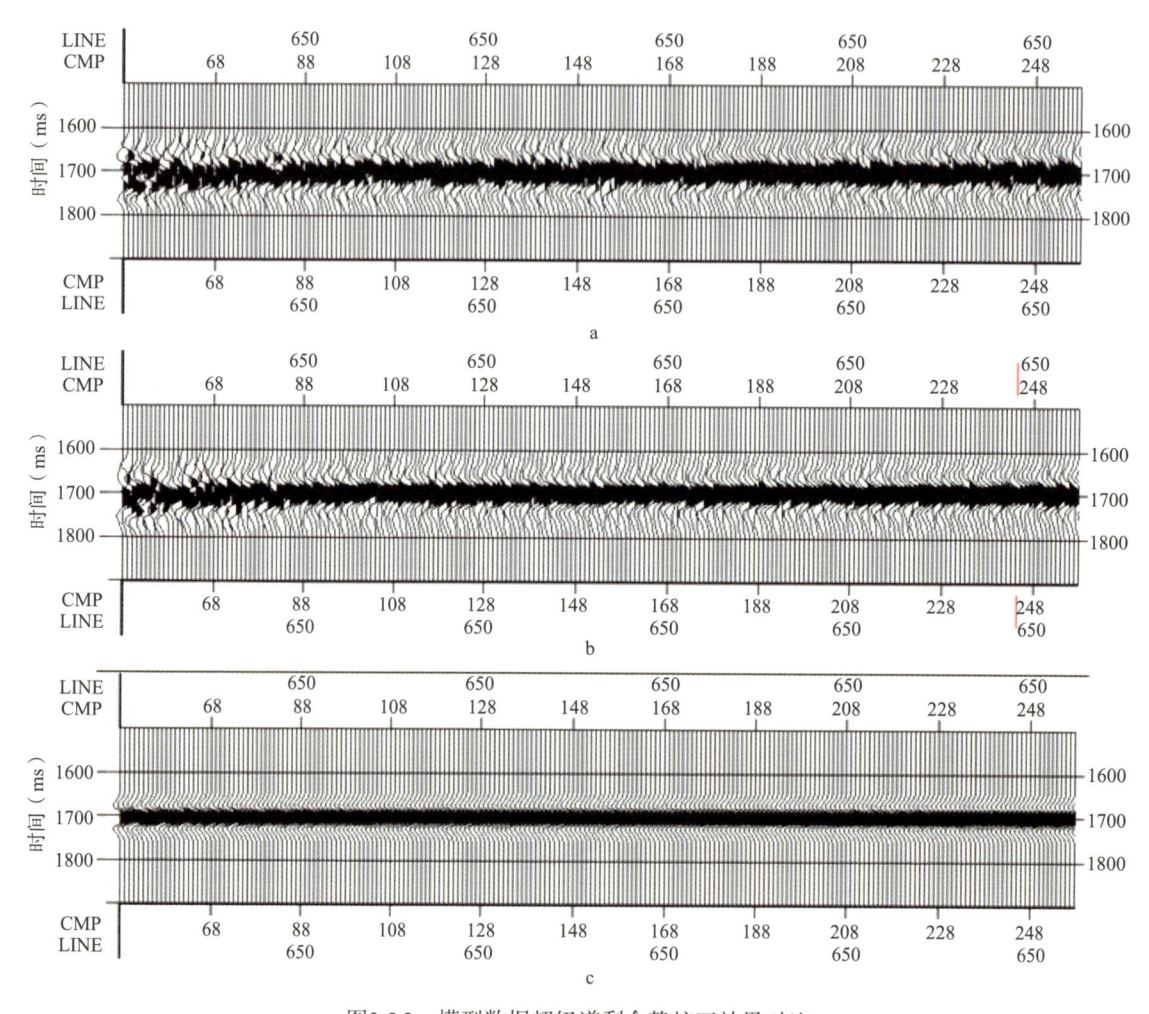

从图3.5.2模型数据超级道剩余静校正效果对比可以看出，对于模型数据应用超级道剩余静校正后的叠加数据比常规反射波剩余静校正的叠后数据同相轴聚焦更好，剩余静校正问题解决得更为彻底。

图3.5.2 模型数据超级道剩余静校正效果对比

a—模型叠后剖面；b—常规反射波剩余静校正后效果；c—超级道剩余静校正后效果

3.5.2 超级道剩余静校正应用实例

由于静校正量尤其是其高频分量对速度分析有很大影响，同时速度会影响模型道的效果，反过来也会影响到静校正量的求取。所以在实际资料处理时，如图3.5.3所示，通常会进行多次剩余静校正与速度分析迭代。先求取数据信噪比高的部分，再逐步解决数据信噪比低的部分，在与速度分析的迭代过程中，剩余静校正从低频到高频、时差由大到小，逐步提高了静校正的精度，最终实现了全频信号同相叠加的效果。

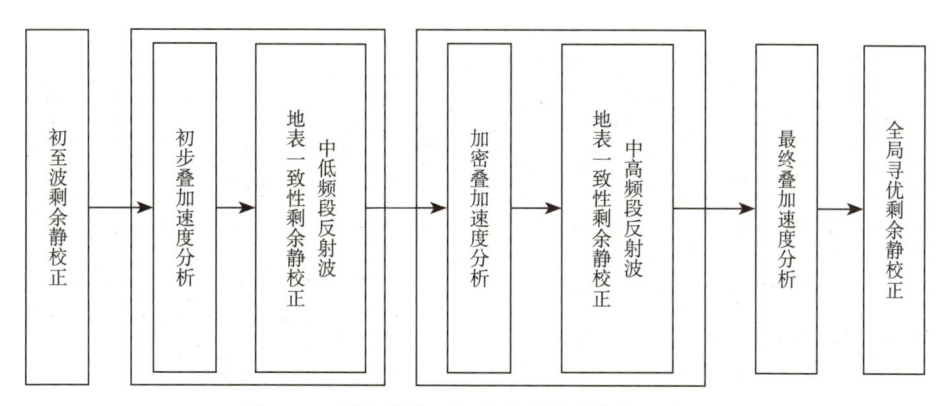

3 山前复杂构造带浅表层速度建模与静校正方法应用策略

初至波剩余静校正 → 初步叠加速度分析 → 地表一致性剩余反射波静校正 → 中低频段叠加速度分析 → 加密叠加速度分析 → 地表一致性剩余反射波静校正 → 中高频段叠加速度分析 → 最终叠加速度分析 → 全局寻优剩余静校正

图3.5.3 剩余静校正与速度分析迭代处理流程

如图 3.5.4 至图 3.5.6 所示，经过多次迭代应用剩余静校正与速度分析迭代，地震数据的资料品质得到明显改善，叠加剖面的信噪比也得到了大幅提高，在山体区的成像改善更为明显。整个迭代过程中剩余静校正量逐渐收敛，在第三轮迭代后，炮、检点剩余静校正量基本都收敛到了一个采样点之内。

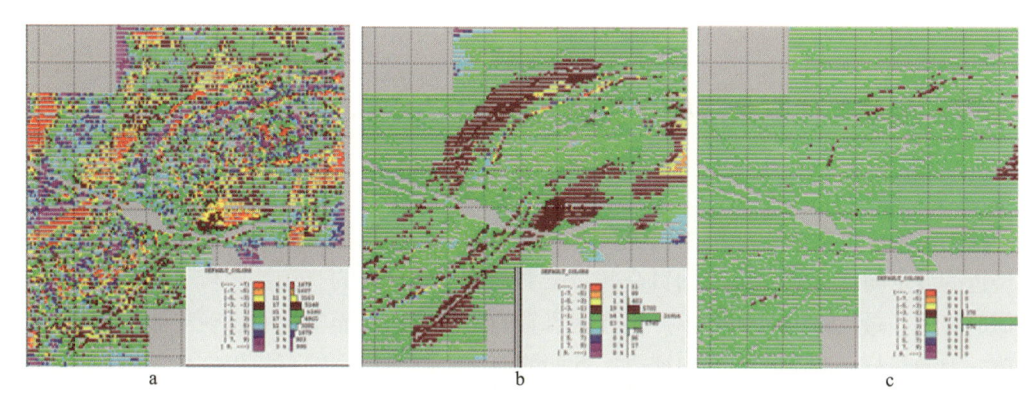

图3.5.4 炮点剩余静校正量平面图

a—第一次炮点剩余静校正量；b—第二次炮点剩余静校正量；c—第三次炮点剩余静校正量

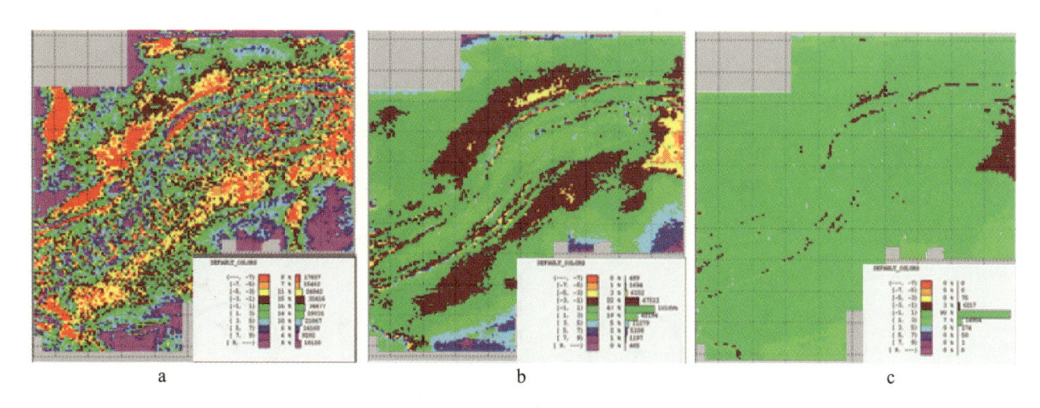

图3.5.5 检波点剩余静校正量平面图

a—第一次检波点剩余静校正量；b—第二次检波点剩余静校正量；c—第三次检波点剩余静校正量

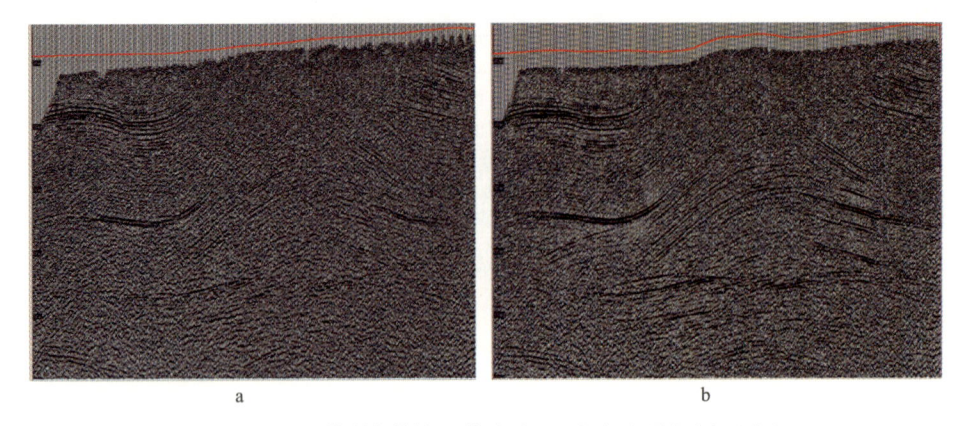

图3.5.6 超级道剩余静校正前（a）、后（b）叠加剖面对比

3.6 全局寻优剩余静校正

3.6.1 全局寻优剩余静校正原理

常规的反射波线性剩余静校正方法只能解决高频的短波长剩余静校正问题，在低信噪比、剩余静校正量值大的数据上准确的时差拾取是很难的。当静校正量大于子波的半个周期时，叠加模型道的波形畸变严重，以至面目全非，未叠加道与模型道的互相关函数可能会出现多个大小近似的峰值，最大峰值时间并不严格代表真正的时间延迟；而常规的反射波线性剩余静校正只能单一地向目标函数减小的方向搜寻，近似的峰值可能以相同的可靠程度被接纳，从而出现周期跳跃（即 Cycle skipping），造成剩余静校正失效，在成像效果上收效甚微。图 3.6.1 所示线性算法的搜索过程容易陷入局部极值，导致不能收敛到全局最优解。而非线性算法的搜索过程中能够自动舍弃造成周期跳跃的局部解，允许跳出局部极值继续搜索，从而收敛到真正的全局最优解。故非线性寻优剩余静校正算法求解的静校正量，可超过子波的半个周期。

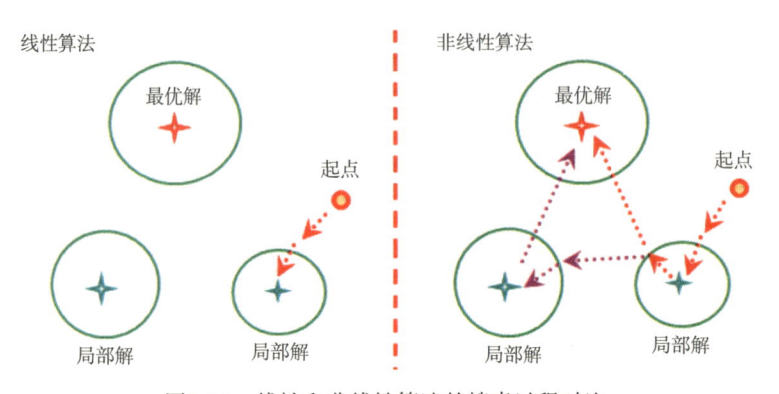

图3.6.1 线性和非线性算法的搜索过程对比

综合全局寻优剩余静校正方法利用最大能量法、模拟退火算法、遗传算法交替式混合迭代，寻求最佳的剩余静校正量。

3.6.1.1 最大能量法

1985年Ronen和Claerbout将叠加能量作为目标函数，将炮检点静校正量作为模型参数，通过迭代改进的寻优方式，使目标函数最大，来求取炮点和接收点的静校正量。该方法直接以最终的叠加能量为目标，不依赖时差拾取，因而具有更好的抗噪性，在低信噪比数据上比原有互相关时差拾取分解法具有更大的优势。

由于一个炮点（或接收点）的静校正只影响到与该炮点（或接收点）有关的CMP的叠加能量，因此，当扫描某一炮点（或接收点）的静校正值时，只需研究与该炮点（或接收点）有关的CMP能量。

$$E(\tau) = \sum_t [F(t-\tau)+G(t)]^2$$

$$= \sum_t [F^2(t-\tau)+G^2(t)]+2\sum_t [F(t-\tau)G(t)] \quad (3.6.1)$$

可以建立式（3.6.1）为静校正量更新搜索函数，代表对某炮点（或接收点）时移后叠前道与模型道的叠加能量。式中F为叠前炮记录组成的超道；G为相关模型道（即叠加道）的超道，展开后的第一项为常数，第二项为叠前道和模型道的互相关。因此叠加能量取最大值时，互相关函数也必然取最大值，互相关函数极大值所对应的时差就作为该炮点（或接收点）的估算值。其目标函数是以模型道能量最大作为强约束，即

$$\max_m \{Power(m, d) - \phi(m)\} \quad (3.6.2)$$

式中，d为数据；m为模型；ϕ是罚函数。

最大能量法实际上是个非线性反演迭代的搜索过程，由于搜索更新函数具有指向性，使它的收敛速度快，但由于搜索的明确指向性，使其只能完成单项搜索，没有方向的扰动，容易陷入局部极值。剩余静校正问题实质上是非线性的、具有多参数多极值的全局优化问题，必须采用随机性全局最优化方法来求解，如模拟退火算法和遗传算法。

3.6.1.2 模拟退火算法

模拟退火算法（Simulated Annealing）是基于蒙特卡罗（Monte Carlo）迭代求解法的一种启发式随机搜索算法。它是以优化问题的求解与物理退火过程的相似性为基础，利用Metropolis准则，通过温度更新函数控制物体温度的下降过程实现模拟退火，从而达到求解全局优化问题的目的。模拟退火具有在概率指导下进行双向搜索的能力。

Rothman于1985年提出在低信噪比、大剩余静校正量数据上，非线性算法（即全局寻优算法）能够得到更好的结果。他用两步法模拟退火估算剩余静校正量，采用了经典的Metropolis准则进行迭代搜索的状态更新。假设系统在温度T时的当前状态为i，系统能量为E_i（实际采用地震数据负的叠加能量），在系统中加入扰动（应用随机静校正量）后得到新状态j，新状态的能量为E_j。如果$E_j<E_i$，扰动被接受，更新状态至j，反之，则需要判断新状态是否被接受。

$$\rho = \exp\left[\frac{-(E_j-E_i)}{kT}\right] = \exp\left[\frac{-(P_j-P_i)}{kT}\right] \quad (3.6.3)$$

式中，ρ 为系统处于新旧状态的概率比值，其值小于1；k 为Boltzmann常数（一般取1）；P 为地震数据的叠加能量。

用一个随机数发生器产生一个（0，1）区间的随机数 α，若 $\alpha < \rho$，则新状态被接受；否则仍保留原状态。搜索过程是从高温条件下开始进行的，此时，可接受与当前状态能量差较大的、逆向变化的新状态，因而能舍去局部极值；通过缓慢地降低温度，算法能收敛到全局最优解。但模拟退火算法具有极强的全局搜索能力，但计算量很大，且控制参数复杂、不易选取。

3.6.1.3 遗传算法

从1975年美国密歇根大学的 J.H. Holland 教授出版了著名的第一本系统论述遗传算法的专著开始，有关遗传算法的研究和应用日益普遍，并取得了丰硕的成果，成为解决全局优化问题的另一种通用算法。

遗传算法是一种群体型操作，其操作对象是多个候选解组成的一个种群；种群则是由基因编码后的候选解个体组成（通常做二进制编码），每一个个体都对应于问题的一个解。从初始群体出发，以适应度函数（通常为待解优化问题的目标函数）为依据，采用适当的选择策略在当前群体中选择个体（selection），并进行杂交（crossover）和变异（mutation）来产生下一代新群体，如此迭代演化下去，直到满足期望的中止条件。常用的基本处理流程如图3.6.2所示，具有简单通用、易于实现、全局搜索能力强的特性。其不足之处在于局部搜索能力弱，在进化过程的中能迅速达到最优解附近，但此后的收敛速度、效率明显降低。

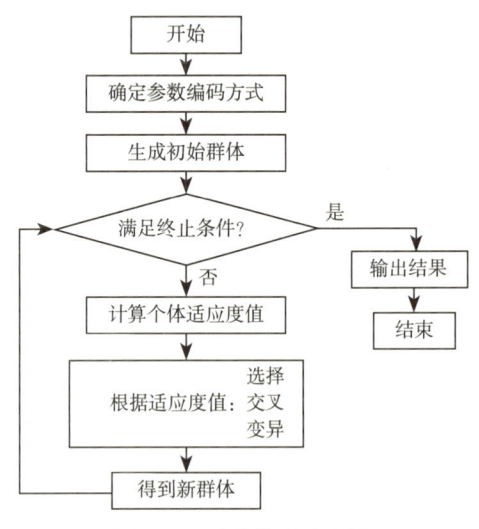

图3.6.2　遗传算法流程图

全局寻优剩余静校正综合了以上3种算法的优势，形成新的交替式混合寻优剩余静校正量求取算法，将算法收敛迭代的次数大大减少。其基本思路是将最大能量法和模拟退火法产生的解作为遗传算法的初始群体，使得群体中的个体针对性强，有效地控制了群体的规模，使搜索具有更高的效率。同时在遗传算法演化后进行最大能量法和模拟退火法搜索，强化局部搜索能力，弥补遗传算法缺乏局部集中搜索的缺陷，最终达到快速收敛到最优解（及最佳静校正量）的目的。

3.6.2　全局寻优剩余静校正应用实例

与常规剩余静校正方法相比，全局寻优剩余静校正方法计算的剩余静校正量可超过地震子波的1/2周期，解决大静校正量、低信噪比区域的静校正问题时优于常规的线性剩余静校正方法。但其对速度和外部模型具有一定依赖，且计算量巨大，通常在其他剩余静校正和叠加速度分析迭代完成后进行。图3.6.3展示了复杂构造带低信噪比地区，应用综合全局寻优剩余静校正后的叠加剖面。与应用之前对比可以看出，在信噪比低的地区成像质量得到了明显提高（图3.6.3中绿圈所示）。

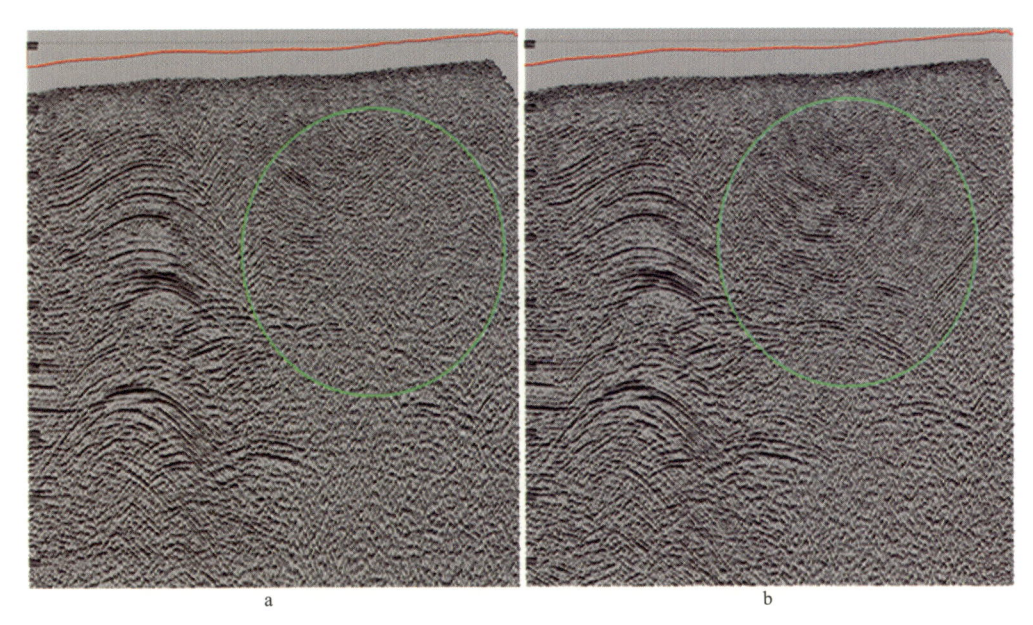

图3.6.3　全局寻优剩余静校正前（a）、后（b）叠加剖面对比

3.7　叠前深度偏移中静校正技术应用策略

3.7.1　微测井约束层析反演浅表层建模与静校正量应用策略

如前文所述，复杂构造带的静校正问题，同时受限于表层野外调查的密度不足、初至拾取精度不够及反演方法等因素影响。目前的表层速度建模技术尚无法精确描述复杂的实际速度模型，通常只能得到一个低频近似速度场，而速度的高频变化也会严重影响叠前深度偏移的成像质量，尤其是浅层模型。因此对于复杂构造带地震资料还需要做大量的剩余静校正迭代工作，来弥补速度模型高频精度的不足。

如图 3.7.1 所示，在实际生产中，对于复杂构造区成像问题，应采用面向叠前深度偏移的处理思路，统筹考虑技术线路。首先采用微测井约束的层析静校正，获得相对精确的低频表层速度模型和基准面静校正量；然后通过叠加速度分析迭代求取剩余静校正量，在应用基准面静校正量和剩余静校正量的道集上开展时间域信号处理（通常包括去噪、振幅补偿、反褶积等），得到用于叠前深度偏移的道集数据；在该道集数据上反应用代表前述低频表层速度模型的低频静校正量；最后在地表小圆滑面上，用包含反演所得表层速度的模型做叠前深度偏移。

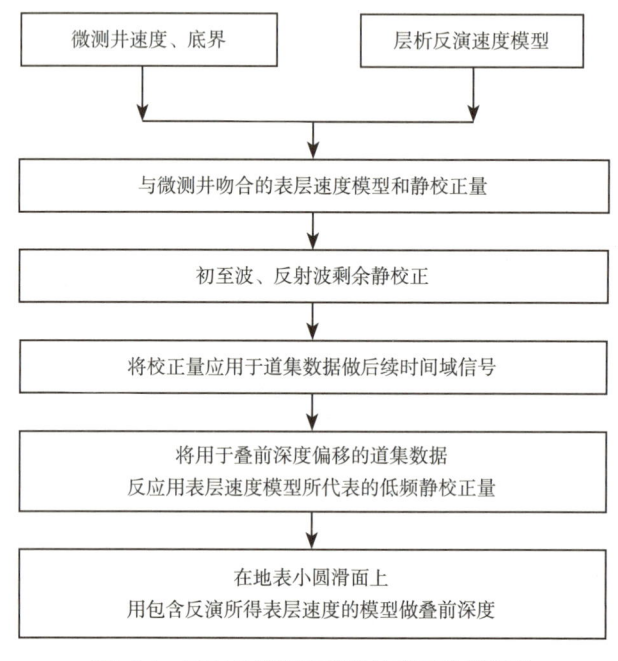

图3.7.1 面向叠前深度偏移的表层建模策略

从简单过程描述和技术流程图可以看出，面向叠前深度偏移的表层建模策略与以往经典的静校正技术应用有明显的不同。在以往常规时间域处理中地表影响及表层速度的处理都是用静校正技术解决，而面向叠前深度偏移的处理流程中把表层速度和静校正量应用明显分开。由此，表层模型不精确带来的问题，通过高频静校正解决，而近地表速度的低频变化部分可以镶嵌在偏移速度模型中，通过深度偏移的方式实现波场归位成像。这样处理，既避免了应用大时移垂直静校正量造成的速度和波场畸变，保证了成像的质量和精度，也解决了由于目前基于走时的速度反演无法描述的浅层高频速度变化问题。

3.7.2 准噶尔盆地南缘表层调查与校正应用实例

准噶尔盆地南缘（简称准南缘）山地是准噶尔盆地表层结构最复杂的地区之一。如图3.7.2所示，该区域地表高程（深蓝线）变化剧烈，区中有山体，露头区高速层速度基本在2000m/s以上。山体两侧为黄土和巨厚砾石覆盖区，表层介质依次为：厚黄土层，速度小于900m/s，厚度为2～32m；较疏松含黄土砾石层，速度大致为900～2000m/s，厚度

3 山前复杂构造带浅表层速度建模与静校正方法应用策略

为 28～35m；以下基本为砾石层，速度随深度增加而增加，速度一般为 2000～3500m/s，厚度一般为 60～1800m。北端为戈壁农田区，表层覆盖一层很薄的黄土，低速层速度大致为 400～600m/s，厚度一般为 0.5～1.6m，其下为砾石层，与山体区砾石层速度规律基本相同。从低降速带资料看（浅蓝色为低速层底界、粉色线为降速层底界），工区表层结构变化剧烈，低降速带厚度从十几米突变到几百米，尤其是山体北部与戈壁的交界带、地形由高陡变低缓（右端为北）。从竖线所示位置的微测井资料来看，地表覆盖黄土层及巨厚砾石层，表层的剧烈变化会产生严重的静校正问题，对资料品质的影响很大，而且山体与戈壁的交界地带往往也是地质目标的重点区带。因此，如何准确建立南缘山前过渡带表层结构模型是解决山地静校正及后续深度域成像的关键。

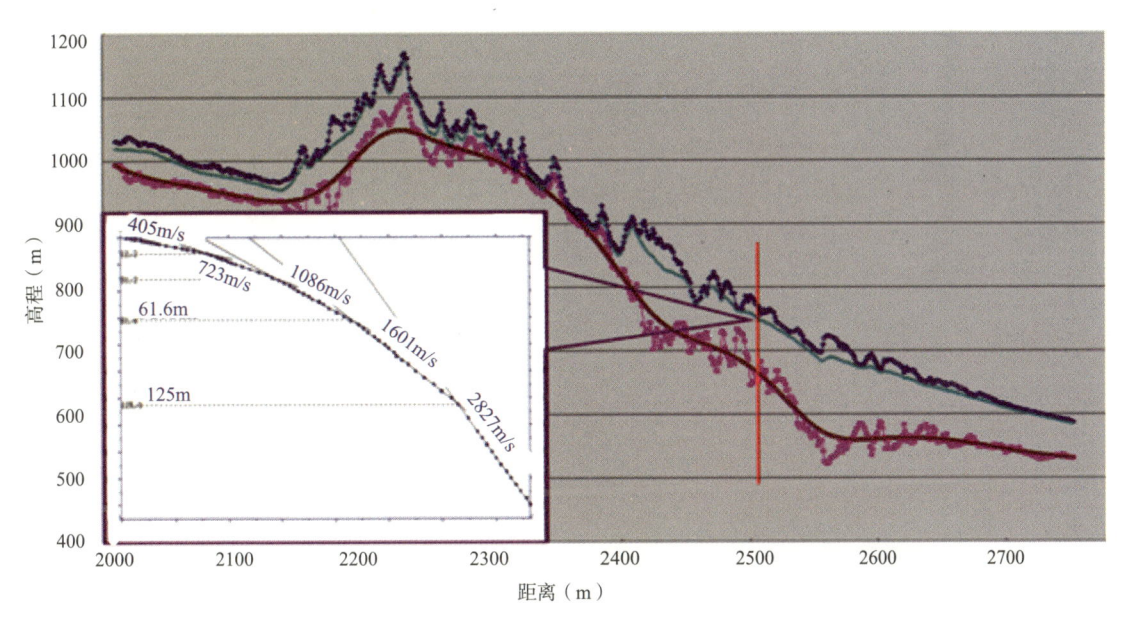

图3.7.2 准噶尔盆地南缘冲断带地区典型表层结构图

从图 3.7.3 准噶尔盆地南缘 GT1 井测井资料、三维地震地质解释剖面和图 3.7.4 准噶尔盆地南缘低速砾岩平面分布厚度图可以看出，南缘冲断带及山前地区广泛为巨厚砾石所覆盖，最厚区域达到 2000m 以上，常规微测井探测深度无法揭示其厚度。为了反演得到相对准确的表层模型，部署了一批深度超 1000m 的深井微测井加以控制。根据深井微测井调查资料，该区巨厚砾石层的发育分布及其速度变化有一定的规律，利用该规律可以提高表层结构建模的认识和精度。

图 3.7.5 为准噶尔盆地南缘深井微测井应用效果。其中图 a 为深井微测井曲线及其合成记录与标定结果，从中可以看出该微测井点以 1000m 处为界包含两大套砾岩，分别是速度为 2000m/s 以下的低速砾岩和速度为 3500m/s 左右的高速砾岩；图 b～d 分别是利用深井微测井优化前后的浅层速度模型及其深度偏移剖面，对比两者速度场可以看出，利用深井微测井约束后速度场可以更为清晰地刻画出三期砾岩的叠置关系，与深井微测井反映出的实际情况更为一致。在浅层速度模型更为精确的情况下，深度偏移的相应结果在浅层成像上同样更清楚地展示了不同期次砾岩的反射，而且更为重要的是对于深层地质目标体的成像也有较大改善。

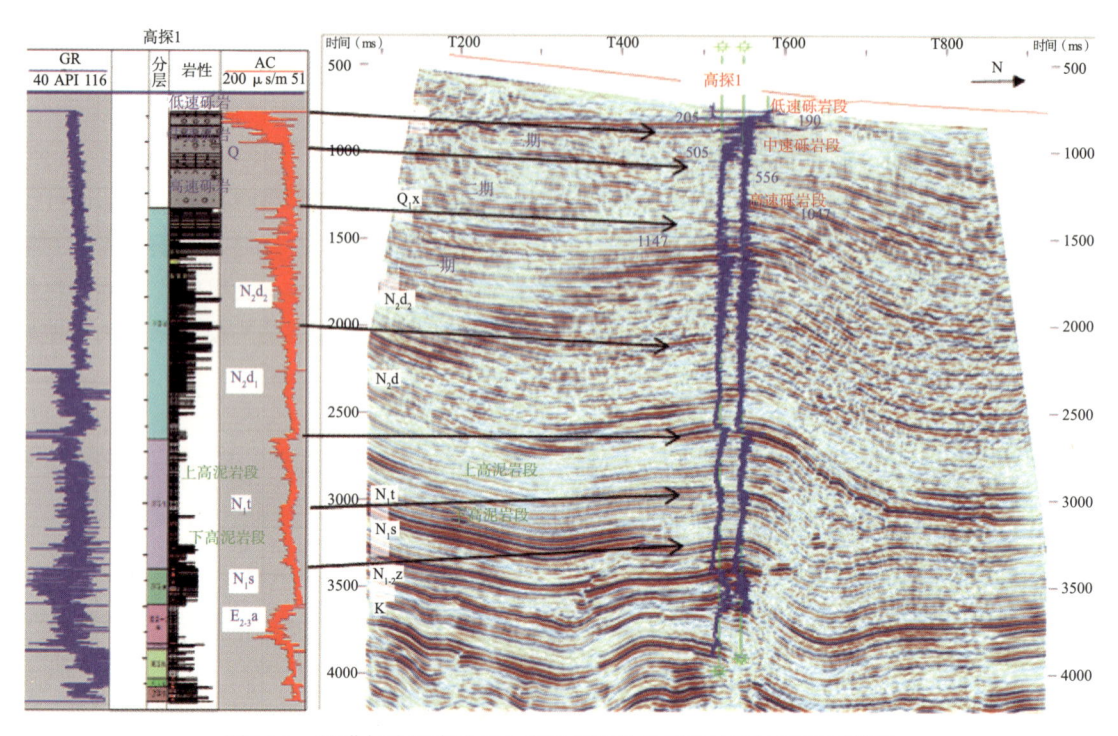

图3.7.3 准噶尔盆地南缘GT1井测井资料及三维地震地质解释剖面

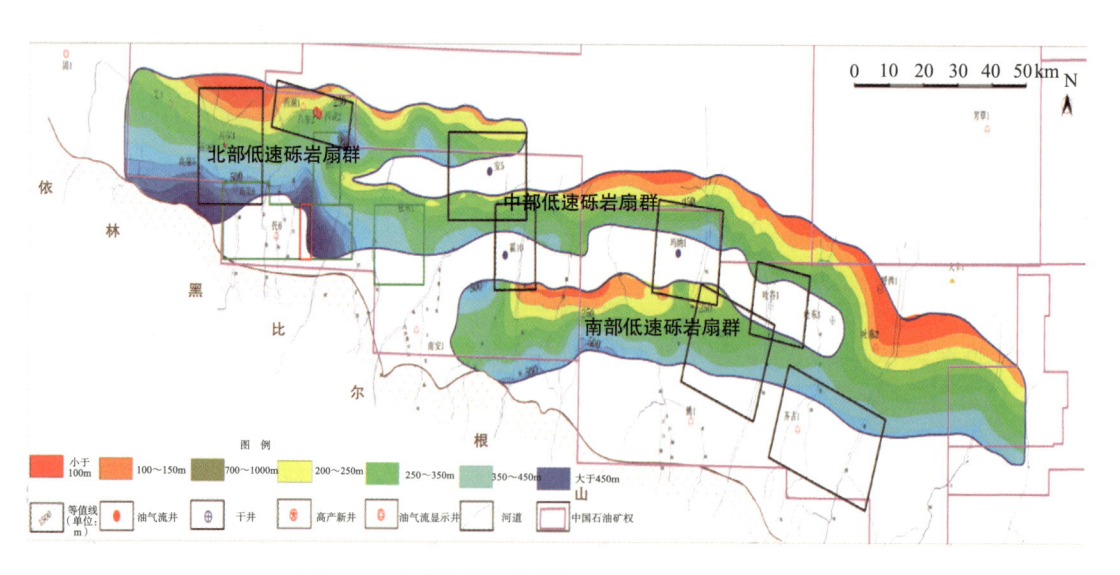

图3.7.4 准噶尔盆地南缘低速砾岩平面分布厚度图

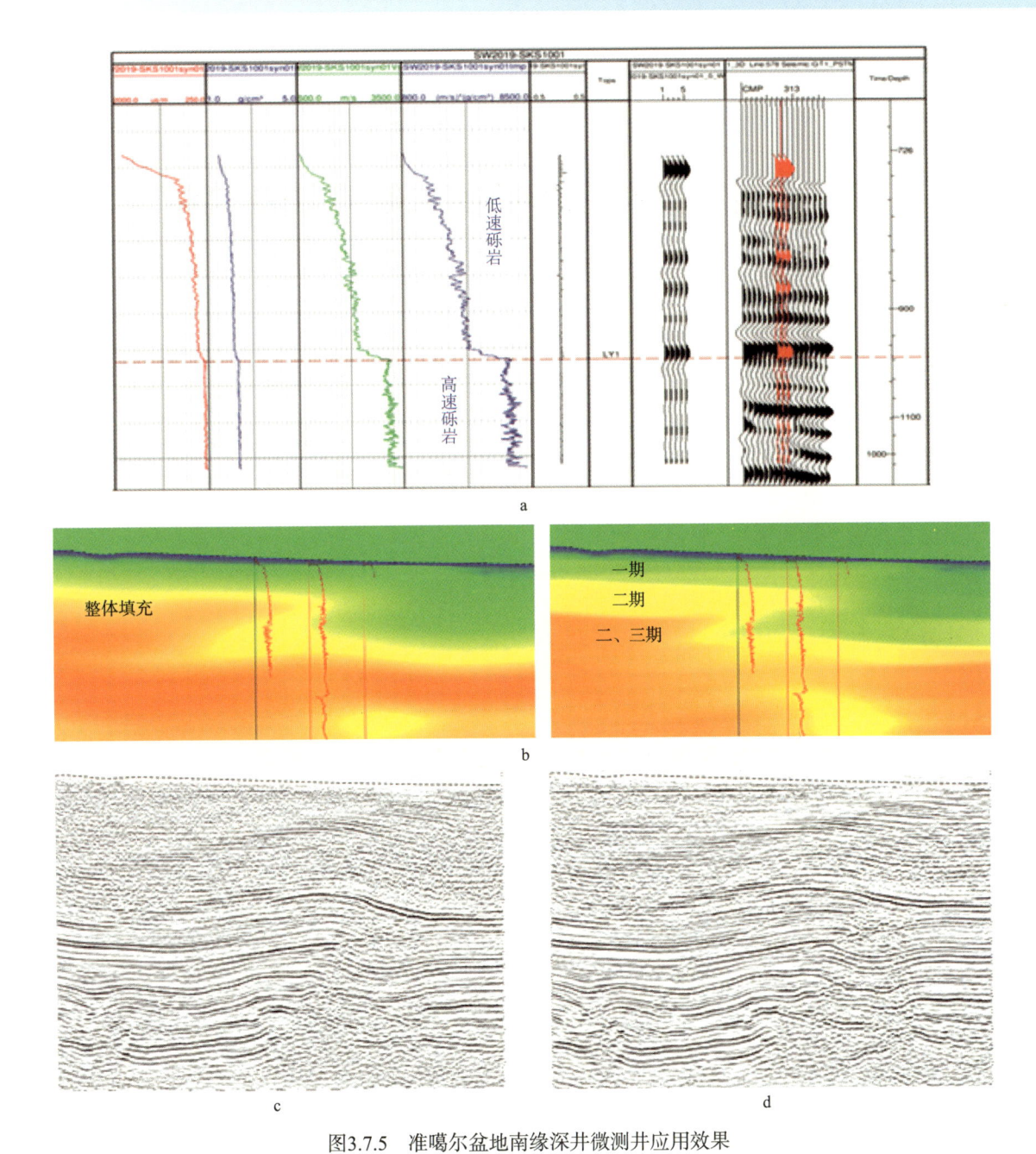

图3.7.5 准噶尔盆地南缘深井微测井应用效果

a—深井微测井曲线、合成记录及标定结果；b—应用深井微测井约束优化前后浅层速度模型；
c—优化前深度偏移剖面；d—优化后深度偏移剖面

4 山前复杂构造带叠前去噪方法及策略

受复杂的地震地质条件的影响，山前复杂构造带地震资料原始资料信噪比极低，波场复杂，各种噪声十分发育，有效反射波的能量大多弱于干扰波能量。去噪效果的好坏直接影响到后续处理的效果，如会影响速度分析的精度、反褶积的效果、静校正的精度，甚至破坏波场的动力学特征。这些都严重影响地震剖面的成像质量。我国著名地球物理学家李庆忠院士曾经指出：去噪是一门学问，是一种艺术。去噪不讲究方法，不分析有效波在不同域内的分布范围，就做不好去噪。去噪过头，就会出假。因此去噪要适度。由于山前复杂构造带成像技术已进入叠前深度偏移处理阶段，因此在压制干扰波的同时如何实现保真去噪，运用系统思维提高叠前深度偏移的成像质量是目前噪声压制的重点。本章主要探讨目前山前复杂构造带地震资料叠前去噪方法及策略。

4.1 不同偏移成像方法对叠前噪声压制的要求

4.1.1 叠前叠后偏移对噪声压制的要求

在地震资料处理中，提高资料信噪比的方法之一就是叠前去噪。一般来讲，叠前去噪的基本目的有两个：一是满足一些叠前处理技术的需要。例如，剩余静校正量的估算、速度分析、叠前偏移成像等。这些方法均需要叠前数据有一定信噪比。二是提高信噪比，最终获得一个高信噪比的成像资料。

叠前偏移方法从理论上消除了输入数据为零炮检距的假设，避免了 NMO 校正叠加所产生的畸变，比叠后时间偏移保存了更多的叠前地震动力学、运动学信息。叠前偏移后的叠加是共反射点反射波的叠加，依据的模型是任意的非水平层状介质。因此叠前偏移与叠后偏移相比地层在空间位置上归位更准确。叠前偏移可以解决偏移过程中存在的各种地震波传播的运动学与动力学问题，更适合于复杂构造的成像特点。因此，叠前深度偏移是目前解决复杂构造成像问题的最理想的偏移归位方法。但是叠前深度偏移对原始记录质量、波场的传播特征（路径、空间振幅关系）和偏移速度（速度模型）的精度要求更高。没有较好质量的原始资料和较高精度的速度模型，在低信噪比的记录上做叠前深度偏移可能比做叠后偏移效果更差，因此叠前深度偏移对叠前去噪的要求也更高。

叠前偏移与叠后偏移对叠前噪声压制有什么不同？这是由两种不同的偏移成像方法实现

过程的不同所决定的。叠后偏移的实现过程是先叠加再偏移，叠前偏移的实现过程是先偏移后叠加。从表面上看，它们只是对叠加和偏移的次序作了颠倒，但是这两种偏移方法有着本质的区别。一般情况下，叠加是基于水平常速层状模型，它只适合于简单的地质构造。当地下构造及岩性变得复杂时，这样的叠加则会削弱复杂构造的反射信息，使其能量得不到同相叠加。因此针对叠后偏移的叠前去噪工作主要聚焦于满足水平叠加成像。针对山前复杂构造资料，我们要做的就是尽量压制强能量的各类规则和随机干扰波，最大限度地提高叠前资料的信噪比，为叠加打好坚实的基础。当然先叠加后偏移还有两大优势：其一，叠加的过程本身就是一个非常强大的去噪系统，能解决道集上绝大多数的噪声干扰问题；其二，由于水平叠加是在规则的 CMP 网格划分和定义条件下进行的，其叠加数据体在空间三维网格上的分布是均匀的，在叠加后的规则三维数据体上进行某些噪声的压制更有利，技术应用效果更好，同样对叠后偏移运算更有利。而对于叠前偏移来说，是先偏移后叠加，在偏移过程中考虑了速度的横向变化，它对叠前数据先进行了正确归位，最后才能实现所有归位后的反射能量同相叠加。它输入的对象是叠前道集。要求输入经过预处理后的高质量道集数据，具有较高的信噪比，波场传播规律正确连续、振幅能量的相对关系保持好（否则产生划弧噪声）。对比叠前与叠后偏移对输入数据的要求差异，可见叠前、叠后偏移二者在噪声压制方面存在较大的不同。随着石油勘探技术的不断发展，地震资料所要解决的问题也越来越难，地质条件从地表到地下都越来越复杂，地震资料的处理重点也由叠后转向叠前。

4.1.2　叠前偏移过程与噪声压制的关系

对于叠前偏移来说，为什么叠前去噪非常重要呢？这是因为叠前偏移方法是直接对单道原始数据进行的偏移。而在叠后偏移中，传统的水平叠加过程极大地提高了偏移输入数据的信噪比。因此，叠前偏移抗噪性比叠后偏移相对较差，尤其对能量异常的噪声非常敏感。在叠前偏移中，原始道集上的任何一个样点振幅值，不管它是信号，还是噪声，都将参与偏移运算。来自地下的真实反射信号符合反射波传播规律，偏移运算以后（同相叠加）成像归位；而噪声则由于不符合反射波传播路径，会经过偏移算子滤波改造后，影响到偏移孔径范围内的所有网格点。当这个噪声幅值（野值）异常大时，就会沿着偏移算子路径，形成画弧现象。当噪声的幅值接近或小于信号时，偏移后反射信号加强，噪声能量进一步削弱。所以，在叠前偏移处理中，一方面噪声的存在会影响偏移速度分析精度和成像精度；另一方面，叠前偏移的过程会改变道集上规则干扰波的规律和特征，使之在偏移后的 CRP 道集影响范围扩大，再要通过 CRP 道集叠加对其进行压制，有时压噪效果会变差。另外，在目前山前复杂构造的低信噪比区采集中，追求的高密度采集提高信噪比思路，也是期望在偏移中通过叠前偏移孔径内更多道数的偏移叠加压制噪声、提高最终成像的信噪比。因此，叠前去噪在叠前偏移处理中的思路变化和技术合理应用就显得更加重要。通过对比分析叠前、叠后偏移处理的实现方法、对输入数据要求的不同，理清叠前偏移叠前去噪的重点和目的，调整技术应用方法和质量控制标准、监控图件，充分发挥叠前偏移算法本身的滤波作用，使采集处理一体化，满足叠前深度偏移对输入数据要求，最终实现提高叠前偏移成像质量和效果的目的。

在当前的采集技术和设备能力条件下，针对山前复杂区低信噪比资料的采集，完全可以通过优化三维观测系统参数，使之实现高密度、全波场、连续采样，满足波场延拓和偏移算法对数据的要求，充分发挥叠前偏移过程本身具有的极强噪声衰减作用和能力。因此，针对叠前偏移成像的压噪技术，首先应该要充分发挥观测系统和偏移过程本身对噪声的压制能力，合理应用叠前去噪与异常振幅压制技术。其次，异常振幅处理、地表一致性处理与叠前压噪的目的，仅仅是为了压制偏移过程中本身产生的画弧噪声。也就是说，针对叠前偏移成像的噪声压制技术思路要区别于叠后偏移成像的噪声压制思路。不同噪声类型在不同偏移方法的成像剖面上会呈现出不同的结果，对地下真实反射的影响也有不同的表现。

在模型数据上，以线性规则干扰为例，在速度模型已知，且无静校正问题存在的情况下，线性规则干扰压制对叠后时间域成像来说，显著提高了成像效果（图4.1.1和图4.1.2）。而对于叠前深度域偏移成像，对振幅能量差异不明显的线性规则干扰压制与否，对成像效果影响不大（图4.1.3）。但是如果单炮记录上发育的强能量异常随机干扰，经过偏移成像后，依然残留在剖面上，而且会放大其影响范围，轻则在局部产生画弧现象，严重时可显著降低叠前深度偏移成像资料的信噪比、影响成像精度（图4.1.4）。异常振幅压制后，图4.1.4b的成像质量得到明显提高。由以上两组对比可见，对叠前偏移来说，只要是强能量的干扰，无论异常，还是随机干扰或线性干扰，对叠前偏移成像影响非常严重，必须在偏移前进行合理压制。

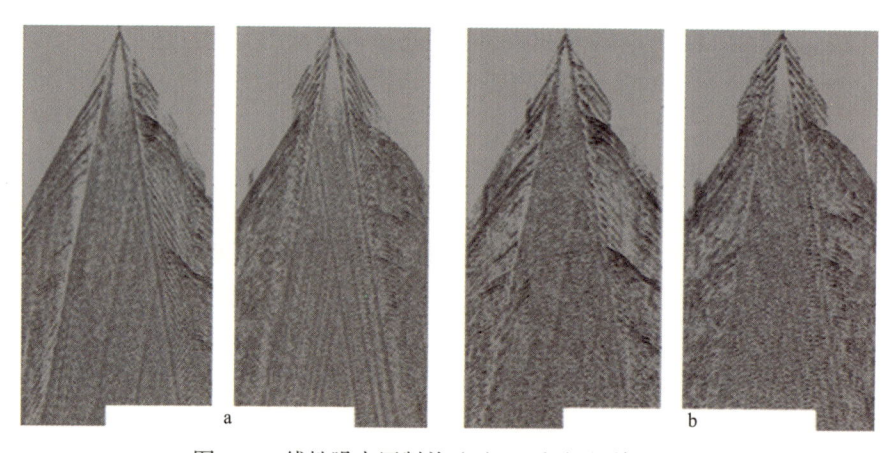

图4.1.1 线性噪声压制前（a）、后（b）单炮记录

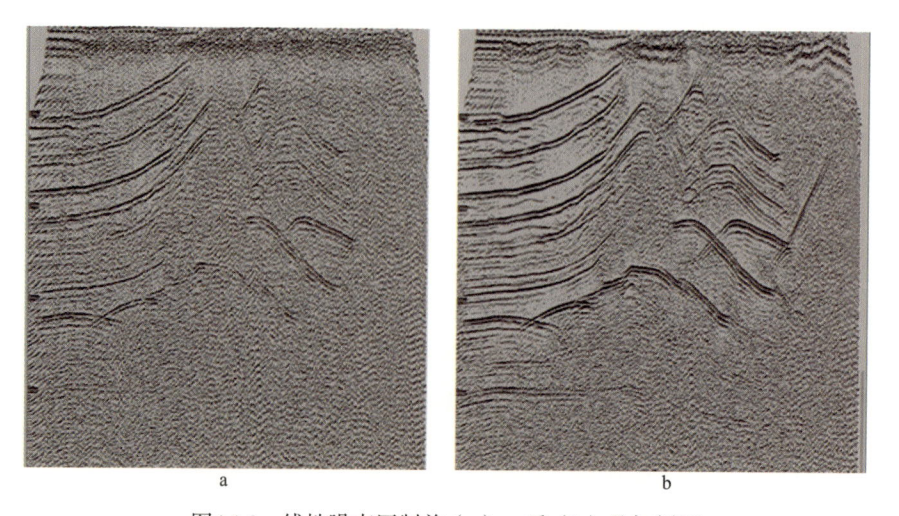

图4.1.2 线性噪声压制前（a）、后（b）叠加剖面

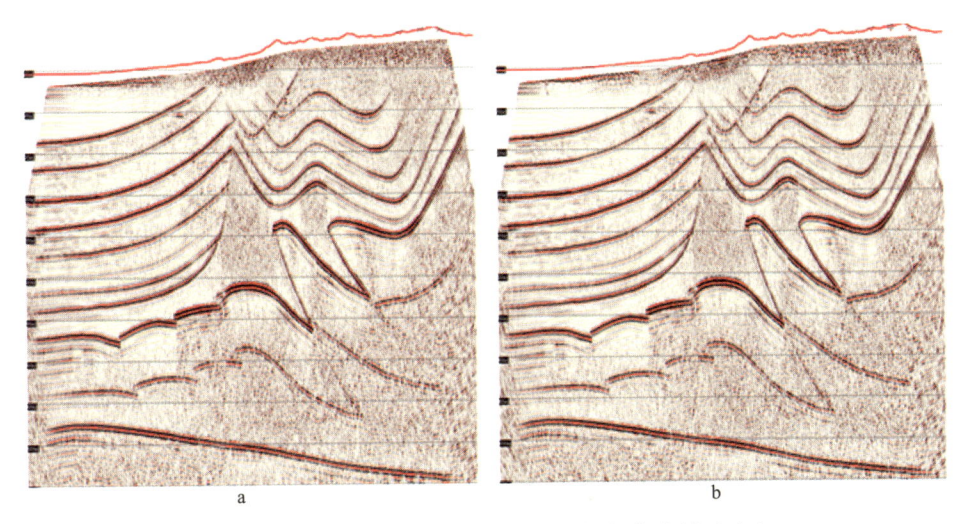

4 山前复杂构造带叠前去噪方法及策略

图4.1.3 线性干扰压制前（a）、后（b）偏移剖面对比

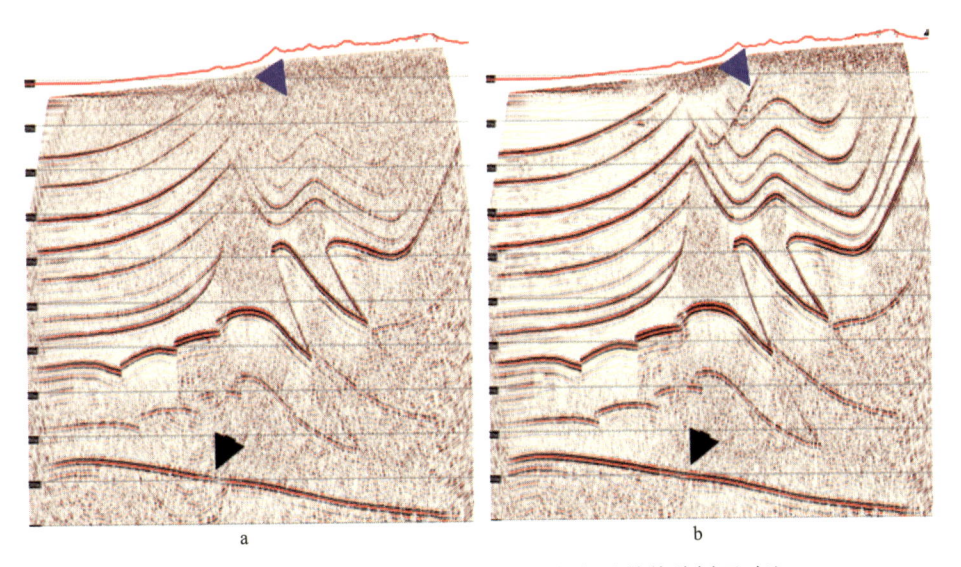

图4.1.4 异常振幅压制前（a）、后（b）叠前偏移剖面对比

而无论规则干扰，还是随机干扰，只要其能量级别与信号相当，可以发挥叠前偏移算法本身的滤波作用，偏移后会得到明显压制。这组模型试验也再次证明了叠前、叠后偏移对噪声压制的要求不同。叠前偏移强调噪声压制与异常振幅处理、地表一致性振幅补偿的处理结合，控制的是噪声的能量级别，尽可能保持有效反射波场的动力学和运动学特征、保持波场连续的空间相对关系和传播规律。适当的噪声完全可以通过叠前偏移本身的滤波效应进行压制。所以，我们认为，过于追求叠前噪声压制的效果并不一定有利于叠前偏移成像。尤其对于可能损害或改变有效反射波场传播规律、影响道集空间振幅关系的去噪方法要慎之又慎。一旦改变了有效反射波场的传播特征，必将导致偏移成像质量、精度的下降，严重时会产生不必要的偏移划弧或偏移成像处理失败。当然，从另外一个角度讲，正所谓"是药三分毒"，任何一个种去噪方法，在去除噪声的同时或多或少会影响地震信号中的有效反射。只要是参与运算、对信号来说都会是一个伤害过程。因此，基于叠前成像的去噪思路一定要认清目标，

把握重点。发挥观测系统和偏移过程本身的压噪作用，有针对性地适度进行叠前噪声衰减，提高资料信噪比，同时为叠前反演等量化解释提供高保真的资料基础。

从上面的讨论我们也知道，由于观测系统和偏移过程本身对噪声具有一定的压制作用。而且，在观测系统、偏移方法既定的情况下，这种噪声压制的效果应该是可以预测的。也就是说，如果我们采用工区前期勘探已经获得的速度场，对本轮采集的原始数据进行快速预偏移，这样我们就可以预判目前观测系统和叠前偏移方法对噪声的压制效果。经过预偏移成像后，资料上还残留哪些噪声干扰，需要我们在单炮上进行针对性的偏前压制。这种预偏移的操作还是比较容易实现的。其一，目前三维地震采集的资料一般都是在原有的勘探基础上进行的二次或三次采集，经过前期的勘探，已经对工区的速度结构有了一定的认识。其二，在叠前深度偏移处理中，叠前去噪的目的主要是为提高叠前偏移的成像质量，每一步叠前噪声压制的效果本身就必须要用叠前偏移的结果进行分析评价，有效才用，无效则不用。其三，目前计算机设备的生产能力，完全可以胜任这样的预偏移和其他尝试性的信号分析处理。

4.2　山前复杂区地震噪声的主要类型

地震噪声是在特定环境下产生的一类信息，不同的勘探区域通常有各种不同的噪声发育。而不同的噪声类型有着不同的特征，在有效压制它们之前有必要先对其做深入的了解。由于近地表条件的复杂变化和采集过程中各种复杂因素的影响，使山前复杂构造区野外获得的地震记录中存在着多种类型的干扰波（图4.2.1），主要的叠前噪声一般有：面波、强能量异常振幅干扰、随机噪声、浅层折射波等。按照常见的分类方法，根据干扰波的出现是否具有规律性可以将其大致分为规则噪声和不规则噪声两类。规则干扰是指在时间和空间上具有一定规律性的干扰；不规则干扰则在时间和空间上具有随机性，在地震记录中表现为杂乱无章的状态。下面主要针对山前复杂构造带的地震噪声进行简单的介绍。

戈壁砾石　　　　　　山前过渡带　　　　　　山上

图4.2.1　山前带不同地表原始单炮记录

4.2.1 规则干扰噪声

规则噪声一般都具有某个比较固定的主频和特定视速度，复杂山地区发育的规则噪声主要是面波、线性干扰等，下面介绍这些干扰的一些特点。

(1) 面波。面波通常出现在弹性分界面附近，它是陆上地震勘探中最常遇到的干扰波，几乎在所有地震记录中都能看到它的痕迹。其特点是频率低、视速度低、能量强、变化快，对叠前偏移成像影响大。但由于复杂山地的地表介质不均匀，垂直方向速度变化很大，面波传播时，随着传播距离的增大，振动延续时间增长，其频率由高向低变化，速度也随着频率的变化而变化，形成频散。这种现象在山区的单炮记录上表现尤为明显，基本上看不出明显的面波规律。这是复杂山地的地震记录信噪比低的根本原因。

(2) 线性干扰。在地震记录上，线性干扰通常呈现相同或不同斜率的倾斜同相轴，能量通常较强。在复杂地表区的山前戈壁砾石区，此类干扰十分发育，线性规律强，视速度变化范围大，单炮记录上主要以此类干扰为主，有效反射的同相轴基本被淹没在该类噪声中。

(3) 声波干扰。一般在有水存在的地区放炮，便会产生强烈的声波。声波是弹性波，它的速度是340m/s左右，频率相对较高，延迟时间较短。有些地区如山区，会产生多次声波的噪声。

(4) 浅层折射干扰。当表层存在高速层，或第四系下面的老地层埋藏浅时，可能观测到同相轴为直线的浅层折射波。

4.2.2 不规则干扰噪声

不规则噪声一般是指没有固定规律可循，没有固定频率及视速度和传播方向的杂乱无章的振动。按来源的不同大致可分为两类：第一类是地面微震、规则干扰源产生的不规则振动，这类噪声在地震震源激发前就存在，它的特点是频带宽，强度多变；第二类是震源激发引发的不规则干扰，包括由介质的非均匀性带来的弹性波散射，还有随机方向上、相位无规律变化的波的任意叠加等。这两类噪声干扰与激发环境和勘探区域的地质条件有很大的关系，在复杂山地一般表现尤为严重。

目前地震资料去噪研究较多的噪声是面波、线性干扰、随机噪声等。本书所研究的去噪方法也主要是针对这几类能量强、对叠前偏移影响大的噪声提出的。近地表条件的复杂变化和采集过程中各种复杂因素的影响，使山前复杂构造区野外获得的地震记录中存在着多种类型的干扰波。这些干扰波尤其是强能量干扰严重降低了地震记录的信噪比，会影响数据处理的全过程，也限制了最终地震成像的质量。有效压制地震记录中的噪声、增强有效反射信号的相对能量是资料处理工作中最基础，也是非常关键的技术之一。下面主要讨论山前复杂构造带地震资料处理叠前噪声压制方面常用的去噪方法。

4.3 规则干扰压制

4.3.1 自适应面波衰减

目前最常用的自适应面波衰减主要利用时频分析的方法。根据面波和反射波在频率域分布特征、空间分布范围、视速度、能量强弱等方面的差异，首先根据面波的视速度估算出面波在时间和空间上的分布范围，再根据面波的固有低频特征对面波进行检测分析，判断出面波分布的准确位置，根据反射波与面波在频率和能量上的差异对面波进行加权压制。这种面波压制基本原理如图4.3.1所示。

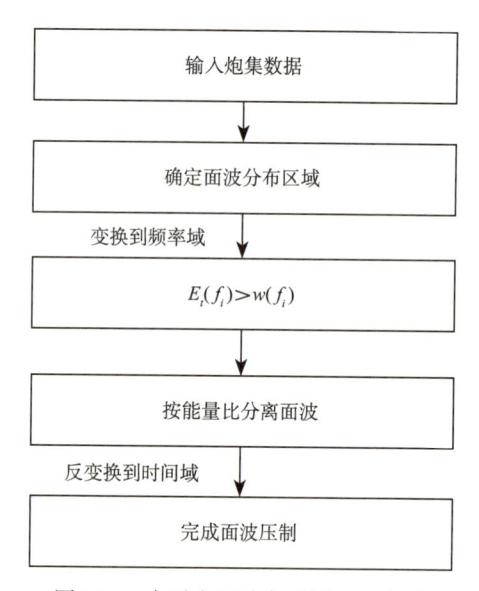

图4.3.1 自适应面波衰减原理示意图

$$E_t(f_i)=\frac{\sqrt{\sum_{i=1}^{k}|X_{t+1}(f_i)|}}{\sqrt{\sum_{i=1}^{k}|X_t(f_i)|}} \tag{4.3.1}$$

式中，$E_t(f_i)$是振幅谱能量比目标函数；$w(f_i)$是面波能量比门槛值；f_i是频率；$X_{t+1}(f_i)$是反射信号频率域函数，是含面波数据频率域函数。面波压制主要包括以下几个步骤：

（1）在面波衰减前的地震数据上分析面波的视速度范围，确定面波在勘探工区内最大的视速度。根据面波的最大视速度确定面波的分布范围，在面波分布范围内对地震数据进行面波压制，面波分布范围外的地震数据则不受影响。在公式（4.3.2）中，x是炮间距，v是工区内面波的最大视速度，t_0是零炮检距的起始时间，t是每个地震道炮间距对应的最大视速度面波的时间。本方法认为在大于这个时间的地震数据可能存在面波分布，小于这个时间则认为无面波分布，不需要进行面波压制处理。

$$t=t_0+\frac{x}{v} \tag{4.3.2}$$

（2）面波压制前根据面波的主频对地震数据进行分频处理，控制需要压制面波的频率范围。在地震数据处理中，为了凸显面波的特征并得到较好的面波压制效果，有必要对地震记录作分频处理。分频处理的优点是可以利用面波的优势频段，提取它的特征，而在非优势频段可以利用已得到的特征作为约束，或直接利用已得到的特征作为当前频段的特征，进而识别和压制面波。从处理的角度来讲，面波分频处理可以在保持有效信号的前提下最大程度地压制面波。

（3）面波压制前根据有效信号的主频对地震数据进行有效信号分频处理，分频处理后原则上可以得到只含有效信号主频的地震数据，这个数据应该不包含面波能量。

（4）在步骤（1）确定的面波覆盖区域内，给定一个时间窗，在时间窗范围内，分别计算步骤（2）和步骤（3）的平均振幅值，并用步骤（2）面波的平均振幅值除以步骤（3）的平均振幅值，获得一个平均能量比值。

（5）处理技术人员可以给定一个门槛值，每个时间窗的面波平均振幅与有效信号平均振幅值的比值如果大于这个门槛值就说明有面波存在。面波需要被压制，这时可以给一个小于1的面波压制系数，在频率域内，把分布在面波主频范围内的所有频率点的振幅都乘以这个衰减系数，就达到了面波衰减的目的。该方法在压制面波的同时能够最大限度地保留面波区域内的有效信息。对面波区域外不做任何改变，可以对炮集的面波合理压制，有效提高地震资料的信噪比。从实现过程可以看出，此方法压制的是面波的能量级别，而不是彻底去除。这样根据叠前深度偏移技术原理，只有符合反射波传播规律的有效反射偏移后才能正确归位与成像。不符合反射波传播规律的面波、线性干扰、随机干扰等，不能聚焦成像，只要这些波的能量不强，通过高密度三维数据体的偏移叠加完全能够得到有效压制。因此，只要控制这些干扰波的振幅能量级别，不在偏移过程中产生不必要划弧噪声，就不影响最终成像。由此说明该方法适用于叠前偏移的道集处理，既使强能量的面波振幅得到了有效控制，又能最大限度地保留面波区的有效反射，有利于提高叠前偏移的成像质量。

4.3.2　三维高密度空间采样数据叠前规则干扰压制

当激发点在水平方向上与排列远离时，面波以圆锥的形式出现，从面波传播的所有方向看它都呈现的是线性的特点。所以从某种程度上说，通过三维空间频率波数域滤掉面波干扰是可行的。对于单个炮点来说，某一个排列中的检波点的数量远远多于排列的数量，空间上一个炮点的信息对于频率波数域滤波来说由于点与线方向的采集极不均匀，二维傅氏变换会产生假频，频率波数域的空间滤波根本无法实现。因此，这就对地震数据有了新的要求。而由一条检波线和与它垂直的一条炮线上的所有地震道可以组成一个十字排列子集。它是指抽取正交的三维地震数据中，沿某一条检波线和与它相垂直的炮线中的所有地震道，这些地震道组成了一个新的道集，也叫作十字排列子集。一些不是特别规则或者不太容易辨别的噪声在正交子集中表现为规则且容易辨别，进而使信噪分离变得容易，噪声也会得到很好的压制。这一去除面波干扰的做法称为十字交叉排列去噪。该方法的基本原理如下：

由于所有相同炮检距的地震道的中心都在该十字排列中的一个圆上。由此可见，如果横切一个十字排列的数据，可以看出常速同相轴都在每个时间切片上的一个圆上，这些同相轴表现为一个圆锥形。由于面波在十字排列中呈圆锥形分布，Vermeer 认为三维圆锥形速度滤波器能够去除此类噪声。

假设 $u(x,y,t)$ 表示一个三维地震数据，$w(x,y,t)$ 表示地震信号，$h(x,y,t)$ 表示滤波因子，那么它们将会满足以下的褶积关系，即

$$u(x,y,t) = w(x,y,t) * h(x,y,t) \tag{4.3.3}$$

渥·伊尔马滋给出了二维傅里叶变换的公式，与此同时也提出了分两步法求取二维傅里叶变换的方法，由此推出对 $u(x,y,t)$、$w(x,y,t)$、$h(x,y,t)$ 做三维傅里叶变换的公式为

$$U(k_x, k_y, \omega) = \iiint u(x,y,t) \exp(ik_x x + ik_y y - iwt) dx dy dt \tag{4.3.4}$$

$$W(k_x, k_y, \omega) = \iiint w(x,y,t) \exp(ik_x x + ik_y y - iwt) dx dy dt \tag{4.3.5}$$

$$H(k_x, k_y, \omega) = \iiint h(x,y,t) \exp(ik_x x + ik_y y - iwt) dx dy dt \tag{4.3.6}$$

对公式（4.3.3）两边分别做三维的傅里叶变换得到频率—波数域的乘积关系，即

$$U(k_x, k_y, \omega) = W(k_x, k_y, \omega) H(k_x, k_y, \omega) \tag{4.3.7}$$

在频率—波数域中，高通倾角滤波器和低通倾角滤波器分别为

$$H_h(K, \omega) = \frac{K^2/(-i\omega)}{a + K^2/(-i\omega)} \tag{4.3.8}$$

$$H_l(K, \omega) = \frac{a}{a + K^2/(-i\omega)} \tag{4.3.9}$$

式中，K 是信号的视波数，$K^2 = k_x^2 + k_y^2$；k_x 是纵向炮检距 x 方向的视波数；k_y 是横向炮检距 y 方向的视波数；V_k 是信号的视速度；$a = \omega/V_k$；H_h 是频率—波数域的高通滤波因子；H_l 是频率—波数域的低通滤波因子；f 是信号的频率；ω 是信号的角频率。

将式 (4.3.8)、式 (4.3.9) 代入式 (4.3.7)，分别得到频率—波数域高通倾角滤波方程和低通倾角滤波方程，即

$$U_h(k_x, k_y, \omega) = \frac{K^2/(-i\omega)}{a + K^2/(-i\omega)} W(k_x, k_y, \omega) \tag{4.3.10}$$

$$U_l(k_x, k_y, \omega) = \frac{a}{a + K^2/(-i\omega)} W(k_x, k_y, \omega) \tag{4.3.11}$$

在频率—波数域中，该视速度滤波器为三维锥形体，如图 4.3.2 所示。该图形以 0Hz 频

率所在平面处上、下对称，其中：v_1、v_2 分别表示高通和低通滤波速度。鉴于对称性，只说明 0Hz 频率所在平面之上部分。v_1 的蓝色区域代表高通滤波完全保留部分，低通滤波完全压制区域；v_2 的灰色区域代表低通滤波完全保留部分，高通滤波完全压制区域；v_1、v_2 之间为过渡区域，进行部分衰减处理。

十字排列滤波方法就是频率—波数域滤波方法，因此假频问题是需要被考虑的。为了不产生空间假频，要求炮点距 Δs 和道距 Δr 不大于最小波长的半周期，即

$$\Delta s = \Delta r \leqslant \frac{1}{2k_{\max}} = \frac{v_{r,\min}}{2f_{\max}} \tag{4.3.12}$$

式中，$v_{r,\min}$ 为面波在共炮点道集中的最小视速度；$f_{\max}$ 为最高频率。

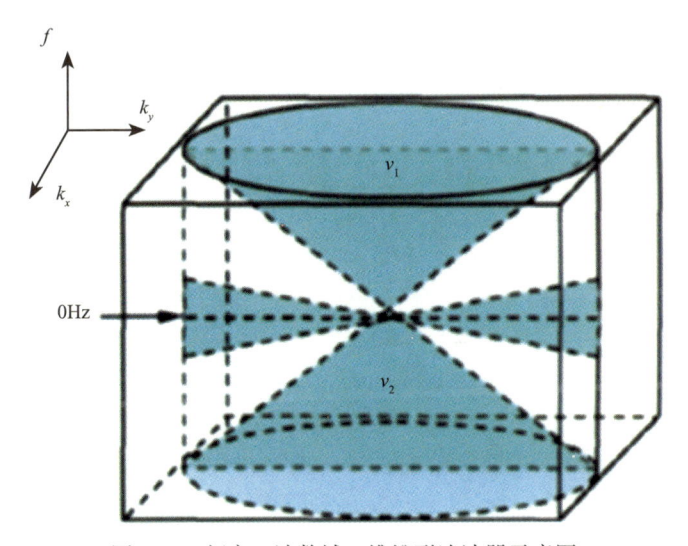

图4.3.2　频率—波数域三维锥形滤波器示意图

因此，随着目前"两宽一高"地震采集技术的全面推广，十字排列去噪技术得到快速发展与推广。其功能主要针对面波频率低、分布范围规律性强等特征，采用十字排列锥形滤波方法压制面波干扰。高密度空间采样数据具有时间和空间采样间隔小等特点，在很大程度上避免了因时间和空间采样不足带来的假频影响，提高了三维傅氏变换域中信号与规则干扰（线性干扰和面波干扰）的可分离性，充分体现了三维高密度采集和三维叠前噪声压制的优势，实现了叠前真正的三维压制规则干扰的目的。

如图 4.3.3 所示，用该方法进行复杂山地叠前面波噪声压制时，视速度范围选择不宜过大，以较小的三角面波区为主，这样基本可以不伤害到有效信号，为后续的多域去噪打好基础。十字交叉法有效解决了目前束状三维采集激发点与排列不在一条线上所造成的面波轨迹呈双曲线形态的问题。不过这种方法没有解决面波频率不集中的、能量改变所形成的"视线性"情况。尽管可以让二维 f-k 滤波的去噪效果变得更好，但该方法并没有从根本上解决所谓的"视线性"（包括在道集上的面波区形成的频散、假频及复杂散射等）干扰所带来的不好结果。

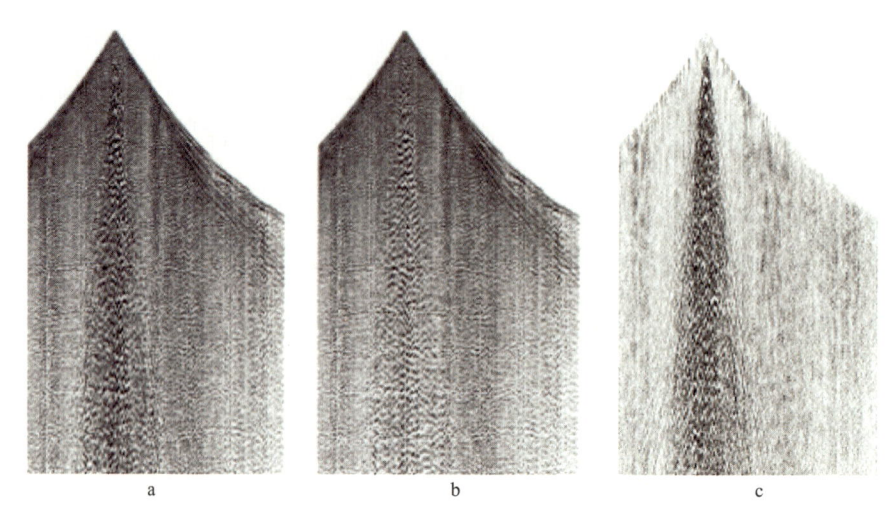

图4.3.3 十字排列滤波前后效果对比

a—去噪前单炮记录；b—去噪后单炮记录；c—差值记录

4.3.3 基于模型的面波压制

随着技术的发展，以面波的频散特征理论为基础的去噪技术取得进展。所谓频散现象是指瑞利波传播时的相速度和群速度不一致，其相速度随着频率变化而变化的现象。在以往的资料处理中往往将面波作为噪声通过一定的手段去除，而目前在频散理论中面波将被作为有用的信号加以利用，它是通过对原始地震记录提取频散曲线，然后利用频散曲线正演面波模型，最后将面波模型从地震记录中减去，达到压制面波的目的。该方法能够最大限度地去除面波，而且不伤害有效波，达到地震数据的保真去噪，是当前面波去噪的最新技术。面波正演去噪方法主要分为以下4步：

第一步，从原始采集的信号中提取面波频散曲线即生成高精度 f-k 谱；

第二步，从高精度 f-k 谱中拾取各阶面波；

第三步，对所拾取的面波进行正演得到面波模型；

第四步，用原始数据减去面波模型得到去噪后的有效信号。

该方法最关键的步骤是第一步，如何生成高精度 f-k 谱。一般有表面波谱分析法、互相关法、相位展开法、频率波数分析法、时频分析法、τ-p 变换法、MUSIC（Multiple Signal Classification）法等，其中 MUSIC 算法得到的谱分辨率高，该算法是由 Samson（1983a，b；1995）和 Schmidt（1986）提出的，由 CSD 矩阵的特征值和特征向量发展而来，其通过该矩阵把信号和噪声的功率谱分开。该算法使面波去噪问题得到较好的解决。

其基本原理如下：首先对数据应用一维快速傅里叶变换，将时间域变换到频率域。设地震记录由 $S(t, x)$ 表示，其一维傅里叶变换为

$$S(\omega) = \int_{-\infty}^{\infty} x(t)\exp(-i\omega t)dt \qquad (4.3.13)$$

对输入的 L 个地震道，$S(\omega)$ 可以表示为 $S(\omega) = [S_1(\omega), S_2(\omega), \cdots, S_L(\omega)]^T$，然后将 x 域变换到 k 域。MUSIC 算法认为，$S(\omega)$ 可以分为信号和噪声两项，使得 CSD 矩阵在分解特征

值和特征向量的时候也能够分为信号和噪声两项。通过特征向量可以求得原始记录的空间谱，即频散曲线。具体过程为

$$\begin{pmatrix} S_1(\omega) \\ S_2(\omega) \\ \vdots \\ S_L(\omega) \end{pmatrix} = \begin{pmatrix} e^{ik_1r_1} & \cdots & e^{ik_mr_1} \\ e^{ik_1r_2} & \cdots & e^{ik_mr_2} \\ \vdots & \vdots & \vdots \\ e^{ik_1r_L} & \cdots & e^{ik_\omega r_L} \end{pmatrix} \begin{pmatrix} Q_1(\omega,k_1) \\ Q_2(\omega,k_2) \\ \vdots \\ Q_M(\omega,k_M) \end{pmatrix} + \begin{pmatrix} N_1(\omega) \\ N_2(\omega) \\ \vdots \\ N_L(\omega) \end{pmatrix} \quad (4.3.14)$$

用矩阵表示为：$S = AQ + N$ (4.3.15)

MUSIC 算法假设噪声是各向同性且随机的。Q 代表 M 个真信号，N 代表噪声项，通过矩阵 A，$S(\omega)$ 可以表示为上述形式。那么 CSD 矩阵可以分解为

$$R = A(QQ^H)A^H + \sigma^2 L \quad (4.3.16)$$

R 的特征值和特征向量分别为：$\lambda_1 \geq \lambda_2 \geq \cdots \geq \lambda_L$ 和 $e_1, e_2, \cdots, e_L$。

对于噪声项，特征值为 $\lambda_{M+1} = \lambda_{M+2} = \cdots = \lambda_L = \sigma^2$。

可以对 CSD 矩阵分解为信号空间 $E_s = [e_1, e_2, \cdots, e_M]$ 和噪声空间 $E_n = [e_{M+1}, e_{M+2}, \cdots, e_L]$ 的和。MUSIC 算法认为最后的谱可以表示为

$$P_M(\omega, k) = \frac{1}{|a(k)E_n^H(\omega)|^2} = \frac{1}{|a^H(k)E_n(\omega)E_n^H(\omega)a(k)|} \quad (4.3.17)$$

式中，$a(k)$ 是波数的导向矢量。应用（4.3.17）式，得到的面波谱多阶次分离明显、分辨率高，据此可以分阶次依次识别、正演模拟不同阶次的面波，并依次从记录中减去，达到去除面波的目的。

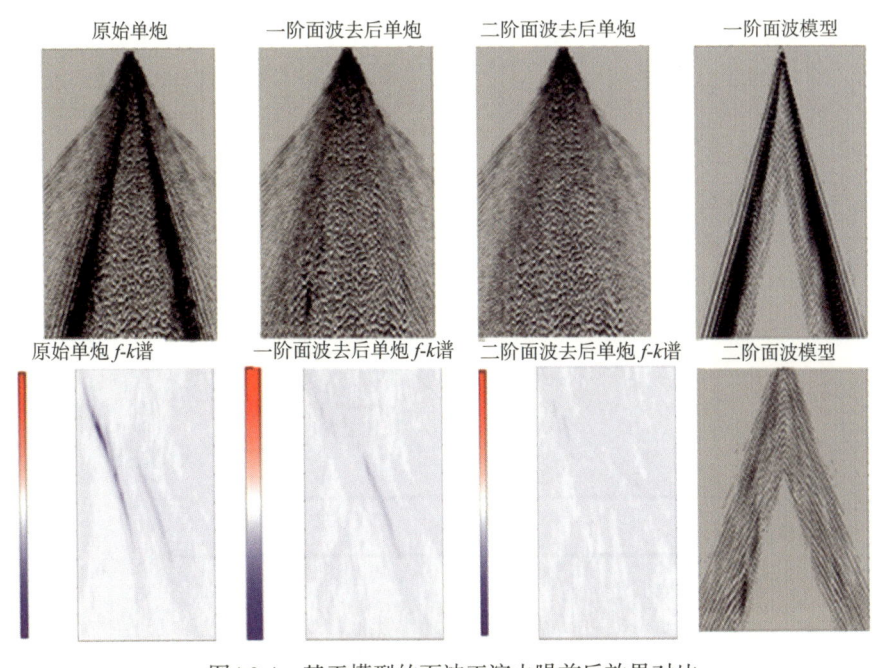

图4.3.4 基于模型的面波正演去噪前后效果对比

图 4.3.4 为国内某区块地震资料基于模型的面波正演压制前后效果对比。该方法去面波效果显著，未有噪声残留，去噪后的单炮保真效果好。该方法摒除了传统的去噪理念，将面波看成是有用的信号，利用面波信号去正演面波模型，然后利用模型减去法，得到去面波后的有效信号。在这个过程中，由于没有对数据进行各种数学变换，使得去噪后的资料能够最大限度地保幅保真，该方法不失为一项较好的方法。就目前陆上高密度采集资料，对于相干噪声的假频现象得到明显改善，更高的炮道密度将更有利于频散曲线的提取。本方法在高密度资料中的应用效果会更好。

4.3.4 三维相干噪声压制

该方法主要是按照三维叠前地震数据的特点来识别规则噪声，应用规则噪声视速度的变化，通过采用逐点识别的方法，对地震数据上规则噪声进行有效压制。它是基于频率—波数域滤波的原理进行相干噪声压制。

在二维频波图上，视速度 v 代表通过原点的直线斜率。在图 4.3.5 中，A 区代表高速干扰区，B 区代表有效信号区，C 区代表低速干扰区。由于地震信号的频带范围是有限的，$f_1 \sim f_2$ 之外就是干扰频率的范围。因此，在二维频波图上，有效信号和干扰信号可以很明显地区分，真正有效的信号部分就是图中的阴影区。在时间—空间域进行滤波，设滤波器为 $h(t,x)$，输入地震信号是 $g(t,x)$，则从滤波器输出 $s(t,x)$ 为

$$s(t,x)=h(t,x)*g(t,x) \qquad (4.3.18)$$

对应的二维傅里叶变换为

$$s(f,k)=H(f,k)G(f,k) \qquad (4.3.19)$$

式中，$H(f,k)$ 为要设计的滤波器，根据在二维频波图的分布，滤波器如式（4.3.20）所示。

$$H(f,k)=\begin{cases} 1, f,k \in \text{有效区} \\ 0, f,k \in \text{干扰区} \end{cases} \qquad (4.3.20)$$

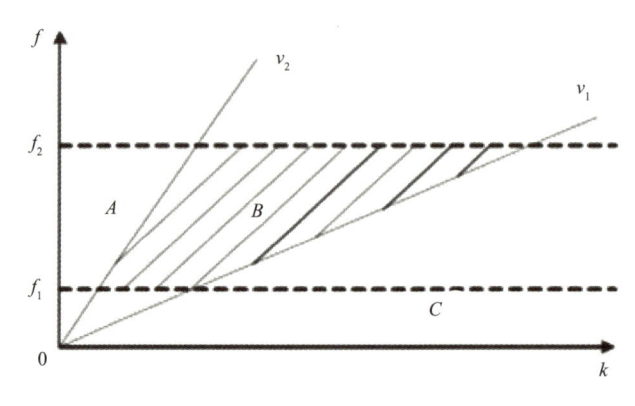

图4.3.5 二维频波图

视速度滤波的处理流程如图 4.3.6 所示。

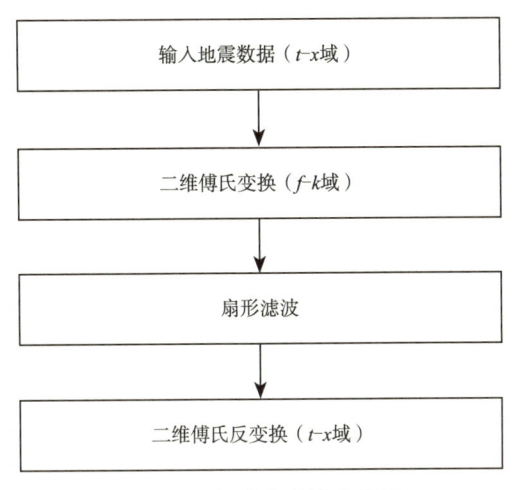

图4.3.6　视速度滤波流程图

当滤波器在频率—波数域的响应函数的几何形状相对简单时，就能得到相对应的时间—空间域函数。本方法主要采用的是对称带通视速度滤波器。

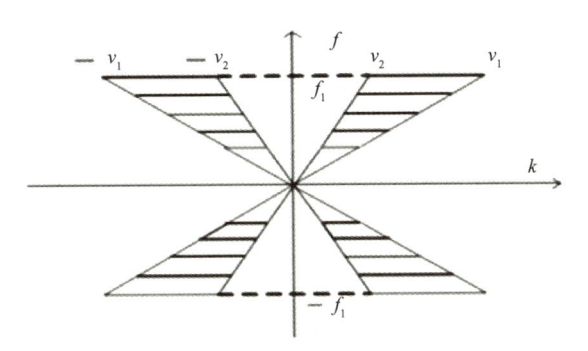

图4.3.7　对称带通滤波器

如果想从地震记录中提取两个视速度之间的信息，滤除高视速度和低视速度的噪声，我们可以定义如图 4.3.7 所示的对称带通视速度滤波器，它的频波响应为

$$H(f,k) = \begin{cases} 1, & \text{当} v_1 \leqslant \left|\dfrac{f}{k}\right| \leqslant v_2, |f| \leqslant f_1 \text{ 时} \\ 0, & \text{其他} \end{cases} \qquad (4.3.21)$$

具体主要包括以下 4 个步骤：

（1）根据相干噪声的波形特征，对去噪前地震数据进行分频处理，控制需要去噪的相干噪声频率范围，以便更好地保护有效信号。

（2）根据相干噪声在时间和空间上的分布范围，通过最大和最小炮检距及其对应的时间，在时间和空间上限制去噪范围，保护去噪范围以外的地震数据波形特征。如图 4.3.8 所示，根据最大最小炮检距及对应时间，即（X_{max}，T_{max}）和（X_{min}，T_{min}），计算截距时间 T_{cept}，

方程为

$$T_{\text{cept}} = T_{\max} - X_{\max} * \frac{T_{\max} - T_{\min}}{X_{\max} - X_{\min}} \quad (4.3.22)$$

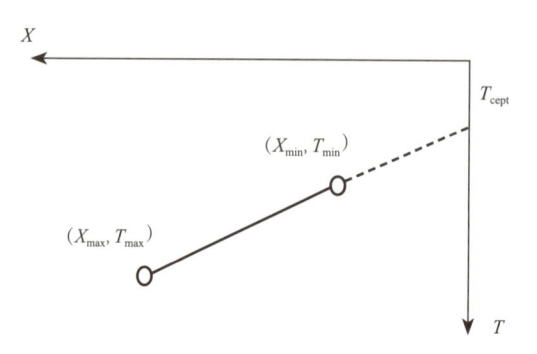

图4.3.8　炮间距及对应的时间示意图

（3）首先需要判断相干噪声的视速度大致范围，然后给出线性相干噪声的最小和最大视速度范围，根据给定的视速度范围和噪声主频对相干噪声进行压制。如图4.3.9所示，利用该方法对复杂山地区单炮记录进行叠前线性噪声压制，达到既去噪又尽量保留有效信息的目的。由于该方法采用傅氏变换，要求地震记录在空间的采样是均匀的，但是实际地震记录尤其是三维数据往往难满足这个要求，故去噪结果存在炕席现象，旧的干扰克服了，又形成了一些新的相干干扰。利用该方法进行线性干扰压制时，速度的给定必须有一定的宽度，这样才能适应整条测线上相干噪声视速度的变化。宽度越大，对相干噪声的消除越彻底，但同时有效波的损失也愈大。因此，该技术需要对速度的变化范围开展充分的试验，对不同区域、不同地貌类型产生的不同噪声特征，进行分区分类，依次对低、中、高速线性噪声进行逐步压制，这样才能取得较好的叠前去噪效果。

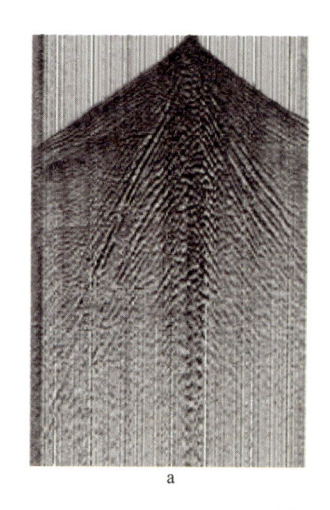

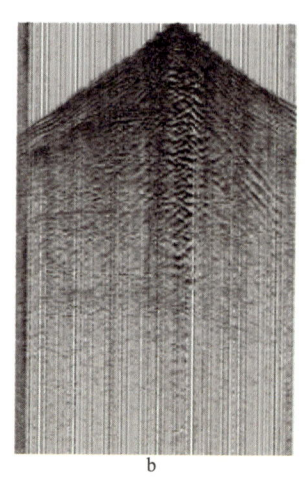

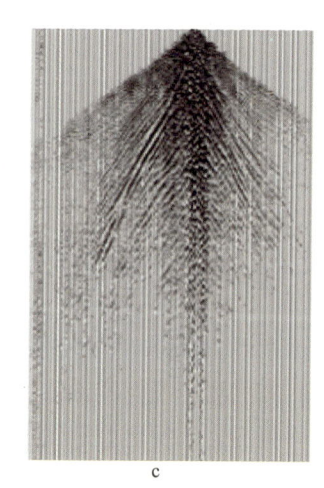

图4.3.9　三维相干噪声压制前后效果对比

a—去噪前单炮记录；b—去噪后单炮记录；c—差值记录

4.3.5 小波分频法叠前线性干扰压制

小波分频法叠前线性干扰噪声压制需要满足干扰波同相轴线性分布特征,并且干扰波的视速度与有效信号视速度存在一定的差别,是一个在炮集或共检波点集数据上滤除叠前线性干扰的方法。根据线性干扰波和有效波之间在视速度、位置和能量上的差异,在 t-x 域采用倾斜叠加和向前、向后线性预测的方法确定线性干扰的视速度、分布范围及规律,将识别出来的线性干扰从原始数据中滤除,实现线性干扰波的滤波处理。

假设同相轴基本是直线且干扰波的视速度不同于有效波,如图4.3.10所示,沿具有某一斜率 p 的直线 $L(p,t)$ 对剖面的各道进行采样,得到一维信号,即

$$X_n^{(p,t)} = g_n^{(p,t)} + s_n^{(p,t)}, \quad n=1,2,\cdots,N \tag{4.3.23}$$

式中,$g_n^{(p,t)}$ 表示相干干扰波的采样值;$s_n^{(p,t)}$ 表示有效信号及其他噪声的采样值;N 表示剖面中地震道的道数;t 表示直线 $L(p,t)$ 在剖面时间轴的参考点。如果能分离 $g_n^{(p,t)}$ 和 $s_n^{(p,t)}$,即可滤除相干干扰波。因此可以通过寻找 $X_n^{(p,t)}$ 中的规律来达到这一目的。如果 p 值足够接近或等于相干干扰波同相轴的斜率,且 t 值选择合适,那么不妨假设 $X_n^{(p,t)}$ 是随机的,因为通常反射序列是随机的,而 $g_n^{(p,t)}$ 则被认为是有规律的,可以通过建模来逼近。因此首先要设计一个预测误差滤波器。

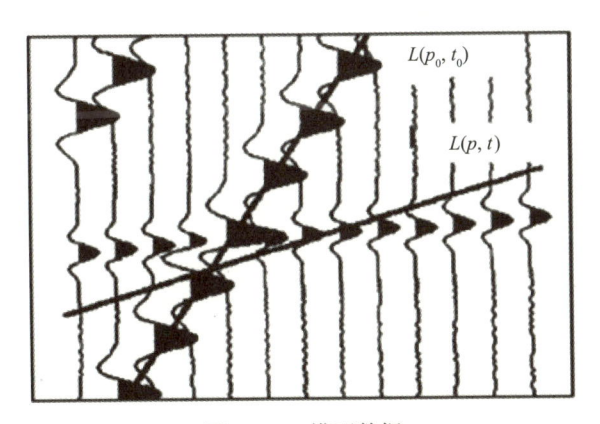

图4.3.10 模型数据

对于时间序列 $X_n^{(p,t)}$,若 $\check{X}_i^{(p,t)}$ 为用过去 M 个值 $X_{i-1}^{(p,t)}, \cdots, X_{i-m}^{(p,t)}$ 对现在值 $X_n^{(p,t)}$ 所做的线性预测值,则有

$$\check{x}_i^{(p,t)} = -\sum_{k=1}^M a_k X_{i-k}^{(p,t)}, \quad i = M+1,\cdots,N \tag{4.3.24}$$

式中,a_k 为向前线性预测系数,$k = 1, 2, 3, \cdots, M$。预测误差为

$$e_{ih}^{(p,t)} = x_i^{(p,t)} - \check{x}_i^{(p,t)} = x_i^{(p,t)} + \sum_{k=1}^M a_k X_{i-k}^{(p,t)}, \quad i = M+1,\cdots,N \tag{4.3.25}$$

由于数据较短,所以可以采用向前、向后预测相结合的方法。若令 b_k 为向后线性预测系数,则向后预测误差为

$$e_{ih}^{(p,t)} = x_i^{(p,t)} + \sum_{k=1}^{M} b_k X_{i+k}^{(p,t)}, \qquad i = M+1, \cdots, N-M \tag{4.3.26}$$

将前向、后向预测误差作为滤波器的输出，也就是对有效信号部分 $s_n^{(p,t)}$ 的逼近，$n=1,2,\cdots,N$。最后通过设计滤波器对数据 $X_n^{(p,t)}$ 进行平滑处理，从而确定 a_k 和 b_k，最后可以在 t-x 域压制线性干扰。

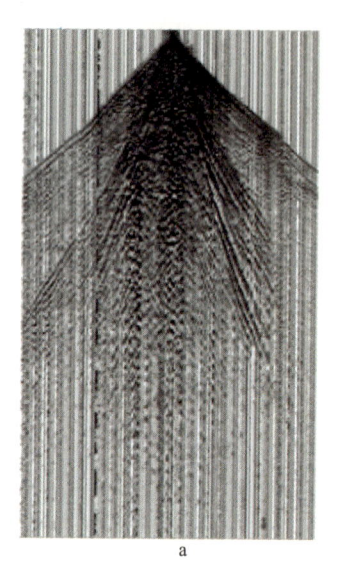

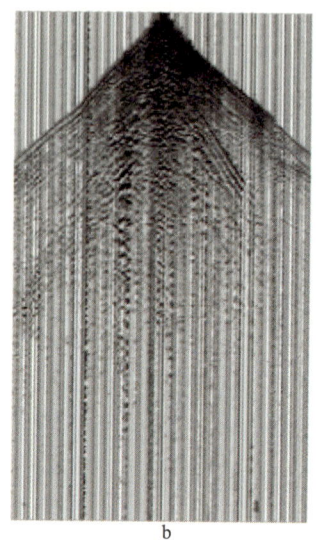

图4.3.11　叠前线性干扰压制前后效果对比

a—去噪前单炮记录；b—去噪后单炮记录；c—差值记录

如图 4.3.11 所示，由于在 t-x 域去噪对振幅的影响相对较小，更加保幅，通过小波分频法变换的叠前线性干扰压制方法在线性干扰压制较为明显的同时，几乎不存在炕席现象。因此在线性干扰视速度范围变化较大时建议尽量利用该方法进行压制。

4.3.6　K-L 变换线性干扰压制

对于一些特殊的规则噪声，目前比较先进的思路是首先预测规则噪声，然后再从原始记录中减去预测出的噪声，达到衰减噪声的目的。该思路有两个关键，一是预测规则噪声的准确性；二是如何从原始记录中减去预测噪声。基于 K-L 变换本征滤波技术是这类技术的典型代表。此技术源于遥测资料处理，经过后人的不断研究和完善，已成为地震勘探领域中一项成熟技术。它在线性干扰消除等方面得到广泛应用。

基于 K-L 变换本征滤波技术如下：

K-L 变换类似于傅里叶变换，它是一种正交变换去噪方法，具有如下两种重要性质：

（1）K-L 变换的协方差矩阵是一对角矩阵，其各分量之间两两正交，互不相关；

（2）均方差最小。

假设有一 N 维随机向量，如果令 λ_i 为协方差矩阵 C_x 的特征值，且按大小顺序排列；V_i 为对应于特征值的归一化非零向量，则 K-L 变换的均方误差最小。如果令 $X=(x_{ij})_{nm}$，表示 K-L 变换的输入地震道集。$i=1,2,\cdots,n$ 为道号，$j=1,2,\cdots,m$ 为样点号，均值为 0。若 V 为对应于特

征值的特征向量，Y 表示地震数据经 K-L 变换的输出道集，则 K-L 变换的方程组为

单道记录：$\boldsymbol{x} = [x_{i1}, x_{i2}, \cdots x_{iN}]$

地震炮集：$\boldsymbol{X} = [x_1, x_2, \cdots x_n]$

协方差矩阵：$\boldsymbol{C}_x = \boldsymbol{X}^\mathrm{T}\boldsymbol{X}$

奇异值分解：$\mathrm{SVD}(\boldsymbol{C}_x) = \boldsymbol{U}\wedge\boldsymbol{V}^\mathrm{T}$

特征值提取：$Y_k = U_k \boldsymbol{X}$

其中，对应输出道集 Y 的第一行 Y_i 为第一分量，它实际上是输入数据在与最大特征向量相对应的归一化特征向量 V_i 上的投影和，它集中了原地震道集中相干信号的最大能量。

对本征滤波来说，同向轴排齐后，水平同相轴的主分量主要分布在前几个主分量中，而随机噪声大多分布在主分量靠后的变换域中，其他倾斜同向轴的主分量则分布在变换域的中部。

地震记录在单频带上有效波和地滚波的相干性明显削减，在有些低频频带地滚波自身的特征比较明显。在单个频带上地滚波可以用多种方法提取。根据各种方法的特点，这里选择基于 K-L 变换的特征图像法从炮集上分离地滚波和其他信号。K-L 变换是对多道信号的协方差矩阵的奇异值分解（SVD）。这里多道信号就是要滤波的炮集（$\boldsymbol{X}$），协方差矩阵就是 $\boldsymbol{C}_x = \boldsymbol{X}^\mathrm{T}\boldsymbol{X}$，SVD 分解得到特征值和特征向量。特征图像就是原多道信号在特征向量上的投影。对应的特征值就是特征图像的叠加能量。信号在最大特征值所对应的那组基上的投影，代表多道信号的各道间最大的相干分量，如果把地滚波同相轴校平，最大叠加能量分量即为地滚波。

该方法的特点：对噪声和假频不敏感，只要呈线性分布，就可以根据资料噪声的特点限定要压制的频率范围和速度范围，还可以把资料分选成不同的数据域，如共炮点、共接收点、共 CDP 域进行多域去噪。

如图 4.3.12 所示，记录上的面波噪声得到了明显的压制，且几乎不伤害有效信号。但由于

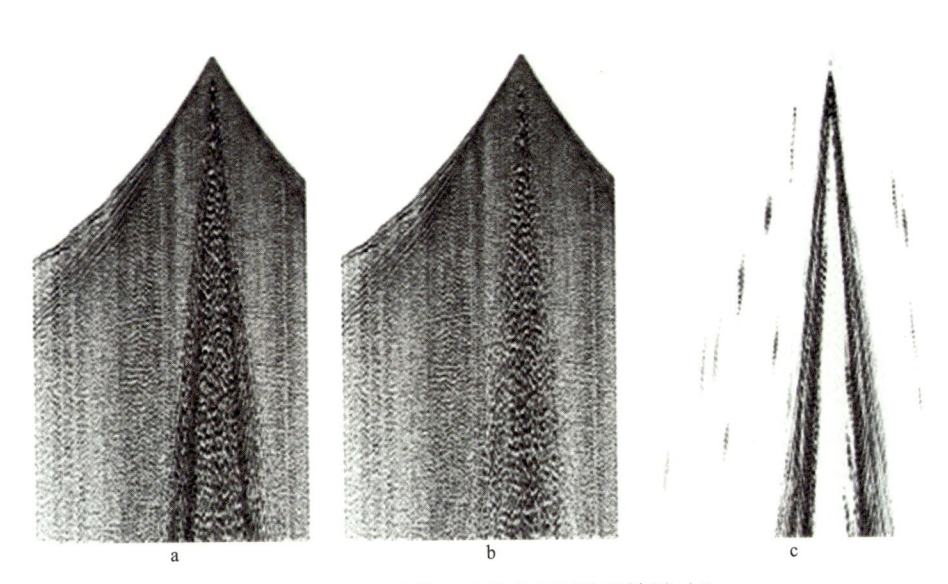

图4.3.12 K-L变换面波噪声压制前后效果对比

a—去噪前单炮记录；b—去噪后单炮记录；c—差值记录

K-L变换要求同相轴是线性或者近似线性的。因此，对叠前噪声的线性规则要求较高，当面波干扰线性特征较为明显时能够很好地压制。这就要求我们利用该方法进行线性噪声压制时，尽量恢复噪声的线性特征，从而更好地达到叠前线性干扰压制的效果。在采集设计中应该追求高密度减少假频，提高干扰的线性特征。信号处理中，结合探区的地貌地震地质特征，一是通过分区分类细化去噪，提高技术的应用效果；二是可以通过数据规则化等技术，提高干扰波的线性规律为技术应用奠定更适应的数据基础；三是针对山前复杂区需要在静校正问题基本解决的基础上进行线性干扰压制，这样效果更好。

4.4 叠前非规则干扰压制

在复杂地表的低信噪比地区，由于施工环境及接发接收等方面的影响，在原始记录中存在着大量诸如单频、声波、尖脉冲、方波、野值等一些强能量干扰，它们严重制约着成像的质量。异常振幅干扰主要来自突然发生的噪声、扰动等，它具有突发性强、振幅强的特点，在原始单炮记录上呈无规律分布。无一定频率，无一定视速度。有的干扰在整道上分布，有的只影响局部范围，影响部分原始资料品质，如果采用人机交互剔除的方法，无疑增加了处理的工作量，而且剔除的质量因人而异。所以，我们采取有针对性的方法进行压制，是提高复杂地表区资料信噪比非常重要的一步。

4.4.1 分频异常振幅衰减

分频异常振幅衰减是根据有效波在纵向上（时间方向）和横向上（距离方向）传播规律及波的振幅级别不同，将检测出的强振幅干扰波的强振幅压制到有效波平均振幅水平或较低水平的一种压制干扰的方法。本方法根据"多道识别、单道去噪"的思想，在不同的频带内自动识别地震记录中存在的强能量干扰，确定出噪声出现的空间位置，根据处理技术人员定义的门槛值和衰减系数，采用时变、空变的方式予以压制。计算使用的识别参量为数据包络的横向加权中值，这种分频处理方法可以提高去噪的保真程度。

所谓的"多道识别，单道压噪"的基本原理是：假设地震道 $x(i,j)$，经频率域滤波后的道为 $x_{fi}(i,j)$，地震道的包络由复数道分析理论可得 $p_{fi}(i,j)$，即

$$p_{fi}(i,j) = [x_{fi}^2(i,j) + y_{fi}^2(i,j)]^{1/2} \tag{4.4.1}$$

$$y_{fi}(i,j) = h(i) * x_{fi}(i,j) \tag{4.4.2}$$

式中，$h(i)$ 为希尔伯特因子；i 为时间序号（$1, 2, 3, \cdots, N$）；j 为道序号（$1, 2, 3, \cdots, 2m+1$），f_k 为频带序号。理想情况下，叠前道集上的信号横向是光滑连续的，那么其包络也应该是光滑连续的。因此，中值 $M_{fi}(i)$ 可作为频带内的信号包络在该时刻的比准值，i 时刻的包络 $p_{fi}(i,j)$ 和中值 $M_{fi}(i)$ 的比值应该为1附近变化的数值。当地震道存在异常值时，它的分布特征不同于有效信号的横向分布规律，比值较大。根据这个原理定义门槛 $thr(t)$ 来检测地震道中的异常振

幅，以 $p_{fi}(i,j)/M_{fi}(i)$ 为识别参量，并计算加权曲线 $e_{fi}(i,j)$，即

$$C_{fi}(i) = thr(t)M_{fi}(i), \quad thr(t) > 1$$

$$e_{fi}(i,j) = \alpha\, p_{fi}(i,j)/M_{fi}(i), \quad p_{fi}(i,j) > C_{fi}(i) \tag{4.4.3}$$

$$e_{fi}(i,j) = 1, \quad p_{fi}(i,j) \leqslant C_{fi}(i)$$

式中，$e_{fi}(i,j) \geqslant 1$，$\alpha \in (1/thr,\ 1)$

在 f-x 域内可以利用

$$x_{fi}^f(i,j) = x_{fi}(i,j)/M_{fi}(i) \tag{4.4.4}$$

对每个地震道进行噪声检测和压制，得到分频去噪后的结果，即

$$\hat{x}_{fi}(i,j) = \sum_{k=1}^{L} x_{fi}^f(i,j) \tag{4.4.5}$$

如图 4.4.1 所示，复杂山地区原始单炮记录受施工条件、地表环境等影响各种类型的异常振幅干扰特别严重。通过异常振幅衰减技术可以在不同的频带对异常振幅干扰进行压制。在后续处理中，可以通过不同的域对异常振幅进行逐步压制，直至异常振幅的能量级别与有效波的能量级别基本一致，这样可以为后续的偏移提供合格的道集。

从上面介绍可见，该方法具有"多道识别、单道压制"的特点，从而避免了影响道与道之间有效波的振幅关系，而且对噪声也仅仅是控制其振幅的级别和幅值范围。其目的就是使后续偏移过程中划弧不影响孔径内的成像，符合保幅处理的理念，也满足叠前偏移预处理对保持波场传播规律的要求，近两年得到了全面推广应用。

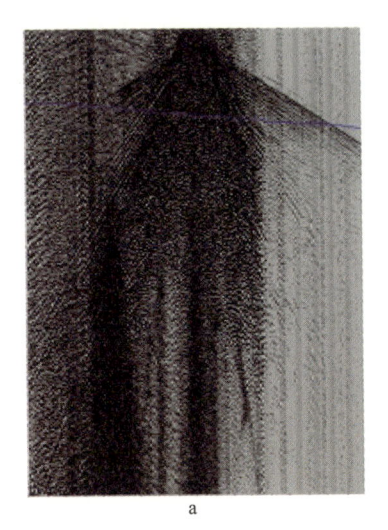

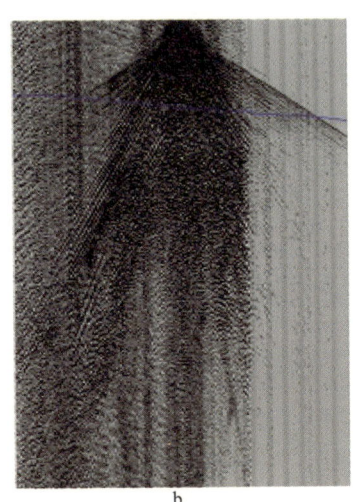

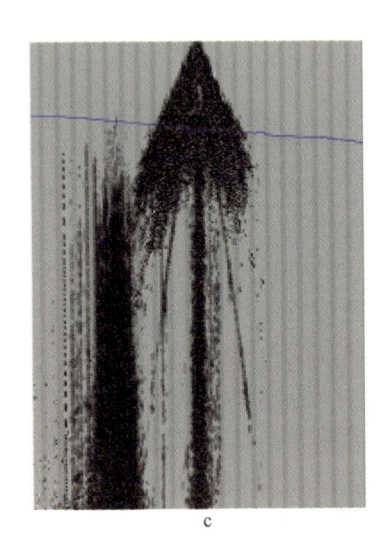

图4.4.1 异常振幅噪声压制前后效果对比

a—去噪前单炮记录；b—去噪后单炮记录；c—差值记录

4.4.2 地表一致性异常振幅处理

地表一致性异常振幅处理是一种消除地震资料采集过程中异常波及噪声干扰的技术。在地表一致性的假设条件下，该技术通过分解和分析地震道能量，估算和消除单个地震道所出现的异常波能量。地表一致性异常振幅处理技术共分为3步来实现，即拾取、分解和应用。

（1）拾取：根据定义的起始时间、时窗长度和时窗重叠百分比等参数，确定分析时窗范围，并在相应的时窗范围内对输入数据的振幅值进行统计计算，然后将统计结果输出，供后续分解和应用步骤调用。通常有4种振幅值计算方式，可以按照指定的方式计算每个时窗内的振幅值。

$$\text{RMS 均方根振幅值计算方式}：P = [\frac{1}{N}\sum_{j=t}^{t+N} a^2(j)]^{\frac{1}{2}} \tag{4.4.6}$$

$$\text{平均绝对振幅值计算方式}：P = \frac{1}{N}\sum_{j=t}^{t+N} |a^2(j)| \tag{4.4.7}$$

$$\text{最大绝对振幅值计算方式}：P = \max_{j=t}^{t+N} |a(j)| \tag{4.4.8}$$

$$\text{最大方差模值计算方式}：P = \frac{\sum_{j=t}^{t+N} a^4(j)}{[\sum_{j=t}^{t+N} a^2(j)]^2} \tag{4.4.9}$$

式中，P为时窗内的某种方式的振幅值；$a(j)$为采样点j的振幅值；j为时窗内采样点的序号；t为时窗起始时间；$t+N$为时窗终止时间。可根据噪声类型的不同来选择不同的振幅统计方法，也可以组合使用。前两种方法适合压制强振幅噪声脉冲，后两种方法适合压制孤立野值。

（2）分解：调用拾取步骤中统计计算得到的振幅结果文件，分解成地表一致性的炮点项、检波点项、炮检距项和地下一致的CMP项，从而实现在地表一致性的约束下进行时窗内异常振幅的衰减处理。

在地表一致性和地下一致性振幅处理中，地震道的振幅假设为：炮点项、检波点项、炮检距项和CMP项响应的乘积。例如：第i炮，第j检波点上一道，在不同的水平时间h上测量得到的振幅为A_{ijh}。A_{ijh}可以被表示为地表一致的炮点项、检波点项、炮检距项和地下一致的CMP项，即

$$A_{ijh} = S_i * R_j * G_{kh} * M_n \tag{4.4.10}$$

式中，S_i为第i炮的振幅成分；R_j为第j个检波点的振幅成分；G_{kh}为第k个CMP在时窗序号h的振幅成分，$k=(i+j)/2$；M_n为第n个炮检距组的振幅成分，$n=i-j$。A_{ijh}由振幅拾取模块计

算得到第 i 炮第 j 个检波点在时窗序号 h 的振幅成分。对公式（4.4.10）两边取对数得

$$\lg A_{ijh} = \lg S_i + \lg R_j + \lg G_{kk} + \lg M_n \qquad (4.4.11)$$

公式（4.4.10）是基于地表一致的炮点项、检波点项、炮检距项和地下一致的 CMP 项。它假设 CMP 项是唯一随时间变化的项，其他的 3 项对于整道都是一个常量。炮检距项依赖时间变化的假设也是有效的。在这种情况下，公式（4.4.11）变为公式（4.4.12），即

$$\lg A_{ijh} = \lg S_i + \lg R_j + \lg G_{kk} + \lg M_{nh} \qquad (4.4.12)$$

式中，M_{nh} 为第 n 个炮检距组在时窗序号 h 的振幅成分，$n=i-j$。为了书写方便，下面的叙述中用 a_{ijh} 代替 $\lg A_{ijh}$。对每一个有效的 i、j 和 k 的组合，对应公式（4.4.10）或公式（4.4.12）构成形式上超定、实际欠定的线性方程组。由于方程组无唯一解，我们只能寻找最小二乘解。

假设得到了一组炮点、检波点、炮检距和 CMP 项的值，让这些项合成的 a_{ijh}^f 最接近 a_{ijh}。E 被定义为观测误差的平方和，也就是输入振幅和分解得到的振幅项差的平方和，即

$$E = \sum_{ij}(a_{ijh} - a_{ijh}^f)^2 \qquad (4.4.13)$$

使得误差最小的振幅成分就是要求解的振幅成分。使用高斯塞德尔迭代法可以使方程很快收敛到期望的误差最小值。

接下来就是进行迭代求解，计算顺序可以由技术人员灵活选择。通常的计算顺序为：CMP 项、炮点项、检波点项和炮检距项。以此缺省顺序为例利用高斯塞德尔迭代法得到了下面一组基本公式，即

$$G_{kk}^{(v)} = \frac{\sum_{(i,j)}(a_{ijh} - S_i^{(v-1)} - R_j^{(v-1)} - M_n^{(v-1)})^2}{N_k} \qquad (4.4.14)$$

$$S_i^{(v)} = \frac{\sum_{(k,j)}\sum_h [a_{ijh} - G_{kh}^{(v)} - R_j^{(v-1)} - M_{nh}^{(v-1)}]}{N_k} \qquad (4.4.15)$$

$$R_i^{(v)} = \frac{\sum_{(k,j)}\sum_h [a_{ijh} - G_{kh}^{(v)} - R_j^{(v-1)} - M_{nh}^{(v-1)}]}{N_k} \qquad (4.4.16)$$

$$M_{nh}^{(v)} = \frac{\sum_{(i,j)}\sum_h [a_{ijh} - G_{kh}^{(v)} - S_i^{(v)} - R_j^{(v)}]}{\sum_k N_n} \qquad (4.4.17)$$

式中，$k=(i+j)/2$，$n=i-j$；N_k 为第 k 个 CMP 的道数；N_i 为第 i 炮的道数；N_j 为第 j 个检波点的道数；N_n 为第 n 组炮检距的道数。上标 v 代表循环迭代次数，用户可指定最大循环迭代

次数。如$S_i^{(v)}$为第i炮第v次迭代的值。

高斯塞德尔迭代法需要对未知量进行初始值假设。这里假设第一次迭代时（$v=1$），炮点项、检波点项和炮检距项的值都为0，即$S_i^0 = R_j^0 = M_n^0 = 0$。当然，计算顺序可以根据需要来改变，改变计算顺序会对分解项有很大的影响，因此实际处理中首先计算CMP项。

（3）应用：根据拾取得到的拾取振幅值及分解得到的炮点项、检波点项、CMP项和炮检距项结果，计算每一个地震道的应用比例因子，然后在地表一致性约束下进行每一道的振幅调整。

地表一致性异常振幅的判别和衰减是根据第i炮，第j检波点上一道，在不同的时窗h上由拾取计算得到的振幅为a_{ijh}。在迭代分解中，a_{ijh}可以被表示为地表一致的炮点项、检波点项、炮检距项和CMP项。对于这4项，应用时可由用户指定应用哪几项。现以应用4项为例，由迭代分解得到的4项振幅成分被用来计算每一道新的振幅值b_{ijh}，并计算残差$\varepsilon_{ijh} = b_{ijh} - a_{ijh}$。根据技术人员给定的门槛值$\varepsilon_{ijh}$，确定$A_{ijh}$（原始输入数据振幅）是否要减。振幅衰减比例与残差$\varepsilon_{ijh}$有关。

例如：假设某一道的一个时窗内均方根振幅完全是地表和地下一致性的。也就是说，振幅能够完全描述为炮点项、检波点项、炮检距项和CMP项。在这种情况下，$\varepsilon_{ijh} = 0$，这时候时窗内的振幅没有改变。如果时窗内存在一个噪声脉冲，噪声是非地表和非地下一致性的，ε_{ijh}小于0，则时窗内的道振幅被衰减。

在该方法具体实现中，对于轻微的振幅变化将不处理，只有那些过于异常的区域才会被压制，因此不会有负面影响。该方法主要是基于地表一致性的去噪手段。在地震记录中，有时还会出现一些孤立的大脉冲振幅和振幅或频率异常的能量团，它们既不具备相干噪声的性质，也不符合随机噪声的条件。如图4.4.2c差值记录上的强能量，不压制的话，将会对偏移成像影响极大。利用本方法压制这样的异常振幅，处理的目标和对象也是异常振幅及其变化，也是较适合于叠前偏移预处理的噪声压制技术。

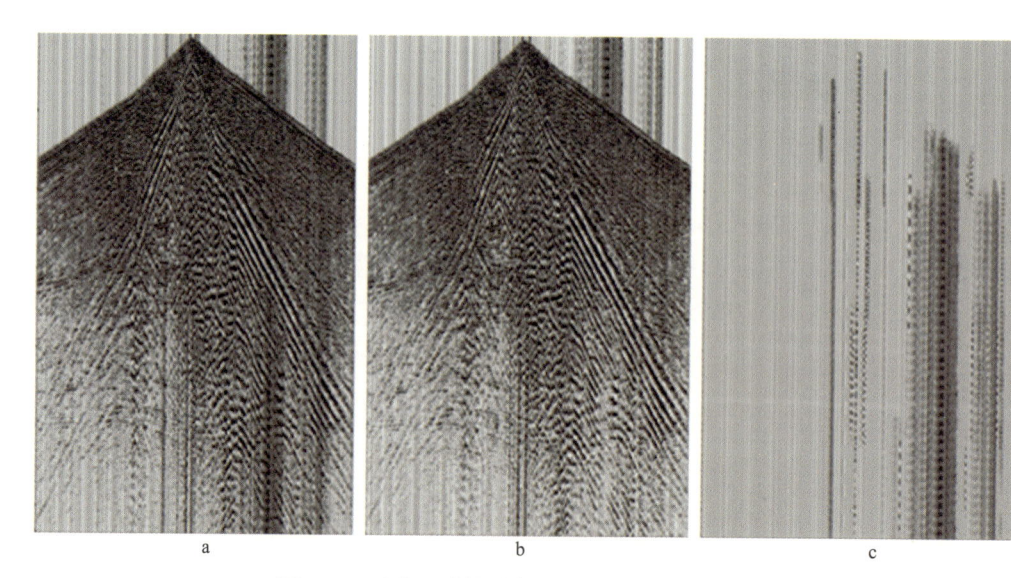

图4.4.2 地表一致性异常振幅处理前后效果对比

a—去噪前单炮记录；b—去噪后单炮记录；c—差值记录

4.4.3 四维随机噪声衰减技术

目前，随着地震资料处理技术的不断发展与处理经验的不断积累，叠前规则噪声压制技术已趋于成熟，而对于如何在叠前对不规则噪声（随机噪声）进行有效压制还没有一种有效的技术手段。随着近几年相关技术的不断完善发展，形成了叠前四维随机噪声衰减技术。

叠前四维随机噪声衰减将三维叠前地震数据视为一个四域数据体，其四域指的是线号、CMP号、炮检距、记录时间（即传统平面坐标系的 x、y、z 和炮检距）4个维度。根据线性同相轴在频率域、空间域是可预测的原理，利用最小平方方法求取三维预测算子，对该频率成分的数据体进行滤波处理，对所有的频率计算完了之后，再反傅立叶变换到时间域，即得到随机噪声衰减的输出结果。

以二维为例，对于一组反射波为 $s_N(t)$、道间时差为 Δt_1 的线性同相轴，第一道的傅氏变换为 $S_1(m\Delta f)$。于是对于某一频率，在频率空间域上就构成一个复数序列，即

$$S_1(m\Delta f), S_2(m\Delta f) = S_1(m\Delta f) \cdot e^{-\mathrm{i}dt_1 m\Delta f}, \cdots, S_N(m\Delta f) = S_1(m\Delta f) \cdot e^{-\mathrm{i}dt_1 m\Delta f}, \cdots, m = 1, 2, \cdots, M \text{（频率个数）}$$

对于某一频率 m，将复数序列写成 Z 变换，即

$$\begin{aligned} S(Z) &= \sum_{n=0} S_n(m\Delta f) Z^n \\ &= S_0(m\Delta f) \sum_{n=0} e^{-\mathrm{i}dt_1 m\Delta f \cdot n} \cdot Z^n \\ &= S_0(m\Delta f) \sum_{n=0} (e^{-\mathrm{i}dt_1 m\Delta f} \cdot Z)^n \\ &= S_0(m\Delta f) \cdot \frac{1}{1 - e^{-\mathrm{i}dt_1 m\Delta f} \cdot Z} \end{aligned} \quad (4.4.18)$$

将式（4.4.18）写成褶积形式，即

$$S_{n+1}(m\Delta f) - e^{-\mathrm{i}dt_1 m\Delta f} \cdot S_n(m\Delta f) = 0, \quad n = 0, 1, 2, \cdots, N \text{（道数）} \quad (4.4.19)$$

式中，$e^{-\mathrm{i}dt_1 m\Delta f}$ 为预测算子，说明线性同相轴是可以预测的，即由第 n 道预测第 $n+1$ 道；另外由预测算子 $e^{-\mathrm{i}dt_1 m\Delta f}$ 的逆可以进行反向预测，即由第 $n+1$ 道预测第 n 道，

若有 j 组不同道间时差为 Δt_j 的线性同相轴记录，则（4.4.18）式变为

$$\begin{aligned} S(Z) &= \sum_{n=0} S_n(Z) \cdot Z^n \\ &= S_0(m\Delta f) \sum_{j=1}^{J} \sum_{n=0} e^{-\mathrm{i}dt_j m\Delta f n} \cdot Z^n = S_0(m\Delta f) \sum_{j=1}^{J} \sum_{n=0} (e^{-\mathrm{i}dt_j m\Delta f} \cdot Z)^n \\ &= S_0(m\Delta f) \sum_{j=1}^{J} \frac{1}{1 - e^{-\mathrm{i}dt_j m\Delta f} \cdot Z} = S_0(m\Delta f) \frac{Q(Z)}{\prod_{j=1}^{J} (1 - e^{-\mathrm{i}dt_j m\Delta f} \cdot Z)} \\ &= S_0(m\Delta f) \frac{Q_0 + Q_1 Z + \cdots + Q_{J-1} Z^{J-1}}{1 - \sum_{j=1}^{J} P_j Z^j} \end{aligned} \quad (4.4.20)$$

将式（4.4.20）写成褶积形式，即

$$\sum_{j=1}^{J} S_{n+J-j}(m\Delta f) \cdot P_j - S_{n+J}(m\Delta f) = 0, \quad n=0,1,2,\cdots,N \text{（道数）} \quad (4.4.21)$$

由于道间时差 Δt_j 是未知的，对式（4.4.21）式用最小二乘法求出预测算子 P_j，即

$$\sum_n | \sum_{j=1}^{J} S_{n-j}(m\Delta f) P_j - S_N(m\Delta f) |^2 \to \min \quad (4.4.22)$$

并对 $S_n(m\Delta f)$ 做空间域预测滤波，对所有的频率计算完了之后，反傅里叶变换到时间域，即得到随机噪声衰减的输出结果。

四维随机噪声衰减对于每个频率数据为三维，预测算子 $P_{j,i,q}$ 为三维，由

$$\sum_n \sum_k \sum_r | \sum_{j=1}^{J} \sum_{l=1}^{L} \sum_{q=1}^{Q} S_{n-j,k-l,r-q}(m\Delta f) \cdot P_{j,l,q} - S_{n,k,r}(m\Delta f) |^2 \to \min \quad (4.4.23)$$

得到 $J \times L \times Q$ 阶线性方程组。

对于每个输出点，三维滤波需要做 8 次，即要做 $8 \times J \times L \times Q$ 次复数乘加运算。例如 $L = J = Q = 5$，则线性方程组的阶数为 125，每个输出点的复数乘加运算为 1000，可见运算量是极大的。

由于该方法是一个多道预测与压噪的方法，尽管我们已经尽最大的努力使用最优化的参数，可多道的信号处理行为本身就是对信号保幅性的一种破坏。因此，在实际应用过程中，建议仅仅使用该技术来提高山前复杂低信噪比资料区的速度谱的质量和速度分析精度，提高剩余静校正的收敛速度，而不用于叠前偏移的数据体上，避免该处理过程影响偏移效果。

如图 4.4.3 所示，在某低信噪比资料地区，通过叠前四维随机噪声衰减前后道集和速度谱对比，叠前道集的信噪比明显提高，速度谱质量有了大幅度的改善，能得到较准确的叠加速度，为地表一致性剩余静校正等后续处理打下了基础。如图 4.4.4 所示，叠前四维随机噪声衰减后叠加剖面整体信噪比提高，同相轴更加连续，但是其波形呆板、保幅性差。若应用这样的道集进行叠前深度偏移，必将导致地震信号无法归位成像。

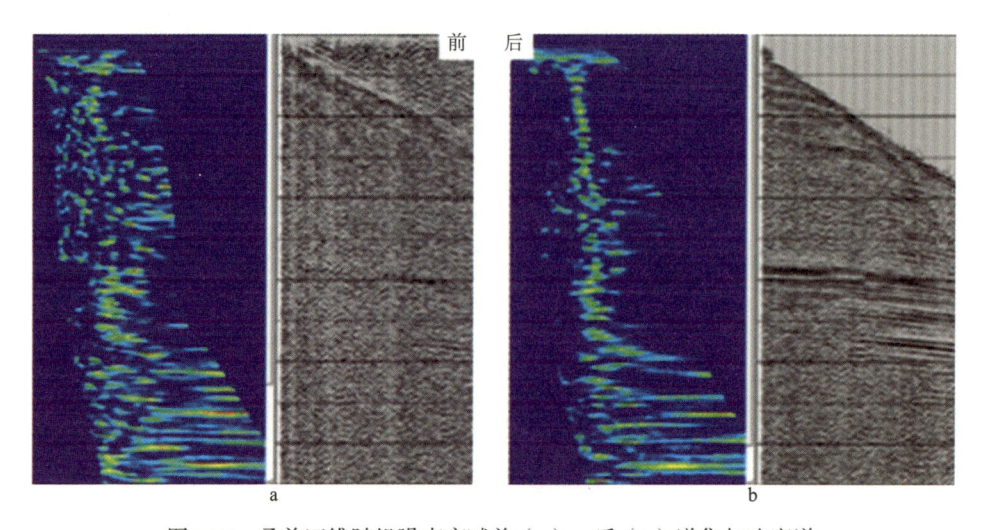

图4.4.3　叠前四维随机噪声衰减前（a）、后（b）道集与速度谱

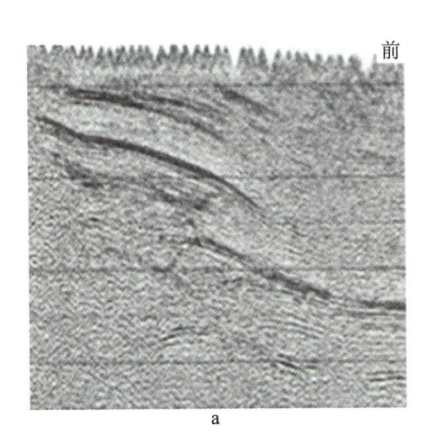

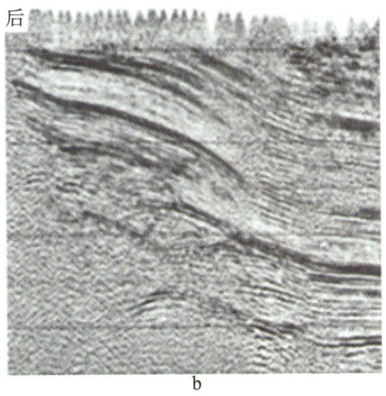

图4.4.4 叠前四维随机噪声衰减前（a）、后（b）剖面

4.5 五维插值与噪声衰减

4.5.1 山前复杂区资料采集的缺陷

在山前复杂构造区的地震数据采集中，由于仪器的限制，障碍物、作业禁区、坏道的存在，以及勘探投资不足等情况的影响，不可避免地要出现数据缺失或不规则采样现象。而且，地震勘探对于某一个特定的工区，一般只能在特定观测系统下，开展特定观测方位角的数据采集。因此，理论上，目前规则的线束状三维地震勘探，想要得到各种观测系统属性都规则、均匀分布的地震数据基本是不可能的。图4.5.1a为某陆上探区一个共偏移距道集的CMP面元分布图；图4.5.1b为进行面元化分后各个CMP面元的覆盖次数图。从图中可以看出，通常采集到的地震数据，共偏移距道集都会或多或少地存在一些空白面元，而且覆盖次数也不均匀。

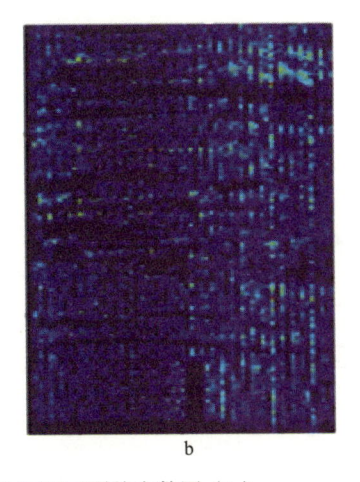

图4.5.1 CMP面元分布图（a）和CMP面元覆盖次数图（b）

叠前偏移不同于叠后偏移，叠后偏移是在定义好的规则网上、对经过水平叠加提高了信噪比的零炮检距数据进行偏移，输入数据均匀，通常不需要再做数据规则化处理，或做面元均化处理则可。而叠前偏移输入数据为道集，受地表变化、观测系统等影响，输入偏移的数据，在空间上往往不均匀分布。对Kirchhoff积分法偏移来说，增加每个偏移距的覆盖次数及其空间分布的均匀度是减少偏移假频噪声和压制偏移画弧的有效方法（即在一定范围内较多、均匀的偏移距分布，有利于提高成像质量）。有时需要加密不同偏移距及其均匀性来提高叠前偏移精度。而且，要求其方位角分布也要相对均匀。增加横测线方向的覆盖次数，同样对压制叠前偏移噪声非常重要。理想的三维叠前偏移成像要求在中心点高密度均匀采样的前提下，还要求足够的偏移距采样，以及偏移距的方位角分布均匀。因此，必须发展适应叠前数据规则化的技术，才能够在一定程度上改善偏移距、方位角、覆盖密度分布的不规则造成的成像结果变差、成像失真的状况，达到弥补野外采集观测系统不足、地表变化快导致的数据缺陷。

由前面分析可知，复杂区地震勘探中采集数据的不规则和不均匀，将会严重影响叠前偏移成像的效果。当然，不同的偏移方法要求的数据分布和造成的影响也不同。(1) 偏移距数据域的不规则不均匀会对Kirchhoff偏移引入成像噪声。(2) 炮域波动方程偏移要求输入单炮数据的平面记录点规则均匀分布。因此，各种偏移都需要依赖于数据规则化处理技术，来实现不同的数据规则化要求。(3) 其他针对性的处理技术，如基于Radon变换的多次波压制方法等，也都要求炮点和检波点均匀分布，利于数学变化的实现。因此，必须对数据进行规则化处理。(4) 在不同三维连片处理或四维延时勘探中，不同时间的三维观测系统往往不一样，也必须进行有效的数据规则化，才能对三维图像进行精确的数据匹配，提高三维连片处理、四维地震监测的质量。图4.5.2a为凹陷模型正演的零偏移距道集，图4.5.2b为偶数道充零后的零偏移距道集，图4.5.2c为图4.5.2a的Kirchhoff偏移结果，图4.5.2d为图4.5.2b的Kirchhoff偏移结果。对比偏移前后效果可以看出，数据缺失或不均匀分布产生的成像噪声非常严重，影响成像质量。当然，这一对比还仅仅是针对减少采样导致的偏移噪声。如果是不均匀缺失道数，这类噪声会非常复杂。

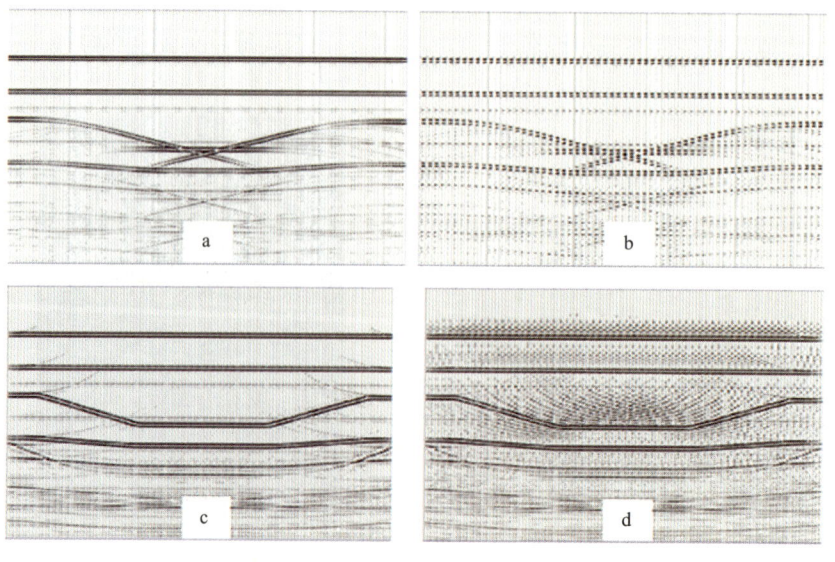

图4.5.2　数据缺失对偏移的影响

在山前复杂构造的三维地震勘探中，受到地表条件限制或由于其他原因，地震资料可能常常存在以下问题：(1) 较为严重的空间采样密度不够、分布不均引起的叠前偏移画弧问题；(2) 采样稀疏的问题，导致较为严重的采集脚印问题和偏移画弧；(3) 由于地表复杂造成的炮点、检波点缺失或点位不准导致的数据各种属性不均或不足；(4) 在三维连片处理中，由于不同观测系统的差异，连片后产生的空面元和块间偏移画弧问题等。需要发展应用三维地震数据叠前插值技术或数据规则化技术，能够针对各种复杂情况对地震数据进行规则化处理，以满足不同偏移算法对输入数据的要求。

4.5.2 五维插值基本原理

广义的数据规则化处理通常分为 3 种方式：一是空白面元的插值，即在一定的搜索半径内，对无数据的空白面元进行插值，而原始数据没有改变；二是对炮检线（或炮检点）进行加密，从而增加面元覆盖次数，提高信噪比；三是将不规则数据映射到基于真实观测系统的规则位置，进行数据重构，原始数据发生了改变。目前业界应用最为广泛的匹配追踪傅里叶五维插值技术就是第 3 种。它需要 5 个维度来描述，分别为炮检点中点的 x、y 坐标、时间或深度，炮检距，方位角。该方法不仅利用了原始数据的 x、y、z 三维空间信息，还考虑到道集内炮检距和方位角信息，在更高维度上进行数据重构，最大限度地保留数据原始信息，使得重构的数据更加真实可靠。

该方法采用匹配追踪算法，首先对输入地震数据进行离散傅里叶变换，在 f-k 域计算能量谱；然后选取具有最大能量的傅里叶谱作为首个估算的稀疏谱，再选取具有次大能量的傅里叶谱作为第二个稀疏谱，不断重复上述过程，直至达到设定的迭代次数或者残差能量小于设定的阈值；最后对选取得到的稀疏谱做傅里叶反变换，并将之输出到期望的空间位置，从而实现数据的重构。在上述数据重构的过程中在依次选取最大能量谱时，如果假频能量与有效信号能量级别相当，则很有可能选中假频能量，进而重构出包括假频的错误数据。匹配追踪傅里叶五维插值算法具有反假频的能力，该方法利用地震数据低频、窄波数段不易产生假频的特性，计算这一频带波数范围内的能量谱，并将该谱做一定程度的拉伸，使之达到期望的频率波数范围。拉伸后的能量谱就可以作为权重系数曲线，在选取最大能量的傅里叶谱时，对高频段数据应用权重系数。这样，假频信号应用到小的加权值，能量变得很小。在选取最大能量时就不会被选中，从而实现了反假频的目的，反傅里叶变换后得到的就是不含假频的重构数据。一般来说，实现地震数据规则化和插值是先将不规则网格点的时间域数据进行傅里叶变换到空间频率域，再进行规则网格点的数据规则化和插值，最后经过傅里叶反变换变换到时间域。数据规则化和插值时，需要进行数据和维度的选择，即如何选择和排列数据？在什么样的维度上进行数据规则化和插值？这些是数据规则化和插值的关键技术问题和应用技巧。

五维插值技术是基于傅氏变换的一种数据重构技术，即将原本不规则的傅里叶变换基函数变换成规则的傅里叶变换基函数。其基本思路如图 4.5.3 所示。图 4.5.4 为合成数据五维插值前、后的炮检点位置图及单炮记录。

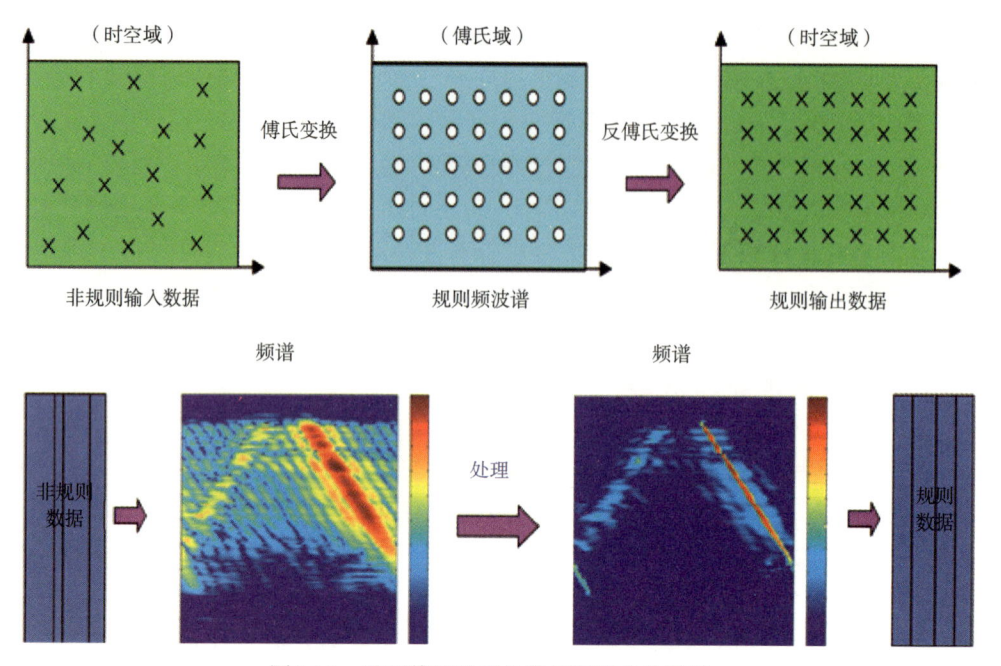

图4.5.3 基于傅里叶重构数据规则化的思路

目前不同的叠前偏移成像算法可以在不同的数据域实现。因此，建议根据不同的叠前偏移方法要求，采用不同的数据规则化处理技术，这样会取得事半功倍的效果。例如，针对Kirchhoff积分法偏移，该算法可在偏移距域实现，因此，注重炮检距是否分布均匀是进行数据规则化处理的重点，这样经过叠前偏移成像后的效果才更理想。而对于波动方程炮域偏移，要求输入的炮道集数据的检波点分布均匀、连续。因此，需对炮、检点规则化处理，这样才能满足偏移算法本身的要求，才能取得较好的偏移效果。所以，不同的规则化技术或不同的规则化选择，适用于不同的偏移成像方法。一般地共炮检距域插值适用于积分法叠前时间和深度偏移；共炮域插值适用于炮域波动方程偏移（包括单程波、双程波逆时偏移）；叠前道内插和五维插值技术可以对各种属性进行规则化处理，适用于各种偏移方法。

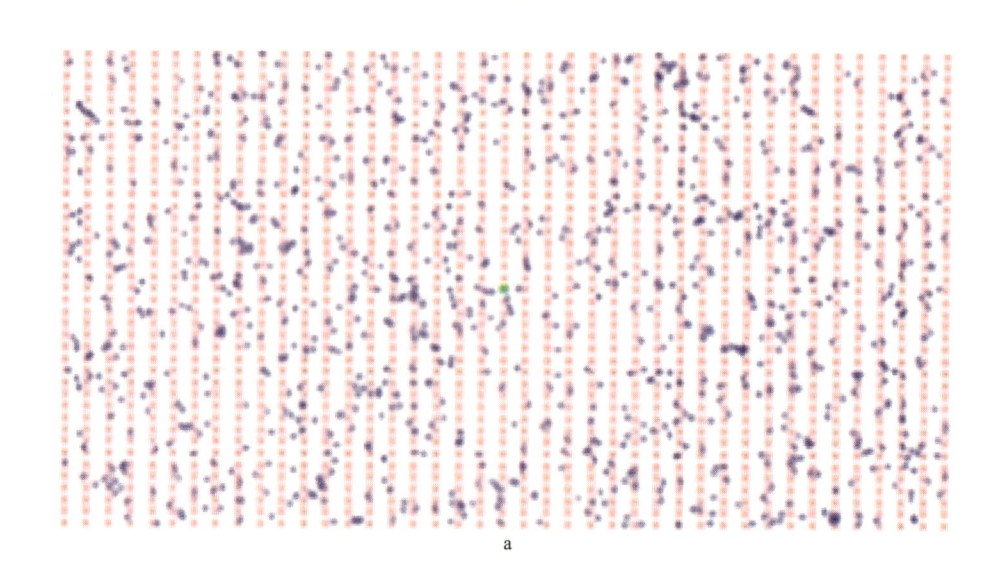

a

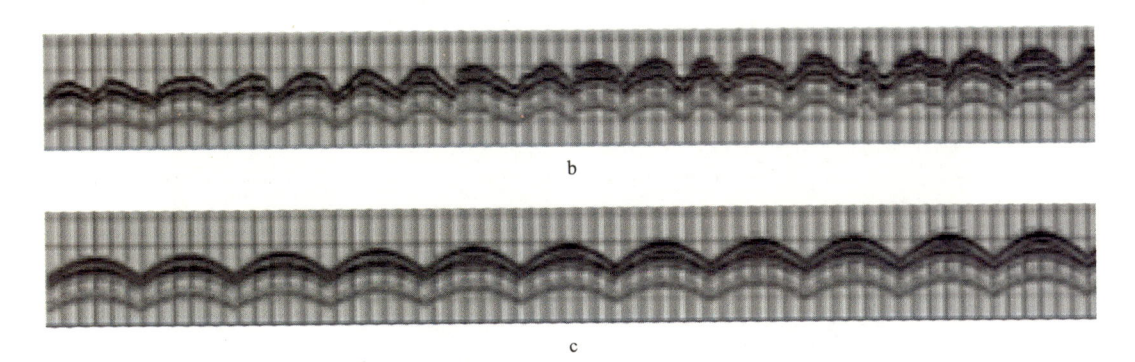

图4.5.4 三维合成数据五维插值前、后炮检点位置及单炮记录图
a—绿点为炮点，蓝点为规则化前检波点分布，红点为规则化后检波点分布；
b—规则化前对应单炮记录；c—规则化后对应单炮记录

4.5.3 五维插值效果分析

目前国内基于匹配追踪的傅里叶五维数据插值技术实现了五维数据空间内基于真实观测系统的数据重构。该方法不仅解决了原始数据采集不规则的问题，同时具备反假频的能力，可以重构出真实的地下反射信号。重构后的地震数据信噪比提高，面元覆盖次数均匀，偏移成像效果得到明显改善。如图4.5.5所示，在塔里木塔西南某复杂区块，由于地表条件的影响，野外采集炮点分布不均匀，通过叠前五维插值后，炮点分布较为均匀，突出了"均匀采样"，从叠前CMP道集（图4.5.6）和叠加剖面（图4.5.7）的对比可以看出，在信噪比方面也有了一定的提高。

从图4.5.8五维插值前后叠前深度偏移对比可以看出，应用该技术突出均匀采样后，偏移噪声明显减弱，偏移背景得到改善，信噪比也有了一定程度的提高。

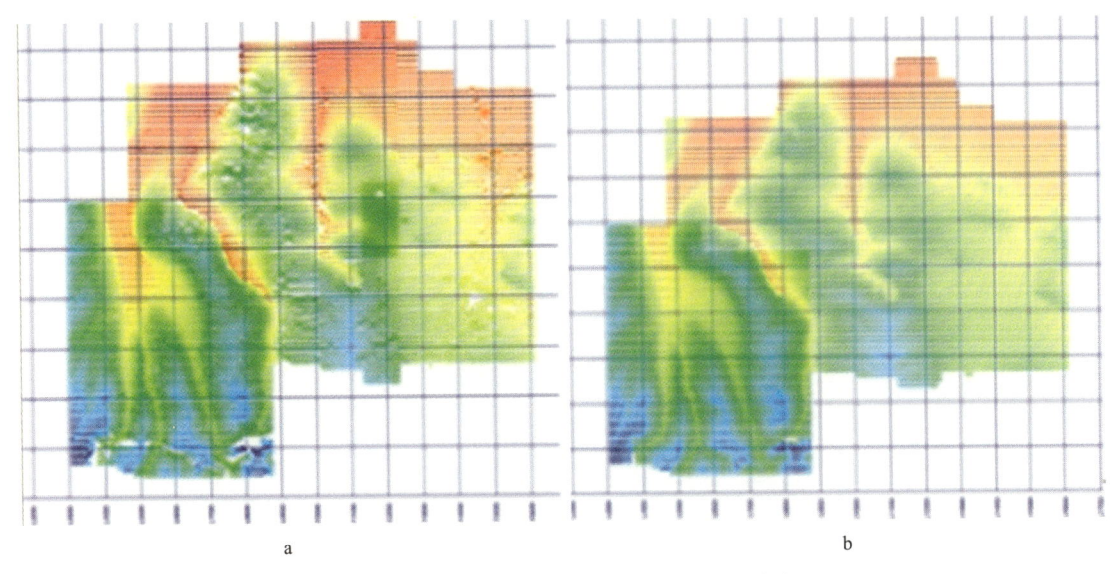

图4.5.5 五维插值前（a）、后（b）炮点分布

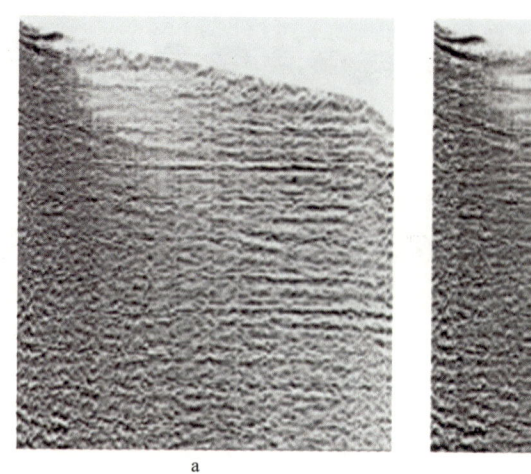

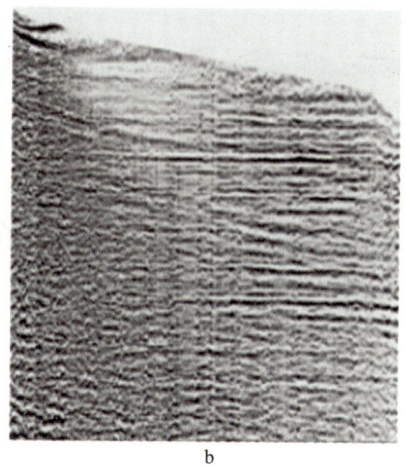

图4.5.6 五维插值前（a）、后（b）CMP道集对比

当然，之所以说基于匹配追踪的傅里叶五维插值技术能提高山前复杂区资料信噪比，规则化有利于提高叠前深度偏移的成像质量，是由于目前山前复杂构造勘探的重点任务和主要矛盾仅仅是构造的宏观准确成像，还没有重视和追求振幅保持的储层预测和微断裂的准确成像。上面的论述表明，匹配追踪是在频率域对主要反射的稀疏拾取过程，必然对高频弱反射有所削弱；反变换的重构插值过程降低了波场的空间分辨率。所以，在资料信噪比高、基础品质好，追求高精度岩性勘探与微小断裂识别的目标区，一定要慎重应用此方法。即使在选择应用时，插值与提高信噪比的侧重不同，需要做系统的流程参数对比试验。

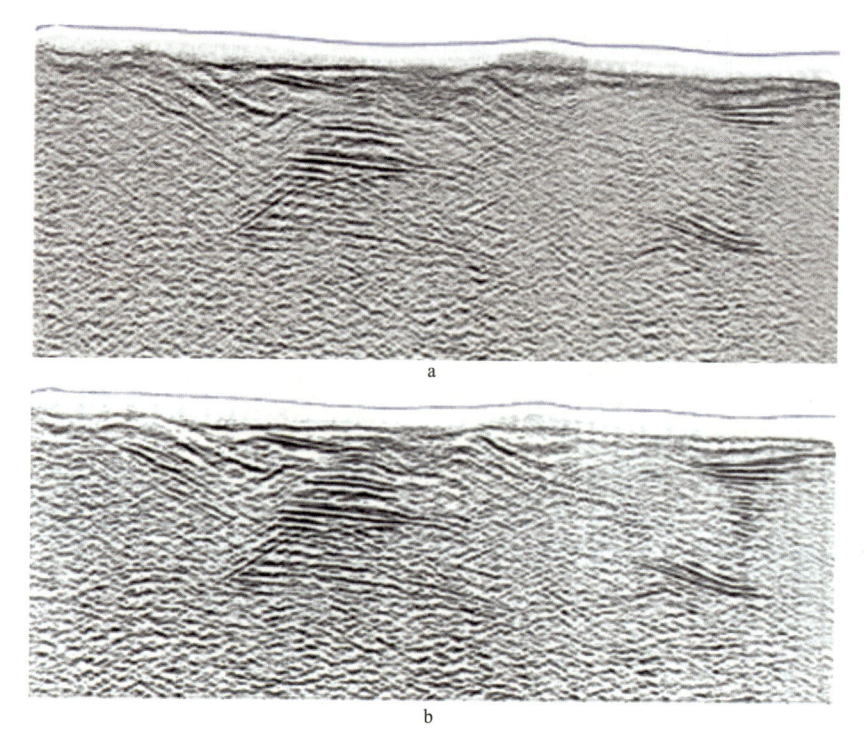

图4.5.7 五维插值前（a）、后（b）叠加剖面

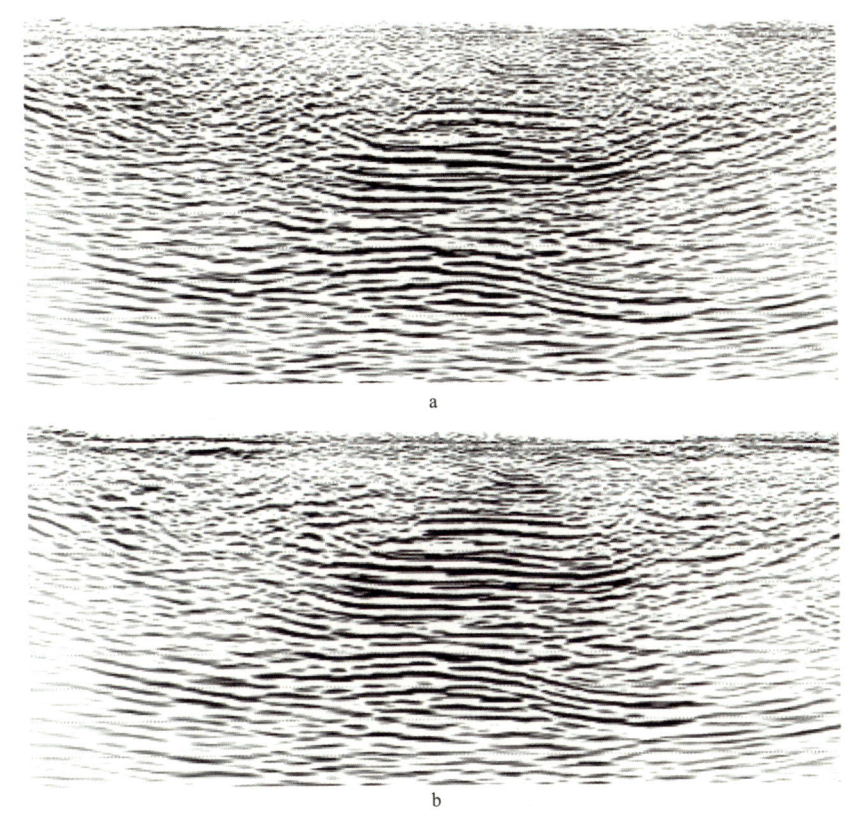

图4.5.8 五维插值前（a）、后（b）偏移剖面对比

4.6 复杂山地叠前去噪策略

4.6.1 叠前去噪策略

一般来讲，由于勘探成本投入的制约，我们不可能做到对地下波场的完全连续采样。因此，观测系统本身对噪声的压制作用也是有限的，对于单炮上发育的各种规则干扰、异常干扰等还需要采用必要的技术手段压制。如强能量面波压制、炮域或检波点域强能量线性干扰波压制、f-k域线性强干扰压制、强能量随机噪声衰减等系列去噪技术等。通过近几年的实践探索，针对复杂构造区低信噪比资料特点，已基本形成了一套完整的、针对叠前偏移处理的叠前噪声压噪思路和技术对策。即通过多系统、多模块优化组合，达到逐级、多域、分频压制强能量噪声的目的。叠前偏移处理中噪声压制的基本思路为：

(1) 压噪顺序先强后弱，先规则再随机。压制标准是仅仅降低干扰的能量级别，但不要求过量去噪，确保噪声能量在偏移过程中不画弧、不产生新的噪声即可。

(2) 噪声压制的重点和技术应用的关键要体现3个方面的思考：①尽可能应用基于正演

模拟与自适应相减的方法，尽可能追求有效反射的振幅相对保持；②多选择应用三维体压噪的算法，保持有效波场的空间传播规律；③采用分频异常振幅压制，静校正、振幅处理与噪声压制迭代处理，以及循序渐进的思路，逐步提高叠前道集能量的一致性。

（3）针对不同激发方式产生的噪声，压噪方法也应区别对待。

（4）对低信噪比资料区，可以考虑把叠前去噪与偏移成像分开考虑。即仅仅应用去噪较强的资料做速度分析迭代，有利于提高偏移道集速度拾取的精度和速度建模精度。而最后用于叠前体偏移成像的数据，只做适当的异常噪声压制等，有利于保幅及提高断点、异常体边界等的成像精度。

图 4.6.1 至图 4.6.6 是塔里木盆地台盆区地震资料去噪前后的叠加剖面和深度偏移剖面对比。从叠加剖面可以看到，通过线性干扰和面波压制、异常振幅压制后的效果较为明显。但从对应的叠前深度偏移剖面可以看出，对叠前深度偏移成像质量影响最大不是线性干扰和面波干扰，而是异常振幅，这种强能量会导致偏移剖面出现严重画弧现象。

图 4.6.7 至图 4.6.11 是塔里木盆地库车复杂山地地震资料去噪前后的叠加剖面和深度偏移剖面对比。从叠加剖面可以看出，去噪后的叠加效果较为明显。但从对应的叠前深度偏移剖面也可以看出，重点是要将异常振幅等强能量级别的振幅处理好。对叠前深度偏移影响最为重要的就是叠前道集的振幅处理。因此，面向叠前偏移的叠前去噪工作要与振幅补偿相结合，一旦基准面静校正确定后，前期可以仅仅压制一些引起偏移划弧的强能量干扰，直接将该数据用于速度建模，这样可以大大压缩叠前深度偏移的处理周期。在不影响偏移效果的前提下，一边开展速度建模，一边开展精细化叠前去噪处理，可能会取得事半功倍的效果。在山前复杂构造区，近地表结构往往极其复杂多变，目前的反演技术无法描述清楚，会导致叠前深度偏移严重划弧，降低成像信噪比。在复杂区成像处理中，往往难以判断不成像或成像差的问题到底是输入道集信噪比低所致，还是振幅处理不均所致。更重要的有可能是浅层速度模型不合理所致，多种因素都有可能。必须综合分析，针对性施策，不能看到最后成像信噪比低，就在叠前信号处理与噪声压制上找问题、下功夫。

图4.6.1 压噪前叠加剖面

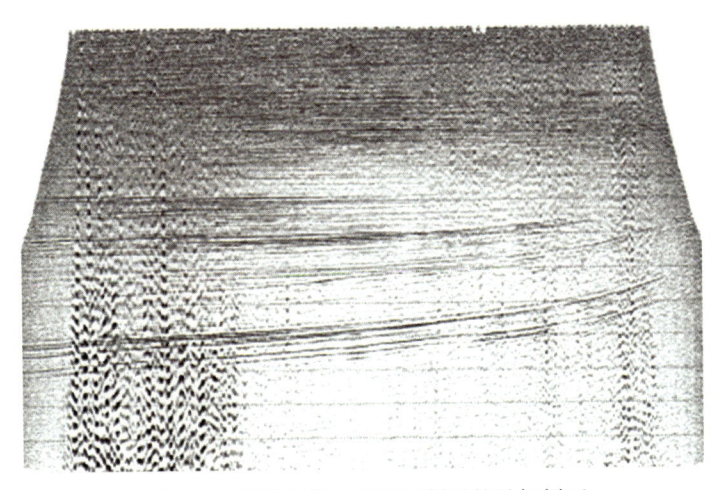

图4.6.2 线性干扰和面波压制后的叠加剖面

图4.6.3 线性干扰+面波压制+异常振幅压制后叠加剖面

图4.6.4 去噪前叠前深度偏移剖面

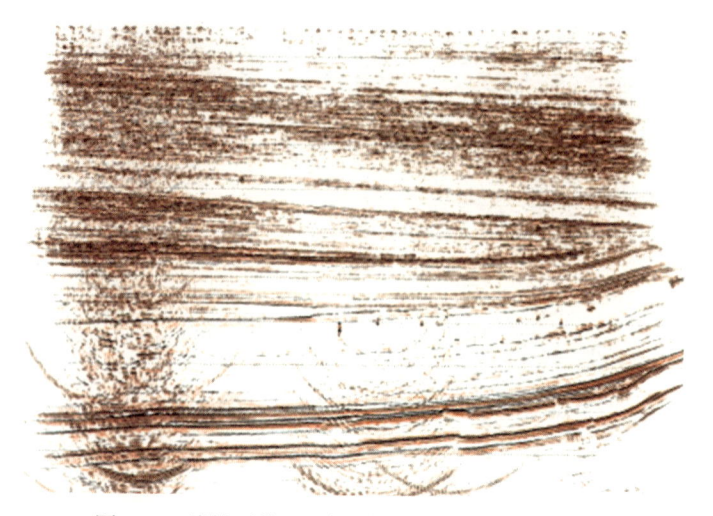

图4.6.5　线性干扰+面波压制后叠前深度偏移剖面

图4.6.6　线性干扰+面波压制+异常振幅压制后叠前深度偏移剖面

图4.6.7　去噪前的叠加剖面

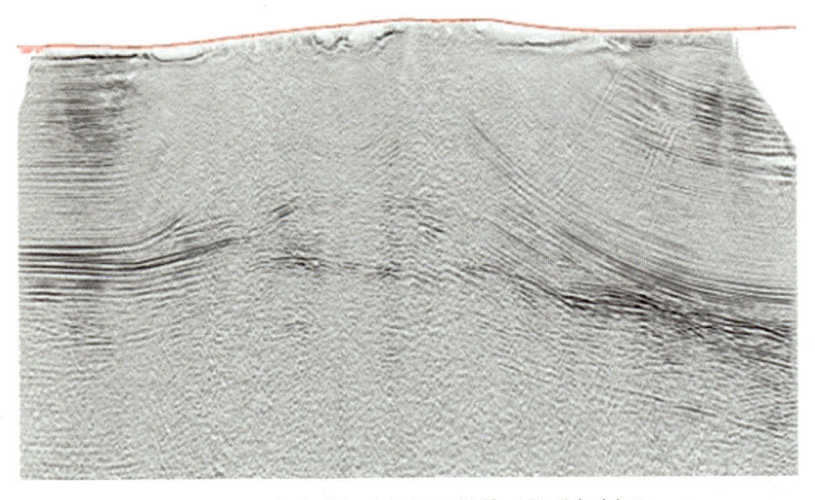

4 山前复杂构造带叠前去噪方法及策略

图4.6.8 未去噪仅进行振幅补偿后的叠加剖面

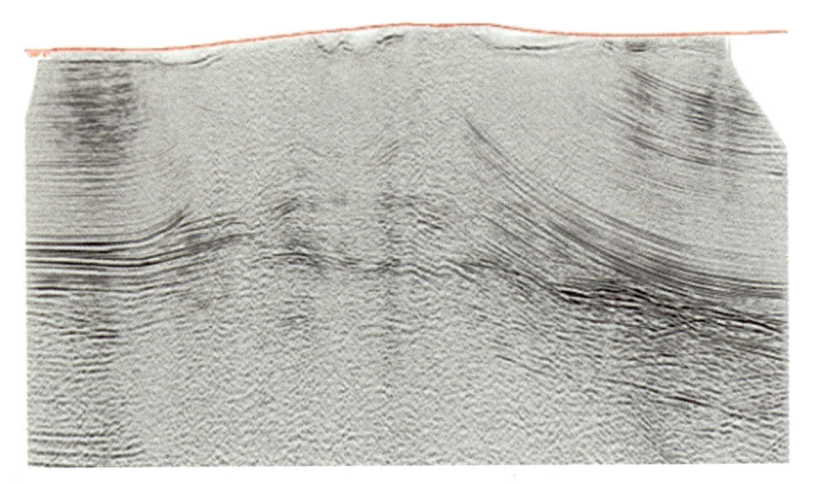

图4.6.9 去噪并进行振幅补偿后的叠加剖面

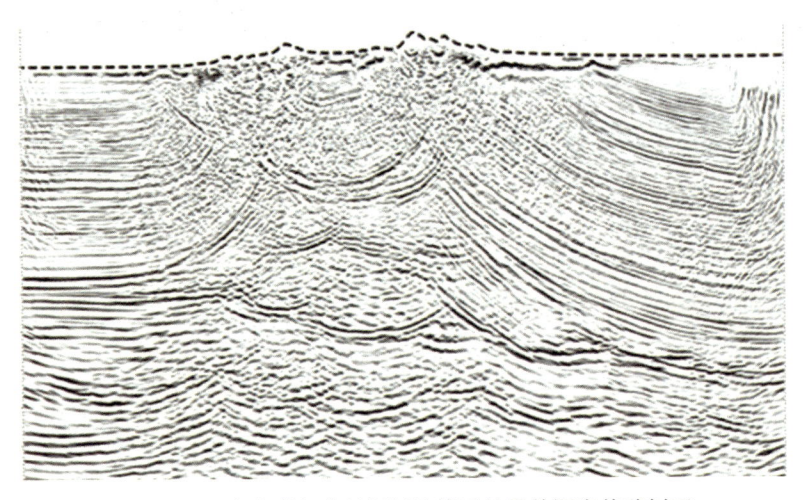

图4.6.10 未去噪仅进行振幅补偿后的叠前深度偏移剖面

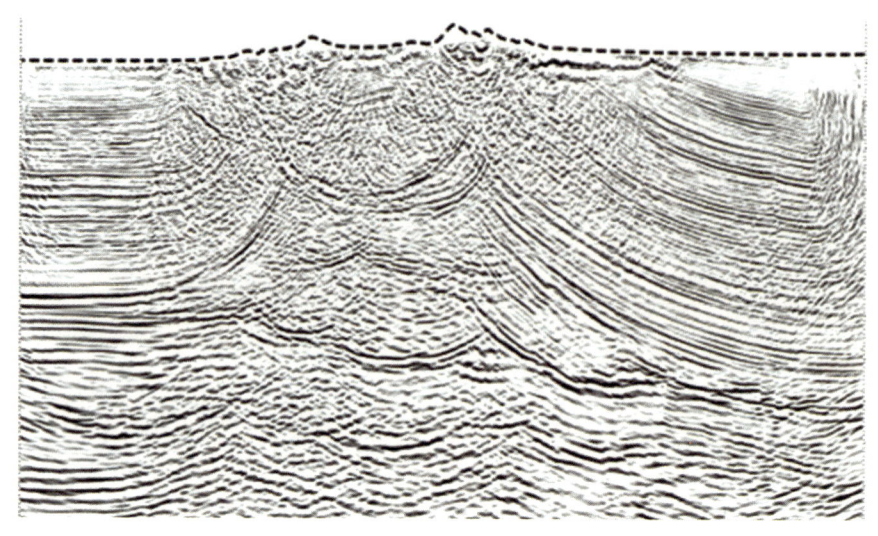

图4.6.11　去噪并进行振幅补偿后的叠前深度偏移剖面

图 4.6.12 与图 4.6.11 对应的输入道集数据完全一样，仅仅是优化了后者偏移速度场的浅表层模型，成像质量就得到了极大改善。从浅层信噪比提高，到深层偏移划弧现象的减弱，都充分说明了山前复杂构造区成像处理中噪声压制、振幅补偿与速度建模三者关系的复杂性。

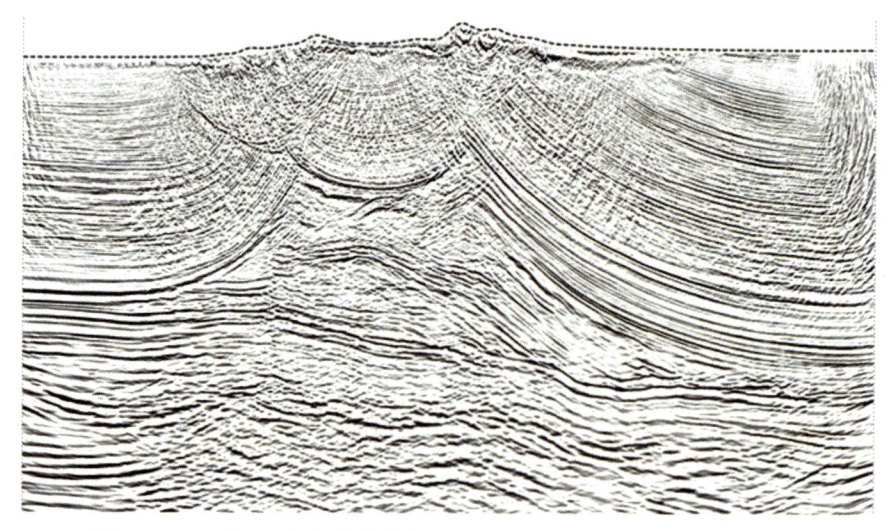

图4.6.12　去噪、振幅补偿并优化浅层速度模型后的叠前深度偏移剖面

4.6.2　叠前去噪进展及实例分析

依据噪声的各种特点分析，尽量满足模块方法设计所设置的假设条件。只有当假设条件满足时，叠前去噪模块的处理功能才能得到充分发挥。后续处理首先是不能削弱模块应用已获得的效果，并且要使模块的应用效果更加突出。对于叠前多域去噪技术，除了上面所述的含义外，还有一层含义是，要有适应各种各样噪声压制的模块，也就是各种噪声压制的模块

组合。特别是要把一些有一定代表性的模块整合在一起，但并不是说它到处都适用。具体使用时，一定要根据资料实际情况和噪声特点进行有针对性的选择。还有一点要注意的就是各种噪声的压制顺序，也就是在进行叠前去噪时，对先压制什么，后消除什么，应有所讲究，它对最终去噪效果有明显的影响。

近几年，通过对复杂山地的地震资料处理技术的不断深化，在以往山地三维叠前去噪技术的基础上，针对高密度资料空间采样相对均匀的特点重点强化了"体"去噪技术的应用，强调分步、分域、分频、迭代压制噪声以突出有效波，更强调多域去噪与振幅补偿迭代处理，强调多域去噪与剩余静校正迭代处理。具体流程如图4.6.13所示。

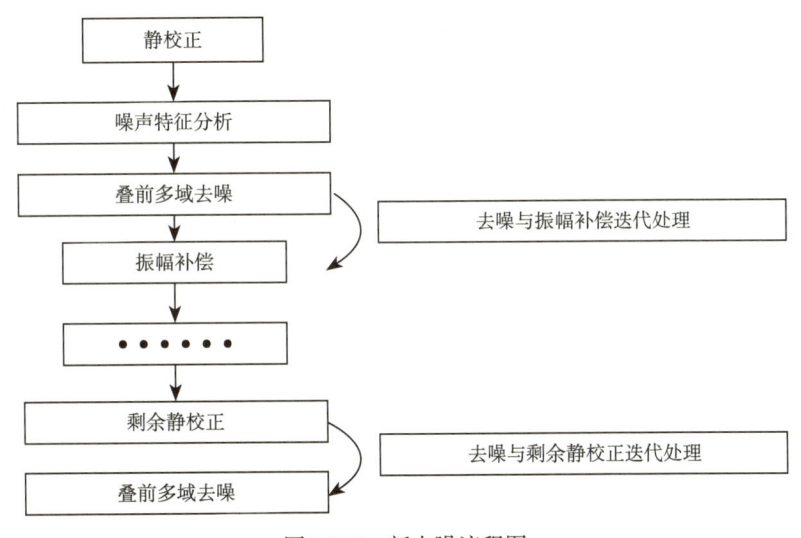

图4.6.13　新去噪流程图

针对山前及山地地震记录特点，将多种压噪方法组合应用，形成了叠前多域噪声压制技术系列。包括：(1) 强能量低速面波等线性强干扰压制；(2) 强能量高速面波、折射波及多次折射等线性干扰压制；(3) 异常振幅噪声分频压制等。这种考虑不同干扰的分布规则、能量级别，分步压噪的方法，是由强到弱依次压制噪声的重要技术手段。由此我们形成的压噪思路就是：先压制能量强、速度较低的面波和低速干扰，再压制速度较大、能量较强的高速线性干扰，最后才是异常振幅分频压制（图4.6.14）。

图4.6.15至图4.6.19是塔里木盆地库车复杂山地区某三维工区叠前多域去噪前后叠加剖面对比。随着一步步技术的依次应用，资料品质逐步在提高。由于该工区地表条件极其复杂，面波呈不规则分布。因此，首先针对线性干扰强的特征进行压制，选K-L线性变换在炮域对其进行压制（图4.6.16）；接着对三角区内面波通过十字排列锥形滤波进行压制（图4.6.17）；再在炮域通过分频异常振幅压随机次生干扰波进行压制（图4.6.18）。这仅仅是第一轮针对炮域的去噪。在经过后续的处理步骤如振幅补偿、反褶积处理后，再在CMP域主要针对异常振幅和线性噪声进行噪声压制（图4.6.19）。当然，我们的重点还是放在异常振幅噪声的压制上，因为它是导致偏移划弧的重要原因之一。最后在所有的叠前去噪工作结束后，还要经过地表一致性振幅补偿处理，为叠前深度偏移提供能量相对均衡的叠前CMP道集。

```
┌─────────────────────────────┐
│   规则面波干扰压制（炮域）      │
└─────────────────────────────┘
              ↓
┌─────────────────────────────┐
│   低速线性干扰压制（炮域）      │
└─────────────────────────────┘
              ↓
┌─────────────────────────────┐
│ 中、高速线性干扰压制（炮域）     │
└─────────────────────────────┘
              ↓
┌─────────────────────────────┐
│    异常振幅压制（炮域）         │
└─────────────────────────────┘
              ↓
┌─────────────────────────────┐
│  残余面波干扰压制（十字域）     │
└─────────────────────────────┘
              ↓
┌─────────────────────────────┐
│    异常振幅压制（十字域）       │
└─────────────────────────────┘
              ↓
┌─────────────────────────────┐
│ 中、高速线性干扰压制（检波域）   │
└─────────────────────────────┘
              ↓
┌─────────────────────────────┐
│    异常振幅压制（CMP域）        │
└─────────────────────────────┘
```

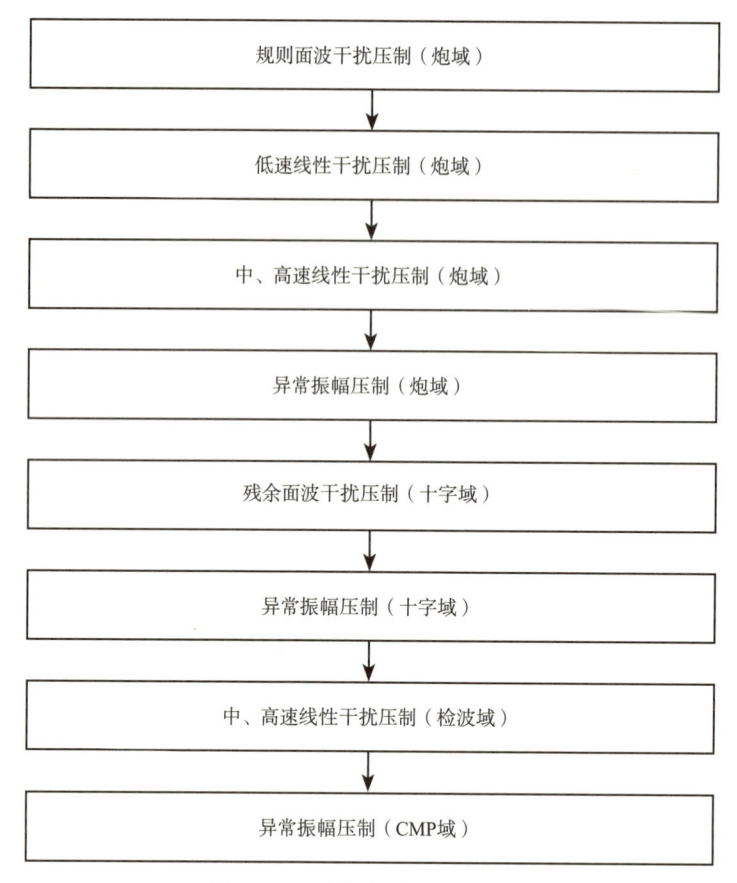

图4.6.14　叠前多域去噪流程图

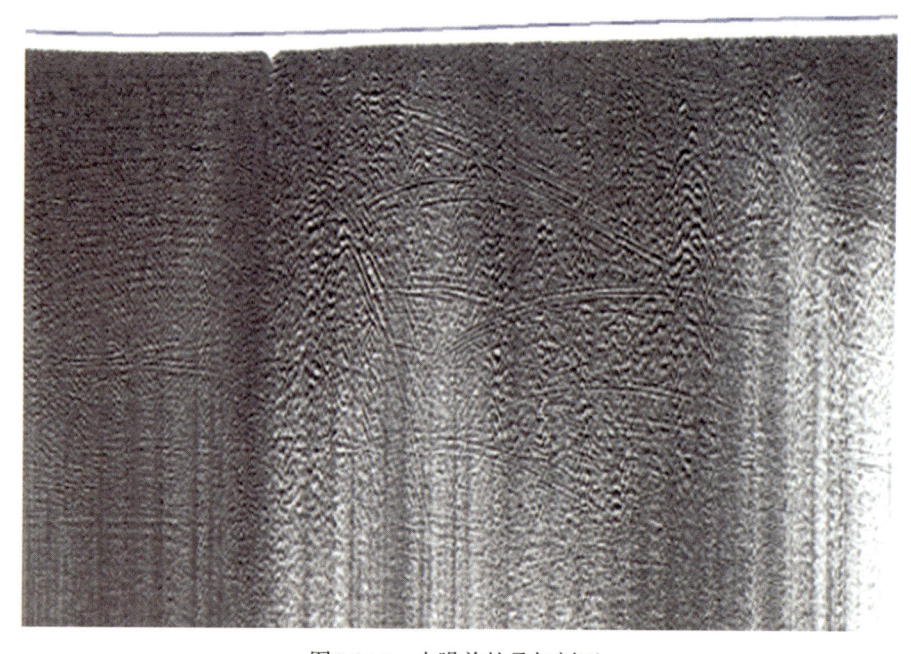

图4.6.15　去噪前的叠加剖面

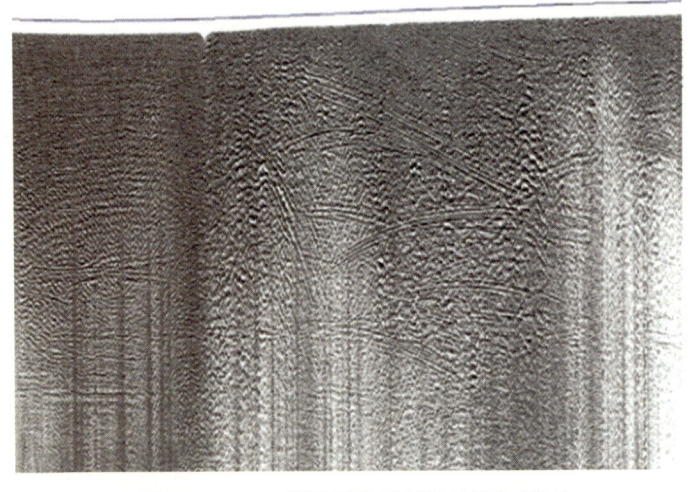

图4.6.16　K-L线性干扰压制后的叠加剖面

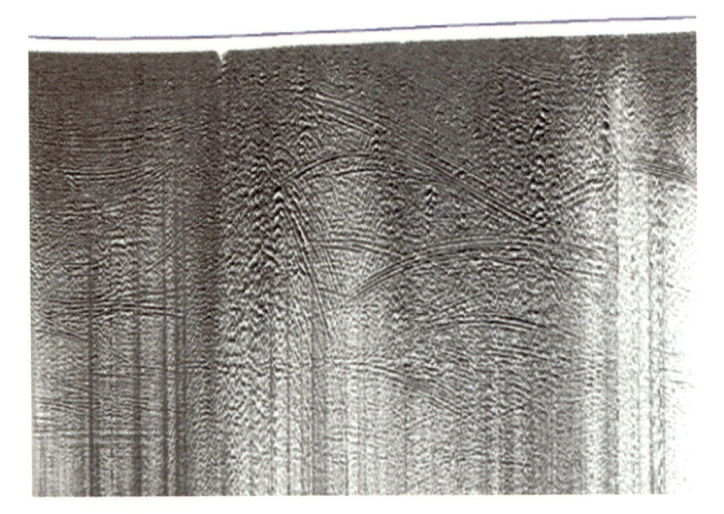

图4.6.17　K-L线性干扰压制+十字排列锥形滤波面波干扰压制后的叠加剖面

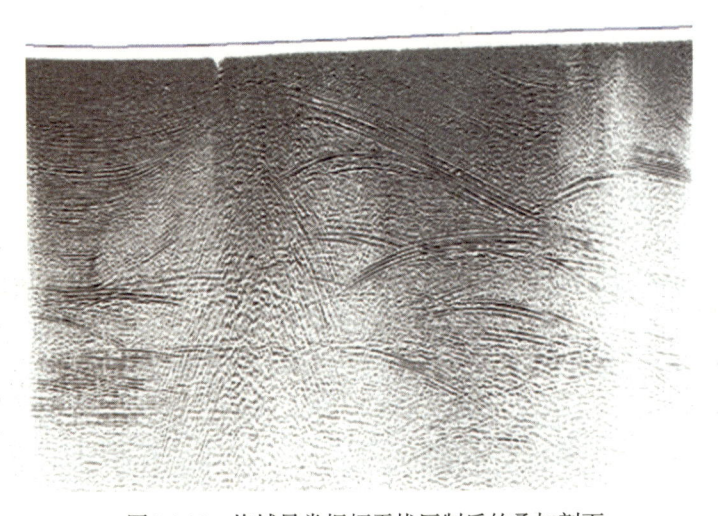

图4.6.18　炮域异常振幅干扰压制后的叠加剖面

图4.6.19　CMP域异常振幅干扰压制及振幅补偿后的叠加剖面

对地表起伏极其巨变复杂的区域，应该从道集、剖面、切片不同资料上监控不同地表类型噪声的压制情况，才能对全区资料品质的改善做到心中有数。图4.6.20至图4.6.28是塔里木盆地库车某三维工区叠前多域去噪前后单炮、剖面及切片对比。由于工区地表地震地质特征差异巨大，导致不同区域干扰差异极大。如图4.6.20所示，由工区卫片和部分施工照片可见高大陡立山体和戈壁砾石区。不同区域单炮记录的干扰特点不同，不能统一压制。通过分区分域噪声压制流程，山前过渡带及戈壁砾石区资料信噪比较高，线性干扰特征明显，单炮地震记录中的噪声得到了很好的压制（图4.6.21）；山体区单炮地震记录中的噪声成分比较复杂，异常干扰更强，分区压制效果也较好（图4.6.22）。从过工区中部南北向主测线不同噪声压制技术应用效果对比（图4.6.23），以及不同阶段迭代噪声压制效果对比（图4.6.24），可以发现，资料品质循序渐进、逐步得到提高。图4.6.25和图4.6.26展示了主测线和联络线总体噪声压制效果的叠加剖面对比，前后效果非常显著。对比这些剖面可以发现，随着各种类型噪声被压制，地震资料信噪比逐步得到提高。对比最终去噪和振幅处理前后的时间切片（图4.6.27和图4.6.28）可以发现，噪声得到有效压制、空间振幅变化较小、信噪比显著提高，这说明道集资料有利于叠前深度偏移。

图4.6.20　库车某山地三维地震工区地貌特征

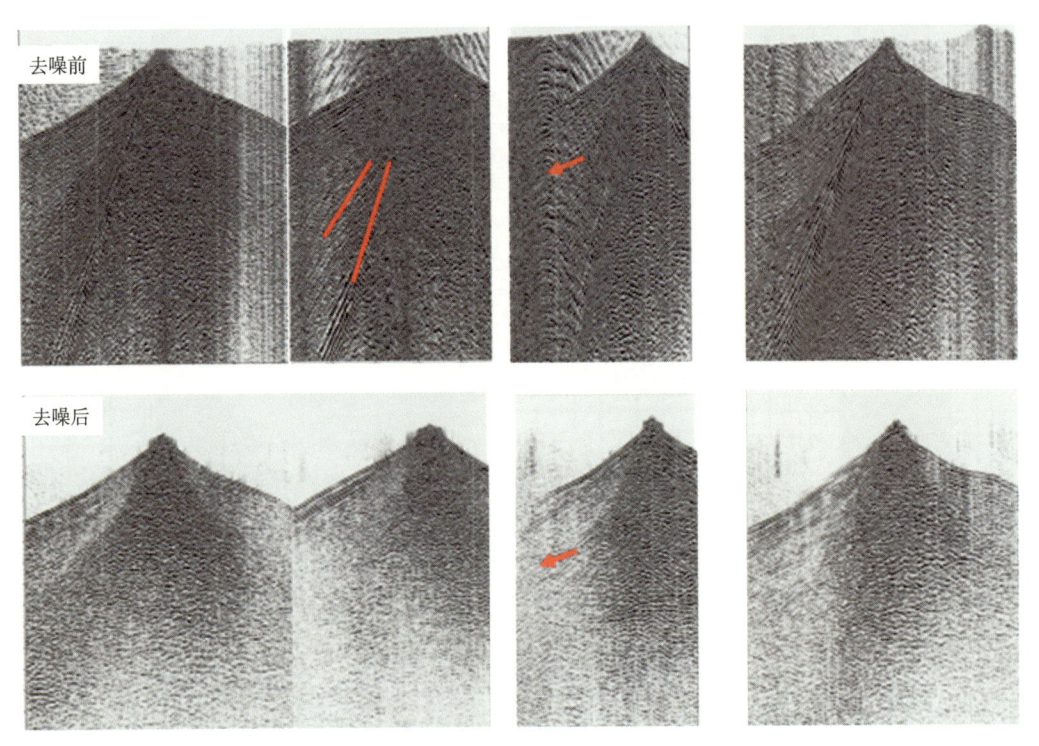

图4.6.21 山前过渡带和戈壁砾石区单炮叠前多域去噪效果

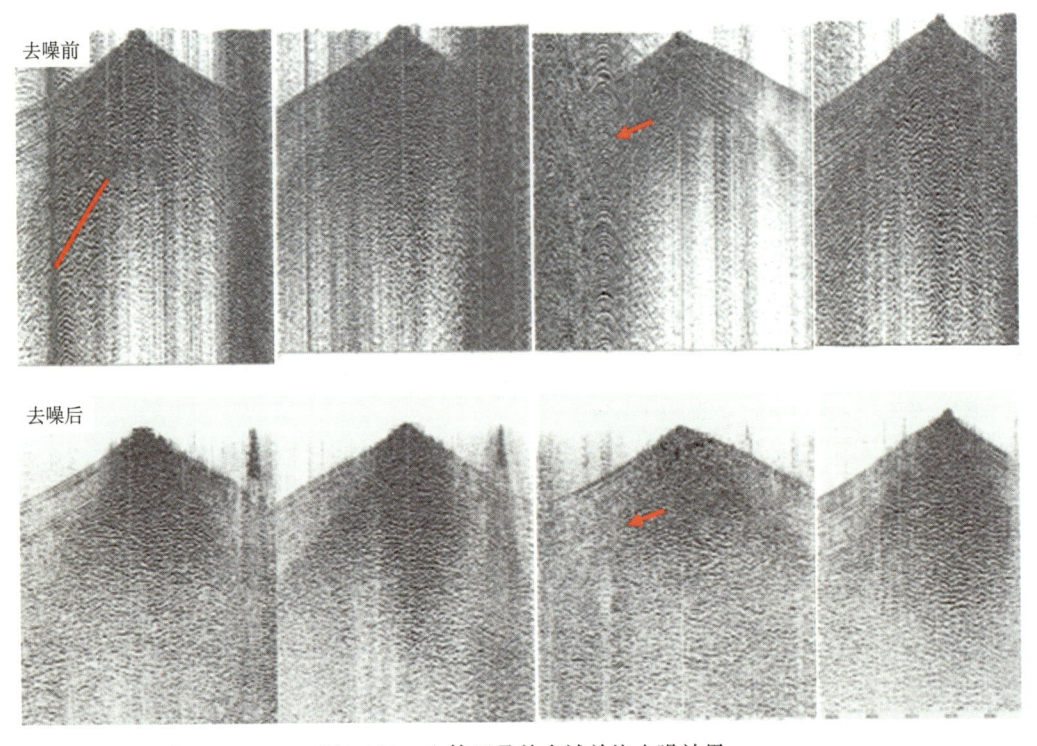

图4.6.22 山体区叠前多域单炮去噪效果

原始剖面　　　　　　　　　　　　　　　单频噪声压制后剖面

基准面静校正+线性噪声压制后剖面　　　第一次振幅补偿后剖面

图4.6.23　第一阶段叠前多域去噪叠加效果

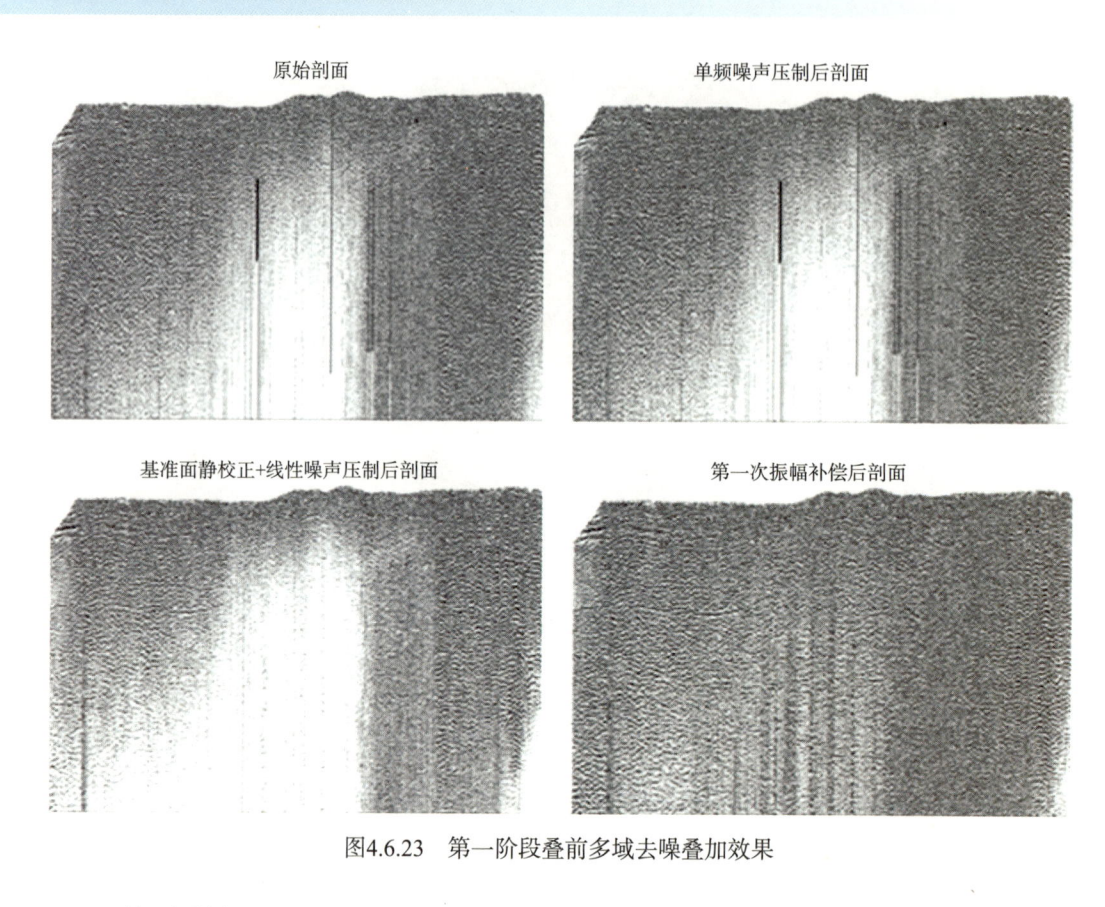

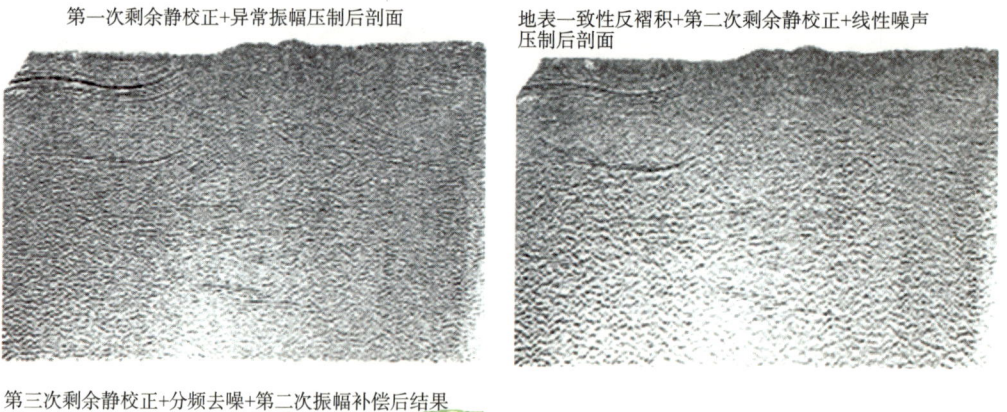

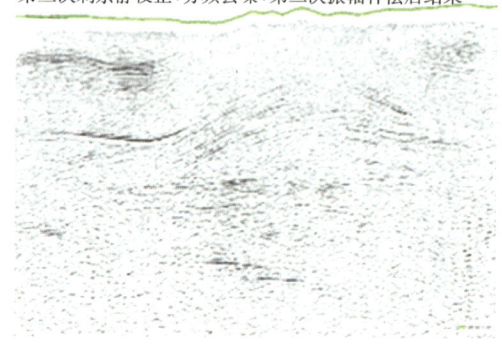

第一次剩余静校正+异常振幅压制后剖面　　地表一致性反褶积+第二次剩余静校正+线性噪声压制后剖面

第三次剩余静校正+分频去噪+第二次振幅补偿后结果

图4.6.24　第二阶段叠前多域去噪叠加效果

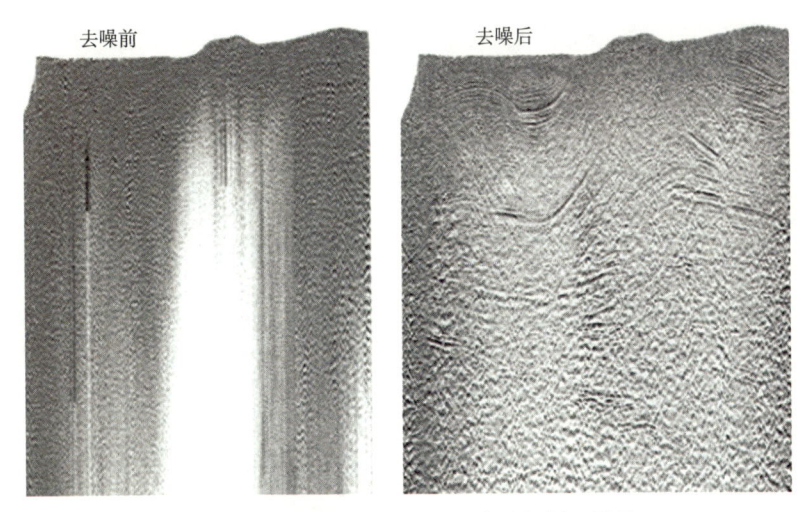

4 山前复杂构造带叠前去噪方法及策略

去噪前　　　　　　　　　去噪后

图4.6.25　叠前多域去噪主测线叠加剖面效果

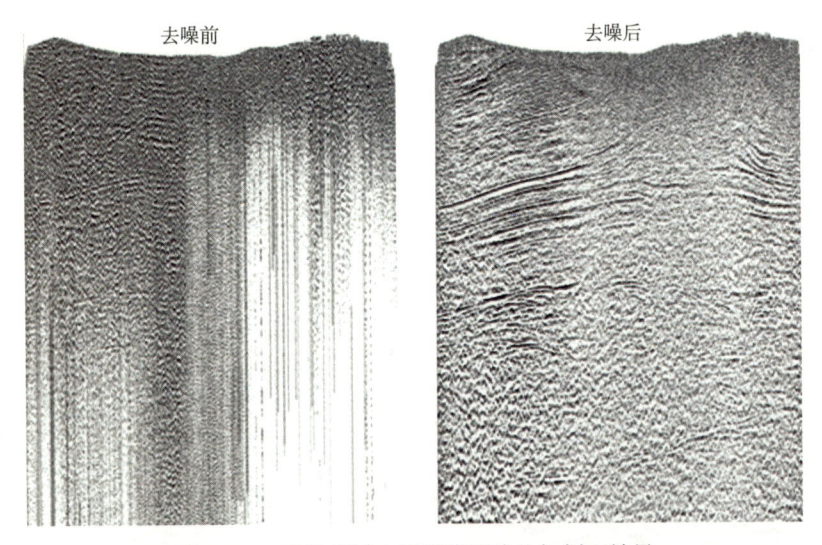

去噪前　　　　　　　　　去噪后

图4.6.26　叠前多域去噪联络测线叠加剖面效果

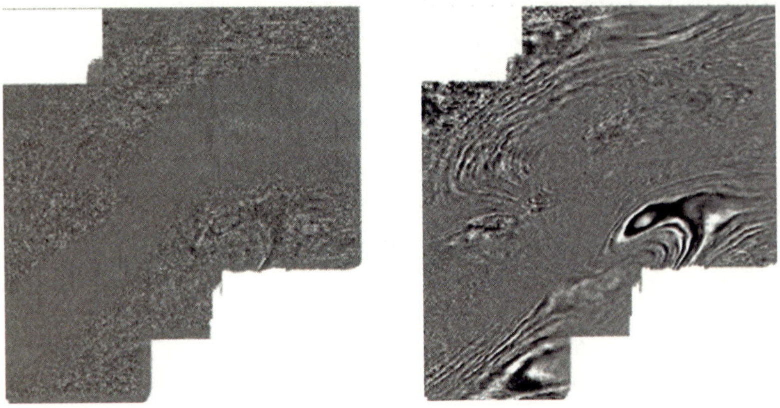

原始叠加时间切片2500ms　　　噪声压制和振幅补偿迭代后叠加时间切片2500ms

图4.6.27　噪声压制效果（纯波叠加时间切片）

— 141 —

原始叠加时间切片3500ms　　　　　　　　噪声压制和振幅补偿迭代后叠加时间切片3500ms

图4.6.28　噪声压制效果（纯波叠加时间切片）

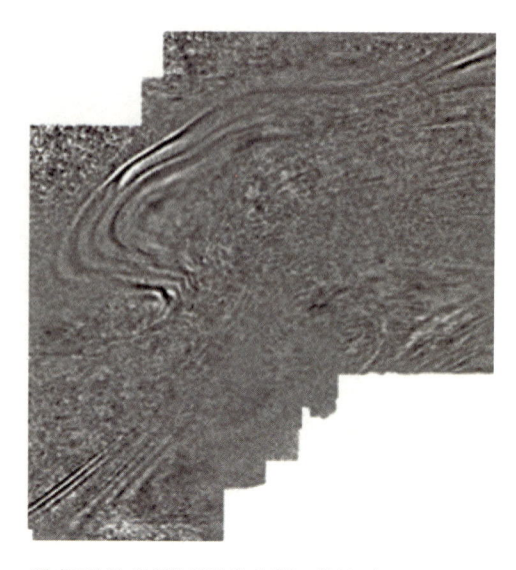

为适应叠前深度偏移的要求，通过几年的技术攻关研究，不断优化叠前去噪流程。在压制干扰的同时，消除或减弱噪声对子波、振幅的影响，通过多域去噪与振幅补偿的迭代处理，逐步压制各种干扰，突出有效信号，空间能量更加均衡，从而有利于速度建模、偏移成像。从偏移剖面上看，偏移划弧明显减弱，使得深度偏移速度分析影响因素单一化（图4.6.29）。

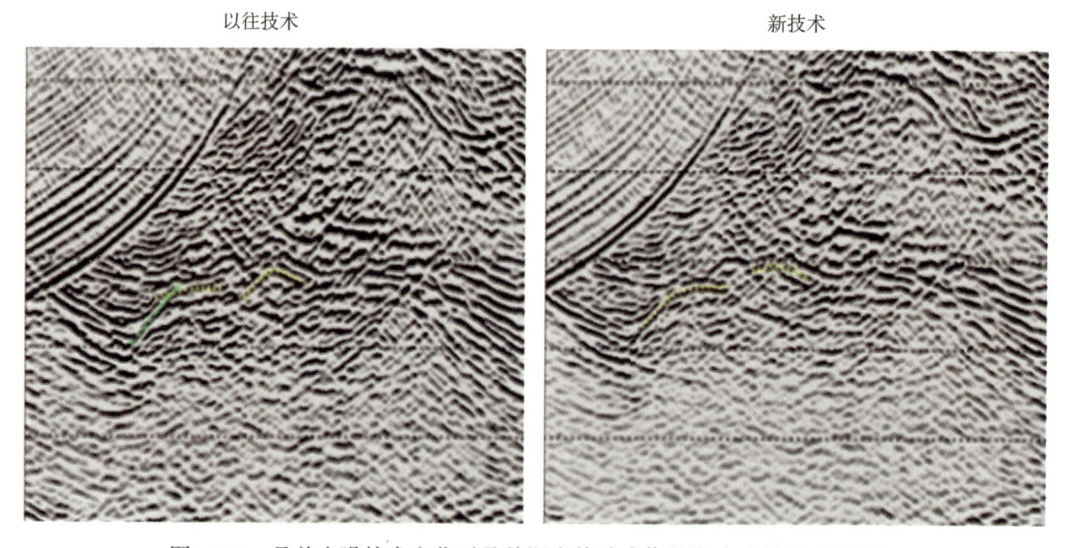

以往技术　　　　　　　　　　　　　　　新技术

图4.6.29　叠前去噪技术变化对叠前深度偏移成像的影响（相同速度场）

图4.6.30是塔里木盆地库车某地区同一采集资料新老叠前深度偏移剖面对比图。从图上可以看出，应用新去噪技术和思路后的叠前深度偏移资料品质好于老资料。这主要体现在3个方面：整体信噪比明显提高；浅中深同相轴更连续；构造和断裂细节及构造间结构关系更加明确，构造更加的落实。这些都为下一步的勘探开发工作奠定了基础。

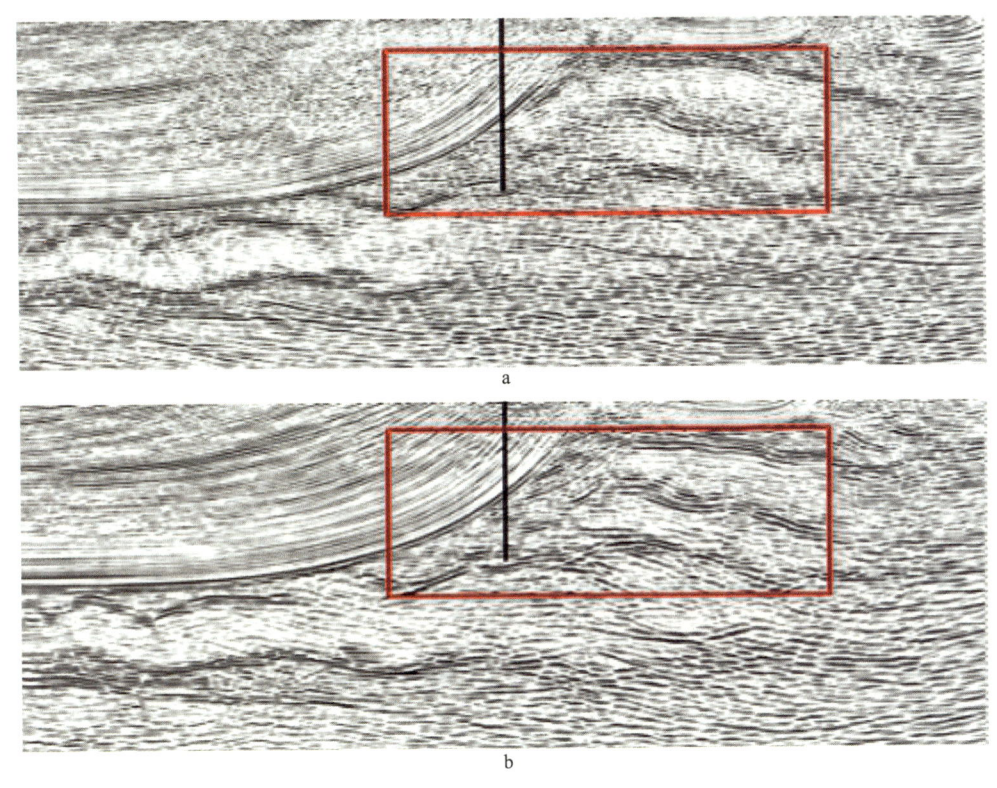

图4.6.30　2019年（b）与2015年（a）叠前深度偏移剖面对比

噪声压制是地震勘探中的一个永恒的课题。随着勘探区域向更复杂的山地发展，压噪难度会越来越大。同时，随着地震资料处理向叠前深度偏移发展，叠前噪声压制与采集观测系统设计，压噪方法、技术、流程、参数的选择和优化，以及叠前深度偏移算法之间的关系研究、适应性研究，必将显得越来越重要。虽然，本文针对叠前压噪的研究工作从野外采集观测系统设计，到室内压制方法、流程、参数等方面都取得了一定的进展。但随着研究的深入，需要进一步思考和研究更为高效的压噪方法，特别是在低信噪比地区，强干扰波主要为表层散射干扰，由于散射源形成条件的宽泛性和表层介质的强不均匀性，导致表层散射干扰比其他干扰波对记录信噪比更具有广泛的、决定性的影响。因此，下一阶段叠前压噪技术研究发展的重点方向，将围绕复杂山地区的强散射干扰压制方法展开，为进一步提高山前复杂区地震资料叠前深度偏移成像质量继续努力。

5 山前复杂构造带叠前深度偏移速度建模技术应用策略

速度建模是叠前深度偏移成像的核心工作。在很大程度上，速度模型的质量直接决定了叠前深度偏移成像的精度。相比于偏移算法的快速发展，偏移速度及参数的反演与建模技术发展一直相对滞后。早期（20世纪80—90年代），深度偏移成像效果有时反而不如时间偏移，横向和垂向的成像位置也不准确。有些人就错误地认为深度偏移是不可靠或有风险的。但得益于计算机能力快速提升和速度建模技术的持续发展，速度模型的精度不断提高，采用叠前深度偏移解决复杂构造成像已成为业界共识。

本章将从实际生产角度出发，研究复杂构造带叠前偏移速度模型建立的思路和方法。具体地说，就是针对山前复杂构造带，从数据准备、初始速度模型建立、速度更新迭代和TTI各向异性参数求取等4个方面论述如何建立一个相对准确合理的叠前深度偏移速度及参数模型，以提高山前复杂构造建模的精度，达到改善复杂构造成像质量的目的。

5.1 叠前深度偏移速度模型的基本认识

本节将阐述关于深度偏移速度模型的一些基本认识，以便读者能够更容易地理解后续的内容。

（1）我们必须接受一个现实的结论：根据已有观测数据（地面地震数据、测井数据等）无法得到实际地下速度模型的唯一解。它只能（最多）提供一个恰当描述观测数据的模型；若观测数据越稀疏或误差越大，则其结果模型的误差越大。换句话说，任何速度模型都不是完美且唯一的。

反演理论告诉我们：用不完整或者不准确的数据反演得到的模型不是唯一的。这种不完整或不准确是由两方面因素引起的：一是用于模拟弹性波传播过程的公式的数值解法得到的是近似解，这是假设条件本身所引起的；二是由观测数据时产生的测量不准引起的。这两者在目前阶段都是无法消除的。

（2）地面地震数据中计算得到的"速度"与局部小体积岩体中的声速明显不同。因描述对象的尺度不同、测量方法不同，得到的结果都有所区别或存在一定误差。

图5.1.1是钻井声波剖面与地震方法求得的偏移速度函数叠合图。在井孔方向上（假定垂直），测井方法记录了声波在厘米级尺度范围内的旅行时间。而另一方面，用地震方法求得的速度是建立在地震波能量穿越千米级尺度岩石传播的一个大尺度平均基础上的；随着波

场的折射和反射，波的传播方向呈连续性变化，因而所得到的速度作为方向的函数也在不断地变化。对于各向异性介质来说，最差的情况是对速度矢量计算平均值得出一个标量，最好的情况是推导出一个"速度"方向特性的简化数学公式（通过Thomsen各向异性系数）。即使应用井中地震VSP测得的速度，也仅仅是反应沿井壁传播的速度。由于井筒与地层的角度在高陡复杂构造带变化极大，不同井测得的同一地层速度差别也较大。因此，测井速度和地震速度是不同的。"偏移速度"在各向异性介质情况下也不是简单的"层速度"概念。

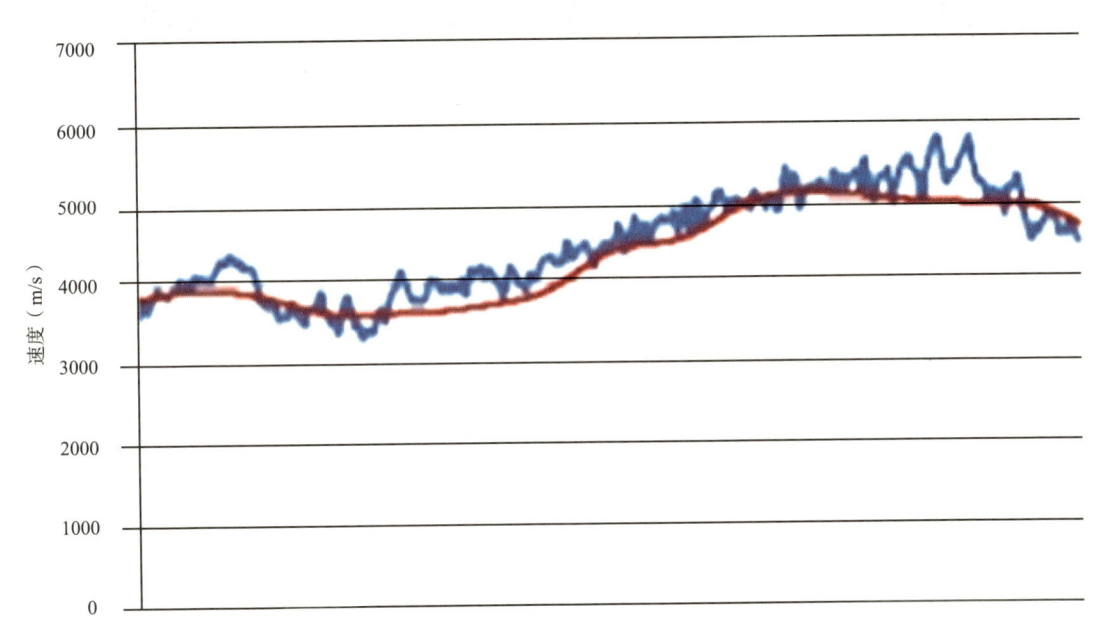

图5.1.1 库车地区某声波测井曲线与地震速度叠合图

红线为地震速度；蓝色线为AC曲线

（3）大多数速度建模方法仍然基于射线追踪，它们本身就有许多与Kirchhoff偏移相同的限制性假设，比如高频近似和多路径问题。

当速度异常体（描述对象）的尺寸是地震波波长几倍时，用射线来近似描述波的传播规律是可以接受的。当速度异常体的尺度比地震波长小时，波遇到速度异常体时将发生散射，而不是折射。正是基于这个原因，射线方法有时又被描述为"高频近似"。"高频近似"导致它只能处理横向速度变化的尺度远远大于地震波长的速度模型。

多路径是指地震波可以经由几种不同的路径传播到地下的某反射面上，这是地下的实际情况。而通常广泛使用的Kirchhoff偏移方法则只计算出一条与速度模型相关的可能射线路径，这与实际是不符的。这些限制性假设或缺陷会影响速度模型的建立。

（4）对于山前复杂构造区，需要特别强调的是浅层速度。相对而言，浅层速度模型的重要性和影响要远远大于深层速度模型。如图5.1.2所示，炮点S位于速度异常体正上方，从炮点S发出的射线或波场经过速度异常体。速度异常体越浅，受干扰的射线或波场范围越大。如果浅层速度模型精度较低，按照旅行时一致原则，误差将累积到下伏地层，进而影响最终速度模型反演精度。而且，在速度走时反演与建模过程中，调整和优化浅层速度模型的代价也更高。

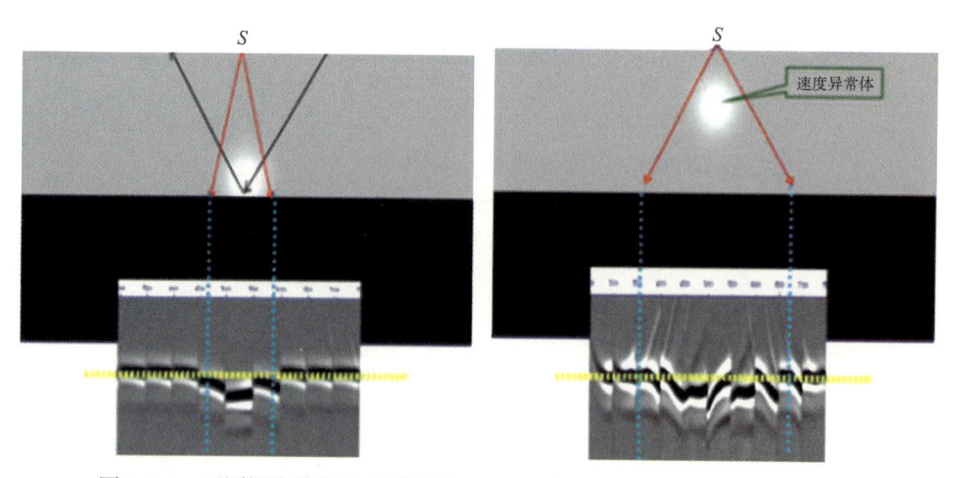

图5.1.2　不同深度位置速度异常体及对应反射界面的剩余速度谱误差显示

5.2　叠前深度偏移数据准备

不同于海上及基于水平地表，在陆上的山前复杂构造带进行叠前深度偏移及速度反演建模时，数据准备有两方面的含义：一方面是指如何准备偏移速度反演的地震数据输入。这在前面的章节做了大量系统的阐述，包括静校正及其应用策略、噪声压制与波场振幅保持、反褶积与一致性处理等偏前预处理技术与针对叠前偏移的应用策略，在此不再赘述。另一方面是指除了地震数据外，偏移速度反演与建模还需要做哪些准备工作、需要哪些数据。

5.2.1　偏移前地震数据与偏移起始面

针对陆地资料，本节的核心内容主要是阐明两个问题：一是偏移前地震数据是否需要做静校正，二是做何种静校正。

理想情况下，应该建立一个包括考虑所有近地表影响因素及地下地层变化特征的精确速度模型，然后用能够适应精细速度变化的波动方程偏移技术进行偏移。在这种情况下，理论上偏移前地震数据不需要做任何静校正。然而在实际生产中，仍然需要做部分高频静校正处理，解决近地表高程及速度快速变化引起的模型描述不够精细准确的异常问题，山前复杂构造勘探中的复杂山地区域尤其如此。

静校正量就是由未解决的速度异常导致的旅行时畸变或将地震数据从实际地表转换到某个处理基准面的时移量（Cox，1999）。然而，根据定义，时间偏移无法解决快速横向变化的短周期速度异常问题，但深度偏移可以。前提是速度异常必须足够大，且能够由建模方法分辨出来，同时速度模型足够平滑以满足射线追踪的需求（使用Kirchhoff或射线束偏移时）。因此，剩下的一些小尺度的速度变化或地形异常所造成的走时畸变就需要通过适当的高频静校正方法来解决。具体实现方法如下：

首先，在不影响速度及波场传播规律，且尽量实现近地表起算面偏移的条件下，需要对剧烈起伏的地表进行适当的小半径平滑。例如，对于基于射线理论的叠前深度偏移算法，剧烈起伏的起算面会引起射线追踪算法的不稳定，对地表起算面做一定程度的横向平滑是非常必要的（图5.2.1）。对实际起伏地表进行平滑后，需要将所有地震数据从其真实地表位置垂向校正到平滑的近地表偏移面上，这个垂向时移（通常较小）就是需要做一部分高频静校正量。一旦将数据校正到平滑面后，就可以按照正常迭代方法进行射线追踪、速度建模和偏移了。其次，如果近地表速度横向变化太大，比如不同岩性地层出露地表的风化壳，浅表层的速度横向变化极快，无法应用目前的技术手段准确反演和描述，更无法很容易地融入偏移速度模型中，这时必须借助高频静校正技术，使得偏移数据与相对平滑的偏移速度场相吻合，从而提高成像精度。同样，在基于射线理论的偏移成像过程中，在偏移成像之前多要以大约200m×200m 空间采样网格计算旅行时，再在射线偏移成像过程中进行旅行时表插值处理。在计算旅行时表时，所有小于该旅行时采样网格尺度的真实近地表地层速度横向变化都会被平滑掉。如果短波长速度异常很严重而且非常接近地表，则有必要对输入地震道应用附加的静校正进行校正。这部分静校正量与由最初剧烈变化的速度场和用于旅行时计算的平滑速度场之间的旅行时误差有关。因此，无论由剧烈起伏地表，还是快速变化的近地表速度，都需要通过适当的高频静校正量对数据进行处理。

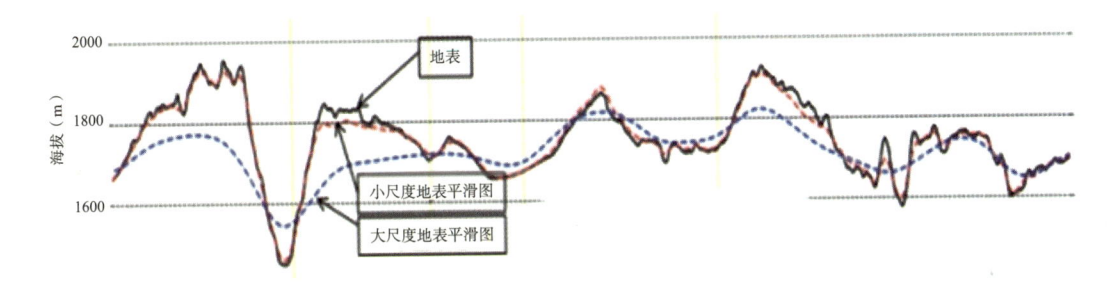

图5.2.1　陆地叠前深度偏移中基于射线偏移旅行时采样的地形参考面

不同尺度的平滑取决于近地表速度异常程度

正像前面章节讨论静校正技术应用策略所讲的一样，在这里需要特别说明两点。(1) 将数据静校正到浮动基准面（或称之为 CMP 参考面）的陆地数据常规静校正处理方法并不适用于叠前深度偏移速度建模方法。浮动基准面静校正方法是为了让 CMP 道集显示为（近似于）双曲线，以便更好地进行叠加速度分析、动校正和叠加等而设计的。在浮动基准面静校正方法中，CMP 道集内远偏移距道静校正量的应用会严重扭曲真实波场，降低速度分析和成像精度。特别是在复杂山地区域，近地表出露高速岩石，其与地下地层速度比较接近，扭曲现象更加严重（图 5.2.2）。对于偏移算法而言，这种方法是完全没有必要的，甚至是有害的。因为偏移可以从地表高程（或平滑过的地表）开始偏移（或射线追踪），所以如果在预处理阶段为了进行初始速度估计或多道滤波处理而将数据校正到浮动面上，那么在建模和偏移时必须将该静校正量去掉。(2) 将地表平滑面作为偏移起算面，平滑半径要尽可能小（一般为线距的 1～2 倍），达到接近地表的目的，否则由此引起的静校正量过大，同样会改变波场传播的规律和应用时差求取速度的规律。

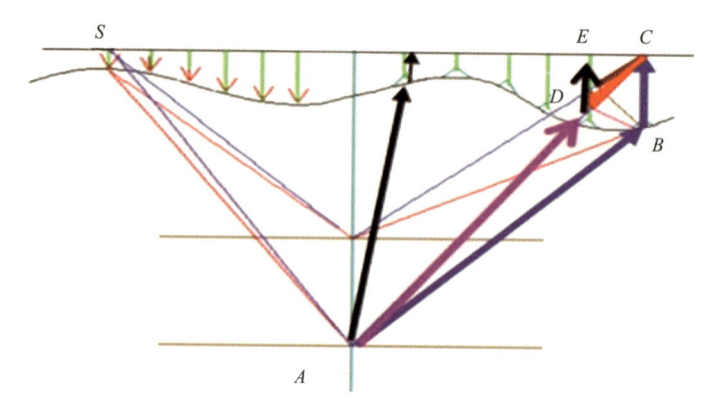

图5.2.2　常规静校正方法对波场的扭曲

上行波场路径实际为ADC，静校正后为ADE

5.2.2　偏移速度模型参考面与替换速度

偏移速度模型的参考面最好定义为工区实际地表地形最高点之上的参考面（考虑到大多数偏移方法都以从海平面开始向地下作为深度正向增加的方向，因此速度模型参考面的高程会是负的）。速度模型的水平起始参考面和（平滑的）地形之间（图5.2.1）用合适的替换速度（一般选取高速层速度）充填。由于射线追踪（或向下延拓）是从平滑后的地形开始的，因此替换速度对深度偏移没有影响。其仅用于平滑后的偏移起算基准面与实际高程面之差的高频静校正量计算。

5.2.3　非地震资料

在复杂山地区域，构造复杂带（冲断带附近），地震资料信噪比一般都比较低，只利用地震资料进行速度建模是十分困难的，而且得到的速度模型的可靠性也不高。需要参考其他资料分析速度规律，或利用其他资料对速度模型约束。

首先，需要收集整理研究区内的钻井资料、VSP等测井资料，以及其他区域地质构造、沉积地层及地质露头资料。井数据的约束已成为常规做法，特别是涉及各向异性模型的时候。井约束可以通过多种方式引入，既可以是深度—深度误差曲线（可以从VSP信息推导出），也可以是拾取出的一系列"分层"数据，也可以是垂向速度的点约束值。区域地质资料和露头资料可以用于建立初始速度模型和分析速度迭代变化的规律与趋势是否合理，从宏观上对速度及偏移成果进行分析判断。

其次，近几年来，业界一直强调把非地震数据，特别是位场数据如何结合到地震速度建模中。但是截至目前，这项工作仍然处于实践与不断探索的过程中。部分原因是采集这些数据的费用和难度较大，另一部分原因是尚未从物理学原理上完全搞清楚位场参数和地震波阻抗及速度测量的关系问题。地震、重力和电磁资料联合反演已经实现，但其多依赖于经验公式、个人认知等且未形成标准化作业流程，故未被广泛使用。此外，用非地震数据约束速度反演结果的尺度通常很大（几百米以上），而对用于叠前深度偏移的精细速度场而言，需要更高的分辨率。因此，就广泛的工业应用而言，在大多数情况下非地震技术在速度模型建立方面主要应用于基本速度变化规律与特殊速度异常地质体的刻画，特别在地震资料无法显示这方面信息的时候。比如，盐体和围岩沉积物的密度差较大，而重力测量对密度差很敏感，这种情况下重力反演的结果是比较可靠的。同样，在山前带由于砾岩冲积扇体的发育变化极快，构造成像受到严重影响，但砾岩体多表现高电阻特点，可以应用电磁资料描述其空间大致发育范围和变化规律。

在实际生产中，由于山前复杂构造区的地质成像处理或多或少地都需要对数据做适当校正，需要将数据与基准面、偏移速度场、偏移算法进行匹配吻合。所以，地震深度偏移速度建模方法还必须依赖地面地震数据。但重力、电磁、钻井、地质露头、构造解释、地质认识等非地震资料的应用可以有效减少速度反演的非唯一性、不确定性和模糊性，提高速度反演的规律性和精度。

5.3 山前复杂构造带初始速度模型的建立

在介绍山前复杂构造带速度建模之前，首先有必要通过一个正演模型初步了解山前复杂构造带速度模型精度对偏移成像的影响。

图5.3.1为参照某山前带位置处地质结构建立的正演速度模型和相应的叠前深度偏移剖面。其中，区域④为膏盐岩，①、②、③为浅层断块，主要目的层为盐下的叠瓦状构造。如图5.3.2所示，当标号为①、②、③的3个断块区域的速度有一定误差时，主要目的层偏移成像精度明显降低。图中所示不同断块的速度误差为±5%，不仅图示存在速度误差断块中下方的蓝色框内成像不再聚焦（深度变化），而且在偏移孔径所辐射的区域，两条绿线夹持的区域内成像都受到明显影响。

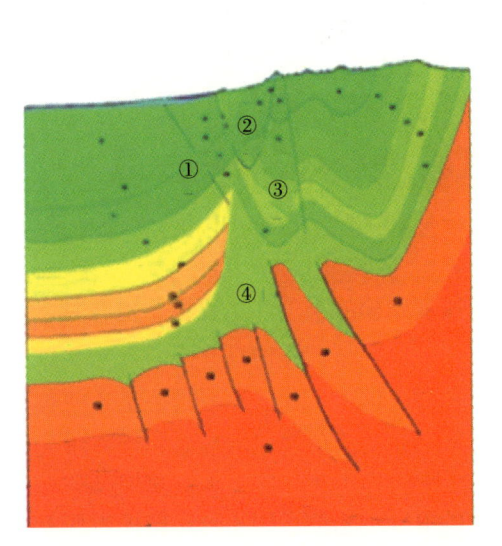

图5.3.1 正演速度模型及对应的叠前深度偏移剖面

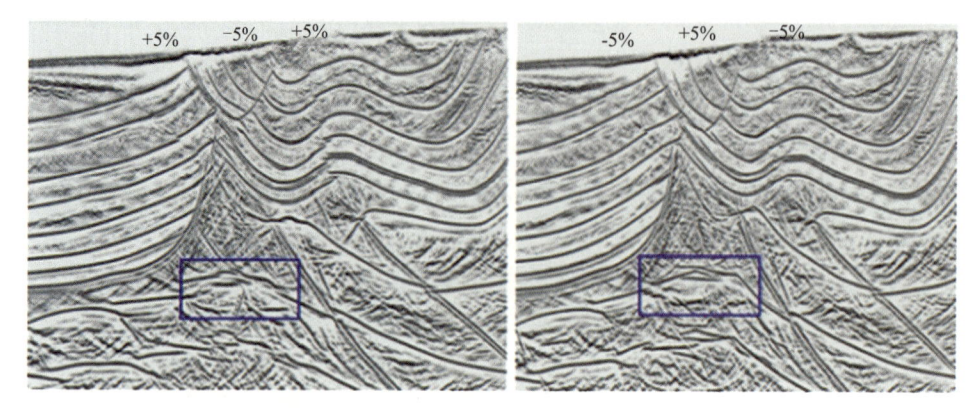

图5.3.2 速度误差对目的层成像的影响

而该区的实际地震成像则更复杂。图5.3.3显示了一张该区附近的过井叠前深度偏移剖面（2010年处理）。由于速度模型精度较低，造成偏移成像效果很不理想，达不到人们的预期。主要由于浅层速度误差较大，导致类似于上图模型的浅层，以及盐顶陡倾角未能成像，盐下目的层叠瓦状构造目的层不聚焦，成像信噪比低，无法完成构造描述与井位论证的勘探目标。

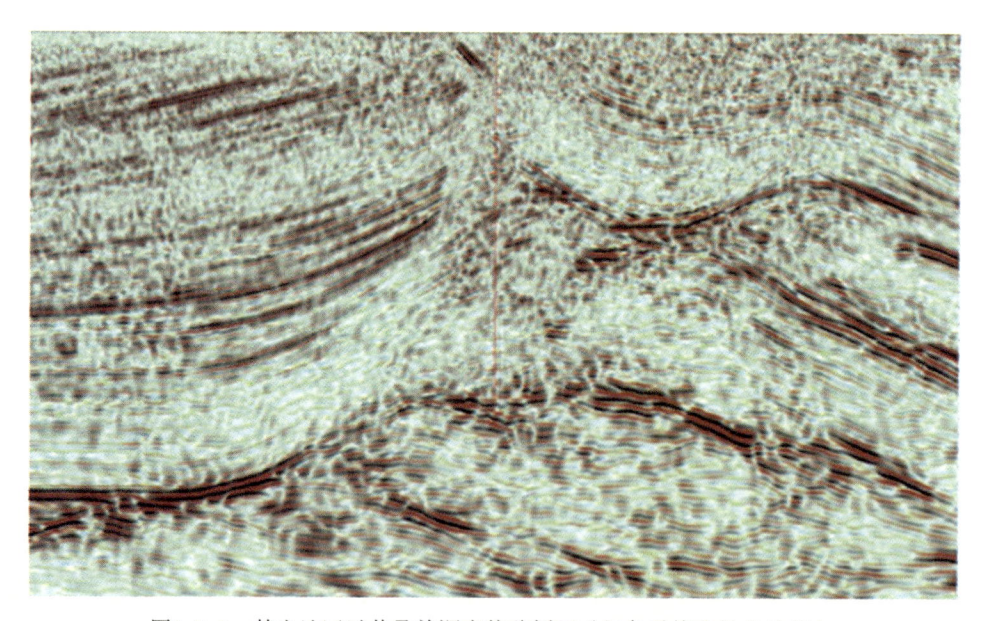

图5.3.3 某山地区过井叠前深度偏移剖面（红色垂线为钻井位置）

从这几张图可以直观地感受山前复杂构造带高精度速度建模的难度和重要性，也有利于更深入地理解后续章节提出的思路和方法。

5.3.1 常规初始速度模型建立

最初叠前深度偏移速度建模通常是由叠前时间偏移的 RMS 速度经 DIX 公式转换得到初始层速度。在此基础上，通过偏移与速度分析迭代得到最终叠前深度偏移的深度—速度模型。

5 山前复杂构造带叠前深度偏移速度建模技术应用策略

这套方法在速度纵横向变化相对平缓区是比较简便实用的，但在我国西部山前复杂构造区则往往使深度—速度模型中出现明显的、大幅度的与区域地质规律不符合的地层速度变化情况（图5.3.4）。从图中可以看出，在构造两翼地层产状与埋深有一定变化的区域，同一地层埋藏较深区域的速度存在明显的局部"高速异常"。由于同一地层从浅到深速度增大，这是正常合理的规律。对于已成岩的老地层，通常在沉积环境比较稳定、同一时代已压实成岩的地层，地层的层速度、厚度都不会出现如此大的变化。一般统计，随埋深每增加100m，速度增加不可能超过10m/s；但对未成岩的新地层，随埋深变化，成岩性增强，速度梯度会显著增大。对这一区域，地层已成岩，随埋深变化的速度变化不应该很大，而这里层速度的变化竟达到1500～2000m/s以上，显然不合理。这种高速异常的出现，反映在深度偏移剖面上则表现为地层反射下拉、沿层地层厚度的增加，其下勘探目的层的埋藏变深。这种横向变化的不合理性将会导致最终构造成像的横向深度变化规律失真、钻探失败。这种现象在陆地山前带资料的叠前深度偏移速度建场过程中普遍存在，多出现在浅表层速度复杂的正下方、构造向斜部、地层陡缓突变部等。

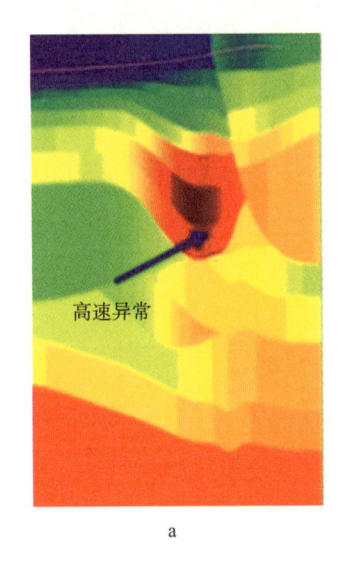

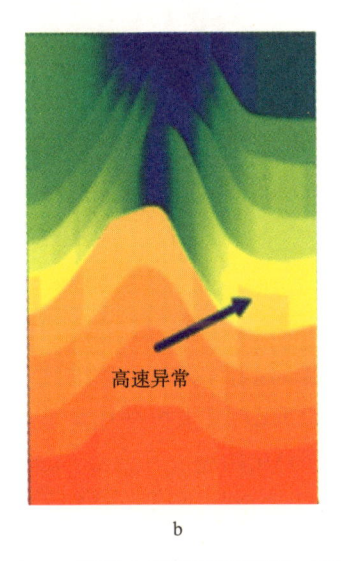

图5.3.4 典型山前带初始深度—速度模型

a—库车大北地区层析反演层速度模型；b—霍尔果斯地区层析反演层速度模型；c—古牧地地区层析反演层速度模型

为了搞清产生这种局部高速异常的原因，下面对模型数据进行分析。首先根据图5.3.4c地震资料构造模式，建立了如图5.3.5所示的地质模型。为使问题分析的因素单一，模型未考虑起伏地表和近地表低降速带问题，仅仅保留高陡构造，去掉了断层，且每一层填充一个常速，由此建立了一个非常简单的正反演速度（构造）模型。模型长度与实际数据长度相同，激发和接收参数也与野外实际参数相同。炮点距为100m，接收点距为25m，排列长度为6000m。通过正演得到叠前地震数据，并对该数据进行叠前时间偏移和叠前深度偏移处理。

进行叠前时间偏移处理目的是为了得到均方根速度场和叠前时间偏移数据，前者是用于叠前深度偏移处理时转换层速度，后者用于时间域层位模型解释。这里我们可以首先对比一下叠前时间偏移处理中，在地下速度横向变化时，以CRP（共反射点）道集校平、剩余速度归零为准则，进行速度迭代优化所获得的速度场与模型速度的差异。

图5.3.5 深度—速度正演模型

模型的均方根速度场是由模型层速度通过如下公式求得的，即

$$v_R^2 = \frac{\sum_{i=1}^{n} t_i v_i^2}{\sum_{i=1}^{n} t_i}$$

式中，v_i 为各层的层速度；t_i 为每层旅行时；v_R 为均方根速度。

按照叠前时间偏移处理步骤，以CRP道集拉平作为基本的判断准则，对模型数据进行均方根速度迭代优化。叠前时间偏移的初始速度来自叠加速度，经过三轮的速度迭代得到如图5.3.6a均方根速度场。与通过层速度模型计算（图5.3.6b）的速度场相比，在构造两翼的速度场均明显偏低。用图5.3.6中的两个速度场，分别对正演数据进行叠前时间偏移处理。从图5.3.7中可以看出，无论是使用迭代优化后的速度场，还是模型计算速度场，叠前时间偏移方法都不能使深层构造正确成像。这与叠前时间偏移的理论假设相吻合。叠前时间偏移假设介质速度横向不变（均匀或水平层状介质），而这一高陡构造两侧速度变化明显，构造位置为相对高速异常，导致用此偏移反演的均方根速度畸变、高速异常下的反射层成像错误。这也是叠前时间偏移不能用于山前复杂构造成像的根本原因。那么，用此方法进行速度初始速度建模，也必然导致偏移速度模型误差较大，不利于后续迭代处理。

按照10余年前最初叠前深度偏移速度建模传统流程，先完成叠前时间偏移，用此得到的构造模型和由此均方根速度转换的层速度模型，进行叠前深度偏移处理。叠前深度偏移的初始层速度是由叠前时间偏移的均方根速度通过DIX公式转换得到。由于时间域成像存在偏差，为了在分析速度问题时，保证因素单一，这里我们没有采用时间偏移成果上错误的层位解释，而是将正演模型直接比例到时间域获得层位信息（如果用叠前时间偏移剖面解释构造层位用于构造建模，可能会导致更大错误），然后由图5.3.6a所示的叠前时间偏移均方根速度转换层速度,并沿层抽取得到初始的深度域层速度模型(图5.3.8)。分析初始层速度模型可知,均方根速度场中的速度异常也已经被带到了层速度模型中,影响后续迭代和最终成像精度。

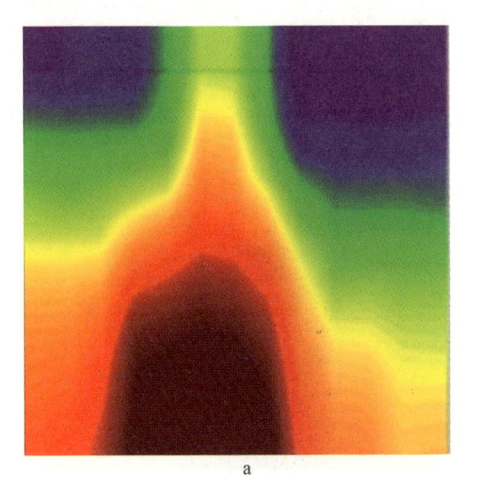

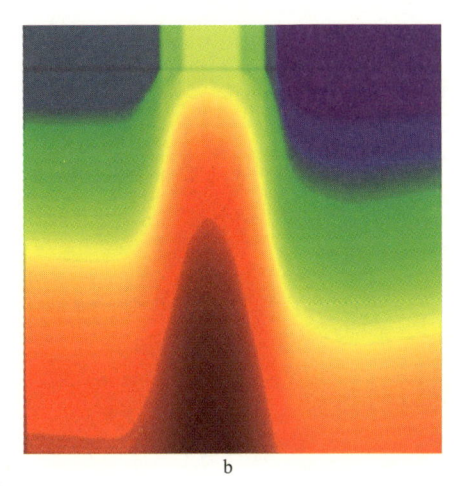

图5.3.6 叠前时间偏移迭代优化后均方根速度场与模型计算的速度场对比

a—迭代优化后均方根速度场;b—模型计算得到均方根速度场

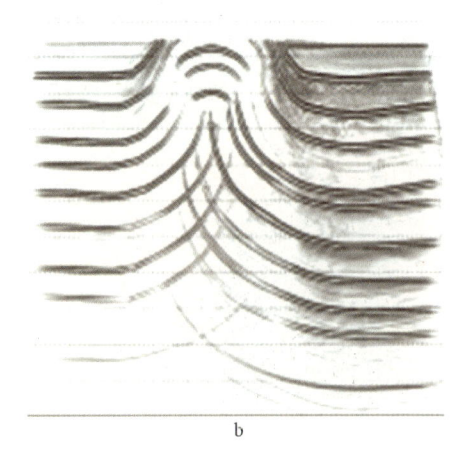

图5.3.7 不同速度场叠前时间偏移效果对比

a—迭代优化速度偏移结果;b—模型计算速度偏移结果

按照CRP道集拉平和剩余时差谱归零的基本原则,基于初始的层速度模型,进行叠前深度偏移与速度分析迭代,经过多轮迭代和优化,得到最终的层速度模型(图5.3.9a)及对应的最终叠前深度偏移剖面(图5.3.9b)。将最终层速度模型与正演模型做对比,可以看到两个主要差异:一是最终层速度模型浅层构造两翼的速度明显要小于正演模型;二是构造两翼深层速度明显高于模型速度。在最终成像剖面上,构造两翼高速导致了叠前深度偏移剖面构造两翼地层加厚和层位畸变下拉。同时,深层的水平地层发生了扭曲变形,这是在勘探开发上无法接受的"假构造"。因此,对山前复杂高陡构造的成像,即使应用了叠前深度偏移成像技术，如果速度模型处理不当也会在最终深度域成像剖面上出现假构造，误导钻探，造成非常严重的技术失利和勘探决策失利后果。

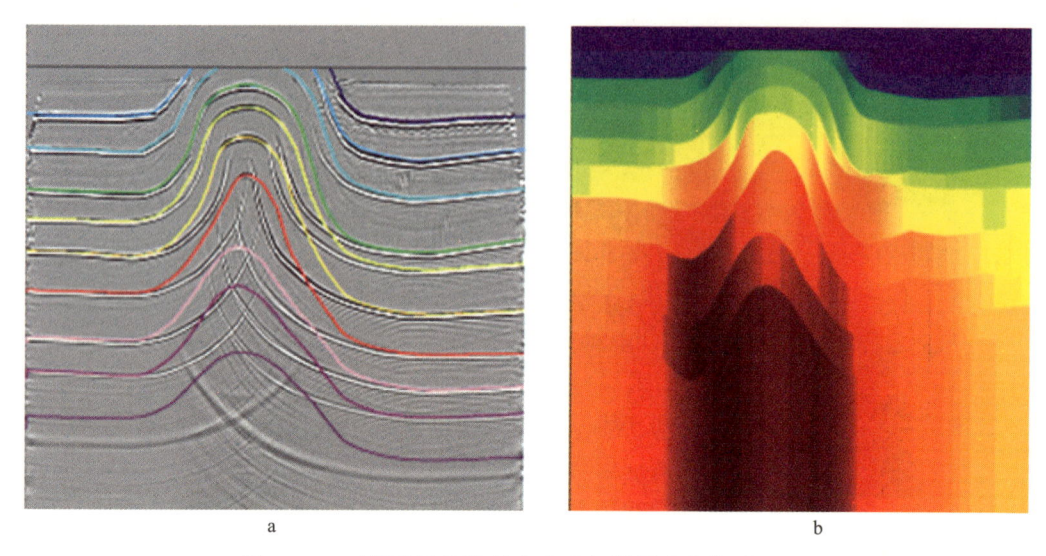

图5.3.8　时间域层位模型（a）和初始层速度模型（b）

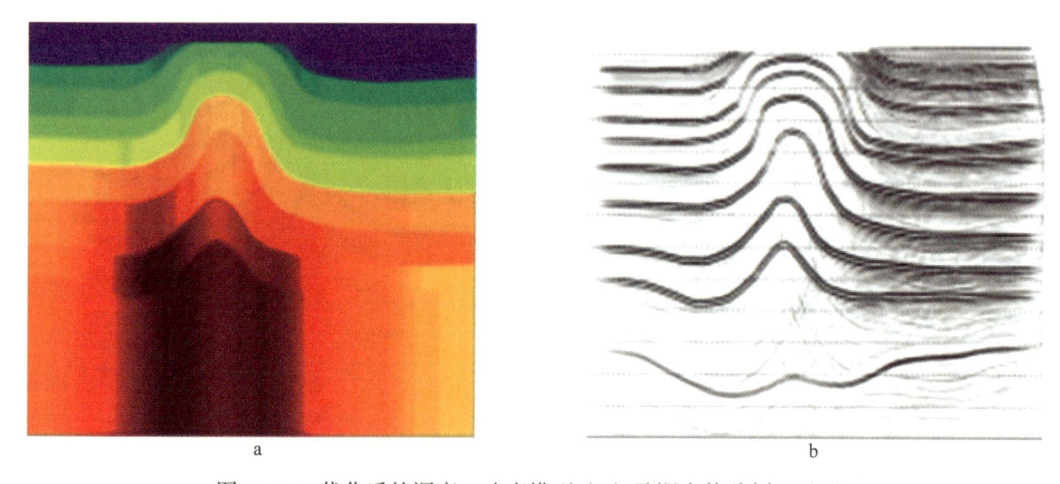

图5.3.9　优化后的深度—速度模型（a）及深度偏移剖面（b）

从速度场的对比结果我们已经知道，反演得到的速度场与模型速度场在浅层和深层都存在差别。那么，深层的速度异常和浅层的速度异常存在直接关系吗？在模型速度已知的情况下，我们将反演的速度模型进行人为修改，即将图5.3.10中速度模型中的浅层3个层位速度按照模型的真实速度充填。在此基础上，对深层速度采用与上述类似的叠前偏移与速度分析迭代的方法，进行速度迭代优化处理。经过3次迭代后发现，初始速度模型中的深层高速异常得到了较好的更正，每一轮迭代速度模型向正确合理的方向变化（图5.3.10）。随着迭代次数的增加，最终的深度—速度模型与真实的速度模型吻合较好（但还是有一定偏差需要完善或通过地质分析进行处理）。

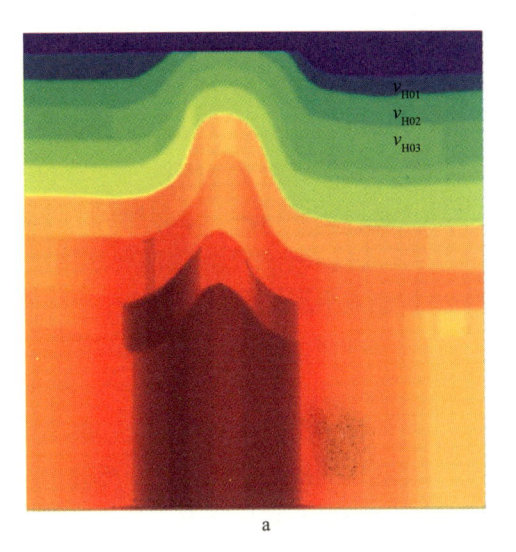

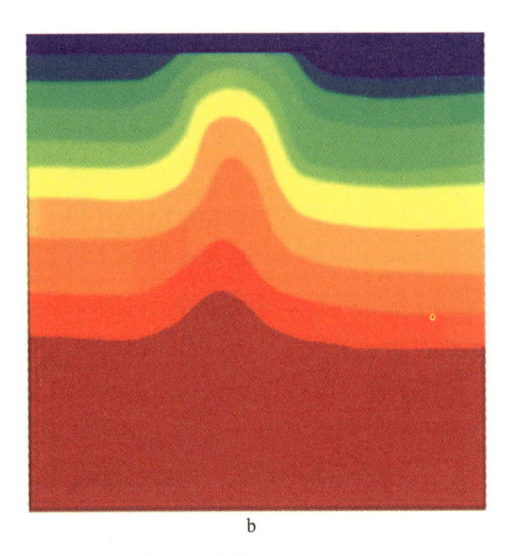

5 山前复杂构造带叠前深度偏移速度建模技术应用策略

图5.3.10 修正浅层速度并迭代优化后的深度—速度模型

a—修正线层速度的初始速度；b—最终迭代的层速度剖面

最后，我们对比一下真实模型速度与迭代优化后反演速度模型的叠前深度偏移结果（图5.3.11）。图5.3.11a 为正演时的真实速度模型进行（积分法）叠前深度偏移得到的剖面。与前面输入真实速度模型比，除边界影响、背景噪声及陡倾角处振幅变化不正常外，构造形态、拐点变化、各界面的成像深度等精度都较高。即构造成像精度高，但振幅变化有一定缺陷。而图5.3.11b 中用迭代优化反演速度模型的叠前深度偏移剖面上，除前者出现的问题外，还存在深层反射界面成像深度误差大、水平反射轴（蓝线标示）变形强，出现"低幅度假构造"的问题。深度误差大和低幅度假构造主要是由目前等效速度反演的精度不够引起的。再次说明，在目前技术条件下，对山前复杂构造区深层成像深度有误差，低幅度构造的空间形态难以控制，勘探实践中需要"特别慎重"。

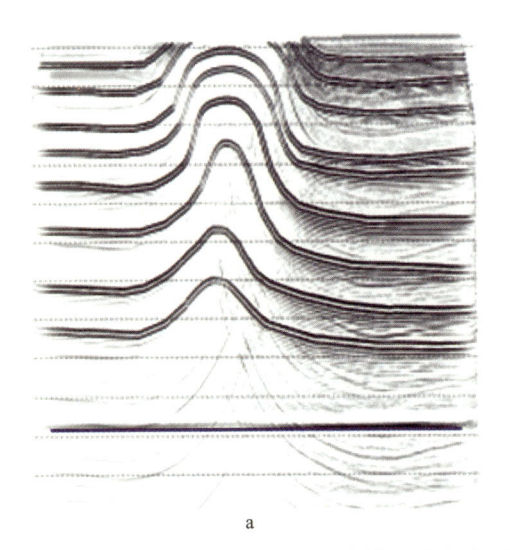

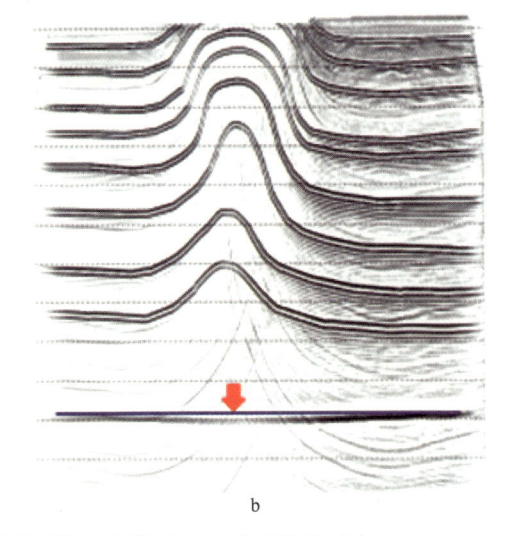

图5.3.11 真实速度模型（a）与迭代优化反演速度模型（b）偏移结果对比

通过上面的试验，初步可以得到几点结论：

(1) 初始速度模型中，浅层速度存在误差，必然引起深层的速度异常，最终影响成像精度。而且，浅层速度的误差，在向深层传递时，误差会逐步放大。表现为：浅层速度偏小时，导致深层速度偏大；而浅层速度偏大时，导致深层速度偏小的反对称性规律。

(2) 在山前复杂构造与起伏地表条件下，浅表层速度难以精确描述，这必然会导致深层速度产生异常，进而引起成像误差。在目前基于走时的反演技术条件下，要减弱这种影响，主要有两方面的工作可以努力去弥补：一方面要分析、控制或平滑处理反演速度中出现的高频异常；另一方面，目前技术只能落实和描述高陡构造发育规律、规模幅度较大的构造，对深层低幅度构造很难识别真伪，勘探的风险极大，要尽可能避免。

(3) 加强地质规律分析和区域速度规律研究，对稳定地层中出现的速度异常，需要尽可能收集、分析已知的物探、地质、测井及其他能反映速度变化的信息，从地质分析的角度把握和控制速度模型的空间变化规律，搞清其出现的原因后，加以处理与修正，约束迭代反演的变化趋势，降低风险。

因此，在山前复杂构造区的叠前深度偏移浅层速度模型的建立过程中，主要通过以下措施把握浅层速度的变化规律，保证速度建模的精度。

(1) 应用地表露头资料、非地震资料、微测井资料定性指导浅层速度模型的建立。(2) 根据 VSP 及测井速度，沉积地层的速度规律认识对中深部地层速度按构造模型进行充填，确保宏观速度变化规律的地质合理性。(3) 剩余速度迭代修正的重点是速度变化的低频量。在此基础上，通过多轮次偏移与速度分析，达到使深层道集校平、剩余速度归零、同一地层的速度变化规律符合地质认识、横向上变化相对平缓的结果。(4) 通过全局优化的网格层析等方法进一步优化速度模型，使速度模型在确保宏观变化规律的基础上，进一步与数据及基准面匹配吻合，提高成像聚焦的质量。

由此可见，在山前复杂构造的成像处理中，我们追求的是最优化的成像速度，而不是理论意义上的 VSP 速度或声波速度。这进一步体现了不同方法、不同用途测得的速度是不同的，或者说是从不同侧面对速度特性的表述。

5.3.2　多重约束初始速度模型建立

5.3.2.1　非地震资料约束的初始速度模型建立

在多数情况下，由于山前地震资料信噪比低，尤其中浅层地层结构复杂，地震速度反演很难得到合理的速度场。而非地震物探资料，尽管纵横向分辨率低，但反映宏观的地层及其速度、密度等物理参数稳定可靠，可以用于约束或控制初始速度模型建立的宏观规律性变化。以库车坳陷某工区为例，通过对该工区内 KS5 井、TB2 井 VSP 速度曲线与重力反演速度曲线分析（图 5.3.12）可知：(1) 重力反演速度趋势与 VSP 速度趋势相吻合。如 TB2 井钻井于 1500～4000m 井段揭示的冲积扇高速砾岩体，在 VSP 速度曲线与重力反演速度曲线都表现为高速异常，反映清楚，说明它可以反映此高速砾岩体的空间分布规律。仅仅是重力反演的速度值略低于 VSP 速度而已；(2) 通过重力反演还可以得到 500m 以上 VSP 测井难以获取地层速度，弥补了 VSP 速度的不足；(3) 由于重力勘探的体积反演分辨率低，反演结果不能刻画速度变化的高频量。

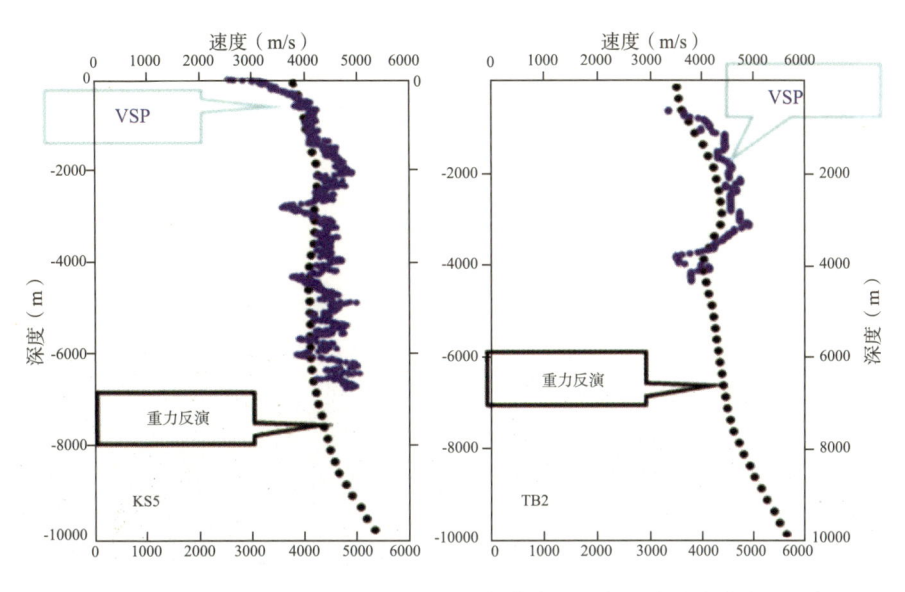

图5.3.12　KS5、TB2井VSP速度曲线及重力反演速度曲线

　　从上面的对比分析，重力反演的速度场能够较好地反映地层速度的变化规律，这一点对叠前深度偏移是十分有利的。再看一下电阻率反演的地震速度剖面和重力反演的地震速度剖面（图5.3.13）。从图上可以看到，二者虽然速度值存在一定差异，但与所反映的地层速度变化低频趋势基本吻合。特别是工区南部（剖面的左边）-1000～0m间第四系高速砾岩和开始上山位置（电法反演剖面上2100～2300标号区域）的低速变化特征反映得比较清楚。同时，还可以发现控制山体发育的大断层下盘（电法反演剖面上2000～2100标号区域），随断层不断抬升，在该下盘附近堆积形成深层高速砾岩体。与周围地层比，由于山前快速堆积形成的高速砾岩体具有电阻率高、密度大、速度高的物理特性，因此，可以根据非地震资料勾画出中浅层高速砾岩的分布范围，并添加到深度偏移速度—深度模型中（电阻率反演剖面长度范围相当于速度剖面1000～2000CDP位置）。如图5.3.14所示，结合地震反射层与非地震速度建立的初始速度剖面（剖面上0～2000m间的黑色线为地表起伏线），再通过深度偏移迭代来进一步优化修改速度的变化规律和空间建模。

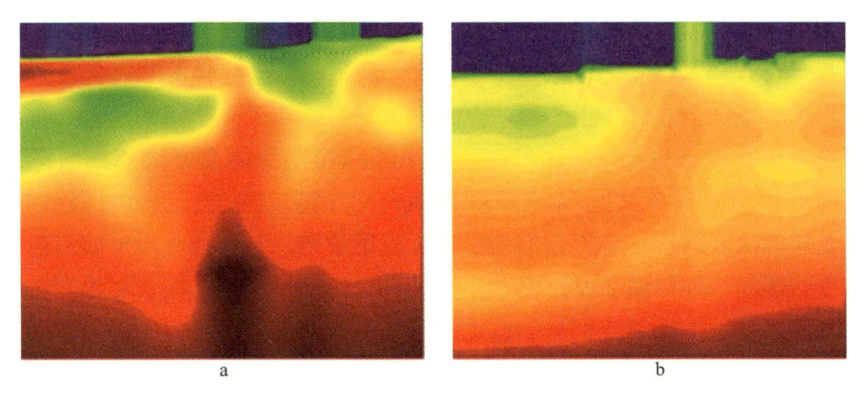

图5.3.13　不同非地震资料反演的速度剖面

a—电阻率反演地震速度；b—重力反演地震速度

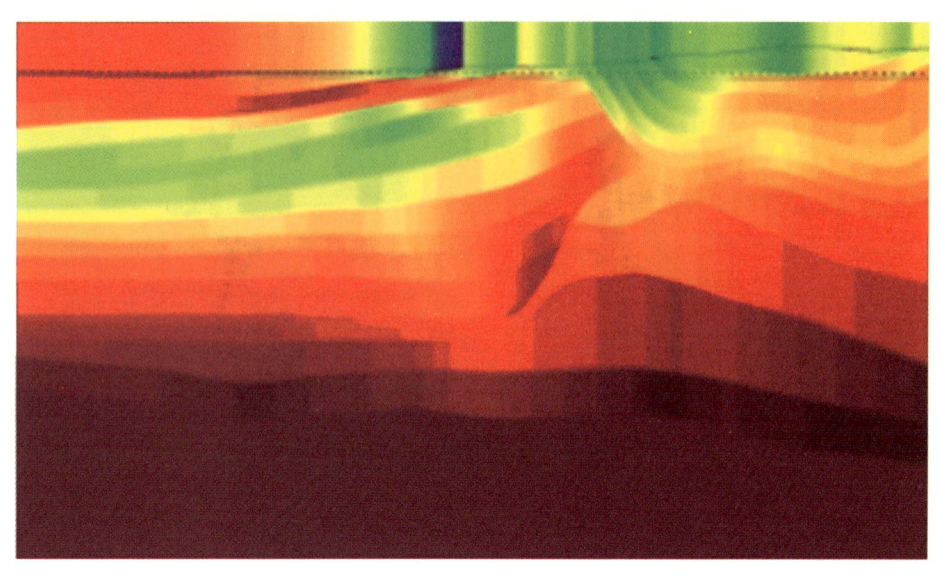

图5.3.14　利用非地震资料辅助建立深度—速度模型

5.3.2.2　地震地质指导下的深度—速度模型修正

在前面图5.3.9的正演模型的分析中,我们看到,当构造顶部的两个侧翼浅层速度偏低时,会引起深部地层速度产生高速异常。在实际资料处理中,这种现象普遍存在。以往对这部分速度变低的现象,处理员不掌握地质规律,把它解释为速度随地层埋深变化的规律性。因此,认为这种地层速度降低,把它当做为一种合理的速度变化规律来认识。但通过模型正演,现在认识到了其中存在的问题。一般来说,同一已压实成岩的地层,速度随埋深变化的梯度很小。因此,可以通过实测及钻井资料,统计区域内地层速度随深度变化的梯度规律曲线,人为修正浅层速度模型,消除或有效控制深层的速度异常,指导初始模型建立,也可以在迭代过程中认为修正或控制其变化规律。

事实上,我们再回头分析总结一下前面正反演模型中存在的速度问题,可以通过地震地质、处理解释一体化结合,高效合理地建立符合地质规律的初始速度模型,提高山前复杂构造区叠前深度偏移速度建模的效率,保证最终成像的大规律和每次迭代的变化方向趋于正确。

(1) 从现象上看,在叠前深度偏移速度迭代过程中,一旦出现不合理的速度异常,将导致迭代更新后的模型具有明显特点和规律性:浅层速度低、深层速度高;或浅层速度高、深层速度低(反对称现象)。可用此特点结合地质认识甄别其速度异常的真伪性。如确实不合理,可以通过人工干预先分析修正浅层,再修正深层模型。

(2) 需认真分析和解释浅层速度模型(尤其是目前应用微测井约束反演得到的浅表层速度模型)。首先,从观测系统与偏移距数据分布、射线密度分布,分析反演结果的可信度;根据高速顶面选择的合理性、偏移基准面静校正应用量等,判断是否由反演资料应用引起速度异常。其次,要结合地质露头及地面卫片、重磁资料,对层析反演表层模型做出合理地质解释,判断地表断层、岩性突变引起的速度变化位置是否正确,达到正确合理镶嵌近地表速度模型的目的。

(3) 从地质认识分析,同一稳定沉积成岩的地层在一定范围内,速度变化不大,尤其对压实成岩后的老地层,速度变化有限。可以通过统计区域内其他井资料,分析得到速度随深度变化的规律，指导和判断反演得到的速度变化规律是否合理。

（4）在复杂构造勘探阶段，地震叠前深度偏移成像速度仅仅是一个等效的、相对变化规律合理的认识结果，其他地质、物探、钻井等资料，都可以应用于初始速度建模来把握速度变化的规律性。

5.4 山前复杂构造带浅表层速度建模

对于地表平缓、构造相对简单的区域，在前面初始速度模型建立以后，一般就可以开展速度模型迭代更新工作了。但在山前复杂构造带勘探与成像处理中，这套方案是行不通的。原因有两点：

（1）因为浅表层速度模型对叠前深度偏移成像处理的极其重要性，决定了山前复杂构造的成像处理不同于海上、不同于平滑水平地表。相对而言，浅层速度的重要性和影响力远远大于深层。准确的浅表层速度模型不仅能解决静校正问题，消除或减弱由于长波长静校正问题引起的构造假象，而且能较好地满足常规地震资料处理的前提条件，为后续噪声压制处理、叠加速度分析等奠定坚实基础。更重要的是，真地表或地表圆滑面叠前深度偏移需要对近地表低降速带进行正确描述，以获得准确的偏移速度模型，为真地表（或起伏地表圆滑面）叠前深度偏移提供相对准确的初始表层速度场。从前面的正演模型分析可见，浅表层速度模型的精度会影响到速度分析与整体偏移速度建模的全过程和最终速度建模精度，最终对叠前深度偏移剖面品质和成像精度产生重要影响。

（2）因为浅表层速度变化快、获取难，描述精度难以满足成像要求。①山前地表大型冲积扇、地下逆掩推覆断层、地表出露岩性变化快等的影响，浅层速度变化极大。②激发接收条件较差，有效覆盖次数较低，致使地震资料的浅层信噪比低，从而影响速度拾取的精度。因此，从速度建模的角度看，反射波对浅层速度的反演无法做出贡献，可信度极低。③近地表与浅层速度描述不准，会导致深层速度畸变；或在传统的 CMP 面或大圆滑面上偏移时，基准面校正应用了较大的垂直时移量，改变了正常的道间时差关系，从而导致反演速度严重畸变和成像错误。

因此，如何建立准确合理的浅表层速度模型已成为提高山前复杂构造成像精度的关键环节。在反射波信息不太可靠的条件下，我们只能把目光转向直达波、直射波的初至方向及其他地表调查方法。

5.4.1 初至层析反演

如果只是为了解决长波长静校正问题，折射静校正基本可以满足条件。但在近地表结构比较复杂的区域，比如地形剧烈起伏的复杂山地区域，没有一个统一的折射层。在这种情况下，使用折射静校正方法只能得到一个与实际地下情况差异很大的等效速度模型，其只能用于解决静校正问题。

20 世纪 80 年代，层析成像技术从医学领域引入到地震勘探中并且快速形成了地震层析成像技术。它是一种利用地表或井间观测到的地震波旅行时或波形，通过正反演迭代方法，反演地下（或近地表）或井间地层速度结构的方法。它为解决复杂区速度估算问题提供了一套切实可行的方案，其中就包括大炮初至旅行时层析反演技术。

大炮初至旅行时层析反演技术主要通过初至波旅行时反演近地表速度结构，其方法原理已在前面第3章做了详细阐述，主要工作可分为3步：

（1）拾取各炮记录上不同偏移距点的初至旅行时 T_m。

（2）初始速度模型建立。通过野外表层调查资料及应用初至旅行时估算等方法，建立层析反演迭代所需要的初始速度模型。相对准确的初始模型可以提高层析反演的效率和质量。

（3）对初始速度模型进行射线追踪，计算射线路径和旅行时 T_c。通过分析计算实际记录中拾取的旅行时与正演得到的旅行时之差 $\Delta T = T_m - T_c$，不断修正初始速度模型，并进行多次迭代，不断降低 ΔT，当 ΔT 满足精度要求时输出层析反演得到的速度模型。

这里必须明确一点，层析反演相较于折射反演，方法更先进，反演得到的速度模型精度更高，而且用于近地表结构描述的层析反演技术不断优化改进，出现了能够适应不同类型介质结构的层析反演方法，包括适用于层状介质的可形变层析，适用于连续介质的多尺度网格层析等。但是无论采用哪种层析算法，在基于走时反演的前提下，我们只能得到关于近地表结构的等效模型，而非准确的速度模型。

那么这个等效的速度模型，能否用于叠前深度偏移速度建模呢。正如第3章所示模型反演结果（图3.3.2），我们可以将不同炮检距范围反演获得的速度模型用于叠前深度偏移，并对比其成像结果进行对比分析（图5.4.1）。图5.4.1a 从左到右依次为真实速度模型、带有 0~800m 和 0~2500m 偏移距反演的表层速度的偏移速度模型。图5.4.1b 为与之对应的积分法叠前深度偏移剖面（地震剖面上的彩色线条为真实模型的速度界面线）。

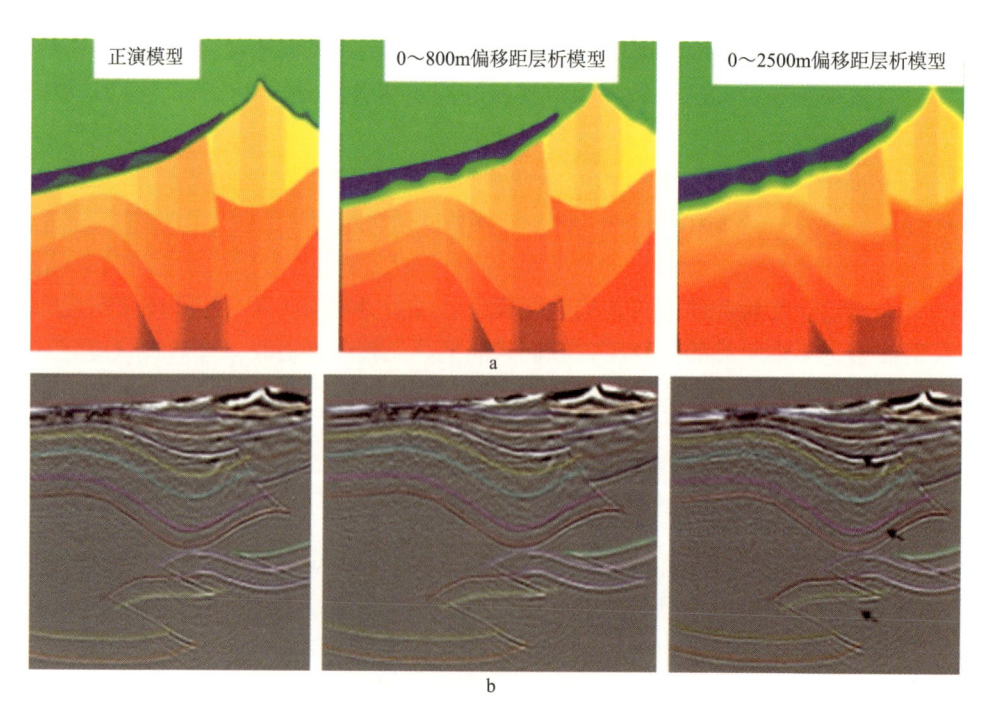

图5.4.1　表层结构建模精度对叠前深度偏移的影响

从对比分析这组图件可以发现，无论使用哪个炮检距范围进行层析反演得到的速度模型，用于叠前深度偏移速度建模后，主要反射界面都基本能成像。只是不同反演速度的偏移，在深度误差上存在较大的区别，偏移距较大的反演速度越平滑，应用到深度偏移速度模型中引起的局部深度误差就大一些。但在实际生产中，小偏移距的资料往往信噪比低、覆盖次数少，无法满足层析反演要求，需要适当应用中、远偏移距的资料，且应用的偏移距越大，反演的深度越大。也就是说，层析反演可以很好地描述近地表速度的横向变化规律，基本能满足叠前深度偏移浅表层速度建模的需求。但是，在模型的精度上还需要进一步提高，包括选择合理的炮检距范围和优化层析反演计算参数、增加其他已知资料约束等。

当然，这一组实验还从另一个角度为我们给出了非常重要的认识：即在叠前深度偏移速度场建立过程中，速度场的规律性认识和把握非常重要。在目前技术条件下，偏移速度场也仅仅是一个等效的规律性较好的速度体。具体由于等效速度带来的深度误差，在实际资料处理中也在所难免。成像误差的大小和反演速度与地下真实速度的接近程度有关。反演模型越接近真实速度模型，深度误差越小。但我们永远不清楚真实的地下速度是什么样的细节变化。因此，在山前复杂构造区，我们重点要关注具有一定幅度的构造，微幅度小构造以我们目前的技术条件很难描述清楚。

5.4.2 多信息综合提高浅表层建模精度

上节已经介绍和讨论过，基于初至走时的层析反演结果可以很好地描述近地表的横向变化规律，基本满足复杂山地叠前深度偏移浅表层速度建模的需求。但是，由于反演参数的差异，如参与层析反演的炮检距范围不同，反演得到的模型精度也不同，反映到叠前深度偏移成像上，表现为深度误差存在较大区别。也就是说，浅表层速度模型的精度影响着叠前深度域成像的精度。因此，要提高复杂构造的成像精度，首先要从提高复杂区浅表层结构描述精度入手。

从前面的模型分析试验和研究已知，层析反演得到的速度模型是一个等效的速度模型，也就是说，在横向上基本可以把握速度的变化规律。但是，在垂向上，与实际模型对比，仍然存在较大误差。因此，我们一般需要采用深度标定的方式，或用微测井约束层析反演的方法提高速度建模垂向上的精度。

深度标定的综合建模技术是在层析反演等效速度模型基础上，利用深井微测井资料在井点位置上确定的速度、深度值，对反演模型进行标定，将二者的优势充分结合起来，从而建立比较准确的表层模型，提高模型和静校正的精度。本方法是先对大炮初至数据采用层析方法进行反演，得到测线各物理点的延迟时和折射速度，以及测线近地表一定深度范围内的速度模型。之后对深井微测井数据（或由其他方法得到的低降速带埋深数据）得到的高速顶在层析模型上进行深度标定，得到其深度处的层析速度，然后以这些点为控制点进行线性内插（三维为平面），得到测线其他各物理点高速顶的层析速度。最后，从层析模型中提取各点速度对应的模型深度界面，即为测线各点的高速顶界面。再将得到的高速顶界面作为反演的约束条件，得到各点的表层平均速度。从而建立起新的表层模型，将该模型作为层析反演的初始模型，再进行迭代，最终得到精度更高的近地表模型。

同样，在生产中应用初至层析反演技术反演浅表层速度模型时，根据反演算法的特点和要反演对象的复杂性、要解决模型的深度范围，还可以先应用较小偏移距的资料反演最浅层的速度，得到较高精度的极浅层速度模型；再用此模型作为初始模型，适当放大偏移距范围，反演较深层段的速度模型，这样可以兼顾小偏移距反演极浅层的较高分辨能力的速度，长偏移距反演较深速度的双重目的。

试验证明经过参数优化或微测井约束后的初至层析反演得到速度模型能更准确的描述近地表结构变化（图5.4.2）。

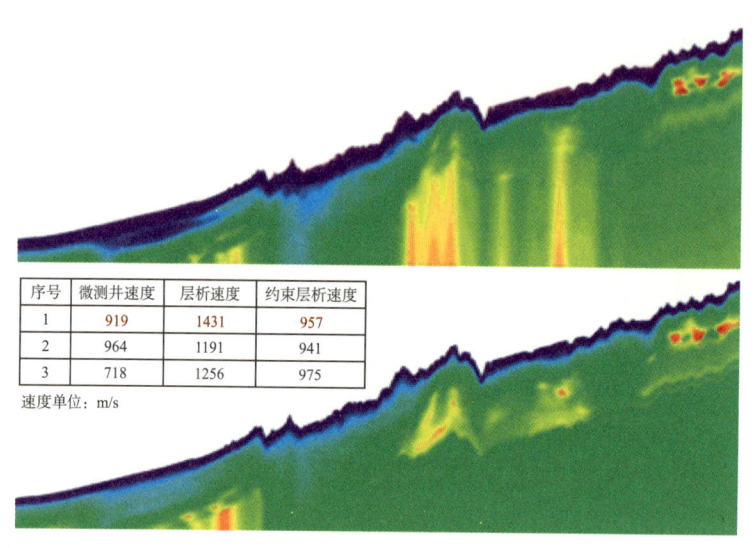

序号	微测井速度	层析速度	约束层析速度
1	919	1431	957
2	964	1191	941
3	718	1256	975

速度单位：m/s

图5.4.2　标定前后层析反演速度模型

从模型正、反演分析和实际生产结果分析，将初至层析反演得到的浅层速度模型应用于叠前深度偏移浅表层速度建模，深层速度模型用可靠的反射资料进行反演建模。这样可以充分发挥浅层、深层不同波场信息的特点，为叠前深度偏移提供更高精度的速度模型，有利于提高复杂构造的成像精度。如图5.4.3所示，a图速度模型中黑色虚线为近地表的偏移基准面，b图速度模型中虚线下充填了初至层析反演的低降速层速度。在b图对应的叠前深度偏移剖面上，盐下（5000m深度附近）目的层成像得到明显改善，划弧现象得到有效压制。

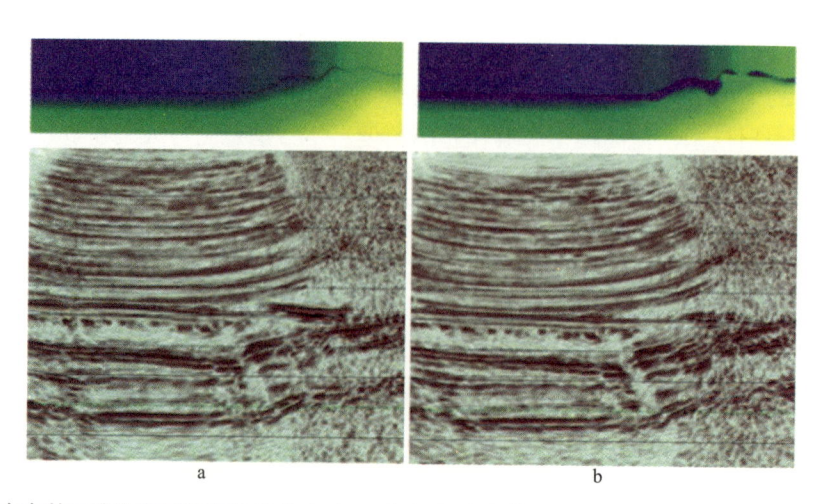

图5.4.3　库车某三维浅表层速度拼接前（a）、后（b）速度模型及其对应的叠前深度偏移剖面对比图

5.5 山前复杂构造带速度模型的迭代优化

山前复杂构造的叠前深度偏移速度建模是一项极为复杂的系统工程，没有哪一项技术可以称得上为灵丹妙药。该建模应该是一个物探地质一体化结合、综合应用各种信息、多手段多技术联合解决复杂问题的过程。

5.5.1 层状、网格及混合层析

目前工业化应用比较广泛、成熟的偏移速度反演建模方法主要有基于沿层的层析成像和基于网格的层析成像两种偏移速度反演建模方法。其中，沿层的层析成像法速度建模是一种基于层位和基于实体模型的速度反演方法，也是深度偏移速度建模早期应用最广泛的一种工业化速度建模方法。该建模主要考虑大套层位的平均层速度，对层间的层速度具有平均效应，其速度对层内大部分同相轴是合适的，而对层间速度异常或层间速度变化较大的区域，其速度往往存在一定误差，影响深度偏移结果的精度；但它能够比较好地控制速度的低频变化趋势，有利于开展地震地质、处理解释一体化结合，在复杂构造低信噪比资料情况下，使速度的变化基本符合地质规律。

基于网格的层析成像的速度反演建模技术是在基于沿层的层析成像技术的基础上利用提取的构造属性来约束层析成像射线追踪和层位自动拾取，进而生成三维层析成像方程，然后进行三维网格层析成像来修改层速度模型，通过多轮速度迭代，最终使深度偏移道集同相轴拉平。相对于沿层的层析成像方法而言，三维网格层析算法实现了全局优化，更有利于整体形成一个合理的等效模型。该方法对大套地层间的速度变化描述得更加准确，在地震资料具有一定信噪比的前提下，对层间的速度异常也能进行比较准确的描述；但在地震资料信噪比较低时，不能很好地反映层间速度的变化。

在生产实践中，将前两者结合起来使用，称作混合层析。这是一种更灵活的方法，综合了二者的优点。它既能保持地层的宏观结构特征及其存在的速度异常体和突变（如大的断层边界、盐边界等），又能保留网格层析对地层内部速度纵横向变化、地层本身存在的垂向上的梯度变化的敏感性。该方法通过全局优化，使偏移速度与数据更吻合。

5.5.2 山前复杂构造带速度模型的更新迭代思路和方法

如前所述，混合层析能够一定程度上解决网格层析成像在处理低信噪比地震资料上的不足问题。但是在山前复杂构造区，由于逆冲断裂发育，且老地层出露地表，风化严重，构造极其复杂，这导致地震资料信噪比极低，地震剖面上无法识别有效反射，构造认识不清，不能进行正确的构造解释和基本宏观地层结构搭建。当用于叠前深度偏移速度反演的剩余时差无法拾取时（图5.5.1），为进一步解决低信噪比带来的问题，处理中将时间域的垂向（CVI）速度分析方法引入到深度偏移处理速度分析中。CVI约束层速度反演是一种稳定的反演方法。

它从一组稀疏、不规则拾取的叠加或均方根垂向速度函数来创建地质约束的瞬时速度。它主要适用于包含连续沉积岩的地区，在这些地区，速度随着深度的增加而增加。同时速度在横向上相对连续变化。与原沿层建模方式相比，CVI 的速度建模方式效率更高。由于其简单高效的特点，方便对整体速度规律进行调整，能够很快完成多次迭代处理。在极复杂构造与低信噪比区，其速度分析与成像效果优于沿层速度分析迭代与网格层析反演。尤其在地质结构认识不清的速度建模初级阶段，可以帮助改善成像效果，便于后续速度迭代反演与偏移。

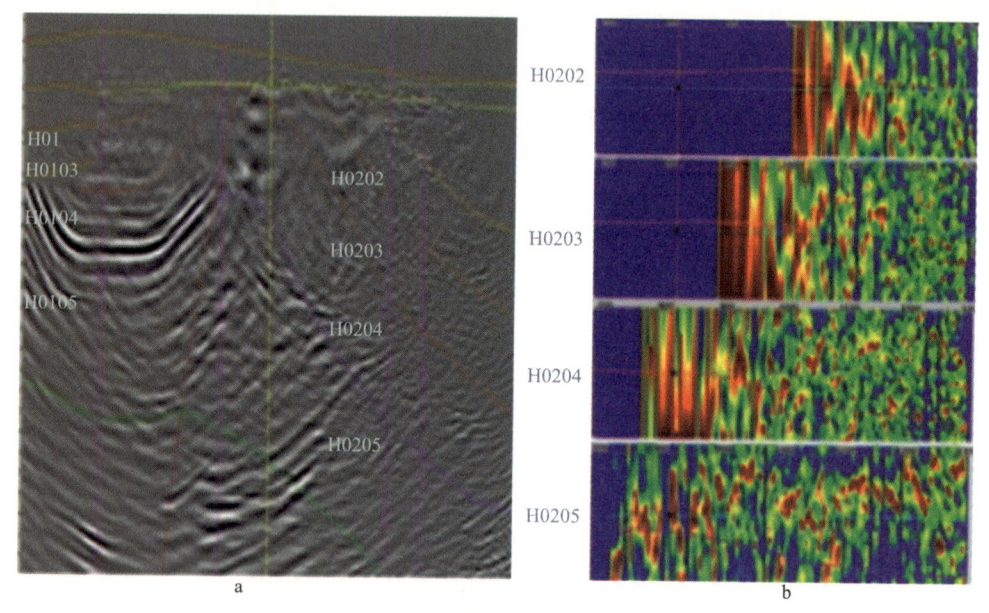

图5.5.1　山前复杂构造层位模型（a）沿层剩余谱（b）

深度域资料垂向模式的速度分析方法，在一定程度上消除了时间偏移速度建模信息在空间归位上的不足，使深度域速度模型在空间变化规律上较合理、速度模型精度得到提高。同时，也在一定程度上缩短了处理周期，因为其不需要进行层位解释，也可以和层位解释同步进行，而山前复杂构造区地震资料层位的解释工作往往要花费很长的时间。

当然，基于垂向模式的速度分析方法存在以下明显不足：

（1）尽管我们开展的是叠前深度偏移处理，但垂向速度分析方法在进行速度分析和扫描叠加时，使用的还是时间域的处理方法，需要把 CRP 反动校，得到的是 RMS 速度，还需要用 DIX 公式再转为层速度模型，用于下次迭代。

（2）由于没有层位的控制，速度的空间变化规律很难正确把握，特别是在资料信噪比较低、构造极其复杂条件下，难以把握速度的变化规律与趋势。

基于以上认识，在极低信噪比地区，处理中提出将垂向（CVI）模式与最简单耗时的层速度扫描、沿层速度分析模式相结合的速度建模思路。首先，在基于垂向 CVI 反演得到的层速度模型基础上，可针对速度异常区或难以成像的区域进行速度扫描，确定速度变化范围和规律，修改完善模型。其次，在得到初步反射认识与速度模型的基础上，结合地质认识，建立尽可能简单，但能基本控制速度宏观规律的模型。再进一步沿层做速度迭代等处理，逐步提高速度规律认识和成像质量。

图 5.5.2 展示了应用该思路进行叠前深度偏移速度建模及成像质量的变化。可以看到，由时间偏移均方根速度场转换的初始层速度体，由于存在速度的异常，使初步偏移成果在剖面红圈所示区域出现构造变形。经过地震规律分析和垂向模式的速度分析迭代后，原始速度场中的异常得到消除，其叠前深度偏移剖面上假构造消失。同时，反射同相轴的信噪比得到明显提高。在此基础上，根据层位解释成果，抽取各层层速度，形成初始沿层层速度体（图5.5.3）。进一步的沿层速度迭代优化，使偏移剖面成像品质逐步改善（图5.5.4），主要表现在信噪比提高、盐下构造成像得到改善。

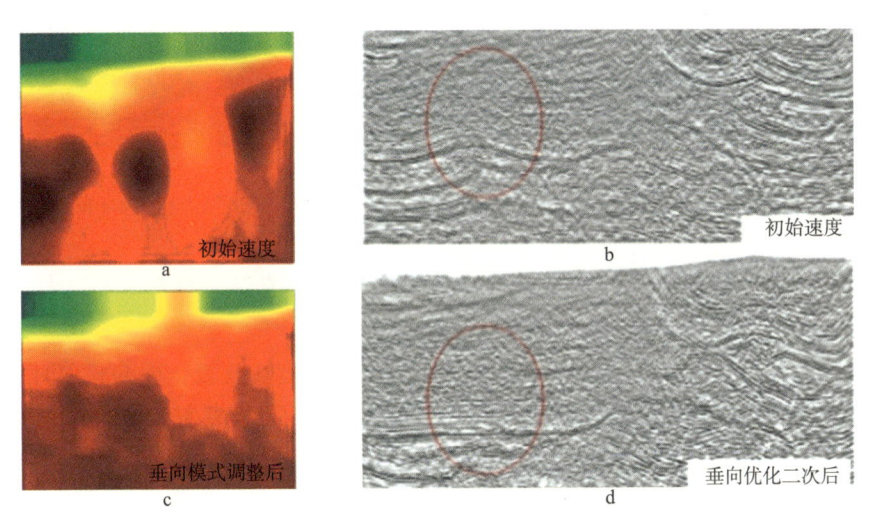

图5.5.2 垂向模式速度优化后速度场及叠前深度偏移剖面

a—初始速度；b—对应的偏移剖面；c—垂向调整后速度；d—对应偏移剖面

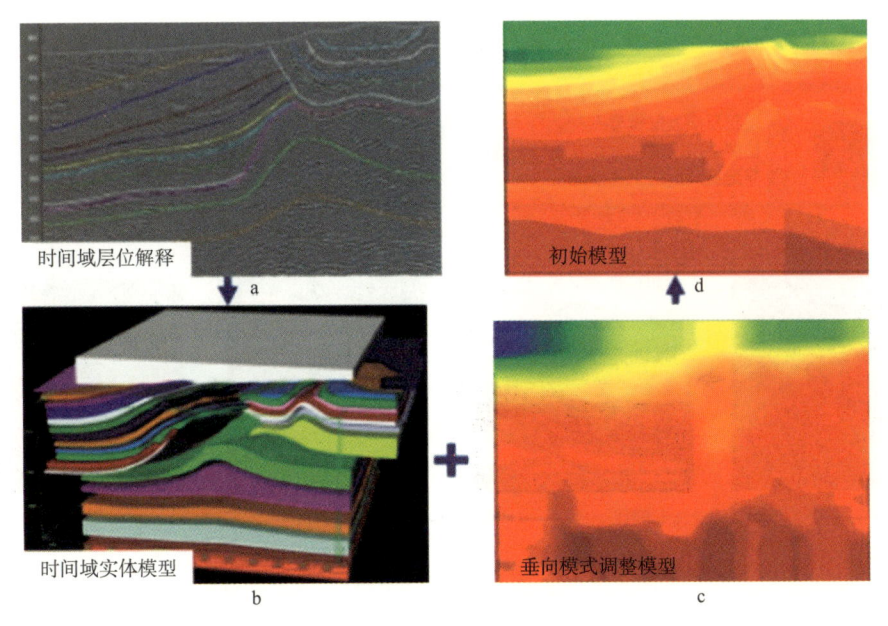

图5.5.3 垂向+沿层模式建立初始深度—速度模型

a—层位模型；b—对应的三维构造模型；c—垂向调整后速度模型剖面；d—沿层调整后速度剖面

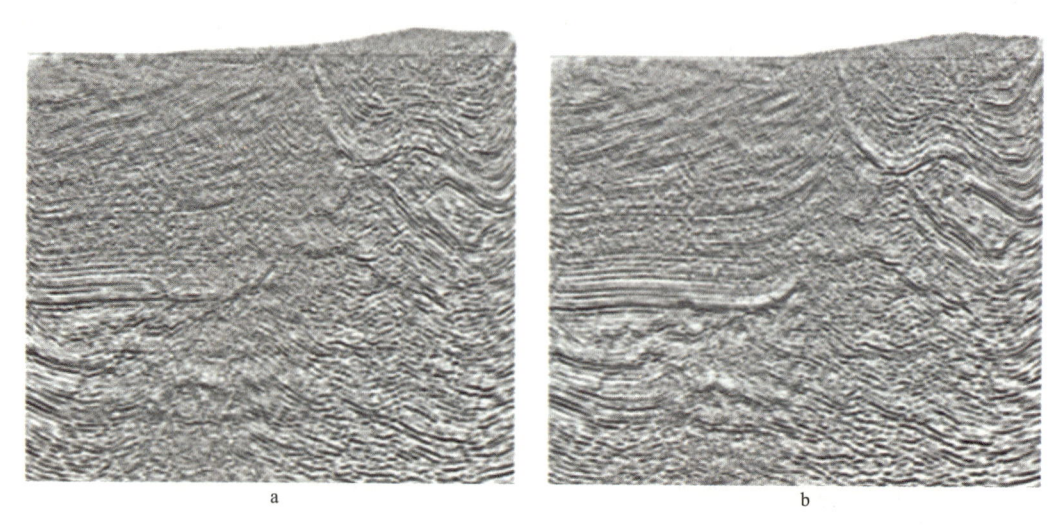

图5.5.4 垂向调整模型的深度偏移（a）与沿层调整模型的深度偏移（b）

由以上分析，建立了叠前深度偏移速度建模和优化的流程（图5.5.5）。复杂构造区速度建模的具体实现思路和方法如下：

（1）利用叠前时间偏移处理获取精度较高的均方根速度场及较合理的叠前时间偏移数据体，为叠前深度偏移初始速度建模提供基础（多数情况仅仅能提供初步的构造框架）。

（2）时间域构造模型解释。在时间偏移剖面上，应用钻井资料划分、标定大套的速度变化控制层，并解释大套控制层位的构造框架模型，用于控制大的速度变化规律。构造解释时注重构造的宏观变化规律，不必追求细节，因为时间域的成像本身存在较大问题。待经过多轮叠前深度偏移与速度迭代后，再用深度偏移目标线解释修正构造模型。

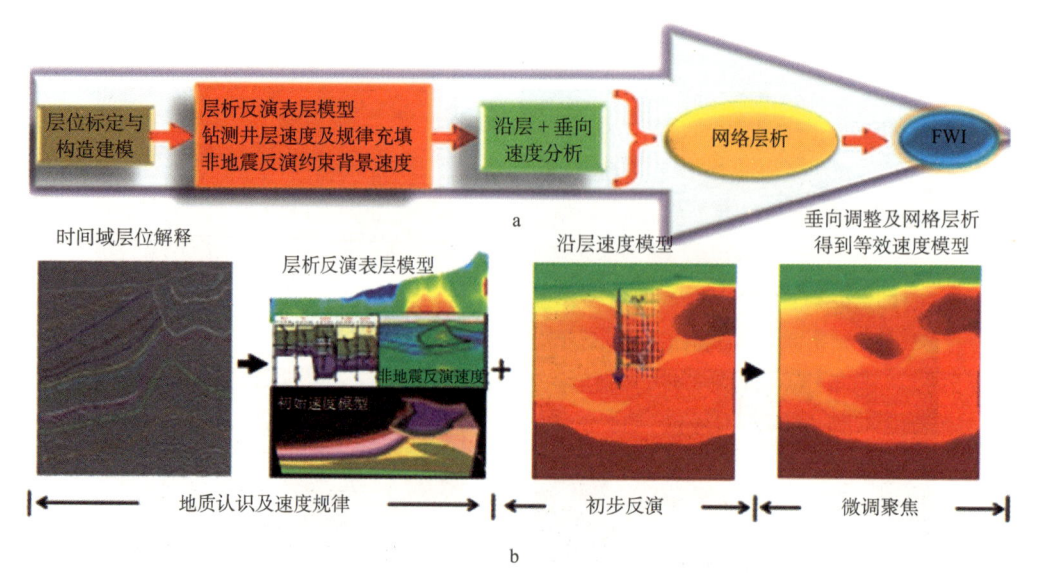

图5.5.5 叠前深度偏移速度建模与优化流程
a—流程方法描述；b—图示说明

(3) 构建初始速度—深度模型。应用所解释的层位（构造模型）在均方根速度体上抽取和计算层速度。但在山前起伏地表的复杂高陡构造区，多数情况下，由叠前时间偏移得到的均方根速度变化无常。由此，均方根速度计算的层速度通常不能直接用于速度建模（横向速度变化无常，不能反映地下地层的速度变化规律），需要进行如下处理和约束：①浅表层采用层析反演得到的速度模型；②在横向速度变化大、规律性不合理时，利用VSP测井、钻井速度信息，结合地震非地震联合反演得到的速度变化规律认识，利用井上获取层速度充填到构造框架模型中；③对不合理的区域进行沿层充填速度时，需要根据区域时深统计规律，考虑地层随埋深与压实作用的影响，约束初步偏移速度场的变化趋势。最终形成初始速度—深度模型，确保速度的宏观变化规律与地层地质结构吻合。

(4) 利用初始速度—深度模型速度场，开展目标线叠前深度偏移与速度分析迭代。采用沿层速度分析与垂向速度分析相结合的方式，以CRP道集校平、剩余速度谱归零为准则，对偏移速度场进行进一步的迭代修正。并对每次迭代后形成的新的速度体进行规律性分析，研究其是否符合地质规律，对明显不符合规律的异常要进行干涉与修正。每经过1～2轮迭代后，需要对宏观构造模型及速度异常体边界模型进行修正与完善。多轮迭代后可得到速度规律正确、成像较好的宏观速度模型

(5) 应用全局优化的反射波网格层析速度反演技术，进一步微调聚焦速度—深度模型。通过多轮层析反演迭代，在确保速度宏观规律的基础上，使得整体速度模型与偏移数据更加匹配吻合，得到精度更高的速度—深度模型，用于最终叠前深度偏移聚焦成像处理。网格层析技术调整的是层内的速度变化细节、突变边界等，并没有改变速度的宏观基本规律，使偏移后的CRP道集更聚焦，成像质量和信噪比进一步提高。全局优化的网格层析技术应用中应该注意几方面问题：①网格大小的选择。浅层迭代时，由于浅层速度变化快，对成像影响大，网格要小一些；深层网格可以大一些，利于提高效率。可以先迭代浅层，再逐步加深。②每次反射网格迭代的速度更新改变量，需要适当控制和处理（包括平滑、编辑等），认真分析其改变的趋势是否符合速度的变化规律。同样由于近表层及浅层速度纵横向变化快，同时或多或少的部分静校正量的应用都会引起成像速度的高频快变。每次迭代的改变量要小一点，平滑量也可以小一点，通过分析成像的效果来判断速度的改变量及应用，多次迭代逐步逼近。深层速度相对稳定，网格和平滑需要大一些，有些可以直接实现变网格层析。③随着对速度精度要求的提高，为了控制大断层两侧速度的明显变化，近两年已经发展了断控网格层析技术。在模型迭代的早期，重视的是宏观大的速度规律。而迭代的后期，速度规律基本确定，速度精度不断提高，应开展此技术的应用，进一步提高大断层附近速度及成像精度。④在野外采集观测系统较宽时，应开展方位网格层析及校正技术的应用。山前复杂构造区的构造变形强、走向相对单调定向，方位各向异性特征明显，会显著影响速度迭代与聚焦成像，必须考虑不同方向上的成像速度变化。如图5.5.6至图5.5.8所示，在资料具有一定信噪比的情况下，由于网格层析成像方法能对大套地层的层间速度变化描述得更加合理（图5.5.6），对由于构造建模导致的速度突变模型有明显平滑。在CRP道集上，网格层析速度优化后，浅、中、深层同相轴均基本校平，信噪比明显提高，达到了速度微调聚焦的目的（图5.5.7），偏移成像精度得到进一步提高（图5.5.8）。

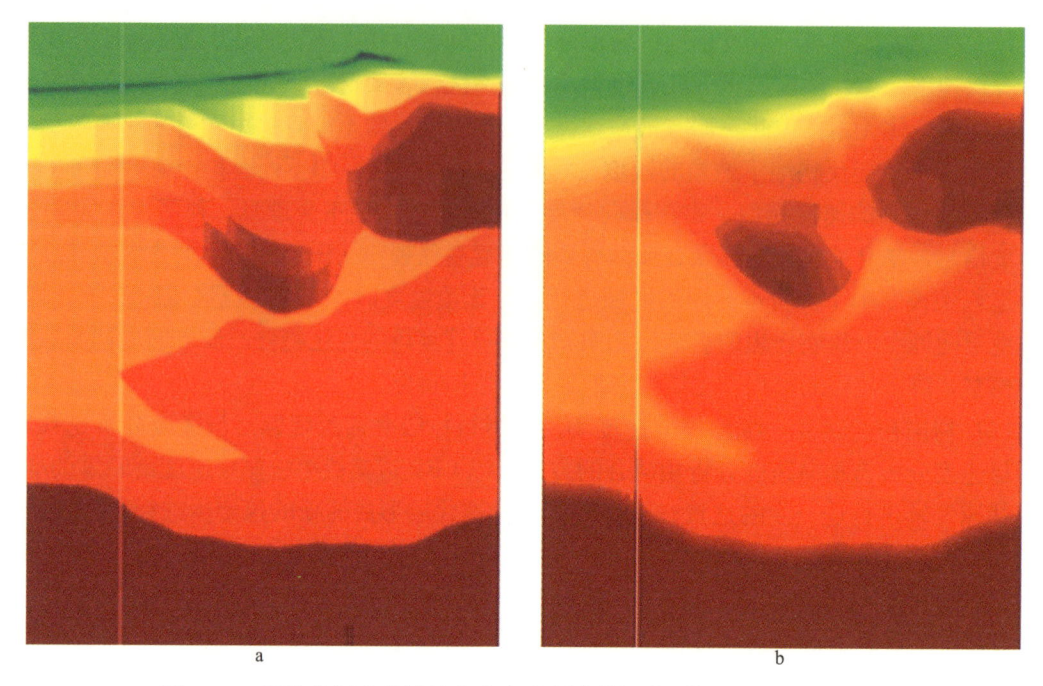

图5.5.6　层位控制速度剖面（a）与全局优化网格层析后速度剖面（b）

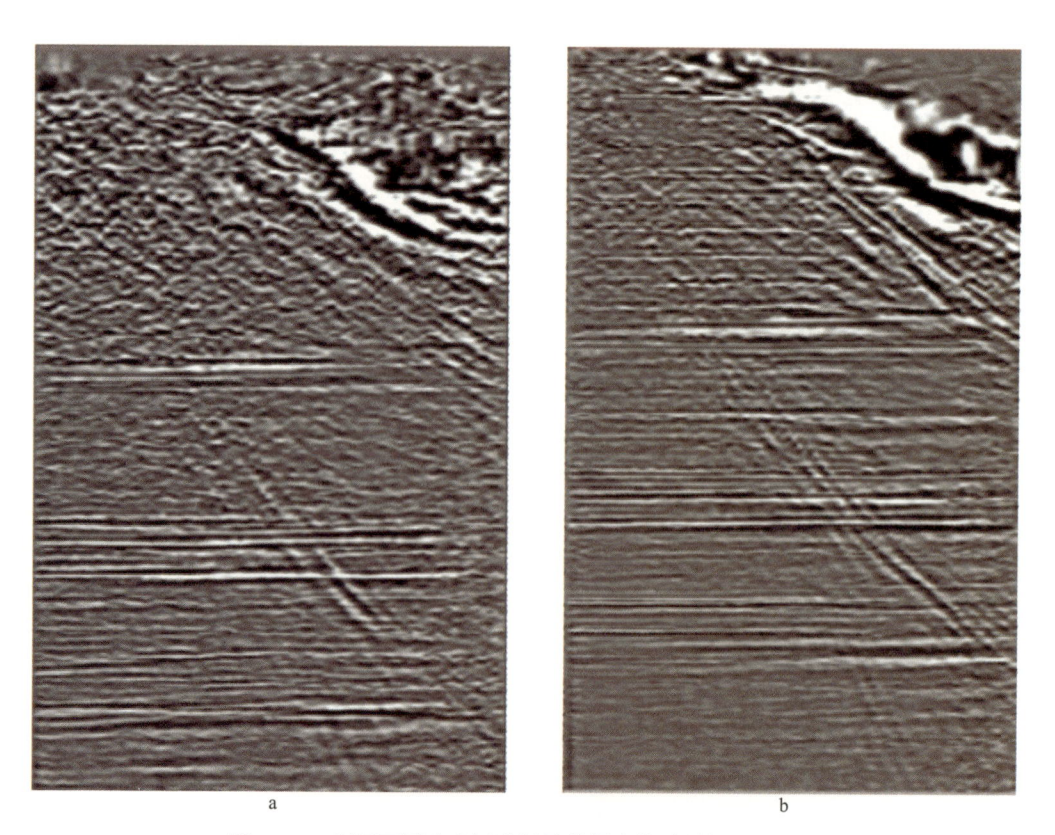

图5.5.7　利用不同速度场进行叠前深度偏移所得CRP道集

a—层位控制速度场；b—全局优化网格层析后速度场

5 山前复杂构造带叠前深度偏移速度建模技术应用策略

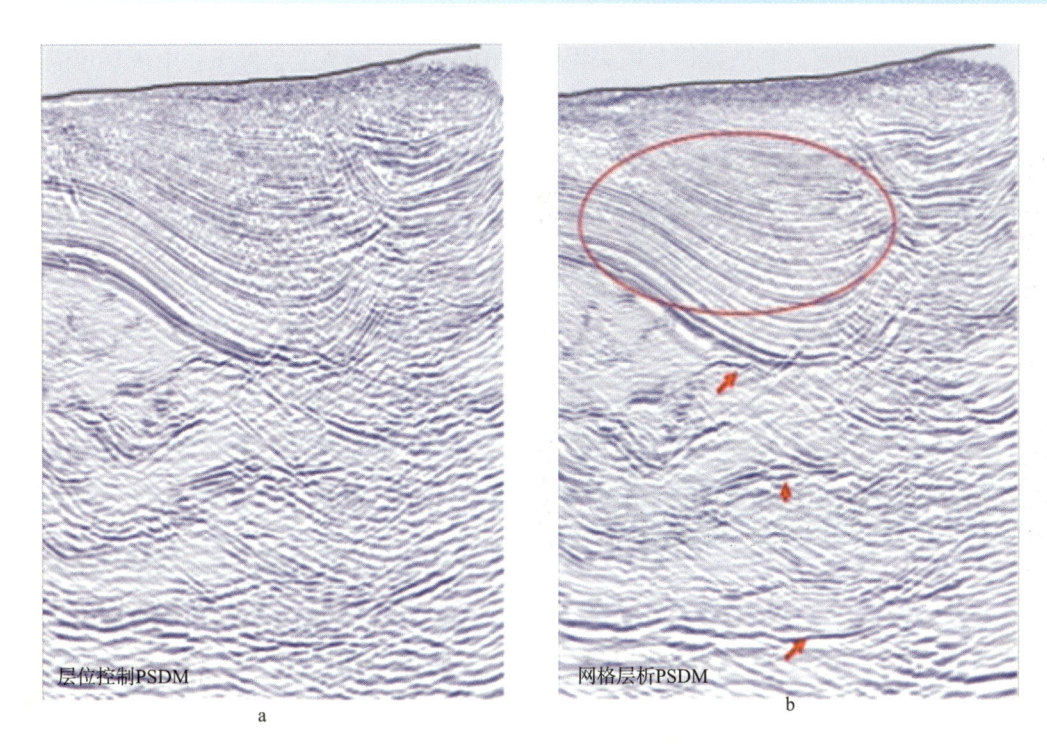

图5.5.8 利用不同速度场进行叠前深度偏移所得剖面

a—层位控制速度场；b—全局优化网格层析后速度场

（6）全方位网格层析速度反演技术更有利于提高复杂构造区速度反演描述精度。层析速度反演是目前陆上资料叠前深度偏移求解速度的主要工具，但层析反演的精度和分辨率不仅受其反演方法本身的限制，在实际应用中更受到观测数据对目标体覆盖范围大小的影响。增加地震采集的覆盖范围可以显著提高速度分析的精度。提高覆盖范围有两种方法，一种方法是增加地震勘探的炮检距范围，为了在速度分析方面取得显著的改进，炮检距与速度反演目标层深度比需要达到 3∶1，这通常对中浅层是可以实现的。第二种方法就是使用宽方位角数据，利用地震数据随方位角变化的时差变化来提高速度求解的精度。2010 年 Buia 等提出了一套基于分方位处理思路的多方位层析速度建模技术流程，成功地将方位角信息用于速度建模并收到一定效果。前期人们又提出了基于 OVT 域的全方位网格层析技术，在角度信息利用方面又有了一定的进步，但也存在一定的局限性。OVT 也是一种方位近似技术。近几年，基于地下局部角度域（Local Angle Domian，简称 LAD）偏移的全方位道集网格层析反演技术取得了很好的效果。

地下局部角度域是指成像点处的法线倾角和法线方位角，实际物理含义就是地层的倾角和地层的方位角。全方位层析速度反演基于全方位角度域偏移道集，道集保留了反射角和方位角信息，这样就可以得到同一反射点在不同角度、不同方位上的剩余时差 RMO。在反演矩阵中，不同方位的 RMO 与不同方位的射线建立了一一对应关系，因此，其速度求解能力更强，速度更新更准确，对反演中浅层速度的变化更敏感。开展全方位网格层析反演：首先要做局部角度域叠前深度偏移，得到包含反射角与方位角度信息的道集，并进行统一的剩余时差拾取与编辑；其次，要通过统一的射线追踪来建立方程组，并求解方程组，得到每个网格的速度更新量。因此，全方位角度域道集具有连续的方位角变化，每个方位的时差都可以拾取到。在目前山前复杂构造勘探普遍采用较有限的观测系统宽度条件下，中浅层可以达到宽方位或全方位，能大大提高其速度识别能力和反演精度。

例如，在准噶尔盆地南缘地区某区块（图5.5.9），其南部为长期隆升的天山山脉，受其控制的山前带继承性发育了一系列冲积扇体。由于不同沉积期气候、坡度及物源的变化，冲积扇体有高速砾岩体，也有速度相对较低的沉积体。从现今地表卫星照片也可以看出，表层砾岩扇体由南向北，由粗到细，由扇根粗砾石逐步变为细粒沉积（可耕种的农田）。正是由于多期多级扇体沉积的叠合与纵横向变迁，其岩性、物性、速度在纵横方向上变化极快。因此，山前砾岩发育区的速度精细刻画成为该区高精度叠前深度偏移成像的关键。图5.5.10为相同速度模型下得到的常规CRP道集（a图）和局部角度域偏移反射角道集（b图）的对比可见，常规叠前深度偏移速度调整得到的CRP道集看起来已经校正平了，速度似乎比较准确，但在LAD偏移得到全方位反射角道集上观察到了明显随方位差异而变化的时差。这种随方位规律性变化的时差差异，一方面可能是由未解决的局部速度异常引起的，另一方面也可能是由于方位各向异性引起的。当然，也可能是这两种原因共同引起的。在这种条件下，我们从地质与冲积扇沉积的特点导致速度不均匀变化的认识可知，砾岩体的局部速度异常变化应该是引起这一现象首先需要考虑和解决的问题。只有解决了局部速度不均质变化的异常之后，才考虑可能存在的冲积扇河道定向排列引起的方位各向异性问题。

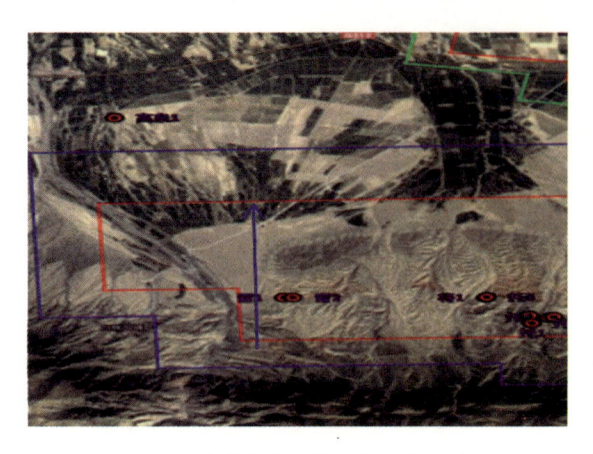

图5.5.9　准噶尔盆地南缘某区块卫片

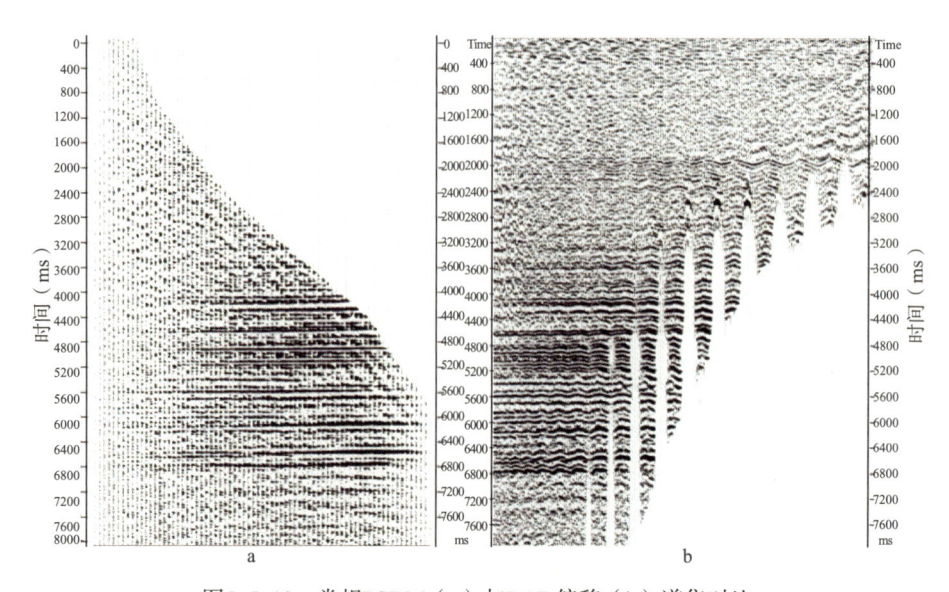

图5.5.10　常规PSDM（a）与LAD偏移（b）道集对比

a—常规PSDM道集（横向坐标为偏移距）；b—LAD偏移道集（横向坐标为反射角与方位角）

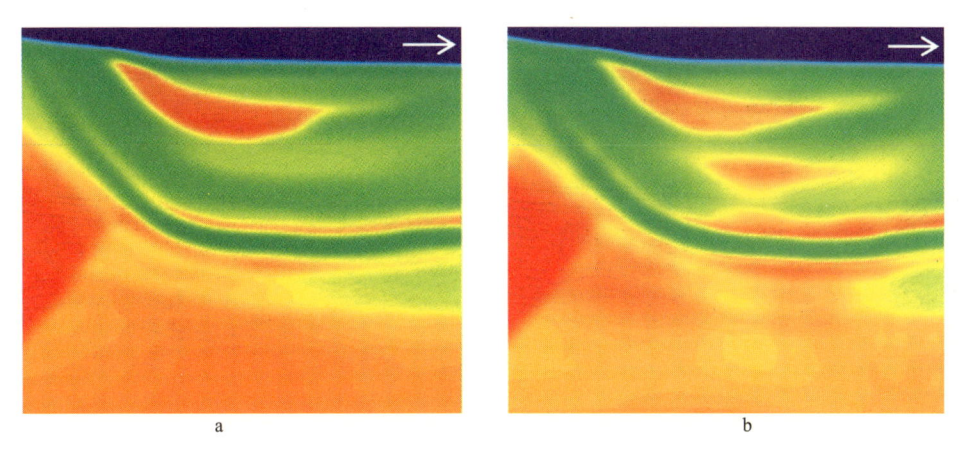

图5.5.11　全方位网格层析前（a）、后（b）南北向速度剖面对比图

图5.5.11为与图5.5.10对应的全方位网格层析前（a）、后（b）南北向速度剖面对比图。a图为常规网格层析迭代后得到的速度剖面，从图5.5.10的道集校平看，速度基本收敛，宏观上反映了受南部抬升，向北沉积的多期高速砾岩冲积扇（红色速度高，向蓝色变为速度低）。b图为常规层析速度模型基础上再做两轮全方位网格层析迭代后对应的南北向速度剖面，可见高速砾岩的速度及其内部结构、空间发育位置、形态都有所变化，说明全方位网格层析进一步改善了速度变化的细节。图5.5.12为对应的全方位网格层析前后的反射角道集对比。可以看到原有的明显随方位变化的时差差异大部分得到了消除，道集上主要反射层基本校平，也印证了道集上的方位时差差异主要是由速度局部变化描述不准造成的。而在2000～2600m深度的大角度道集上方时差变化仍未校平，但其"周期性"变化的规律变得更明显，聚焦更好，说明速度不均匀变化的问题基本解决，剩余的"周期性"变化可能是由于定向排列的冲积河道所致的速度方位各向异性变化引起的。这样的变化就得应用方位各向异性的正交晶系偏移方法来解决。

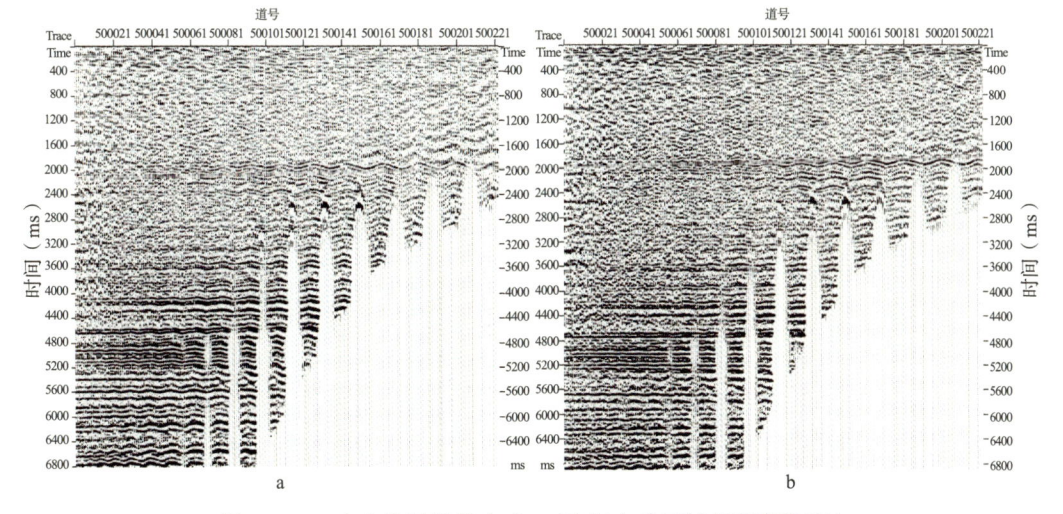

图5.5.12　全方位层析前（a）、后（b）角度域偏移道集对比

a—常规网格层析速度模型角度域偏移道集；b—全方位网格层析后速度模型的角度域偏移道集

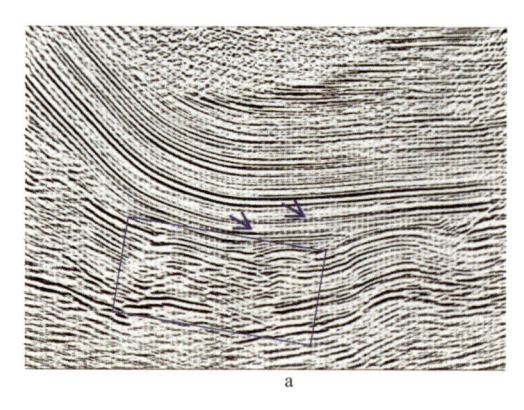

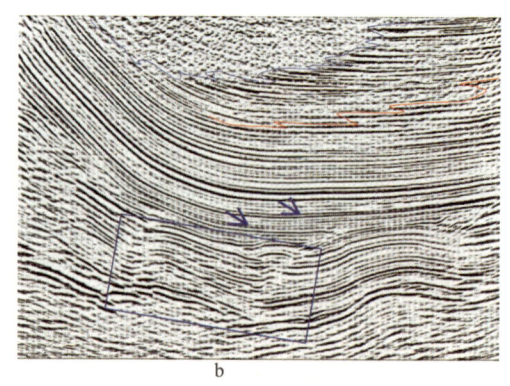

图5.5.13　全方位层析前（a）、后（b）对应的叠前深度偏移剖面

从图5.5.13全方位网格层析迭代前（a）、后（b）对应的叠前深度偏移剖面对比可以看到，全方位网格层析后第1、2期砾岩的成像边界刻画更为清楚。砾岩体下覆层的反射层成像明显改善（蓝色箭头标示处），分辨率得到显著提高，其下深层构造同相轴连续性变好，成像变得明显清晰可靠，蓝色框内由于偏移不足导致的交叉反射得到解决。由此可见，一方面，角度域全方位层析技术具有理论上的优势，求解速度能力较常规层析方法明显提高，尤其对中浅层速度空间异常特征变化刻画更准确，从这一应用实例的情况来看，较好地解决了浅层砾岩的空间速度变化，成像质量得到了较好的改善；另一方面，全方位道集中观测到的不同方位的RMO差异，不仅包含了速度局部异常引起的变化，也可能包含了方位各向异性的影响。因此，从逐步提高速度反演精确的角度讲，应该先进行基于角度域偏移的全方位网格层析迭代，再进行基于正交晶系偏移的层析反演，这对山前复杂构造的速度建模意义重大。

（7）近几年全波形叠前反演（FWI）技术得到快速发展。与层析反演等基于运动学走时的速度建模方法相比，FWI方法不仅考虑了波场传播的走时，更重要的是它考虑了波场传播过程的振幅、频率、相位等波形变化。FWI方法利用地震波场的运动学和动力学信息重建地层结构，具有揭示复杂地下构造与储层结构的潜力。尤其对于海上资料，信噪比高。近几年不仅基于初至及回转波、折射波等波场的反演得到快速发展和推广应用，基于反射波的FWI也得到快速发展，随着OBN等全方位长排列等采集技术发展，FWI的反演精度进一步提高（图5.5.14）。由于陆上资料（尤其是山前复杂构造区单炮资料）信噪比极低，各种波的响应非常复杂，FWI技术在陆上的发展应用遇到了较大挑战。近期我们开始探索研究FWI技术如何应用于陆上，关键在于正演子波的定义对道集资料的保幅、保波形相位的压噪和校正，消除干扰及激发接收因素的变化对波形的影响。

图5.5.15a为常规层析反演速度及其偏移剖面叠合图；图5.5.15b为FWI反演浅层速度（白色虚线之上）与层析反演速度拼接后的速度模型及其偏移剖面叠后图。顶部黑色箭头指示了FWI反演后得到的浅层速度两个明显变化处，与剖面顶部勾画的对应地表地质露头剖面对比可见，左侧黑色长箭头处反映FWI反演出了山前明显的高速砾岩分布区，右侧黑色短箭头处反映FWI反演呈现地表背斜顶部剥蚀强，现代堆积物速度低的地质特点。正是由于FWI反演速度有了这两处明显速度变化细节，导致偏移后剖面成像质量明显改善。如蓝色箭头标示的对应位置，右侧剖面成像明显好于左侧。当然，FWI在山前复杂构造区的应用

5 山前复杂构造带叠前深度偏移速度建模技术应用策略

仍然面临诸多挑战和需要解决的技术问题,期望在不远的将来能实现 FWI 在山前速度建模中的应用,至少在基于初至及回转波的反演方面取得突破,解决浅表层速度难以建立的根本难题。

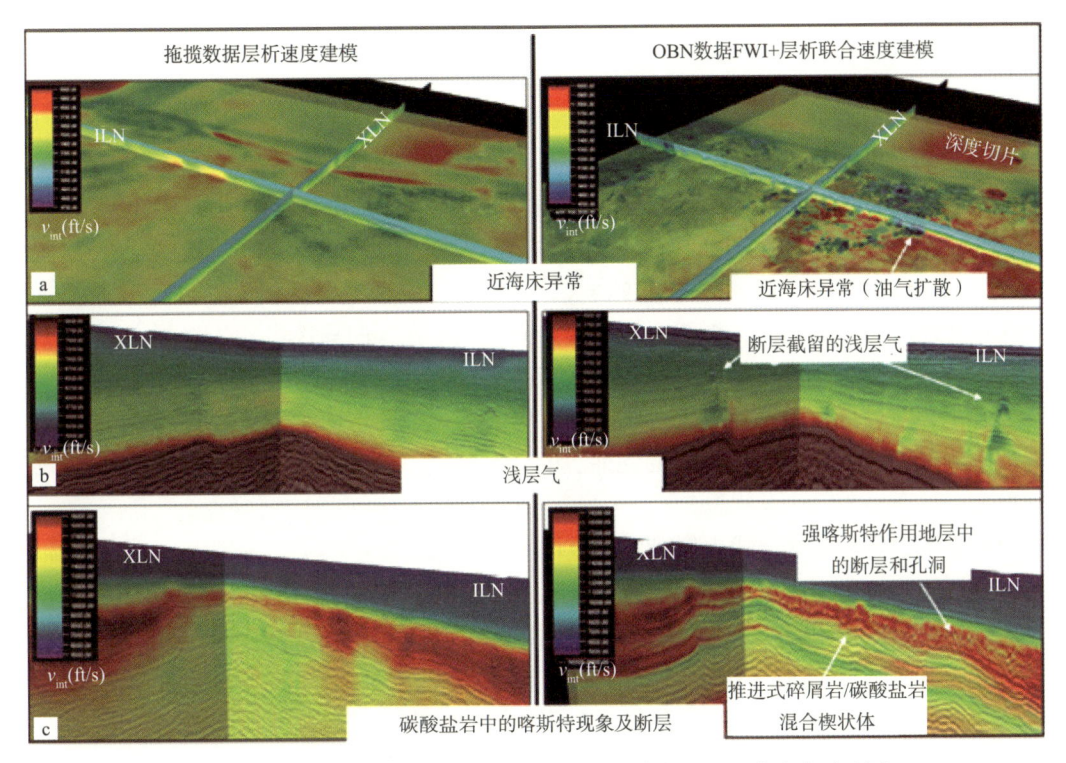

图5.5.14 BP某气田拖缆层析与高密度OBN资料FWI反演速度对比图

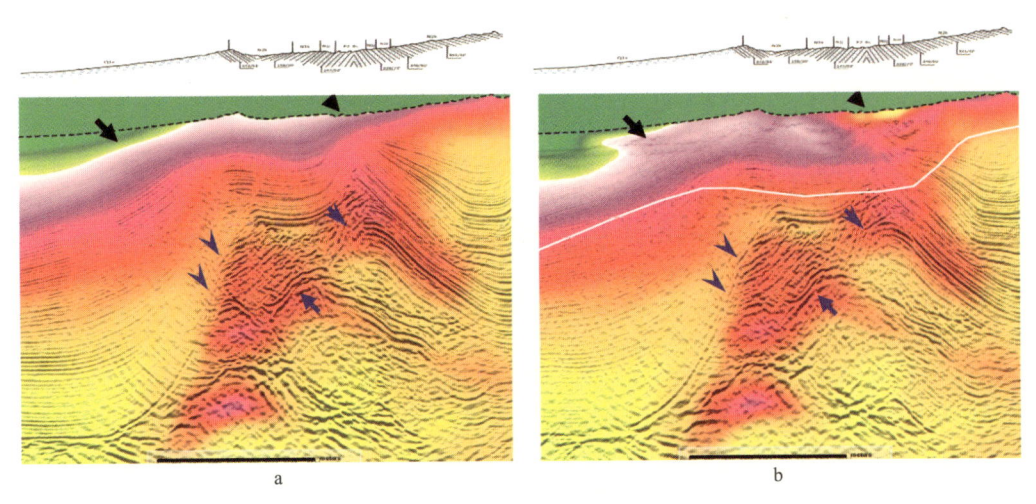

图5.5.15 库车某区FWI与常规层析反演速度模型及其偏移剖面对比图

a—常规层析反演速度及其偏移剖面;b—FWI反演速度及其偏移剖面

— 173 —

5.6 各向异性参数建模

5.6.1 各向异性参数基本理论

如果一特定介质（或连续介质的某一区域）某属性参数的测量值随方向发生变化，那么就称该介质对这一属性为各向异性介质。即如果某弹性介质是速度各向异性的，那么地震波在该介质的不同方向上会以不同的速度传播。事实上，由于地层沉积环境、岩石成分、岩石成岩作用和地应力等的不同，地下介质都或多或少地存在各向异性。

沉积地层中的各向异性主要是由下列因素造成的（Thomsen）：

（1）由各向异性矿物颗粒或者各向同性矿物沿沉积方向定向排列造成的内在各向异性。

（2）相对于波长的小尺度各向同性地层的众多薄层（地层可以是水平的或倾斜的）组成的地层。

（3）垂向或倾斜裂缝（或者微裂隙）定向发育的地层。

（4）流体静应力或区域地应力导致的地层各向异性。

由上述若干因素组合所产生的各向异性可能会非常复杂，在实践中很常见。例如：垂直裂缝系统可以在薄层的沉积地层中发育，或者薄层本身就是内在各向异性的。因此，地层可以具有几种各向异性对称，每种对称轴都对应不同的地震波传播特性。

地震各向异性介质是指弹性波的传播速度随方向而异的介质。对于纵波地震勘探中的偏移成像来说，目前研究较成熟和常用的各向异性介质模型有两个：VTI 介质和 TTI 介质。一般而言，研究各向异性要从 VTI 介质开始。Thomsen 于 1986 年给出了表征纵波 VTI 介质弹性性质的 3 个参数：δ 表示变异系数；v_{P0} 表示 P 波垂直方向传播速度；ε 表示纵波各向异性。各参数的求取公式分别为

$$\delta = \frac{H_{\text{iso}}^2}{2H^2} - \frac{1}{2}$$

式中，H_{iso} 地层各向同性的地震成像厚度；H 为同一地层的实际厚度。

$$v_{P0} = v_{\text{iso}} / \sqrt{1 + 2\delta}$$

式中，v_{iso} 地层各向同性的地震成像速度。

$$\varepsilon = \frac{v_{\text{iso}}^2}{2v_{P0}^2} - \frac{1}{2}$$

而对于 TTI 各向异性介质，其表征参数在 VTI 介质 3 个参数的基础上又增加了 2 个，即地层的倾角和方位角参数 θ、ϕ，共 5 个参数。

从图 5.6.1 可以看出，在 $x'y'z'$ 坐标系下，介质表现为 VTI 各向异性的特性（对称轴是垂直的，地层是水平的）。但在 xyz 坐标系下则表现为 TTI 各向异性的特性（对称轴和地层

都是倾斜的)。由于 TTI 各向异性的假设较各向同性的假设更接近于实际地下介质，因而基于 TTI 各向异性假设的叠前深度偏移成像技术在工业生产应用中具有普遍性，而 VTI 是倾角和方位角为零时的 TTI 介质的特例。

而对于水平对称轴的 HTI 介质，由于其参数更多更复杂，而且目前纵波勘探不易获取，生产中没有形成工业化推广应用。

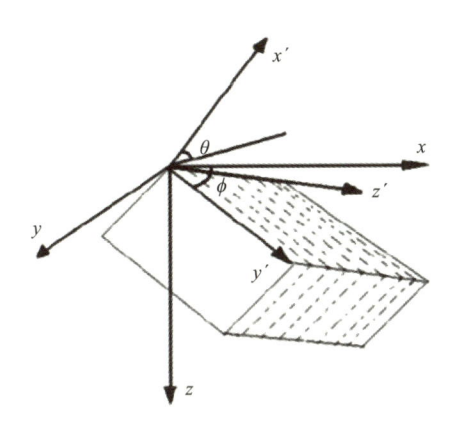

图5.6.1　VTI介质与TTI介质关系图

5.6.2　各向异性参数对成像的影响

首先我们用模型试验结果来分别说明基于各向同性介质假设时的成像与基于各向异性介质假设时的成像差异对比。

图 5.6.2 采用的理论模型为 VTI 各向异性理论模型（a 图），对该模型分别采用各向同性偏移（b 图）和 VTI 各向异性偏移（c 图）。从成像结果上对比可以发现，对于各向异性介质，若采用各向同性方法偏移成像，成像后的地层整体深度增深。而且，越到深层，深度误差越大。其次，是绕射波不能准确归位，绕射点成像模糊。

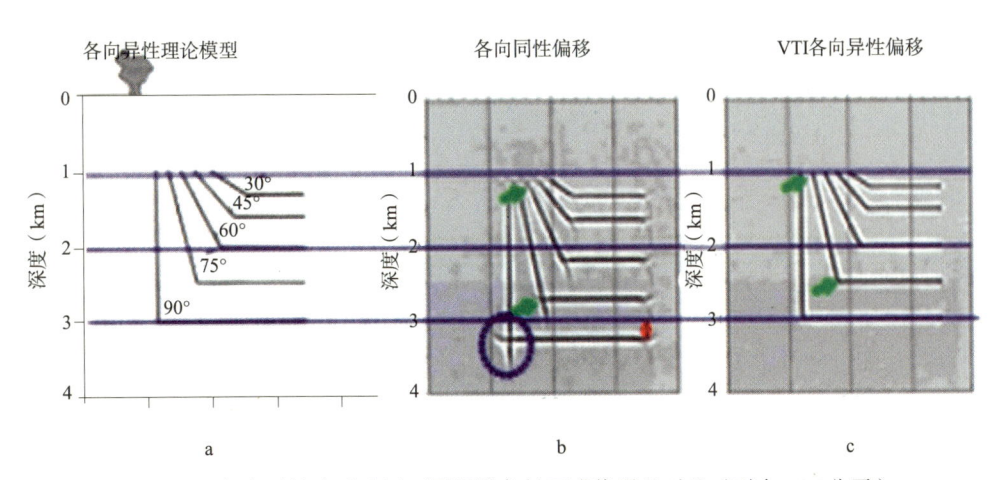

图5.6.2　各向异性介质采用不同假设条件下成像误差对比（引自CGG公司）

下面再来对比一下 TTI 介质条件下，采用 VTI 和 TTI 偏移的成像效果。图 5.6.3 显示，实际模型为 TTI 介质时，若采用 VTI 假设条件进行偏移成像，最大的误差来自断点横向位置的漂移。

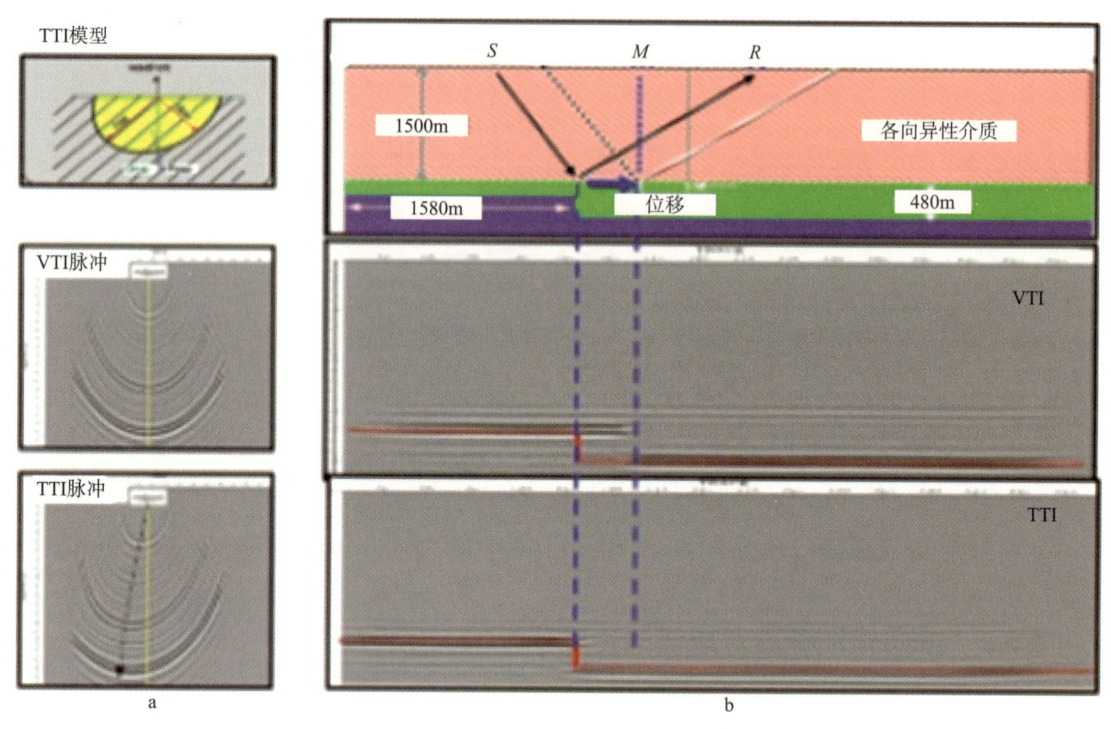

图5.6.3　地层倾角和方位角对成像的影响

a—从上到下依次为介质模型及VTI、TTI的偏移脉冲响应；
b—从上到下依次为上覆带倾斜各向异性的地质模型、VTI、TTI偏移对应的剖面

西部复杂构造区地下构造复杂，地层褶皱严重，断裂发育，地层大都具有 TTI 介质各向异性的特征。以上的模型对比结果说明，应用基于各向同性假设条件的叠前深度成像方法将严重影响成像的精度和效果，包括下覆构造的成像深度误差、构造及断点的横向位置等。因此，在复杂高陡构造区，各向异性是影响地下深层构造地震成像质量和精度的重要因素之一。发展应用 TTI 介质各向异性叠前深度偏移处理技术将是山前复杂构造区高精度成像的必然选择。

5.6.3　各向偏移异性参数建模

通过理论分析和长期实践探索，形成了 TTI 介质各向异性参数建模与偏移成像处理的技术流程。由各向异性速度场 v_{p0} 及 δ 求取公式定义可知，δ 大小只与深度误差有关，而各向异性速度与各向同性速度及 δ 有关。因此，各向异性参数建模的具体实现方法如下：

第一步，首先求取较准确的各向同性速度场，这是一个多信息建模过程，包括了地震信息、非地震信息及钻井、测井等地质相关信息。这部分内容在前文已经做了详细系统的讨论。

5 山前复杂构造带叠前深度偏移速度建模技术应用策略

第二步，根据钻井和测井的声波合成记录与VSP走廊叠加对比分析等，标定各向同性偏移成像反射同相轴与各套地层的深度、厚度关系。求取各个层段的深度误差与厚度误差，并计算井点周围相应的δ值（曲线或不同地层深度对应的数据表，图5.6.4）。计算工区内所有井的δ值，并通过构造建模的方式，形成δ参数体。

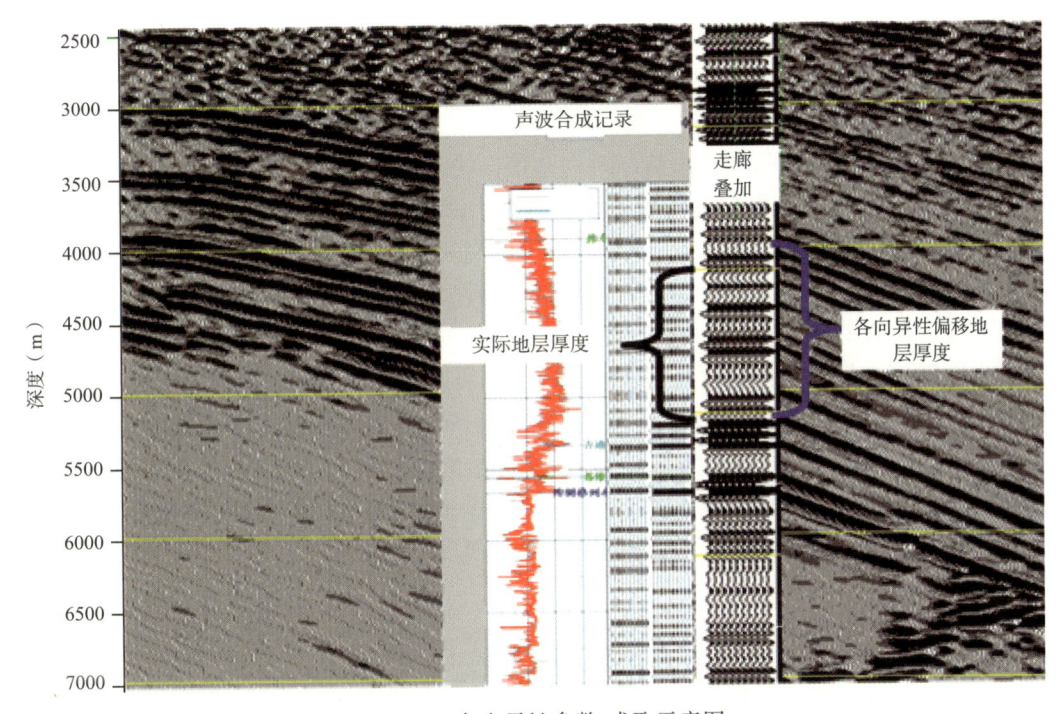

图5.6.4　各向异性参数δ求取示意图

第三步，利用各向同性速度体和δ参数体，计算各向异性速度场v_{p0}体。在此基础上，再给出初始ε体（可以设为某个常数或用δ体的一定比例值代替）。并进行VTI各向异性偏移。

第四步，利用VTI各向异性偏移后的道集，类似偏移速度分析与迭代建模的方法，求取参数体ε。经过多次迭代，得到ε参数体。

第五步，应用VTI叠前深度偏移数据，求取初始地层倾角θ和方位角ϕ模型。并做TTI叠前深度偏移。

第六步，重复第四步、第五步，进一步优化ε、θ、ϕ。直到满意后，进行最后体偏移。

结合前面介绍的叠前深度偏移速度建模流程，由此建立了完整的基于起伏地表的TTI叠前深度偏移速度及参数建模流程。但在生产实践中，山前复杂构造区的成像处理是一项非常复杂、耗时巨大的系统工程。为了提高成像处理的效率，进一步减少各向异性参数与偏移速度模型之间的互相影响，如速度与倾角、方位角的关系，速度变化必然会引起地层倾角、方位角的变化等，可以在较合理、规律性强的初始模型基础上，直接开展速度建模的偏移迭代与各向异性参数建模的迭代交互进行。每做1～2轮的速度模型迭代后，假设速度不变，就进行一轮的各向异性参数模型迭代。如此交互进行，直到速度模型和参数模型都合理满意为止。这样可以提高最终的成像处理效率、缩短周期。

通常情况下，山前复杂构造区的叠前深度偏移处理，往往还需要进行多次偏移成像与解释评价反复研究，或者针对局部目标进行精细研究。因此，山前复杂构造区的叠前深度偏移处理是一个处理、解释、地质分析交互认识过程。只有在实践中不断积累经验和技术，不断探索与尝试，才是一个对地下未知信息的探索与实践，达到逐步提高成像精度的目的。没有哪项技术可以对山前复杂构造实现一蹴而就的成像处理。

恰恰相反，实践中往往需要进行地震资料处理解释、地质分析，甚至增加野外调查信息、钻井信息等。通过多轮次大的成像处理与实践认识的迭代，逐步逼近对地下的清晰认识。图5.6.5是我国鄂尔多斯盆地西部近山前带某区块2004年采集的一块老三维资料的不同成像对比图。由于该区靠近盆地西缘的山前冲断构造带，构造变形强，多年的成像技术攻关一直进展不大，应用三维地震成果的钻井效果很不理想。该图为2016年前多次技术攻关处理得到的最好剖面。2017年，为了使该三维老资料能够满足基于起伏地表面叠前深度偏移技术表层速度建模的需要，专门安排增加了野外微测井调查，尤其在老资料上显示低降速层速度变化快、表层厚度大的区域新部署了32口微测井、4口双井微测井表层调查资料（图5.6.6）。在此基础上再次进行微测井约束表层速度建模和开展基于近地表圆滑面的TTI叠前深度偏移成像处理，资料品质得到显著提高。这次资料改善的根本在于增加了3口钻井和36口微测井资料的速度信息，使速度建模的精度大大提高，最终提高了老三维资料成像的质量和精度。说明随着成像技术发展和钻井揭示的速度信息增加，地质认识不断深入。需要对复杂构造区的地震资料不断开展成像处理，逐步提高资料的成像质量。

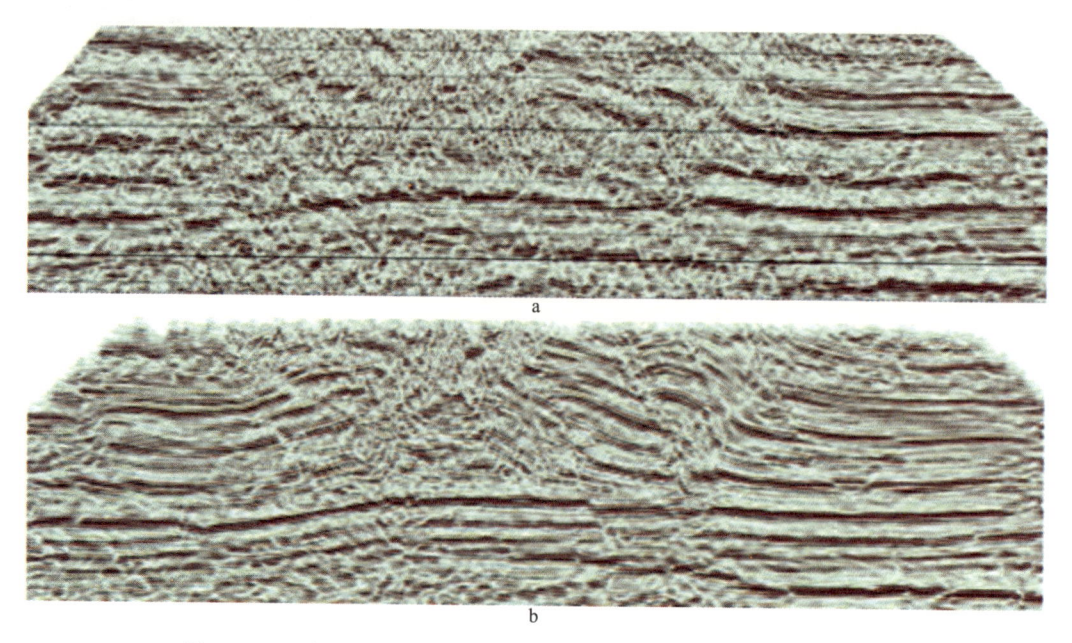

图5.6.5 鄂尔多斯盆地西部某区2004年采集三维不同时期成像对比图

a—以往处理成果；b—增加微测井资料后处理成果

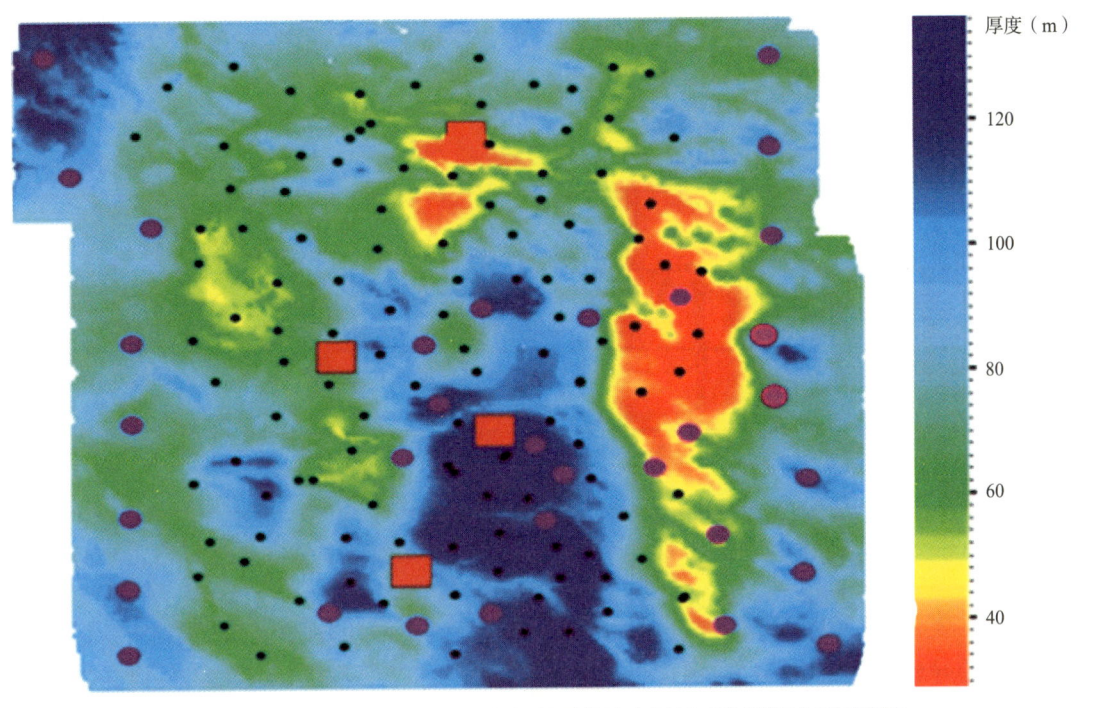

图5.6.6　与图5.6.5三维区对应的微测井约束层析反演低降速层厚度图

●黑点为2004年三维采集时的微测井分布点；●粉点为2017年微测井分布点；■红方点为2017年双深井微测井

5.6.4　TTI各向异性偏移实例分析

TTI各向异性叠前深度偏移技术近几年得到全面推广应用，取得显著效果，主要解决了两大难题。一是钻井资料得到了正确合理应用，各套地层的成像深度与钻井分层误差明显减小；二是复杂构造成像质量不断提高，陡倾角和倾向进一步与井吻合，为准确落实复杂油气藏形态特征提供了可靠的地震资料基础。

图5.6.7展示了库车坳陷DN三维区不同时期叠前深度偏移结果所对应的古近系顶的井震误差。其中，2006年的各向同性叠前深度偏移结果已经应用钻井资料进行了深度校正。其校正方法为，先将叠前深度偏移三维成果数据体用原偏移速度场时深转换校正到时间域。同时，通过井标定计算井点处速度误差，并通过在三维空间插值后，校正偏移速度场（实现方法类似于VTI介质求取v_{p0}参数的过程），应用校正后得到的速度场，再将上一步深时转换得到时间域数据体转换回深度域，则完成了校正，一定程度上消除了系统深度误差。

但由于仅仅做了深度校正，而没有将数据进行各向异性偏移，井震对比深度误差仍然较大。误差由原来校正前的160～430m，减少到-149～126m之间。由此可见，尽管使用了类似于VTI速度求取的方法校正了各向同性偏移数据体，但并不能代替各向异性偏移。2012年重新对该三维地震资料完成了TTI各向异性叠前深度偏移处理。分析新的成像数据井震误差，除DN202一口井误差达到-65m外，其余井震误差都控制在-21～36m之间。对于埋深4500m左右、构造幅度达500余米的复杂构造来说，这一精度已基本能满足勘探开发的要求。

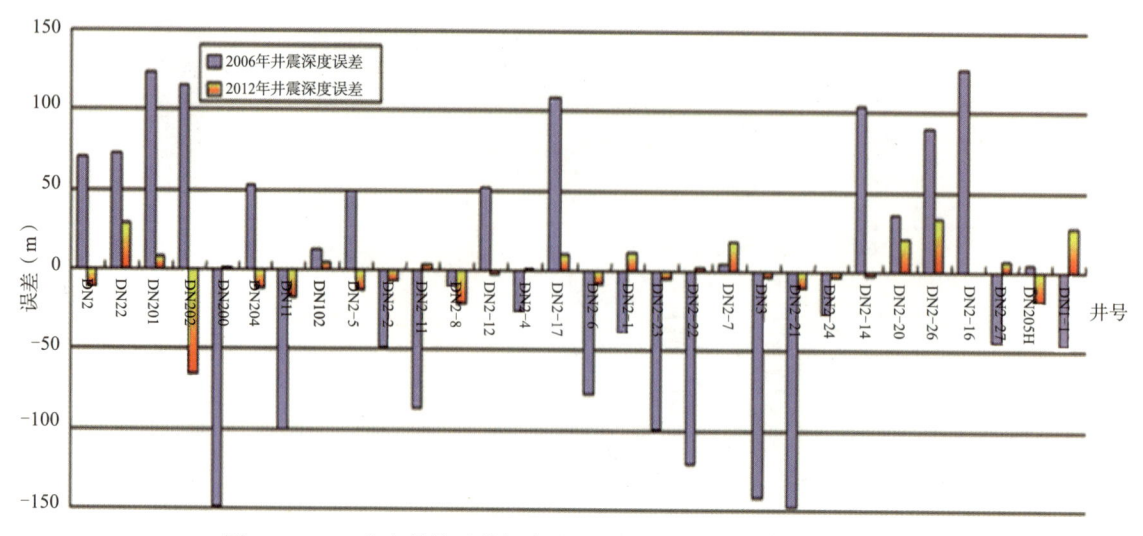

图5.6.7 TTI各向异性叠前深度偏移前后目的层顶面对井的误差分析

图5.6.8、图5.6.9分别为过另一三维区块DB203井各向同性叠前深度偏移的层位标定与TTI各向异性叠前深度偏移的层位标定图。从图5.6.8上可以看出，203井各向同性深度偏移剖面上目标层位与该处的VSP走廊叠加及合成记录均存在较大深度误差（深度剖面上，井点位置埋深刻度在5800左右的盐顶陡倾角反射这一现象非常明显）。并且，剖面成像的断点位置与实际断点位置也不吻合，两者相差200m左右。而在图5.6.9的TTI各向异性偏移深度剖面上，VSP走廊叠加、合成记录、地震剖面上标志层位深度一致，断层归位准确，与实际断点位置吻合良好。

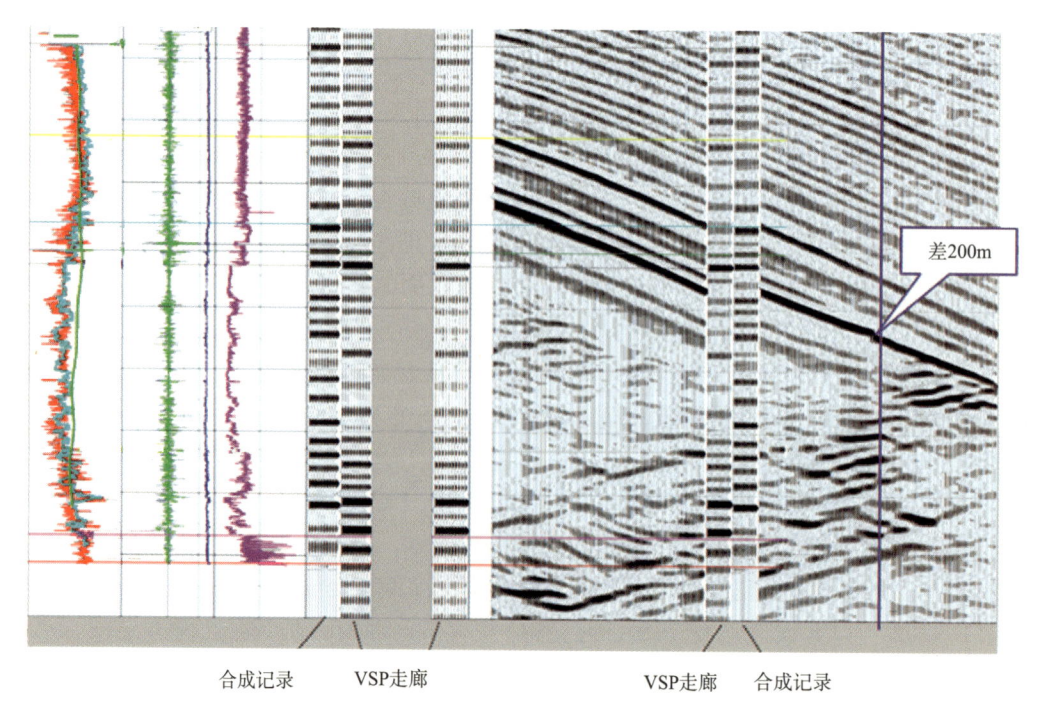

图5.6.8 过DB203井各向同性叠前深度偏移剖面、合成记录及VSP综合层位标定图

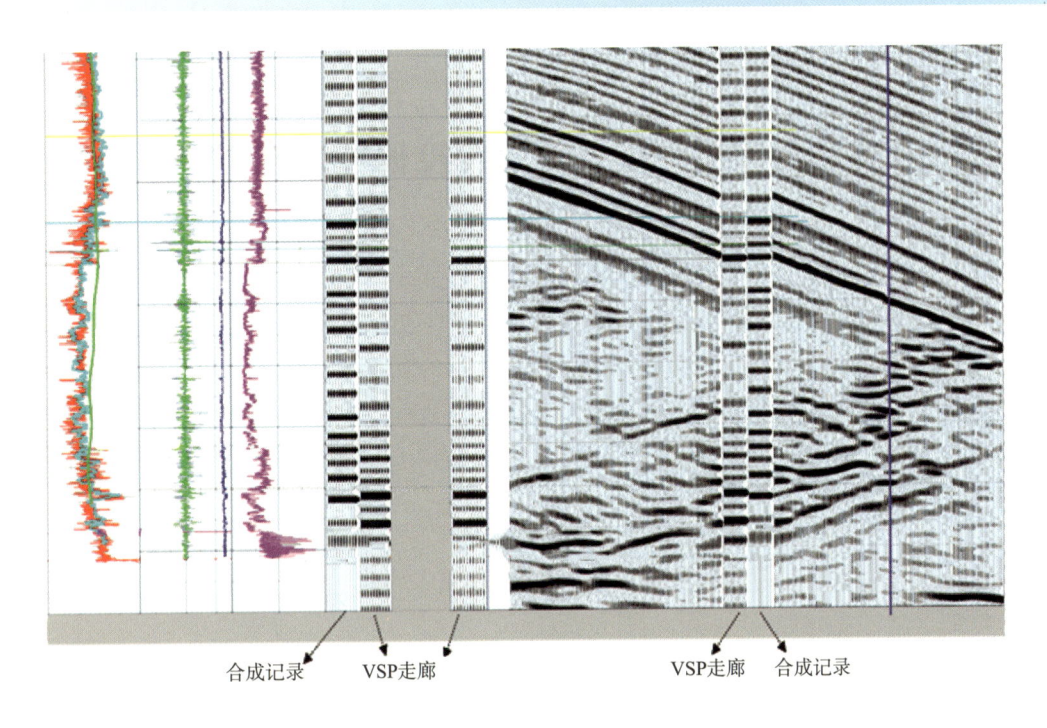

图5.6.9 过DB203井TTI各向异性叠前深度偏移剖面、合成记录及VSP综合层位标定图

图5.6.10为各向同性偏移道集与各向异性偏移道集的对比。从图上也可以明显看出，各向异性偏移道集的远、近偏移距均被校平，不仅提高了成像精度，也可以为叠前反演等研究提供更加丰富、可靠的道集资料。由此可见，各向同性与TTI各向异性偏移对地层的埋深、陡倾角的偏移位置、断点位置、深层复杂波场的成像影响极大。山前复杂构造区必须开展TTI叠前深度偏移处理，才能得到准确合理的成像。

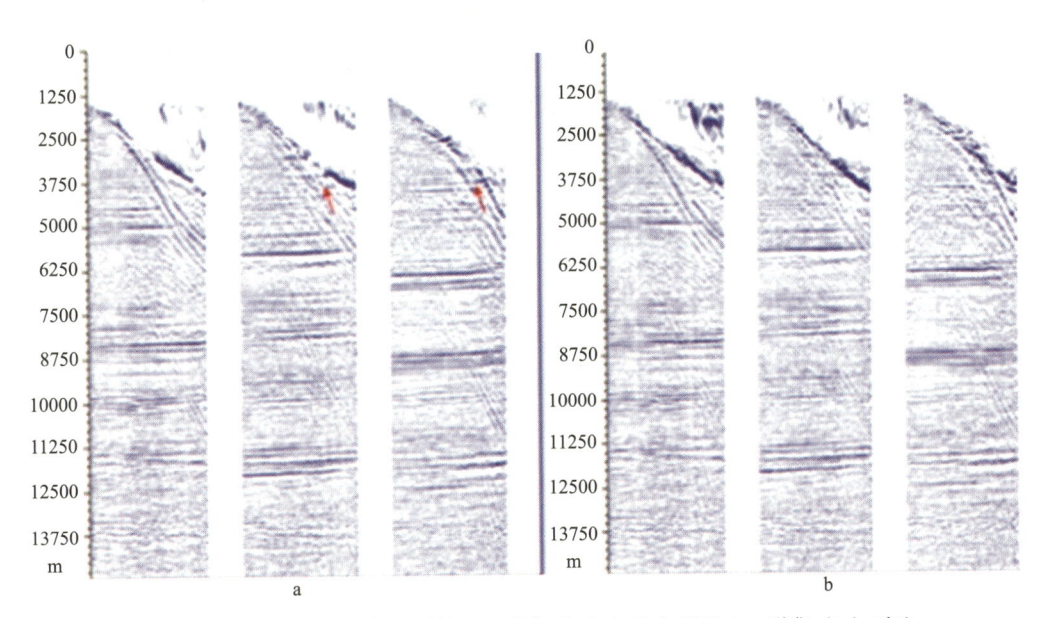

图5.6.10 过DB203井各向同性CRP道集（a）与各向异性CRP道集（b）对比

5.7 山前复杂构造带连片叠前深度偏移速度建模

首先必须说明一点，单块三维工区和多工区连片叠前深度偏移速度建模的基本原则是一致的。前面已经对此进行了详细介绍，包括数据准备、初始速度模型建立、浅表层速度模型建立、速度模型的更新迭代和各向异性参数求取等6个方面的内容。二者不同的地方在于后者大多是在前者研究基础上进行，不仅需要充分利用前者的研究成果，而且还需要统筹考虑连片各工区不同的特点。本节将以库车山地为例，重点介绍如何在山前复杂构造带高效地开展多工区连片叠前深度偏移速度建模工作。

5.7.1 连片叠前深度偏移处理的背景意义

山前复杂构造区的油气资源丰富、构造成排成带发育，但勘探的技术难度与勘探风险、安全作业风险极大，导致地震部署与作业实施往往是分块、分段，逐步推进。图5.7.1所示塔里木盆地库车前陆盆地某区带的三维地震部署实施框图。但随着勘探开发的不断深化，问题亦十分突出。一是截至2015年，库车山前三维满覆盖面积已达6491km^2，其中克拉苏构造带已实现三维全覆盖，但已知圈闭基本全部上钻，下一步可上钻圈闭数量十分稀少；二是该区以单块三维工区研究为主，且均经过多轮次处理解释攻关，但工区结合部和区带整体研究较少；三是到2020年，塔里木油田要实现大油气田目标，作为两大根据地之一的库车山地亟须搜索和发现新的圈闭，为油田增储上产提供支撑。

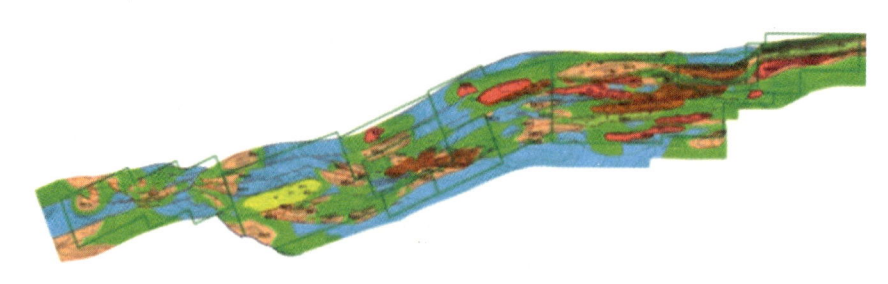

图5.7.1 2015年库车克拉苏构造带三维工区位置示意图

通过认真分析研究，认为在本区带不同构造结合部可能存在构造转换带，在转换带上存在有利圈闭，可以作为下一步勘探发现。为此，开展了连片叠前深度偏移处理工作以便提供整体研究数据。后续将重点阐述该项工作的核心——连片叠前深度偏移速度建模。

5.7.2 连片输入地震数据评价

连片偏移前地震数据预处理相关技术在本书其他章节已有介绍，在此不再赘述。这里将主要介绍如何开展连片输入地震数据评价工作，以判断该数据是否可以开展相应的速度建模和偏移工作。

（1）连片静校正量与表层反演速度模型的相关性是否明确。一般来讲，二者应是一致的，即利用表层反演速度模型计算得到连片静校正量。

（2）连片工区偏移前地震数据是否已校正到偏移起始面上。旅行时一致性是所有偏移算法的基本要求之一。建模或偏移之前必须确认偏移数据与偏移起始面的一致性。

（3）异常振幅、明显的噪声是否得到了有效压制。地震数据噪声压制有其相应的规则和质量控制要求，但在速度建模和偏移前仍然有必要对此进行详细的检查。

（4）连片地震数据频率特征、波组特征、振幅或能量属性是否一致。不同工区由于采集年代、采集参数等差异，在上述这些方面均会存在一定的差异。连片地震预处理时需要通过地表一致性处理、数据规则化等进行调整以满足速度建模或偏移基本要求。

只有满足上述要求之后，方可以开展相应的连片地震叠前深度偏移速度建模工作。

5.7.3 连片叠前深度偏移速度建模

在前述叠前深度偏移速度建模技术之外，高效开展连片叠前深度偏移速度建模工作的关键在于做好以下5个"统一"：

一是偏移起始面的统一。以往单块三维由于地表条件、处理时间、处理技术等条件的差异，偏移起始面存在较大的差异。在连片处理时必须全区统一，这一点十分必要。

二是浅表层速度模型的统一。库车山体区地形起伏剧烈、低降速带较薄但变化快，戈壁砾石山区低降速带较厚，从几十米到几百米不等，变化规律与地表冲积扇的分布有密切相关（图5.7.2）。

图5.7.2 库车地区遥感影像图

单块三维往往只聚焦于其本身近地表特点，而且反演的方法和参数也不尽相同，导致各个工区浅表层模型差异较大。为此有必要采用相同的方法和参数进行统一反演得到一致性较好的浅表层反演速度模型。如前所述，微测井约束层析方法是一种比较好的方法。该方法得到的近地表速度模型精度高，静校正效果好，且其可用于后续深度偏移表层速度建模，如图5.7.3所示。

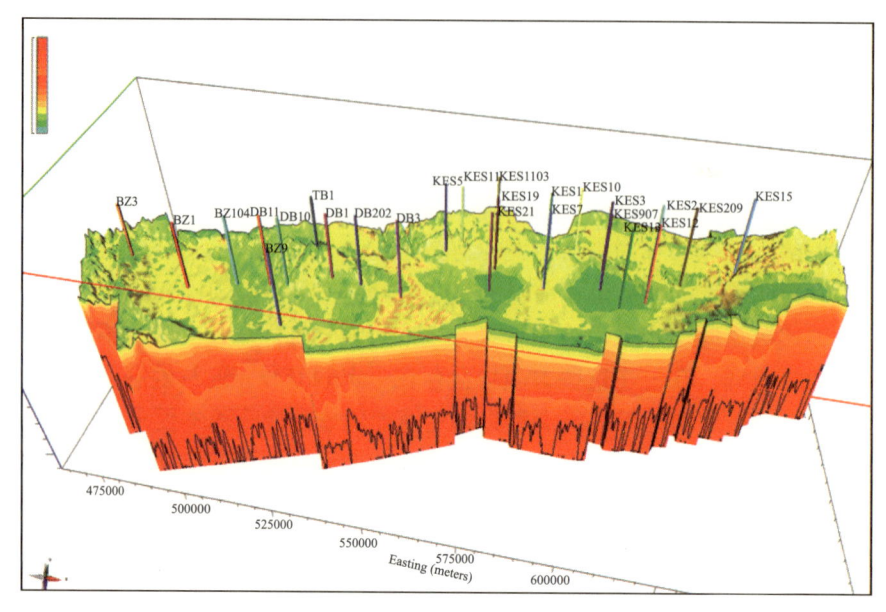

图5.7.3　库车克拉苏区带反演速度立体显示图（总面积8764km²）

三是构造解释方案的统一。在信噪比较低，构造比较复杂的山前复杂构造带，层位构造模型是一种很好的初始偏移速度建模辅助手段之一。因此，在连片速度建模中，有必要充分利用已有的单块三维成熟的层位构造模型，同时也需要针对不同三维间层位构造模型的差异开展一致性处理工作。如图5.7.4所示，在两块三维结合部位，由于信噪比、偏移划弧等原因，层位构造模型存在一定差异。这时就必须做好层位构造解释方案的统一工作。

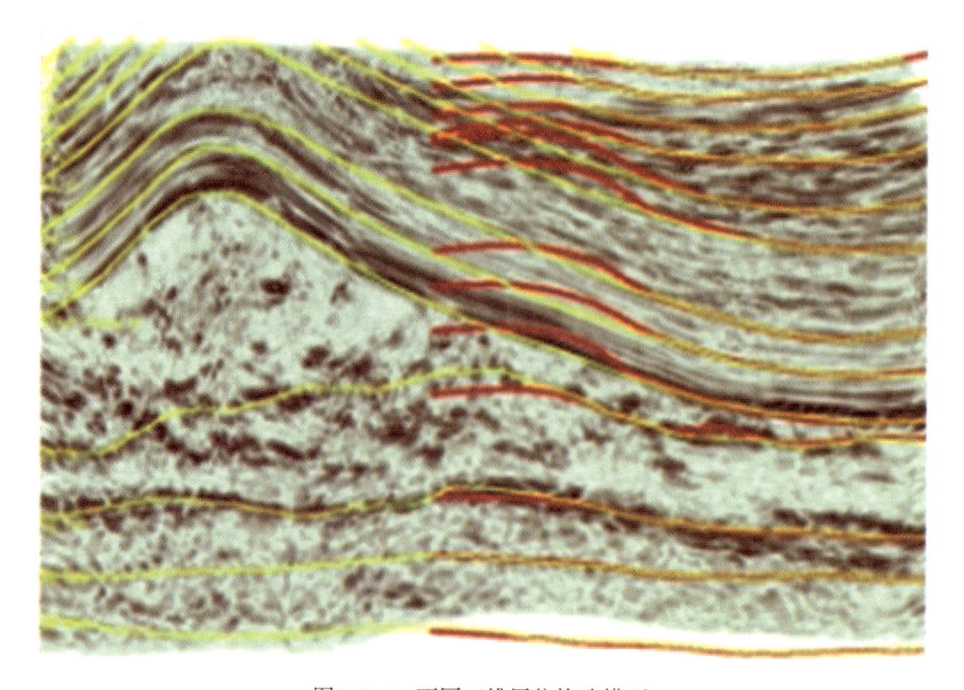

图5.7.4　不同三维层位构造模型

红色和黄色线分别代表两块不同三维结合部位层位构造模型

四是层速度模型的统一工作。如图 5.7.5a 所示,不同三维结合部位速度差异是比较大的,不符合区域速度规律。因此有必要在统一的构造层位解释方案基础上,统一地震地质层位和层速度模型,建立一个相对合理的区域初始速度模型(图 5.7.5b),以便开展后续的速度模型迭代工作。

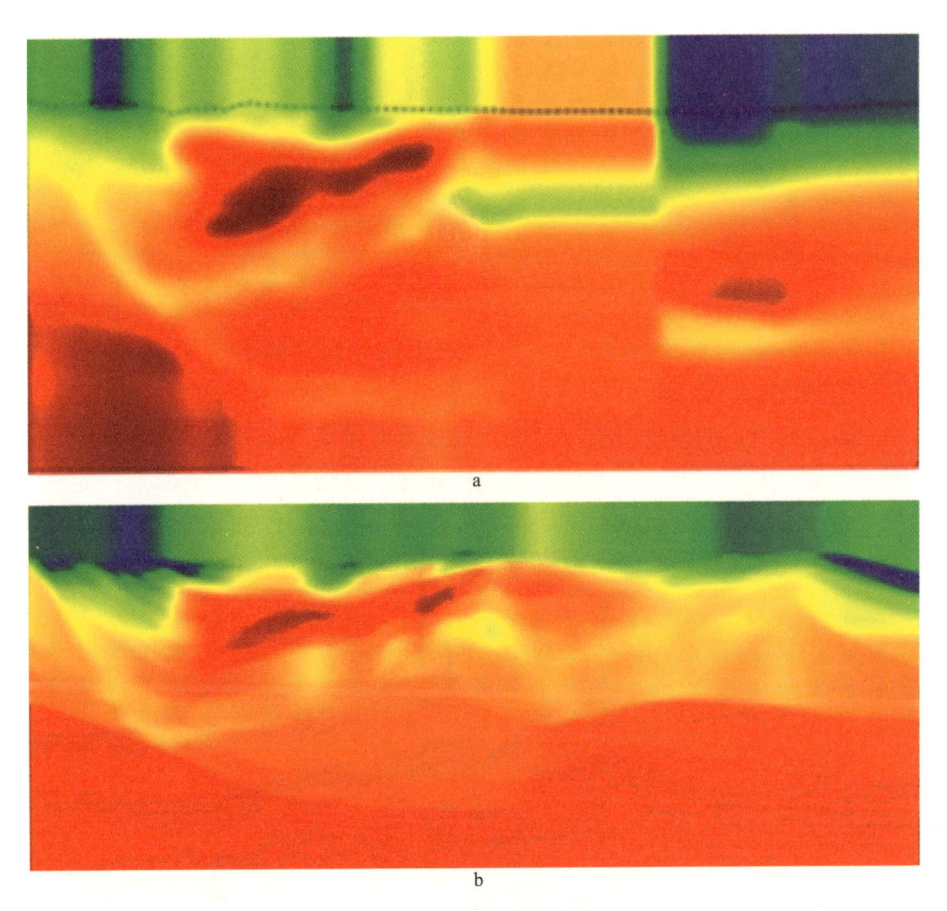

图5.7.5 层速度的统一

a—两个单块三维速度模型拼接图;b—在层位构造模型统一基础上进行层速度统一后的连片速度模型

五是统一钻井资料分析应用。在构造复杂区,不同时期的钻井资料在层位划分、曲线校正等方面可能存在一定的差异。尤其对于目的层之上的地层,由于不同时期、不同井队、不同的地质认识与技术基础,在研究中通常对浅层关注度不高。但对于叠前深度偏移速度建模来说,恰恰浅层显得极其重要。因此有必要在进行速度更新迭代前,开展全区钻井资料的地震地质层位的统一对比分析工作。

5.7.4 应用成效

通过 5 个"统一"的应用,连片叠前深度偏移速度建模工作充分地利用了以往单块三维研究成果,减少了大量重复性工作,极大地提高了工作效率,最终应用效果也比较突出。主要体现在以下几个方面:

（1）能充分应用不同块间多次采集边界叠合处的资料，提高偏移孔径内资料密度，减少边界影响，连片叠前深度偏移处理成果成像品质高，成为发现新目标的关键。如图5.7.6所示，1号构造处于两个不同三维工区及不同数据体之上。在老资料上，A、B两块数据成像的质量和形态差异较大，不能确定该构造是否存在。在新的连片处理结果上该构造的成像十分清楚。在此连片资料基础上，2016—2018年间在1号构造上连续获得了3口高产井，充分证实了连片处理的潜力与价值。如图5.7.7所示，A、B、C三块三维结合部有多个构造显示，但在老资料上认识不清。在新连片处理成果上，1、2、3、4、5等构造成像非常清楚。

（2）有利于整体认识、精细解剖复杂构造带上不同段的接触、变化关系，发现落实更多的构造圈闭与钻探目标，提高勘探成效。通过连片叠前深度偏移处理技术应用和重新深入建模解释研究，在克拉苏构造的不同段之间发现了多个构造转换带，受其控制伴生发现了一批新的构造圈闭。连片处理前后，克拉苏构造带圈闭个数由80个增加到95个，圈闭面积由1837km^{2}增加到2078km^2，单位面积内圈闭面积占比由44.5%增加到48.9%，圈闭资源量由$2.5×10^{12}m^3$增加到$2.85×10^{12}m^3$。

在生产实践过程中，如何更好更快地实现连片速度建模是必须要面对的问题。本节提出的5个"统一"是在库车山地连片叠前深度偏移处理中总结出的经验，具有一定的推广应用价值。连片叠前深度偏移处理已成为继连片叠前时间偏移之后挖掘老三维资料和老油田增储上产的有效手段，有极其重要的经济价值与社会价值。

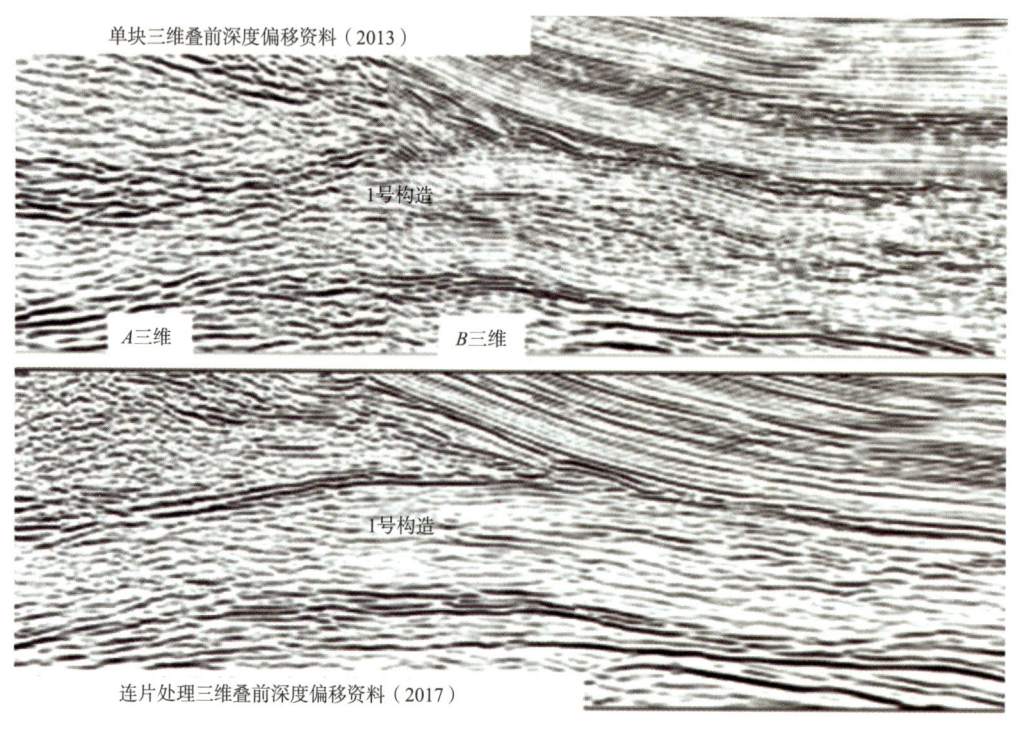

图5.7.6　单块与连片叠前深度偏移处理成果剖面对比示意图

5 山前复杂构造带叠前深度偏移速度建模技术应用策略

2013年

TC_1, km^2 TE_1, km

A-B-C老三维叠前深度偏移资料

2016年

TC_1, km^2 TE_1, km

A-B-C连片处理三维叠前深度偏移资料

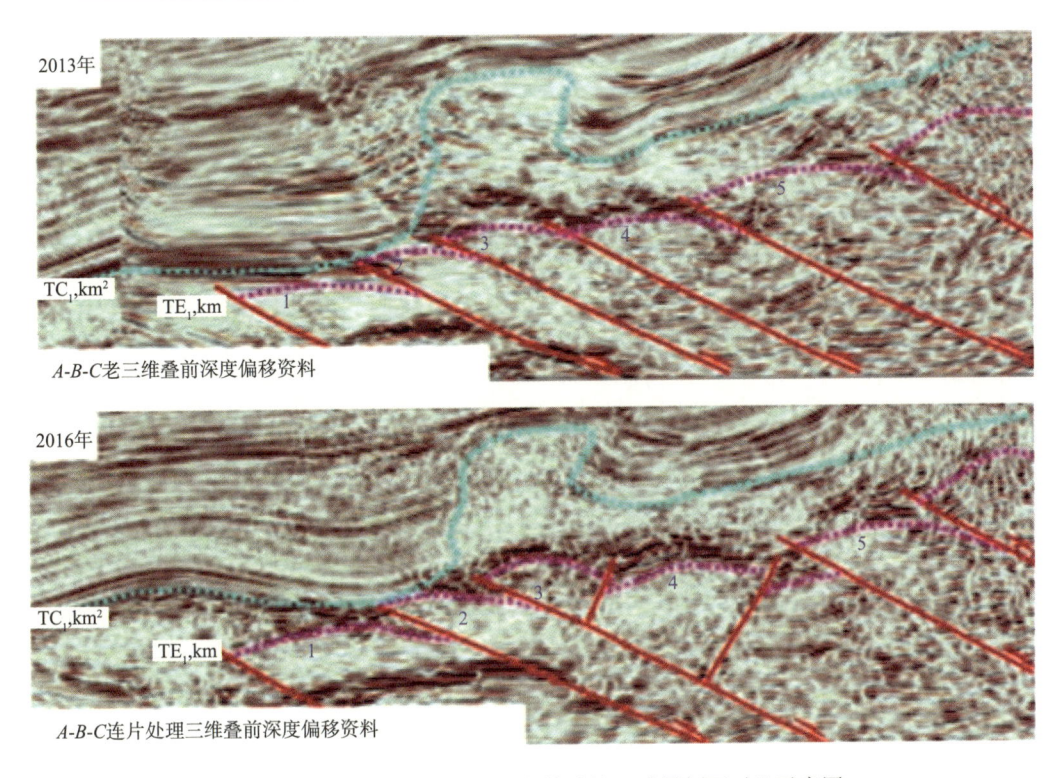

图5.7.7 单块与连片叠前深度偏移处理成果剖面对比示意图

克拉苏构造带白垩系顶面构造图

a

克拉苏构造带白垩系顶面构造图

b

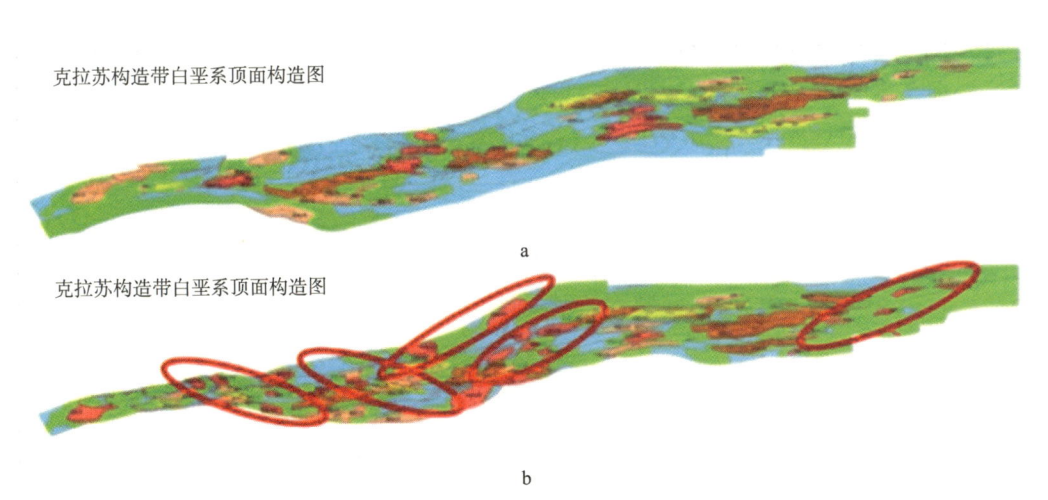

图5.7.8 克拉苏区带白垩系顶面构造图新老对比

a—2016年成果；b—2018年成果

5.8 小结

本章通过对山前复杂构造地震勘探区域浅表偏移层速度建模思路、多重信息约束下的中深层速度建模思路、各向同性速度建模的优化迭代及各向异性参数及速度建模等 4 个方面的讨论和梳理，形成了针对山前复杂地表、复杂高陡构造的从浅到深、地震地质一体化、地震—非地震一体化、处理解释一体化的叠前深度偏移速度建模与成像技术流程，并得出以下几个结论：

（1）针对山前复杂高陡构造的地震叠前深度偏移成像，偏移速度建模是工作成败的核心和关键。研究的重点是把握速度的纵横向变化规律，目标是在目前技术条件下，建立一个满足成像要求的、地质规律清晰的等效速度模型。

（2）在山前复杂构造的偏移速度建模中，近地表速度模型的合理反演与应用非常重要。正确反映近地表速度横向变化的浅表速度模型，有利于提高叠前深度偏移整体速度—深度模型建立的精度，也有利于最终提高叠前深度偏移成像的质量。

（3）在中深层速度建模过程中，正确合理利用钻井资料、VSP 测井速度、非地震反演速度等信息，通过地震地质一体化结合、处理解释一体化结合，建立和迭代修正初始速度模型，有助于把握速度变化规律和速度异常体展布规律，减少迭代次数，提高工作效率，提高速度模型精度。

（4）垂向 CVI 速度分析＋构造模型控制的多信息初始速度建模＋沿层速度分析＋反射波网格层析＋断控反射波网格层析速度分析的建模流程，是目前复杂山前带速度建模比较适宜的流程。数据驱动的 FWI 技术在陆上山前复杂构造区的研究与应用值得期待。

（5）复杂构造区 TTI 各向异性叠前深度偏移是提高成像精度的必然选择。该技术不仅能减小深度偏移成果与钻井深度的误差，提高成像质量，还能为叠前反演等提供更加丰富、准确的道集资料。

（6）连片叠前深度偏移处理已成为继连片叠前时间偏移之后挖掘老三维资料和老油田增储上产的有效手段。

6　山前复杂构造带叠前深度偏移成像方法和策略

随着油田勘探与开发工作不断向复杂地表区延伸，山前复杂构造成像问题正成为我们需要深入研究的问题。分析造成我国西部山前复杂构造地震资料准确成像难的原因，根源在于西部山前带地表及地下的"双复杂"问题。所谓"双复杂"，首先是地表起伏大、表层结构复杂，速度横向变化剧烈；其次是地下构造通常地层倾角大、产状变化快、目的层埋藏深、变形严重、盐层塑性流动和逆掩推覆构造发育，速度横向变化快。"双复杂"问题对成像的影响，本质在于它使得介质的速度结构从浅到深都非常复杂，纵横向变化非常剧烈。这就使得利用时间偏移类成像方法在该类地区的成像往往存在很多假象，从而对构造精细准确描述、钻井定位造成致命的影响。近几年的勘探实践表明，叠前深度偏移技术才是复杂构造准确成像的有效途径。如图6.0.1所示，在塔里木盆地山前某高陡构造三维工区的叠前时间偏移剖面中，由于地表山体和中深层巨厚膏盐的双重影响，速度从浅到深在横向上都存在剧烈变化，因此时间偏移剖面在目的层出现了假的背斜构造，而在叠前深度偏移剖面中，这种假象得到了很好的消除。

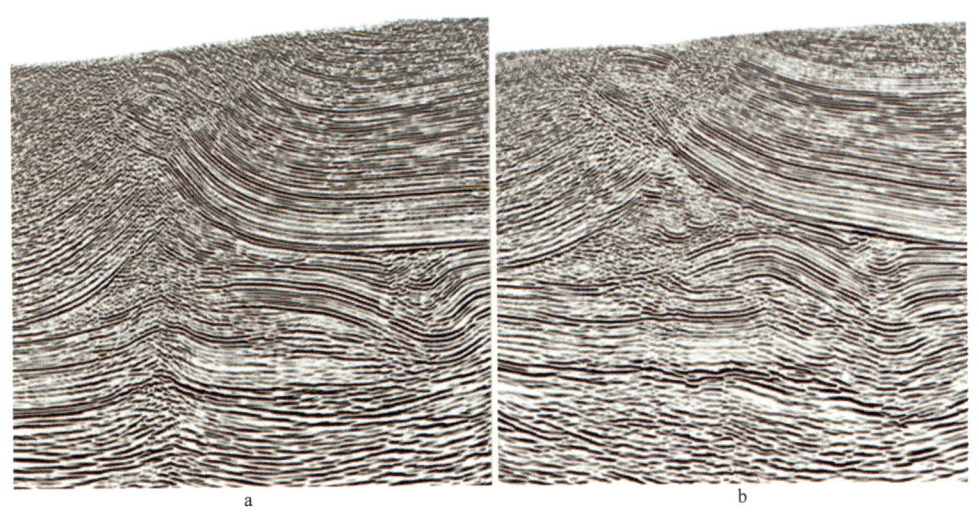

图6.0.1　塔里木山前高陡构造区地震叠前时间（a）与叠前深度（b）偏移剖面对比

近10年以来，叠前深度偏移成像技术已经广泛应用于我国西部山前复杂构造勘探的工业生产，并取得了非常好的效果。生产中应用较成熟的偏移方法有Kirchhoff偏移、高斯束偏移、单程波偏移、逆时偏移等。基于反演的偏移如最小二乘法偏移是目前研究的热点，但是由于计算量和数据品质的原因，目前还未广泛应用于实际生产。在应用较成熟的方法中，Kirchhoff偏移、高斯束偏移属于射线类方法，也可以归于积分类方法；单程波偏移、逆时偏移属于波场延拓类方法，也可以归于差分类方法。在"双复杂"地区地震成像的生产中，不同方法的效率、成像效果是我们选择生产方法的主要依据。积分类方法基于波动方程的高频近似解，理论上精度要低于波场延拓类方法。但是这类方法对起伏地表的适应性较好、对速度精度的要求相对不高、对目标线的偏移成像的选择更高效，因此在实际生产中应用更为广泛。而波场延拓类方法，尤其是逆时偏移，是直接基于双程波方程进行外推，理论上更加精确。但是更精确的解意味着要求更高的速度精度，而在"双复杂"地区提高速度精度相对成像实际上更困难。此外，逆时偏移对地表适应性差、计算量大、目标线偏移成像效率低。这些因素制约了逆时偏移方法在"双复杂"地区的应用。

这里将从原理上对 Kirchhoff 偏移、高斯束偏移、单程波偏移、逆时偏移进行论述。了解这些方法在"双复杂"地区的优势和限制，有利于指导山前复杂构造的成像方法选择。

6.1　Kirchhoff 积分法叠前深度偏移技术

Kirchhoff 叠前深度偏移方法是一种积分类方法，也是一种射线类方法。积分类方法是将 Kirchhoff 求和方程作为波动方程的积分解；射线类方法是指 Kirchhoff 偏移基于子波无限高频的假设，认为波沿着介质中一条无限细的射线传播，在此基础上应用射线理论对时距曲线旅行时进行计算。尽管高频近似会引起理论上的精度问题，Kirchhoff 叠前深度偏移方法仍然是目前在复杂山前带应用最广泛的方法。

6.1.1　Kirchhoff 积分法叠前深度偏移

标量波动方程为

$$\frac{\partial^2 P}{\partial x^2} + \frac{\partial^2 P}{\partial y^2} + \frac{\partial^2 P}{\partial z^2} = \frac{1}{v^2(x,y,z)} \frac{\partial^2 P}{\partial t^2} \tag{6.1.1}$$

式中，x，y，z 分别为坐标轴；t 为以速度 $v(x,y,z)$ 的地震波传播时间；波场函数 $P(x,y,z,t)$ 描述了任意 t 时刻压力波场的情况。

通过求解上述方程的格林函数，应用格林定理、傅里叶正反变换等一系列数学推导，可以得到著名的 Kirchhoff 积分波场外推公式，即

$$P(x,y,z,\tau) = \frac{1}{4\pi} \int_A \left\{ \frac{1}{r} \left[\frac{\partial P}{\partial z} \right] + \frac{\cos\theta}{r^2} [P] + \frac{\cos\theta}{vr} \left[\frac{\partial P}{\partial t} \right] \right\} dA \tag{6.1.2}$$

式中，P 为波场；v 为波传播速度；r 为检波点到成像点的距离；A 为波场观测面；θ 为成像点与检波点铅垂线的夹角。

公式 (6.1.2) 表示了明确的物理意义，当 $\tau = t - r/v$，τ 时刻的波场可以通过对 t 时刻的波场 $P(x,y,z,t)$ 求其在围绕封闭面 A 上的积分而得到。这是惠更斯原理所描述的物理过程：在 $t + \Delta t$ 时刻的压力扰动波场等于 t 时刻点震源产生的球面波的叠加。

在地震处理的实际应用中，我们的观测面只能在地表面，不可能是围绕激发点源的封闭曲面，积分只能在孔径范围的 A 面上。另外，公式（6.1.2）包括了 3 项，第 1 项是波场沿垂直方向 z 轴的导数，表示波场沿铅垂方向的变化梯度；第 2 项是波场随检波点到成像点距离的平方而衰减，称作近场源项。因此在实际应用中，由于前两项影响较小，常常将其忽略。仅对第 3 项远场源项进行计算，这就是 Kirchhoff 积分法偏移的理论基础。将第 3 项用离散形式表示，则得到实际应用中的 Kirchhoff 积分偏移计算公式，即

$$P_{\text{out}} = \frac{\Delta x \Delta y}{4\pi} \sum_A \frac{\cos\theta}{vr} \frac{\partial}{\partial t} P_{\text{in}} \tag{6.1.3}$$

式中，Δx、Δy 分别为偏移数据的纵测线、横测线方向的道间距；P_{in} 为输入波场；P_{out} 为 P_{in} 在一个区域偏移孔径 A 上进行偏移后的输出波场。

在应用过程中，Kirchhoff 深度偏移需要计算旅行时，然后沿着旅行时轨迹按加权系数对振幅进行积分求和。振幅求和时的加权因子包括倾斜因子 $\cos\theta$、球面扩散因子 $1/r$、相位校正因子 $|\omega|\exp(\mathrm{i}\pi/2)$ 的应用。其中，相位校正因子是包含在 $\frac{\partial P}{\partial t}$ 中的。由于任何偏移输入数据在 x、y 方向的采样总是不足的，需要通过一个合适的去假频滤波器进行压制。

以上是基于自激自收观测系统前提下的 Kirchhoff 偏移公式。对三维叠前深度偏移来说，数学上的推导要复杂得多，但是三维叠前 Kirchhoff 积分公式仍可表达成如下形式，即

$$P(\vec{x}) = \int W \frac{\partial P(\vec{x}_s, \vec{x}_r, t = t_s + t_r)}{\partial t} \mathrm{d}\vec{x}_s \mathrm{d}\vec{x}_s \tag{6.1.4}$$

式中，$P(\vec{x})$ 是三维叠前偏移成像的结果；$\vec{x} = (x, y, z)$ 是成像空间的坐标；$P(\vec{x}_s, \vec{x}_r, t)$ 是叠前地震记录；$\vec{x}_s = (x_s, y_s)$ 和 $\vec{x}_r = (x_r, y_r)$ 分别是炮、检点坐标；$t_s(\vec{x}_s, \vec{x})$ 和 $t_r(\vec{x}_r, \vec{x})$ 分别是炮检点到成像点的旅行时，二者之和 t 是成像点与对应炮、检点的总旅行时，在速度—深度模型已知的情况下，可以通过射线追踪、波前走时计算等各种旅行时计算方法求得；W 是振幅加权因子，可以写成类似（6.1.5）式中加权因子的形式，即

$$W = \frac{\cos(\theta_s)\cos(\theta_r)}{\sqrt{v_d v_u r_s r_r}} \tag{6.1.5}$$

式中，θ_s 和 θ_r 分别为成像点与炮、检点铅垂线的夹角；r_s 和 r_r 分别代表炮点到反射点和检波点到反射点的距离；v_d 和 v_u 分别代表下行波和上行波沿射线路径的层速度。

6.1.2 复杂山前带 Kirchhoff 叠前深度偏移旅行时的计算

由式（6.1.4）可见，Kirchhoff 叠前深度偏移的求和过程非常灵活，是一个单道处理。所以，偏移算法与道集排列方式无关，对地震采集观测系统变化的适应性非常强，而且基于射线的旅行时算法对观测地表几何形态的变化适应性也很强，很容易从水平偏移基准面推广到起伏地表偏移基准面。Kirchhoff 叠前深度偏移的这些特点非常适合复杂山前带的成像选择，因为复杂山前带的观测系统往往带有强烈的变观和地表高程变化。

同样由式（6.1.4）可见，偏移求和的结果好坏取决于旅行时计算和振幅加权因子。对目

前复杂山前带的构造勘探需求来说,加权因子的影响相对较小,旅行时计算才是 Kirchhoff 叠前深度偏移的最核心环节,决定偏移过程的效率和精度。旅行时计算的直接方法是通过对具体的速度—深度模型进行射线追踪来得到。从地面炮点位置到地下反射界面上反射点的旅行时可以通过沿着射线路径的单位距离除以相应速度的积分来得到。通过互换原理同样可以得到检波点到地下反射点的旅行时。目前 Kirchhoff 偏移旅行时计算主要有 3 种方法:

(1) 费马最短路径算法:在射线追踪和旅行时计算中,由于解决的是从一点到另一点的路径和旅行时问题,存在两个不定因素,是一个求极值问题。而费马原理描述的正是这一问题,即路径最短原理。射线路径也就是定义了能量流的方向,在从一点到另一点的不同射线路径中,用费马原理可以舍弃其他射线,只保留最小旅行时的路径,这在 Kirchhoff 积分法叠前深度偏移旅行时计算中非常实用。但由于舍弃了其他路径,必然造成了对极复杂构造成像能力的降低。

(2) 基于程函方程的差分解:为了旅行时计算的方便,从波动方程出发,导出程函方程。通过程函方程应用差分技术来计算旅行时。程函方程是标量波动方程用射线理论的近似,其表达式为

$$\left(\frac{\partial T}{\partial x}\right)^2 + \left(\frac{\partial T}{\partial y}\right)^2 + \left(\frac{\partial T}{\partial z}\right)^2 = \frac{1}{v^2(x,y,z)} \tag{6.1.6}$$

式 (6.1.6) 的解 $T(x, y, z)$ 代表地震波以速度 $v(x, y, z)$ 穿过介质 (x, y, z) 点的旅行时。当速度 $v(x, y, z)$ 存在空间变化时,程函方程仅仅在高频假设的条件下才是波动方程的近似,即当速度的变化梯度相比地震波的频率小的多时,这一近似才是有效的,也即是在速度—深度模型不包含大的速度梯度变化时,特别是速度没有显示出明显的不连续时,程函方程可以用于计算旅行时。这一点假设条件也就是其难以适应于复杂构造区速度变化极快的关键。

(3) 波前构建法:由于速度—深度模型的变化(速度梯度变化)会引起射线的弯曲,地层边界的速度变化会造成折射波的出现。因而从开始研究 Kirchhoff 叠前深度偏移以来,人们就同时开始研究可替代两点射线追踪的旅行时计算方法,目前已经有多种方法提出并得到了实践应用,如:旁轴射线追踪 (Keho 和 Beydoun, 1998)、高斯束射线追踪 (Cerveny, 1984)、波前构建 (Vinje 等, 1993) 等。尤其是波前构建方法,能较好地考虑波传播的多路径问题,是目前 Kirchhoff 深度偏移旅行时计算方法中应用最广泛的方法。波前构建法以运动学射线追踪和动力学射线追踪组成的方程组为基本出发点,实现波前射线路径、走时以及振幅的计算方法,其方程组为

$$\begin{cases} \dfrac{\mathrm{d}x_i}{\mathrm{d}\tau} = v^2 p_i \\ \dfrac{\mathrm{d}p_i}{\mathrm{d}\tau} = -\dfrac{1}{v}\dfrac{\partial v}{\partial x_i} \end{cases} \cdots \\ \begin{cases} \dfrac{\mathrm{d}}{\mathrm{d}\tau}\boldsymbol{Q} = v^2 \boldsymbol{P} \\ \dfrac{\mathrm{d}}{\mathrm{d}\tau}\boldsymbol{P} = -\dfrac{1}{v}\boldsymbol{V}\boldsymbol{Q} \end{cases} \tag{6.1.7}$$

式中，x_i 是位置坐标分量；v 是波的传播速度；P_i 是慢度分量；r 是时间；Q，P，V 均是 2×2 阶的矩阵；Q 是从射线参数坐标到射线中心坐标的转换矩阵；P 是从射线参数坐标到射线中心坐标的慢度矢量分量的转换矩阵；V 是速度的二阶导数。

以上3种旅行时算法，费马最短路径算法效率最高，波前构建的效率最低。对于复杂山前带资料来说，由于速度场复杂，费马最短路径算法和程函方程差分解得到的旅行时精度往往不高。如图6.1.1所示，a图是西部山前带某三维工区采用费马最短路径旅行时算法的Kirchhoff偏移成像结果，b图是采用波前构建的结果。由于速度场复杂，波前构建的结果在目的层（3000-6000m）的成像更好。目前实践表明，采用波前构建旅行时算法，Kirchhoff深度偏移基本能满足复杂山前带资料的成像需要。

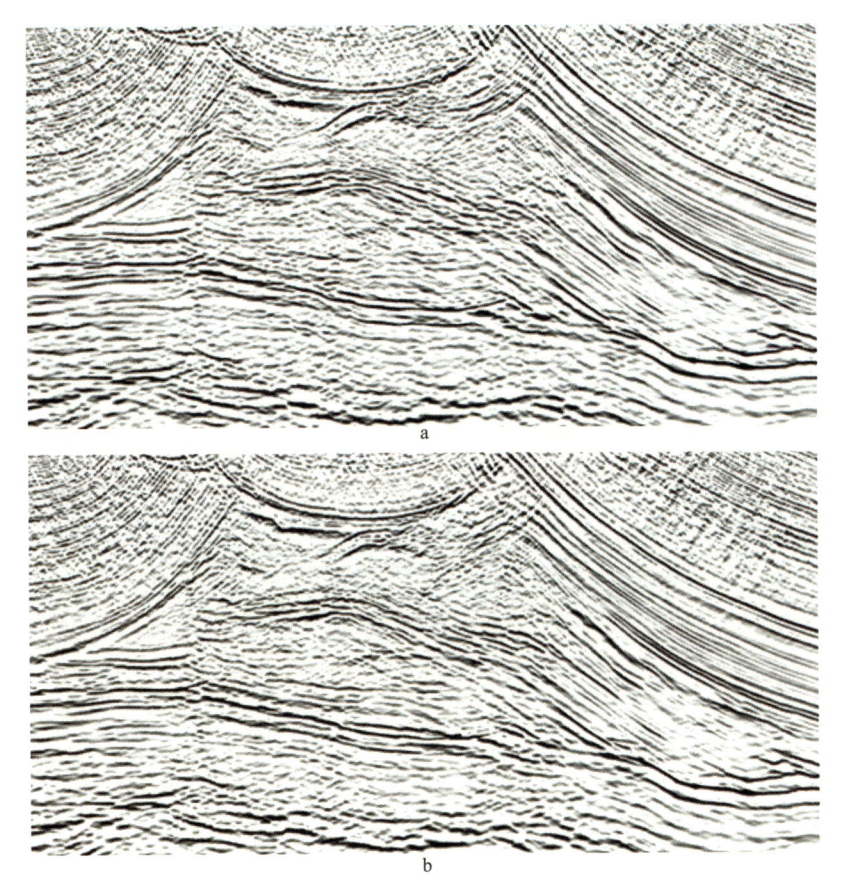

图6.1.1 西部山前带不同旅行时算法的Kirchhoff深度偏移结果

a—费马最短路径算法；b—波前构建算法

6.1.3 复杂介质中射线多路径问题对 Kirchhoff 偏移结果的影响

虽然波前构建算法一定程度上解决了复杂山地区Kirchhoff偏移旅行时的精度问题，但是基于高频近似的算法不能从根本上解决复杂介质中的多路径问题。所谓多路径问题，如图6.1.2所示，在给定的速度 v 中，对成像点 I 来说，Kirchhoff方法只能在炮点 S、成像点 I、

检波点 R 之间，找到唯一一条射线路径作为求和路径，但实际上，如果介质速度复杂，S-I-R 之间可能存在多条射线路径。如图 6.1.3 用正演模型可以更直观地说明这一点，图 6.1.3a 是一个含有高速盐丘的速度模型，一个点源在盐丘下部激发，图 6.1.3b 是通过 Kirchhoff 积分法得到的某时刻的波前面，注意到这个波前面的结构是相对简单的；图 6.1.3c 则是通过双程波差分法得到的，这个波前相对 Kirchhoff 积分波前要复杂得多。这充分说明复杂介质条件下，波的传播极其复杂，是一个场的概念，根本无法用某条射线准确近似。

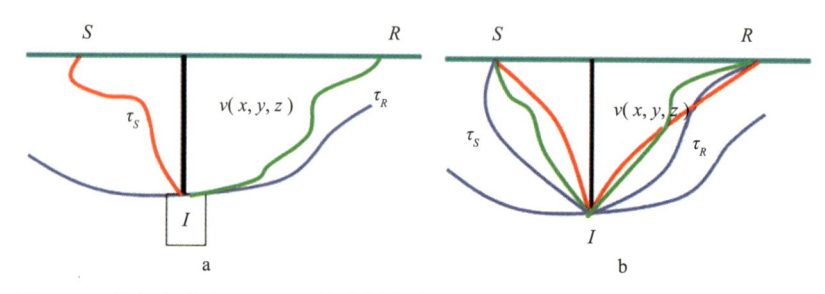

图6.1.2　复杂介质中Kirchhoff偏移射线路径（a）和双程波偏移射线路径（b）

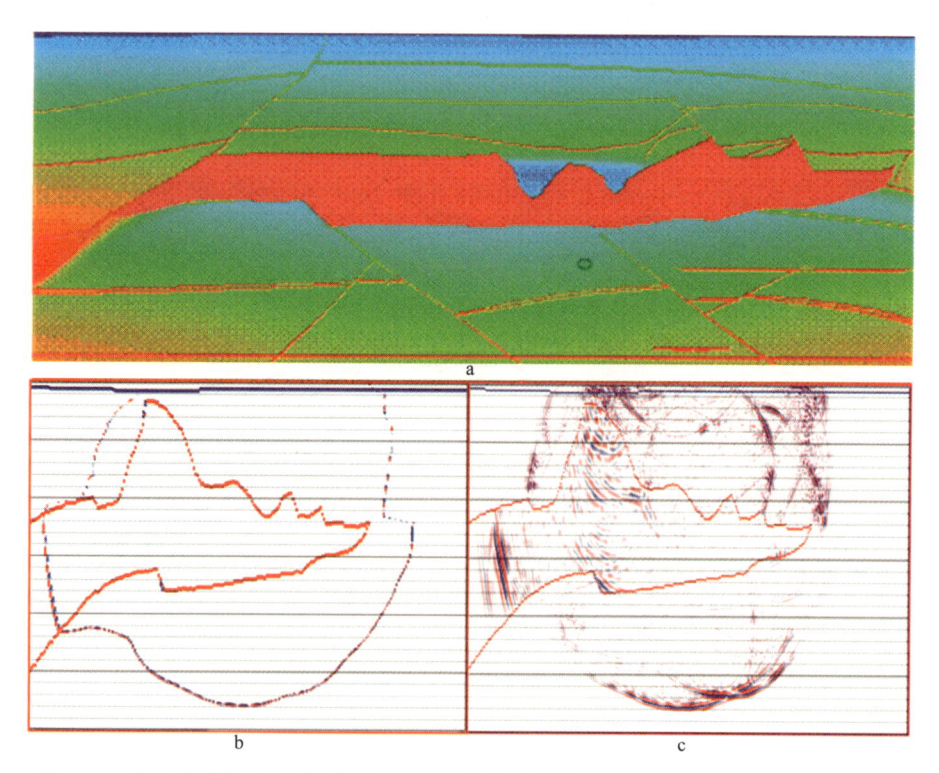

图6.1.3　复杂介质中（a）某时刻Kirchhoff积分法波前（b）和双程波差分法波前（c）

图 6.1.4 是图 6.1.3 中的波前对应时刻在地面接收到的记录，因为该记录是盐丘下方的点源产生的，完美的偏移应该是将记录中所有的能量叠加后放置在点源位置上。但实际上，因为高频近似，Kirchhoff 积分法求得的旅行时曲线只能是一个单值的曲线。导致 Kirchhoff 深

度偏移只能做到将图 6.1.4 中蓝色曲线上的振幅值求和。而其他能量无法收敛，只能把这些剩余能量留在三维空间，形成偏移噪声（所谓的偏移弧），只有在三维观测系统道密度足够的大时，与其他道偏移的剩余能量叠加抵消。这就是前面章节强调的高密度较宽方位观测系统设计的理论依据。

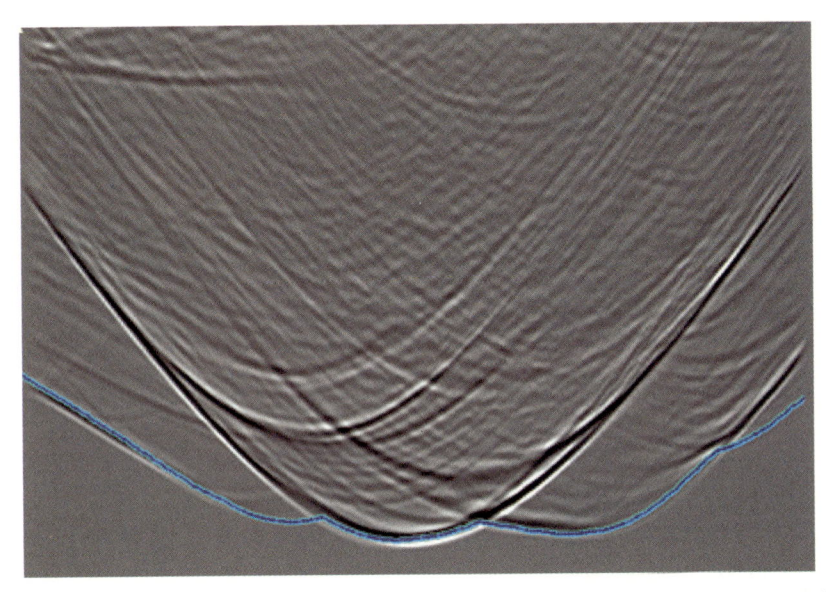

图6.1.4　图6.1.3中的波前对应时刻地面接收记录和Kirchhoff积分法得到的旅行时面（蓝色曲线）

从以上模型正演中我们可以清楚地看到 Kirchhoff 积分法偏移在复杂介质中的缺陷。但是应该注意到，该模型中含有一个典型的盐丘，它与围岩的速度差异达到 2000m/s 左右，且盐丘的边界非常陡，这种特征使得多路径问题变得非常突出。然而在我国西部山前带中，高速砾岩、膏盐岩体等异常速度体与围岩的速度差异尽管也非常大，如图 6.1.5 所示是一个典型的西部资料速度场，b 图是其中一井的测井速度曲线（井位在 a 图红线位置）。可以看到速度场 2000～6000m 中所包含膏盐岩体的速度与围岩的速度差异在 1000 m/s 左右。当速度异常体与围岩的速度差异相对不大，且用于偏移的速度场往往都已经过等效、平滑时，多路径问题导致的影响会相对降低。这是 Kirchhoff 深度偏移在西部山前带能推广应用的依据。

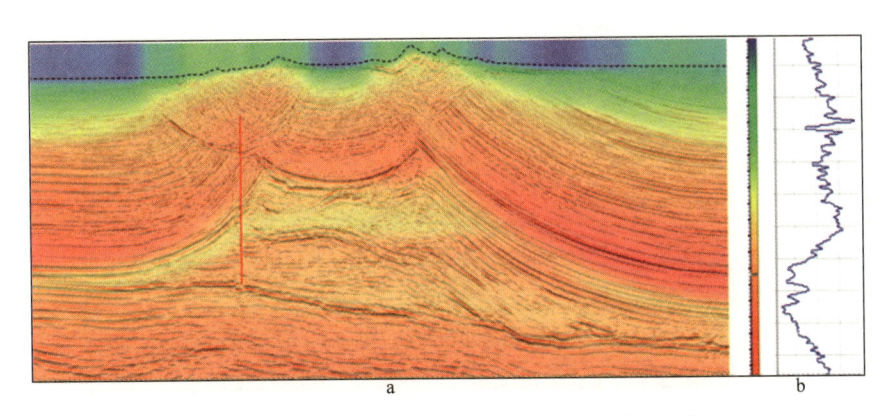

图6.1.5　一个典型的西部山前带速度场（a）和测井速度曲线（b）

6.1.4　Kirchhoff 叠前深度偏移在西部山前带的应用

我国西部山前复杂构造地震成像的难题，首先在于地表起伏大、表层结构复杂、速度横向变化剧烈。其次是地下构造变形严重，塑性不规则盐层和逆掩推覆构造发育。地表及地下双重复杂因素对成像方法提出了很大的挑战。

Kirchhoff 叠前深度偏移是当前双复杂地区叠前深度偏移最实用、最主要的成像技术。原因在于：（1）在山前复杂高陡构造区，地表地形变化剧烈，地下速度纵横向变化大，实际上难以建立准确的偏移速度场。目前建模能力只能建立起真实速度场的低频背景，而且由于我国西部山前带中深层速度异常体与围岩的速度差异相对不大，多路径问题造成的影响相对较小。（2）Kirchhoff 叠前深度偏移对地震采集观测系统的变化和观测地表几何形态的变化适应性较强。（3）它只要求偏移层速度模型射线追踪的总走时（地表到反射点加反射点到地表的总走时）等于实际记录的旅行时，并不一定是真实速度，仅仅是一个走时相等条件下的等效速度模型。因此，对速度具有一定的容错能力。（4）它具有处理相对横向速度变化强的能力，且计算效率高。（5）它能够方便地提供共反射点道集（共成像点道集），有利于开展目标线偏移与速度分析的迭代，提高效率。

因此，虽然 Kirchhoff 叠前深度偏移在理论上存在一定的缺陷，但是它仍然是目前在西部山前带应用最广泛最成功的成像技术，其成像效果在西部山前带勘探中发挥了重要作用。

如图 6.1.6 是塔里木盆地克拉苏地区叠前时间偏移与 Kirchhoff 深度偏移成像对比。该地区地表起伏相对较小，但是在中浅层广泛发育不同期次的高速砾岩体，在深层存在塑性流动的盐层，逆掩推覆构造发育，构造变形严重，导致速度场纵横向变化大，叠前时间偏移不能准确成像。但通过 Kirchhoff 深度偏移，可以看到盐下叠瓦状构造刻画得非常清晰，根据深度偏移设计的钻井也取得了成功。

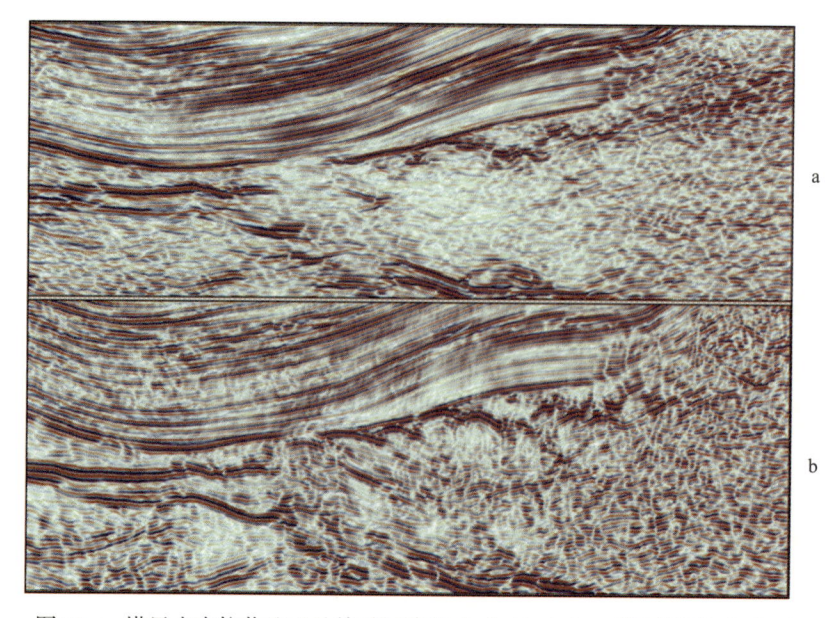

图6.1.6　塔里木克拉苏地区叠前时间偏移（a）与Kirchhoff深度偏移（b）对比

图 6.1.7 是塔里木盆地秋里塔格山前带叠前时间偏移与 Kirchhoff 深度偏移成像对比。秋里塔格地区地表普遍发育陡峭的砂泥岩山体，地下发育巨厚且横向变化快的膏盐岩，工区内地表山体和深层盐丘引起速度剧烈变化，导致时间偏移剖面上盐底出现了多个大的背、向斜构造，经过 Kirchhoff 深度偏移成像后，背斜构造消失了，整个盐底的形态更符合地质认识，大大降低了井位风险。

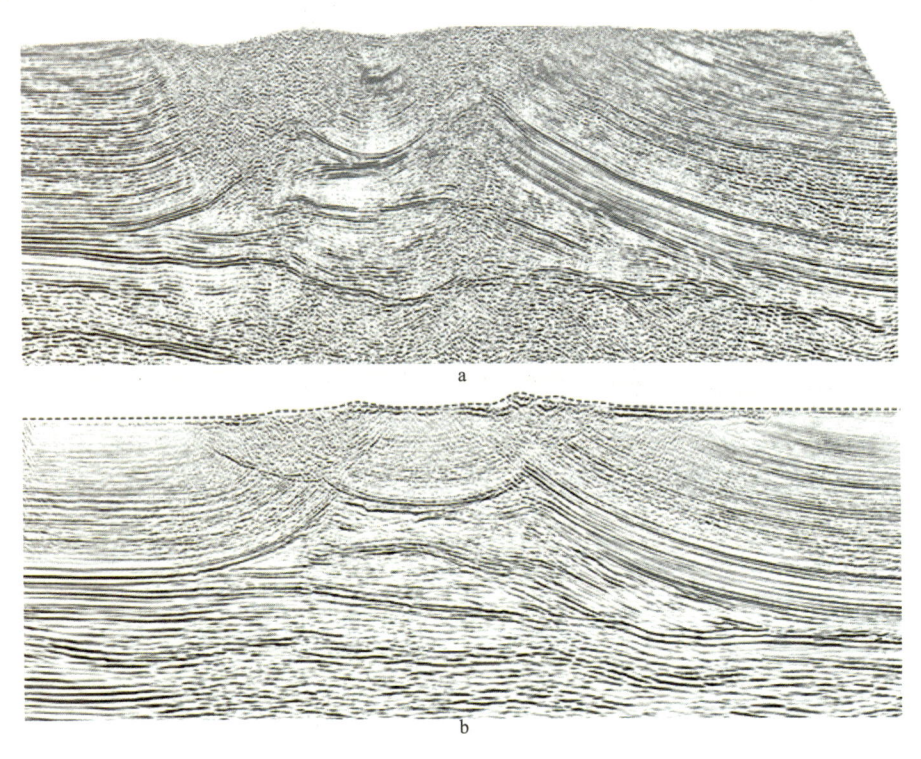

图6.1.7 塔里木秋里塔格地区叠前时间偏移（a）与Kirchhoff深度偏移（b）对比

图 6.1.8 是塔里木盆地柯坪地区山前带叠前时间偏移与 Kirchhoff 深度偏移成像对比。柯坪地区地表发育陡峭的山体，地表山体出露岩性复杂，包括奥陶系灰岩和志留系砂泥岩，岩性差异和风化程度不同导致地表速度横向变化更快。地表条件加上地下盐丘的影响，时间偏移剖面（图的左侧）南部中深层出现了多排断裂，盐下深层的寒武系目的层也出现了很多断裂，地质评价明显降低。通过 Kirchhoff 深度偏移成像后，这些假断裂都得到了较好的消除，盐下反射同相轴连续，构造完整，地质评价显著提高。

以上 3 个典型的实例表明，以目前的速度建模精度和技术水平，Kirchhoff 叠前深度偏移能够取得很好的效果。但是，通过前面对 Kirchhoff 叠前深度偏移方法原理的分析，我们知道该方法在复杂地区实际应用中的主要缺陷在于：

（1）由于该积分法偏移采用了高频近似假设，它对传播时间短的近地表的成像精度低，即使得到成像，振幅和相位也可能存在一定畸变。

（2）多路径问题和振幅值计算中系数 W 计算问题仍处于研究和尝试阶段，其成像精度、保幅性不够高，对极复杂构造成像存在一定的问题。

随着建模技术的发展、建模能力的增强及勘探精度要求的提高，对成像方法的要求也在不断提高。针对 Kirchhoff 偏移的主要缺陷，目前正在发展成像精度更高的成像方法。如针对极低信噪比的高斯束偏移、理论算法精度高的逆时偏移等。

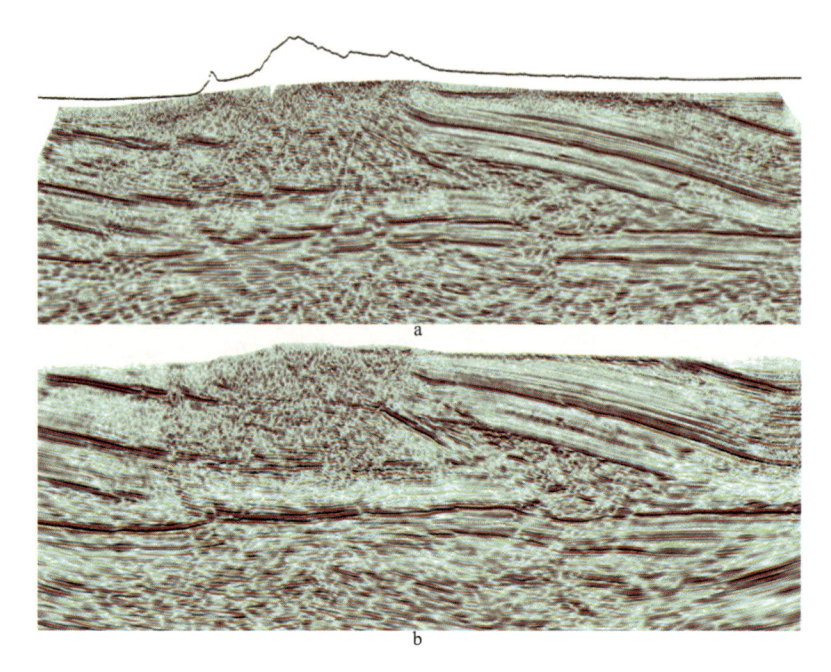

图6.1.8　塔里木柯坪地区叠前时间偏移（a）与Kirchhoff深度偏移（b）对比

6.2　高斯束偏移

为了克服 Kirchhoff 积分法偏移方法的单一路径的不足，近几年高斯束偏移方法得到快速发展。简单地讲，它是用射线束代替积分法偏移中的射线，一定程度上解决了多路径的问题。因此，该方法不仅继承了积分法偏移方法快速、灵活的优点，也部分吸收了单程波动方程偏移克服多路径问题优点。同时，用射线束代替射线，一定程度上能提高信噪比，有利于山前复杂低信噪比区资料成像，但对小断距的断点成像存在模糊现象。但在资料信噪比低、特定宏观构造勘探目的条件下，该成像方法不失为一种较好的选择。

6.2.1　高斯射线束

高斯射线束方法是射线方法的一种，与传统射线方法不同的是，它将波场分解到具有一定频率范围的射线束上实现地震波场的数值模拟。高斯射线束是波动方程集中于射线附近的高频渐进时间调和解。高斯射线束和高斯射线束正演示意图如图6.2.1所示。高斯射线束可以看作是一条从震源出发以射线为中心的能量管，射线束的能量分布以偏离中心射线的距离呈指数衰减。正是由于这个性质，人们称之为高斯束。而接收点 R 或成像点处的波场可以看

作是由多条从炮点 S 出发，在 R 点周围一定范围内的高斯射线束能量的叠加（图6.2.1b）。

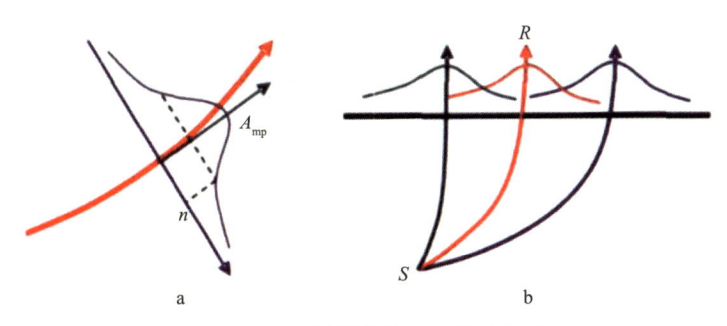

图6.2.1 高斯射线束和正演示意图

a—高斯射线束；b—正演示意

高斯射线束是波动方程集中于射线附近的渐进解。该解是在射线坐标系下得到的，射线坐标系如图 6.2.2 所示。其中，P 为空间中的一点，它在射线 M 上的垂直投影为 P'；s 为 P' 点到射线原点 s_0 的弧长；n 表示 P' 到 P 的距离，即 P 点到射线的距离；新的射线坐标系由向量 n（沿射线的法向矢量）和 t（沿射线的切向矢量）定义。

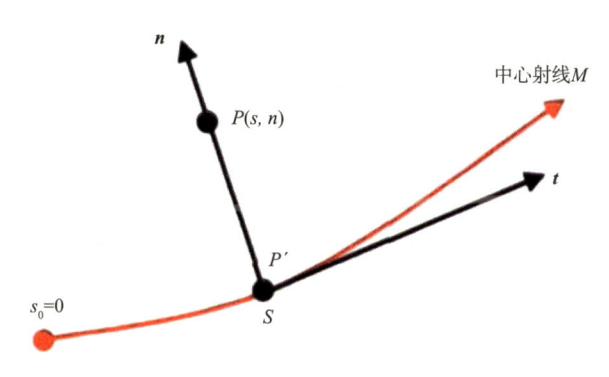

图6.2.2 射线中心坐标系

高斯射线束在此坐标系下具有如下形式的频率域解，即

$$u_{\text{GB}}(s, n, \omega) = \left[\frac{v(s)}{q(s)}\right]^{1/2} \times \exp\left[\mathrm{i}\omega\tau(s) + \frac{\mathrm{i}\omega p(s)}{2q(s)} n^2\right] \tag{6.2.1}$$

式中，ω 为圆频率；$v(s)$ 表示中心射线的速度；$\tau(s)$ 为中心射线旅行时；$p(s)$ 和 $q(s)$ 为沿中心射线变化的复值动力学参数，它们满足如下微分方程组，即

$$\begin{cases} \dfrac{\partial q}{\partial s} = vp \\ \dfrac{\partial p}{\partial s} = -v^2 \dfrac{\partial^2 v}{\partial n^2} q \end{cases} \tag{6.2.2}$$

6.2.2 高斯束偏移原理

在常规的渐进射线理论（ART）中，地震波场是由通过该点射线的振幅和走时计算的。为求得通过该点的射线，往往需要通过费时的两点射线追踪，且 ART 存在固有的缺陷，即射线的焦散区、阴影区等奇异性区域。在高斯束方法中，地震波场是通过一系列高斯束的积分叠加来表示的。Popov(1982)，Cerveny(1982)，Klimes(1984) 等人讨论了不同类型震源所产生的高频地震波场的高斯束表示方法。其中，点源格林函数是通过一系列由震源点出射的，具有不同出射角 θ 的高斯束的叠加积分来表示的（图6.2.3），即

$$G(\boldsymbol{x}', \boldsymbol{x}, \omega) = \frac{\mathrm{i}}{4\pi} \int u_{\mathrm{GB}}(\boldsymbol{x}', \boldsymbol{x}, \boldsymbol{p}, \omega) \mathrm{d}\theta \tag{6.2.3}$$

式中，$\boldsymbol{p}$ 为高斯束中心射线的初始慢度矢量；$u_{\mathrm{GB}}(\boldsymbol{x}',\boldsymbol{x},\boldsymbol{p},\omega)$ 为以直角坐标系参量所表示的高斯束。

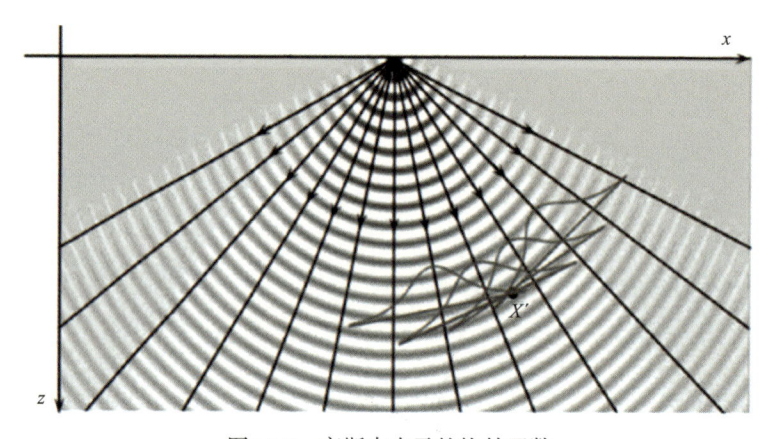

图6.2.3 高斯束表示的格林函数

假设 $\boldsymbol{x}_s$ 为震源，$\boldsymbol{x}_r$ 为接收点，则地下 $\boldsymbol{x}$ 处反向延拓的地震波场 $u(\boldsymbol{x},\boldsymbol{x}_s,\omega)$ 可由 Rayleigh II 积分式表示，即

$$u(\boldsymbol{x}, \boldsymbol{x}_s, \omega) = -\frac{1}{2\pi} \iint \mathrm{d}x_r \mathrm{d}y_r \frac{\partial G(\boldsymbol{x}, \boldsymbol{x}_r, \omega)}{\partial z_r} u(\boldsymbol{x}_r, \boldsymbol{x}_s, \omega) \tag{6.2.4}$$

通过引入一个相位校正因子将格林函数由将 $\boldsymbol{x}_r$ 附近 L 点（束中心位置）出射的高斯束 $u_{\mathrm{GB}}(\boldsymbol{x},L,\boldsymbol{p}_r,\omega)$ 叠加积分来近似表示

$$G(\boldsymbol{x},\boldsymbol{x}_r,\omega) \approx \frac{\mathrm{i}\omega}{2\pi}\iint \frac{\mathrm{d}p_{rx}\mathrm{d}p_{ry}}{p_{rz}} u_{\mathrm{GB}}(\boldsymbol{x},L,\boldsymbol{p}_r,\omega)\exp\{-\mathrm{i}\omega \boldsymbol{p}_r \cdot (\boldsymbol{x}_r-L)\} \tag{6.2.5}$$

当 $\boldsymbol{x}_r$ 同 L 距离较远时，式（6.2.5）会存在一定的误差。为了减少误差，可以通过对地表观测排列加入一系列重叠的高斯窗，高斯窗的中心即为束中心的位置。此时，$G(\boldsymbol{x},\boldsymbol{x}_r,\omega)$ 由若干个束中心出射的高斯束来计算求得，且当 $\boldsymbol{x}_r$ 同 L 距离较远时，高斯窗函数的衰减

性质可以有效降低误差（图 6.2.4）。将式（6.2.5）和高斯窗代入式（6.2.4），采用爆炸反射界面的成像条件，可以得到最终的叠后高斯束偏移的公式，即

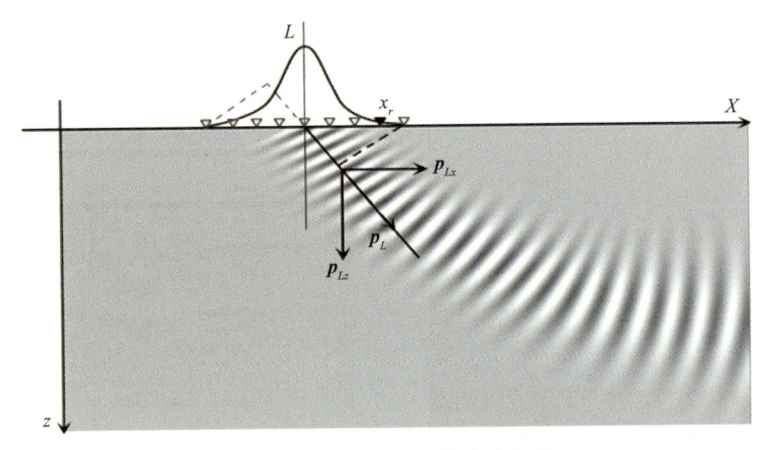

图6.2.4　叠后高斯束偏移示意图

$$I_{\text{post}}(x) = -\frac{\sqrt{3}}{4\pi}\left(\frac{\omega_r \Delta L}{\omega_0}\right)^2 \int d\omega \sum_L \iint d\boldsymbol{p}_{Lx} d\boldsymbol{p}_{Ly} u_{\text{GB}}(\boldsymbol{x}, \boldsymbol{L}, \boldsymbol{p}_L, \omega) D_s(\boldsymbol{L}, \boldsymbol{p}_L, \omega) \tag{6.2.6}$$

式中，$D_s(\boldsymbol{L}, \boldsymbol{p}_L, \omega)$ 为地震记录加高斯窗的局部倾斜叠加；ω_r 为参考频率；ω_0 为初始频率宽度。

叠后高斯束偏移的基本实现过程大致可以分为 3 步：（1）将地震数据划分为一系列局部的区域，确定一系列束中心的位置；（2）利用倾斜叠加，将局部区域内地震记录分解为不同方向的平面波（也就是束）；（3）在束中心位置根据平面波的初始方向试射高斯束，然后根据高斯束的走时及振幅信息按照式（6.2.6）进行成像。

通过一个二维模型的数值计算可以看到高斯束偏移的一些特征。速度模型如图 6.2.5a 所示，模型网格为 640×377，纵横向间距分别为 17m 和 8m。图 6.2.5b 为利用有限差分法正演的叠后地震记录。在计算的过程中，选择束中心间隔为 170m，因而共有 64 个束中心位置。对于每个束中心位置，根据倾斜叠加的射线参数共试射了 67 条高斯束。图 6.2.5c、图 6.2.5d 为对应第 30 个束中心位置，第 30，34 条高斯束的成像结果。由此不难看出，高斯束偏移是一种空间局部化（束中心）、方向局部化（高斯束传播方向）的成像过程。图 6.2.5e 为对应第 30 个束中心位置所有高斯束成像的叠加结果，其代表了对应该束中心位置的地震记录对地下成像的贡献。图 6.2.5f 为所有点最终成像结果，可以看到很好地恢复了模型的构造形态，模型中部的断陷构造成像准确。

与 Kirchhoff 偏移相比，高斯束偏移的这种局部化特征能有效降低偏移划弧的影响，因此能一定程度上提高信噪比。由于在射线束的孔径范围内用波动方程解，一定程度上能解决局部多路径的问题。另外，由于一般束中心相比接收点更稀疏，能有效地减少计算量。

根据波场双向延拓积分，叠前成像公式可以表示为

$$I_{\text{pre}}(x) = -\frac{1}{2\pi}\int d\omega \int dx_s dy_s \frac{\partial G(\boldsymbol{x}, \boldsymbol{x}_s, \omega)}{\partial z_s} \times \iint dx_r dy_r \frac{\partial G(\boldsymbol{x}, \boldsymbol{x}_r, \omega)}{\partial z_r} u(\boldsymbol{x}_r, \boldsymbol{x}_s, \omega) \tag{6.2.7}$$

若将上式中的格林函数用高斯束积分来表示，则可以得到叠前高斯束偏移公式。利用束中心出射的高斯束来近似计算邻近接收点的格林函数，减少计算量，选择不同域进行过程简化，可以得到不同道集域的叠前高斯束偏移公式。很多学者对此有过深入论述，这里不再赘述。

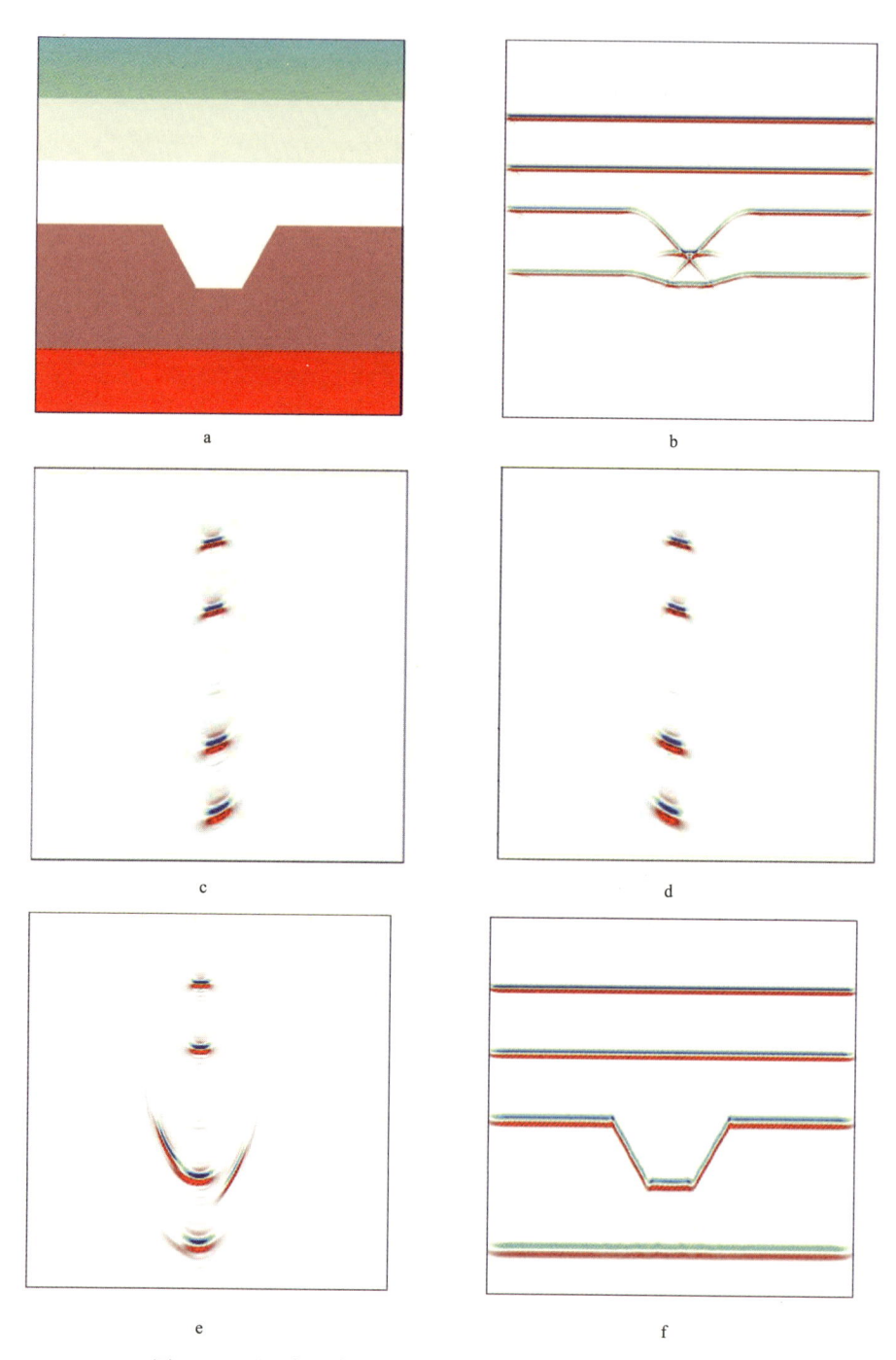

图6.2.5 叠后高斯束偏移数值试验（引自岳玉波，2011）

a—速度模型；b—叠后正演记录；c—束中心30、高斯束30；
d—束中心30、高斯束34；e—束中心30所有高斯束成像结果；f—最终成像结果

6.2.3　高斯束叠前深度偏移在西部山前带的应用

我国西部山前双复杂地区资料的主要特点是速度结构复杂，信噪比低。该特点对 Kirchhoff 叠前深度偏移造成的主要影响是多路径问题和偏移划弧问题。作为射线偏移方法，高斯束偏移继承了积分法偏移方法快速、灵活的优点，而且相比 Kirchhoff 偏移，它是用射线束代替积分法偏移中的射线，在射线束的孔径范围内用波动方程解，一定程度上解决了多路径问题，多射线路径在倾斜叠加域对应不同的同向轴，在束偏移中会独立地自动得到偏移。束偏移的局部化特征，一定程度上能提高信噪比，有利于复杂低信噪比区的资料成像。因此，在资料信噪比低、特定宏观构造勘探目的条件下，高斯束偏移不失为一种较好的成像方法。但是高斯束偏移提高信噪比是以损失振幅保持为代价的。另外，在复杂地质情况下，射线束射线追踪有一定的局限性，在大反射角和速度突变的地方可能会变得不稳定，存在模糊小断层等细小地质现象的问题。

图 6.2.6 是柴达木盆地某地区山前带 Kirchhoff 叠前深度偏移与高斯束叠前深度偏移成像对比。该工区地下发育强烈的逆掩推覆构造，速度结构复杂，导致 Kirchhoff 叠前深度偏移对于深层基岩的成像效果较差，通过应用高斯束叠前深度偏移后，深层基岩的成像得到明显改善。

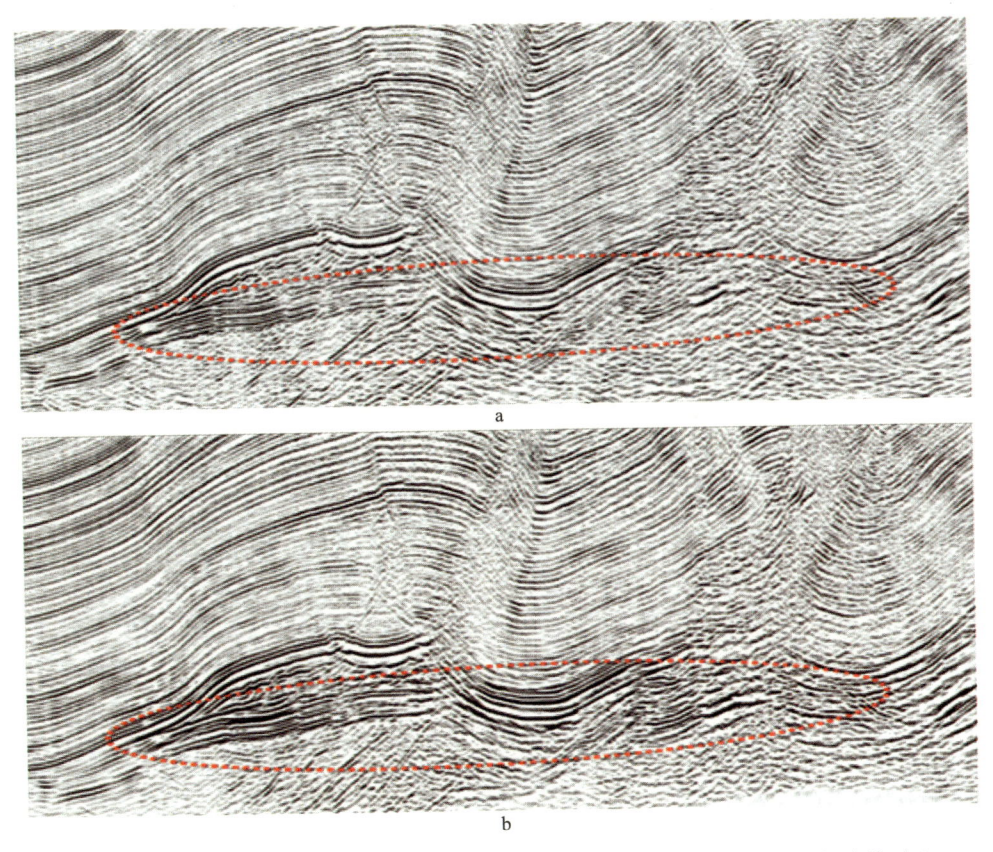

图6.2.6　柴达木盆地山前带Kirchhoff深度偏移（a）和高斯束深度偏移（b）成像对比

图 6.2.7 是塔里木盆地塔西南地区山前带 Kirchhoff 叠前深度偏移与高斯束叠前深度偏移成像对比。该工区地表为巨厚黄土层覆盖，黄土的强吸收作用导致资料信噪比极低。且黄土层下发育了第四系早期的、空间分布极不均匀的山前冲积砾石层，砾石层之下才是逆冲推覆变形的老地层，如此复杂的地质结构导致表层及浅层速度横向变化极快。在这种条件下，高斯束叠前深度偏移相比 Kirchhoff 叠前深度偏移有利明显优势，成像效果得到了大幅度改善。

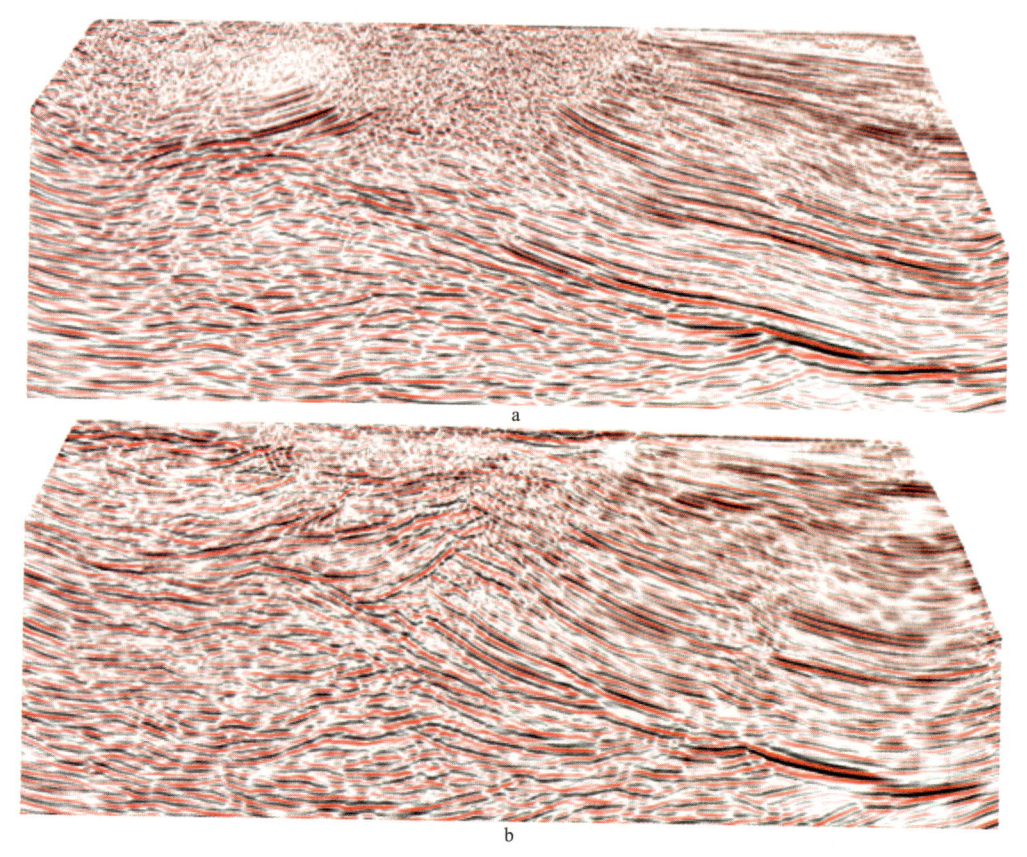

图6.2.7 塔里木塔西南山前带Kirchhoff深度偏移（a）和高斯束深度偏移（b）成像对比

目前高斯束深度偏移成像方法在西部山前带的应用还处于早期推广应用之中，主要用来对付低信噪比资料区的成像问题。对于该方法在较高信噪比区山前带生产中的适用性以及效果评价还需要进一步研究与观察。

虽然束偏移继承了 Kirchhoff 积分法高效、灵活，可用于目标成像方式等优点，并且它可以部分适应多路径问题，但是本质上，它仍是基于射线的波动方程近似解法，当地下介质构造复杂且伴随强烈的横向速度变化，导致非常严重的多路径问题时，束偏移方法也不适应，就需要更高精度的成像方法。

6.3 波场延拓偏移

基于波场延拓的成像技术始于 Claerbout（1971）。该技术直接基于波动方程对波场进行外推，理论上可以很自然地完全解决多路径问题。他提出了著名的成像原理："反射界面存在于地下这样的一些点上，在这些点上，下行波的波前到达或产生，与上行波的波前产生或到达，在时间上是一致的"。对炮、检点两个方向分别外推的波场，应用成像条件，即可以得到偏移后的成像。波场外推可以是在深度方向，也可以是在时间方向。深度方向的波场延拓引入了波仅在一个方向传播的强制性假设，即波场不是从炮点向下传播就是波场从反射点向上传播，该假设将波动方程分解为上、下行波两个单程波方程，因此这类方法称为单程波偏移。而在时间方向的波场延拓技术，不对波动方程做任何近似，称为双程波偏移。由于是在时间方向回溯波场的传播历史，因此该方法也称为逆时偏移（RTM）。

6.3.1 单程波偏移

我们用 Gazdag 相移法偏移来说明使用单程波方程在深度方向对波场进行外推的原理。

向深度方向延拓波场，计算波场 u 随深度 z 的变化，涉及波动方程的求解问题。在很多情况下，波动方程的求解比较复杂，而且是不适定的。回避不适定问题的一个办法就是对波动方程做降阶处理，将波动方程分解为上行波方程和下行波方程。二维情况下的纵波方程为

$$\frac{\partial^2 p}{\partial x^2} + \frac{\partial^2 p}{\partial z^2} = \frac{1}{v^2}\frac{\partial^2 p}{\partial t^2} \tag{6.3.1}$$

对 x 和 t 做傅里叶变换，并利用算子分解，得到

$$\frac{\partial^2 \tilde{p}}{\partial z^2} + \left(\frac{\omega^2}{v^2} - k_x^2\right)\tilde{p} = \frac{\partial^2 \tilde{p}}{\partial z^2} + k_z^2 \tilde{p} = \left(\frac{\partial}{\partial z} + \mathrm{i}k_z\right)\left(\frac{\partial}{\partial z} - \mathrm{i}k_z\right)\tilde{p} = 0 \tag{6.3.2}$$

式中利用了频散关系

$$k_x^2 + k_z^2 = \frac{\omega^2}{v^2} \tag{6.3.3}$$

式中，$\tilde{p}(k_x, z, \omega)$ 是波场 $p(x, z, t)$ 关于 x 和 t 的傅里叶变换；ω 是圆频率；k_x，k_z 分别是 x 和 z 方向的圆波数。由式（6.3.2）和式（6.3.3）可以得到分离的上行波方程和下行波方程，即

$$\frac{\partial \tilde{p}}{\partial z} = \pm \mathrm{i}\sqrt{\frac{\omega^2}{v^2} - k_x^2}\,\tilde{p} \tag{6.3.4}$$

对上行波，在式（6.3.4）中右端取负号，上行波方程可写为

$$\frac{\mathrm{d}\tilde{p}}{\tilde{p}} = -\mathrm{i}\sqrt{\frac{\omega^2}{v^2} - k_x^2}\,\mathrm{d}z \tag{6.3.5}$$

对上式积分可以得到上行波在深度方向的外推公式

$$\tilde{p}(z+\Delta z) = \tilde{p}(z)\mathrm{e}^{-\mathrm{i}\sqrt{\frac{\omega^2}{v^2} - k_x^2}\,\mathrm{d}z} \tag{6.3.6}$$

在计算上行波场的同时，采用完全相同的方法可以处理下行波场。在频散方程中选择"+"号，就可以完成下行波场的外推，即

$$\tilde{p}(z+\Delta z) = \tilde{p}(z)\mathrm{e}^{-\mathrm{i}\sqrt{\frac{\omega^2}{v^2} - k_x^2}\,\mathrm{d}z} \tag{6.3.7}$$

上行波的初始条件为单炮地表记录，下行波的初始条件可以采用与实际记录频带相近的雷克子波作为震源信号。在相同的深度 z_0 完成波场外推后，对上、下行波场在时间域进行互相关，根据成像原理，零延迟处的互相关振幅经比例后式（6.3.8），即为单程波偏移后的反射系数

$$r(x, z_0) \approx \frac{\sum_t p_{\mathrm{up}}(x, z_0, t) \cdot p_{\mathrm{down}}(x, z_0, t)}{\sum_t p_{\mathrm{down}}^2(x, z_0, t) + \varepsilon} \tag{6.3.8}$$

图 6.3.1 总结了"单程波炮偏移"在各个深度步长的递推和成像过程。图中上两排分别是上行波场和下行波场在深度 0，2000m，4000m，5000m 等处的递推重构情况；图中第三排是应用成像条件，即在每个 x 位置通过两个时间序列的互相关计算得到的反射系数；将得到的结果放在对应的深度上，直至最大深度，就得到了右下图所示的偏移结果。以上所述就是 Gazdag 相移偏移的工作流程。从中也可以看到单程波偏移大致的工作原理和流程。同时，我们也注意到，相移偏移的波场外推需要首先对波场 $p(x,z,t)$ 做关于 x 和 t 的傅里叶变换，这就要求偏移速度场在横向上不能变化。为了克服这种限制，人们发展了很多单程波动方程波场外推的常用方法，包括相移加插值法（PSPI）、频率—空间域有限差分法（FXFD）、分步傅里叶法（SSF）及傅里叶有限差分法（FFD）等。这些方法的提出与发展，使单程波偏移技术在一定程度上适应了速度的横向变化。但是由于单程波对波动方程的近似，单程波偏移在陡倾角成像、回转波、棱柱波等各种体波的成像上还存在一些缺陷。

6.3.2 逆时偏移

逆时偏移同单程波偏移流程一样，都是先进行波场外推，再利用成像原理进行偏移成像。不同之处在于，单程波是在深度方向上外推波场，而逆时偏移则是在时间方向上外推波场。如果能够重构出地下介质中上行波和下行波波场传播的整个"历史"，那么，在这个"历史"中，上行波和下行波同时出现的地方就是反射界面存在的地方，将两个"历史"数据互相关后经过比例的值就是我们希望得到的成像结果。

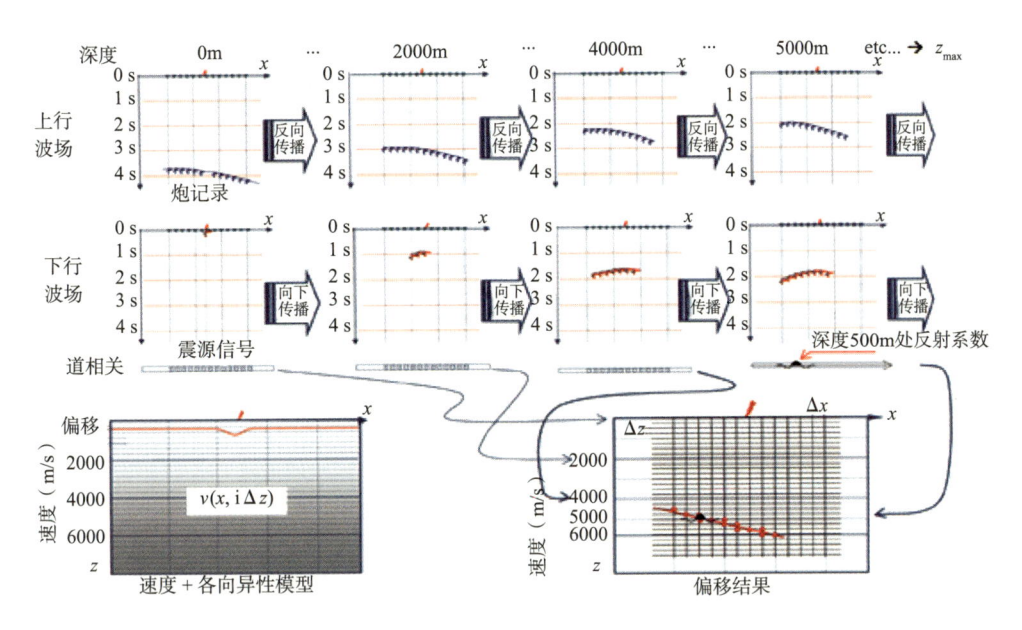

图6.3.1 单程波炮点偏移流程

(引自 Etienne Robein,2010)

将波在整个速度模型里某一时刻的传播波场称为"波场快照"。时间延拓就是利用 $t + dt$（计算上行波）或者 $t - dt$（计算下行波）时刻的波场快照，计算出 t 时刻的波场快照。由于在每一个时间步长的延拓过程中，波是在整个速度模型中传播，因此，类似 Gazdag 的傅里叶变换方法不再适用，这也是逆时偏移计算量大的原因之一。

目前，在时间方向的波场延拓一般是通过数值有限差分的方法完成。它的主要优点是不再严格受限于单程波的近似。在这里不讨论针对效率和精度的数学和数值方法上的发展，仅就最简单的"时间和空间二阶模式"讨论有限差分实现时间方向波场延拓的过程。

通过一阶泰勒展开，可以将二阶偏导表示为

$$\frac{\partial^2 \tilde{p}}{\partial x^2} \approx \frac{p_{x+\Delta x, z, t} - 2p_{x, z, t} + p_{x-\Delta x, z, t}}{\Delta x^2} \tag{6.3.9}$$

通过式（6.3.9），1 个点的二阶导数可以用 3 个点值的线性组合近似给出，同样的方法对深度和时间方向也成立。将 3 个方向的差分近似偏导数代入式（6.3.1），可以得到时间方向波场外推的有限差分式，即

$$\begin{aligned}
p_{x, z, t+\Delta t} \cdot \left[\frac{-1}{v_{x,z}^2 \cdot \Delta t^2} \right] = & p_{x, z, t} \cdot \left[-\frac{2}{\Delta x^2} - \frac{2}{\Delta z^2} - \frac{2}{v_{x,z}^2 \cdot \Delta t^2} \right] \\
& + p_{x, z, t-\Delta t} \cdot \frac{1}{v_{x,z}^2 \cdot \Delta t^2} + p_{x-\Delta x, z, t} \cdot \frac{1}{\Delta x^2} + p_{x+\Delta x, z, t} \cdot \frac{1}{\Delta x^2} \\
& + p_{x, z, -\Delta z, t} \cdot \frac{1}{\Delta z^2} + p_{x, z, +\Delta z, t} \cdot \frac{1}{\Delta z^2}
\end{aligned} \tag{6.3.10}$$

同单程波偏移一样，上行波的初至条件为单炮地表记录，下行波的初至条件可以采用与实际记录频带相近的雷克子波作为震源信号。对具有相同时间的上行和下行波场快照逐样点相乘并规则化后，对结果求和，则完成了成像的过程。在这个过程中，两种类型的波场必须同时得到，但是因为上行波和下行波波场快照的计算时间顺序是相反的，在上行波开始计算时，下行波的所有快照必须已经计算完成，并存储完成，这对硬件是一个很高的要求，也是制约RTM技术发展的一个因素。当然，如果计算能力足够强大时，也可以不用存储下行波的快照，而是每到一个时刻，再重复计算一次则可。

图6.3.2总结了"逆时偏移"在各个时间步长的递推和成像过程，图中上两排分别是上行波场和下行波场在时间1.75s，2.0s，2.25s，4.5s等处的递推重构情况。图中第三排是应用成像条件，对相同时间的两个波场快照做乘法，将所有时间的结果相加，就得到了左下图所示的偏移结果。

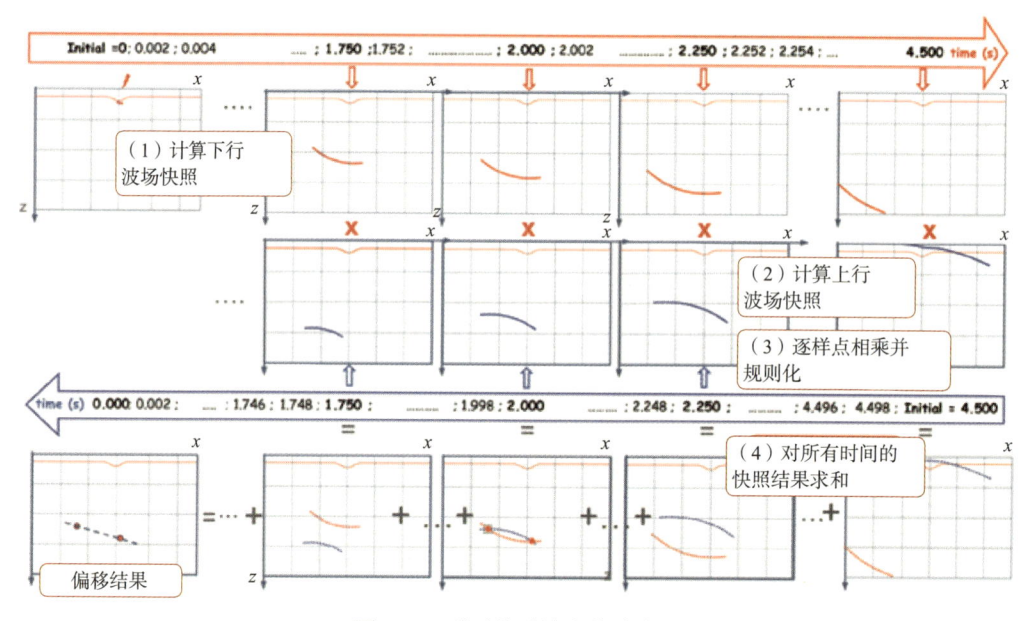

图6.3.2　逆时偏移炮点偏移流程

(引自Etienne Robein，2010)

6.3.3　逆时偏移在西部山前带的应用

近年来，随着CPU+GPU的并行计算机及高性能集群的快速发展和高精度速度分析与建模技术的实现，使得计算能力、存储需求和速度场要求对RTM的制约逐步减小，RTM开始逐渐成为一个工业化的生产处理流程。RTM用全波方程对波场延拓，避免对波动方程的近似，无倾角限制。它可以实现复杂构造高角度成像，也可以对回转波、棱柱波等各种体波成像，还可以进行多次反射波成像，使得多次波收敛和聚焦。从算法上来说，RTM可以解决射线类方法在多路径问题上的固有缺陷。因此，在速度规律认识清楚、成本和勘探周期允许的条件下，可应用逆时偏移进行重点目标的偏移成像处理，达到提高勘探精度的目的。该方法从原理上可以说是目前发展最精确的偏移成像方法。

但是，RTM 的这些优点取决于是否能够建立准确的速度模型。在西部山前双复杂构造区，地表地形变化剧烈，地下速度纵横向变化快，实际上很难建立准确的偏移速度场。因此，以往在西部山前复杂构造的勘探中，逆时偏移技术应用很少见到好的效果。但是，随着勘探进度的推进，我们对西部山前带速度的认识正在迅速提高，在近期的逆时偏移成像技术应用中，其优势正在逐渐显现出来。

图 6.3.3 是 2011 年塔里木盆地某山前带 Kirchhoff 深度偏移成像和逆时偏移成像对比。由于当时该区尚处于勘探早期，对工区的速度结构认识还处于比较模糊的阶段，不管是浅层还是深层的速度建模都比较粗糙。可以看到，但即使偏移速度场精度不高，Kirchhoff 深度偏移也能够成像，只是剖面上可能有很多假的构造和划弧现象。反观逆时偏移结果，则表现为完全不能成像。所以，逆时偏移对速度模型精度是有一定要求的，在工业化推广中必然受到一定限制。

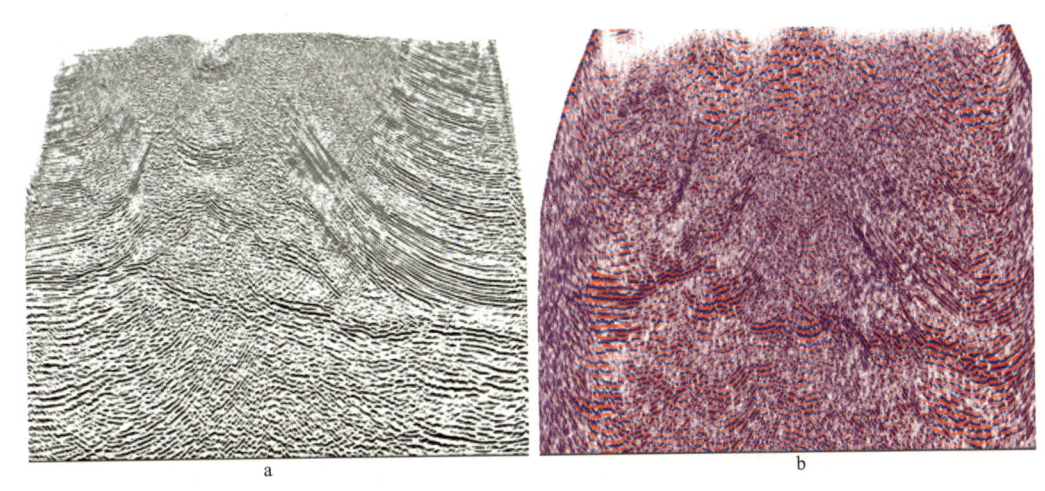

图6.3.3　塔里木盆地山前Kirchhoff深度偏移（a）与逆时偏移试验（2011年）成像（b）对比

现在我国西部山前带勘探大部分已经处于中期甚至到了开发阶段，对各个工区速度认识相比 2011 年已经有了很大的进步。图 6.3.4 和图 6.3.5 是柴达木盆地某山地区复杂构造勘探中 Kirchhoff 深度偏移成像和逆时偏移成像对比。该地区地表条件恶劣，地形起伏剧烈，近地表低降速带和地下构造都非常复杂，同时采集条件差，资料信噪比较低。即使如此，经过近年来反复多轮次的成像攻关，得到认识提高，速度建模精度已经有了很大进步。所以从图 6.3.4 的对比上可以看到，逆时偏移在高陡断面成像上已有一定的优势。从图 6.3.5 的对比上可以看到，逆时偏移成像对 Kirchhoff 成像不合理区域也有一定的改善。

图 6.3.6 是塔里木盆地某山前带地区 Kirchhoff 深度偏移与逆时偏移成像对比。该地区中浅层广泛发育不同期次的高速砾岩体，在深层存在塑性流动的盐层，整个地下结构逆掩推覆结构发育，构造变形严重。

经过近 10 年的研究，该区速度建模已经有较高的精度。如图 6.3.7 所示，中浅层的高速砾岩和深层盐层的细节刻画已经较丰富，偏移速度和测井速度的吻合率也已经非常高。在这样的条件下，逆时偏移相比 Kirchhoff 深度偏移成像在细节上有了较大提高，特别是盐顶陡倾角地层和盐下叠瓦状构造都更加清晰。相信随着速度建模精度的进一步提高，逆时偏移成像的优势会越来越明显。尤其期待全波形叠前反演 FWI 技术在陆上的发展应用，一旦能够成熟推广，必将推动 RTM 技术的全面推广应用，大幅度提高山前复杂构造地震成像的精度和勘探开发的成功率。

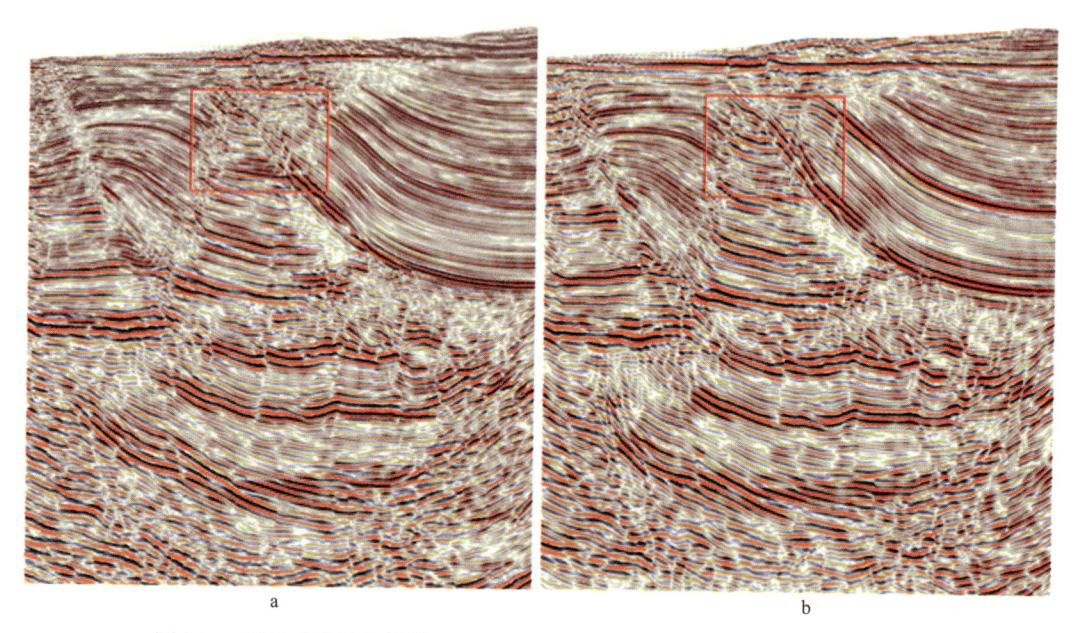

图6.3.4　柴达木盆地山前带Kirchhoff偏移（a）和逆时偏移成像（b）对比一

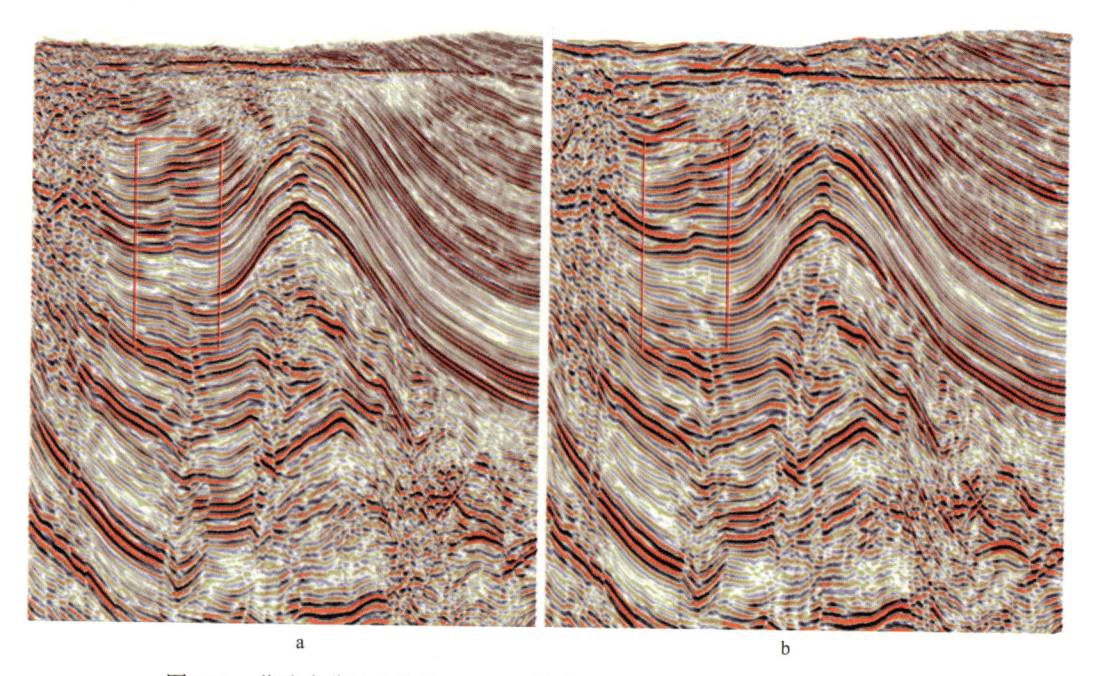

图6.3.5　柴达木盆地山前带Kirchhoff偏移（a）和逆时偏移成像（b）对比二

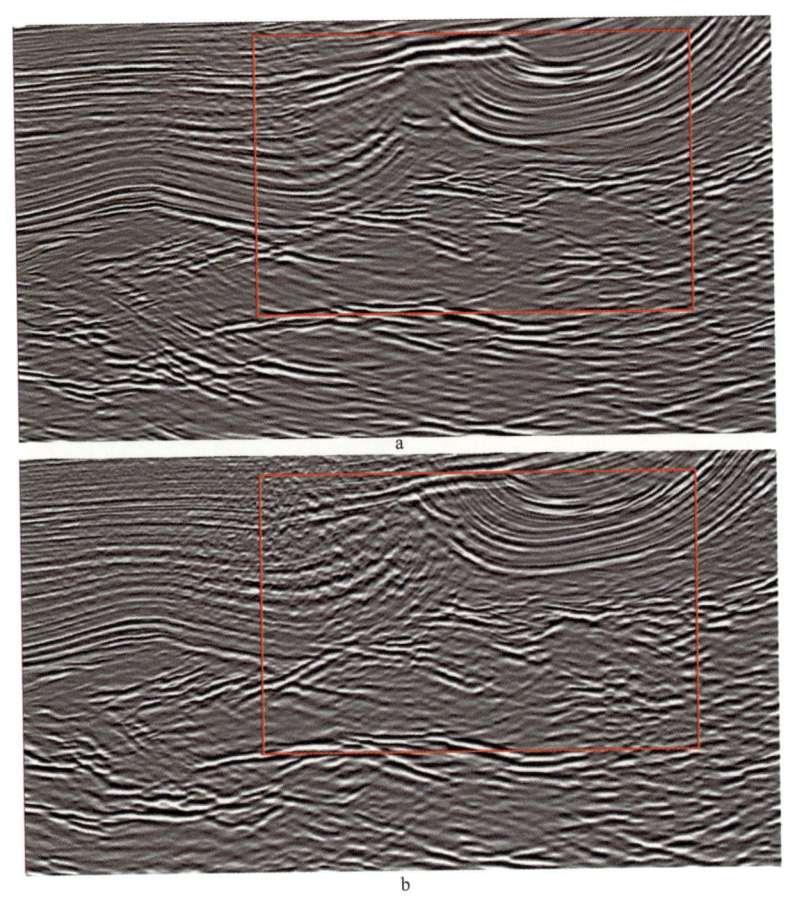

6 山前复杂构造带叠前深度偏移成像方法和策略

图6.3.6 塔里木盆地某山前带Kirchhoff偏移（a）和逆时偏移成像（b）对比

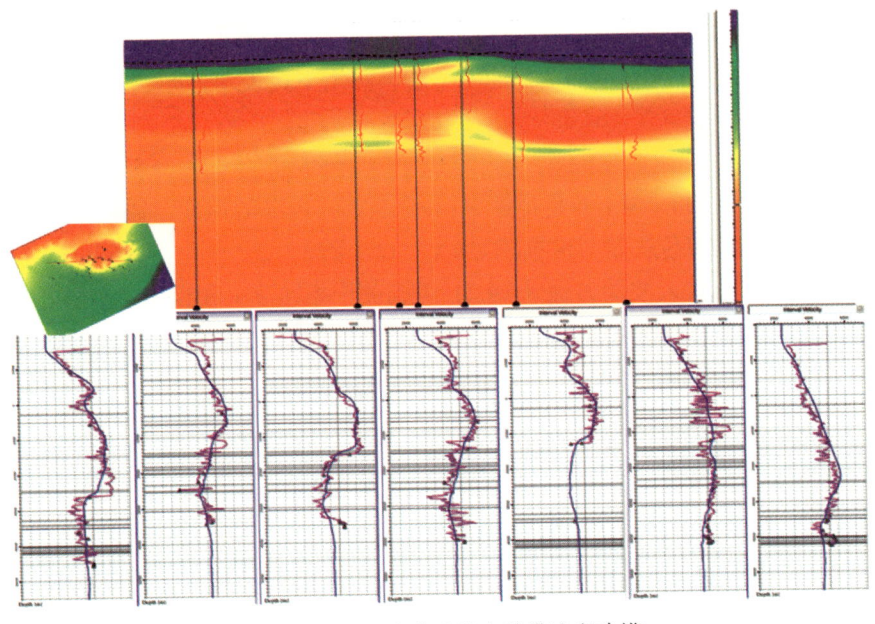

图6.3.7 塔里木盆地某山前带速度建模

— 211 —

6.4 各向异性叠前深度偏移

各向异性描述的是介质的特性，指弹性波的传播速度随方向而异的介质。偏移方法指的是应用波动方程的各种近似解法，对地震波场进行成像。地震各向异性叠前深度偏移是指对各向异性介质进行的叠前深度偏移处理。

6.4.1 各向异性基本理论

6.4.1.1 克利斯托菲尔方程和平面波特性

由牛顿第二定律、胡克定律及应变张量的定义，可以得到一般非均匀各向异性介质的波动方程，即

$$\rho \frac{\partial^2 u_i}{\partial t^2} - c_{ijkl} \frac{\partial^2 u_k}{\partial x_j \partial x_l} = f_i \qquad (6.4.1)$$

式中，ρ 是密度；$\boldsymbol{u} = (u_1, u_2, u_3)$ 是位移矢量；$\boldsymbol{f} = (f_1, f_2, f_3)$ 是单位体积的体力（外力）；t 是时间；x_l 是笛卡尔坐标；方程式含有对 $j = 1, 2, 3$（和以下所有其他重复的下标）求和，$i = 1, 2, 3$ 是自由下标；c_{ijkl} 是四阶刚度张量。

如果去掉体力 $\boldsymbol{f}$，则得到均匀各向异性介质的方程。物理上，均匀介质波动方程描述了没有弹性能量源的介质。

$$\rho \frac{\partial^2 u_i}{\partial t^2} - c_{ijkl} \frac{\partial^2 u_k}{\partial x_j \partial x_l} = 0 \qquad (6.4.2)$$

我们使用平面波作为方程（6.4.2）的一个解，并用下式表示，即

$$u_k = U_k \mathrm{e}^{\mathrm{i}\omega(n_j x_j / v - t)} \qquad (6.4.3)$$

式中，U_k 是极化矢量 $\boldsymbol{U}$ 的分量；ω 是角频率；v 是地震波传播的速度，通常称之为相速度；$\boldsymbol{n}$ 是垂直于平面波波前的单位矢量（波前满足 $n_j x_j - vt =$ 常数）。

将平面波（6.4.3）代入波动方程（6.4.2）得到关于相速度 v 和极化矢量 $\boldsymbol{U}$ 的克利斯托菲尔方程，即

$$\begin{bmatrix} G_{11} - \rho v^2 & G_{12} & G_{13} \\ G_{21} & G_{22} - \rho v^2 & G_{23} \\ G_{31} & G_{32} & G_{33} - \rho v^2 \end{bmatrix} \begin{bmatrix} U_1 \\ U_2 \\ U_3 \end{bmatrix} = 0 \qquad (6.4.4)$$

式中，$G_{ik} = c_{ijkl} n_j n_l$ 是克利斯托菲尔矩阵，它依赖于介质的性质（刚度）和地震波的传播方向；张量 c_{ijkl} 可以用 6×6 矩阵形式描述。这种运算通常是根据"Voigt方法"用单一下标替换原成对下标（ij 和 kl）11→1，22→2，33→3，23→4，13→5，12→6。

克利斯托菲尔方程（6.4.4）描述了一个标准3×3本征值（ρv^2）——关于对称矩阵G的本征矢量（U）问题。对于在各向异性介质中的任意给出的相位（慢度）方向n，克利斯托菲尔方程产生了3个可能的本征值，方程求解得到3个可能的相速度值v，它们对应着纵波和两个横波。由于矩阵G是实对称的，3种类型的波（本征值矢量）的极化矢量总是相互垂直的，但是，没有一个必须平行或垂直于n，因此，除了规定的传播方向，在各向异性介质中没有纯轴向和剪切方向的地震波，由于这个原因，在各向异性地震波理论中经常称快波为"准P"，称慢波为"准S_1"以及"准S_2"。

6.4.1.2 TI介质中的平面波

绝大多数现有的地震各向异性研究是在横向各向同性（TI）介质上实现的，该介质有一个旋转对称轴。在此模型上所有地震信号仅仅依赖于传播方向与对称轴的夹角。任何包含该对称轴的平面代表了一个镜像对称面，其余的一个对称面（各向同性面）垂直于对称轴。只要模型是均匀的，对称轴的方向相对于坐标系统可以是任意的，因此，通过垂向对称轴的横向各向同性（VTI）定义的刚度系数的克利斯托菲尔方程，可以得到体波在横向各向同性介质中传播的相速度和极化。

$$\begin{bmatrix} c_{11}n_1^2+c_{55}n_3^2-\rho v^2 & 0 & (c_{13}+c_{55})n_1n_3 \\ 0 & c_{66}n_1^2+c_{55}n_3^2-\rho v^2 & 0 \\ (c_{13}+c_{55})n_1n_3 & 0 & c_{55}n_1^2+c_{33}n_3^2-\rho v^2 \end{bmatrix}\begin{bmatrix} U_1 \\ U_2 \\ U_3 \end{bmatrix}=0 \quad (6.4.5)$$

用相对于对称轴的相角（$n_1=\sin\theta$；$n_3=\cos\theta$）表示单位矢量n，得到横向极化类型波（$U_2\neq 0$，$U_1=U_3=0$）的相速度为

$$v_{SH}(\theta)=\sqrt{\frac{c_{66}+\sin^2\theta+c_{55}+\cos^2\theta}{\rho}} \quad (6.4.6)$$

方程（6.4.6）描述了极化矢量在水平面上的所谓的SH波。沿垂向传播（$\theta=0°$）方向，SH波速度等于$\sqrt{c_{55}/\rho}$，而在水平方向上$v_{SH}(90°)=\sqrt{c_{66}/\rho}$。所以，SH波速度各向异性的大小取决于两个刚度系数c_{66}和c_{55}之间的分数差。

平面极化类型波（P-SV）用方程（6.4.5）中的第一方程和第三方程来描述，即

$$\begin{bmatrix} c_{11}\sin^2\theta+c_{55}\cos^2\theta-\rho v^2 & (c_{13}+c_{55})\sin\theta\cos\theta \\ (c_{13}+c_{55})\sin\theta\cos\theta & c_{55}\sin^2\theta+c_{33}\cos^2\theta-\rho v^2 \end{bmatrix}\begin{bmatrix} U_1 \\ U_3 \end{bmatrix}=0 \quad (6.4.7)$$

如果地震波沿着对称轴传播（$\theta=0°$），则得到

$$v_P(\theta=0°)=\sqrt{\frac{c_{33}}{\rho}}\ ;\qquad U_1=0,\ U_3=1 \quad (6.4.8)$$

$$v_{SV}(\theta=0°)=\sqrt{\frac{c_{55}}{\rho}}\ ;\qquad U_1=1,\ U_3=0 \quad (6.4.9)$$

如果地震波在各向同性面上传播（$\theta = 90°$），则得到

$$v_P(\theta=90°) = \sqrt{\frac{c_{11}}{\rho}}\ ; \qquad U_1=1,\ U_3=0 \qquad (6.4.10)$$

$$v_{SV}(\theta=90°) = v_{SV}(\theta=0°) = \sqrt{\frac{c_{55}}{\rho}}\ ; \qquad U_1=0,\ U_3=1 \qquad (6.4.11)$$

当地震波传播角度倾斜时，P 波和 SV 波的克利斯托菲尔方程解不再具有相对简单的特点。令在方程（6.4.7）中矩阵 $|G_{ik}-\rho v^2 \delta_{ik}|$ 的行列式为零就得到了关于相速度的下列方程，即

$$2\rho v^2(\theta) = (c_{11}+c_{55})\sin^2\theta + (c_{33}+c_{55})\cos^2\theta$$

$$\pm \sqrt{[(c_{11}-c_{55})\sin^2\theta - (c_{33}-c_{55})\cos^2\theta]^2 + 4(c_{13}+c_{55})^2 \sin^2\theta\cos^2\theta} \qquad (6.4.12)$$

式中，根号前的正号对应于P波，而负号对应于SV波。

虽然方程（6.4.12）不十分复杂且能够有效地用于数值计算，但通过刚度系数来表达介质参数和地震信号之间的关系是很不方便的，进行地震波场各向异性影响的定性估计及建立各向异性介质的反演和处理算法几乎是不可能的。VTI 介质的常规表示法主要缺点归纳如下：

（1）各向异性的强度隐含在弹性系数中。如果 $c_{11}=c_{33}$，$c_{33}=c_{66}$ 和 $c_{13}=c_{11}-2c_{66}$，介质是各向同性的。显然，仅从弹性常数的检查上估计速度各向异性的程度是烦琐的。

（2）由于大多数采集的反射数据是小炮检距的，用一个参数描述在对称轴附近（垂向）的 P 波速度是有益的。然而，在常规表示法中没有那样一个参数存在。

（3）P 波和 SV 的传播用四个刚度系数 c_{11}，c_{33}，c_{55} 和 c_{13} 来描述，事实表明采用 Thomsen 表示法将描述 P 波运动学信号的独立参数个数减少到 3 个是可能的。同样，由于 c_{55} 和 c_{13} 参数的相互关联，P 波旅行时数据反演刚度系数是模棱两可的。

（4）在常规表示法中动校正速度（NMO）的表达式是复杂的。由于地面地震数据处理基于反射时差校正，所以对 VTI 介质可以得到一个重要的易于应用的 NMO 方程。

6.4.1.3 TI 介质的汤姆森参数

简化 TI 介质中的相速度函数和其他地震信号的一个方便的方法是用 Thomsen (1986) 参数替换标准的表示方法。Thomsen 表示法的思想是沿着对称轴将各向异性的影响从"各向同性"（选择 P 波和 S 波速度）参数中分离出来。VTI 介质的 5 个弹性系数可以用 P 波和 S 波（各自）的垂向速度 v_{P0} 和 v_{S0} 及 3 个无量纲各向异性参数 ε，δ 和 γ 来替换，即

$$v_{P0} \equiv \sqrt{\frac{c_{33}}{\rho}} \qquad (6.4.13)$$

$$v_{S0} \equiv \sqrt{\frac{c_{55}}{\rho}} \qquad (6.4.14)$$

$$\varepsilon \equiv \frac{c_{11}-c_{33}}{2c_{33}} \qquad (6.4.15)$$

$$\delta \equiv \frac{(c_{13}+c_{55})^2 - (c_{33}-c_{55})^2}{2c_{33}(c_{33}-c_{55})} \qquad (6.4.16)$$

$$\gamma \equiv \frac{c_{66}-c_{55}}{2c_{55}} \qquad (6.4.17)$$

在 Thomsen 表示法中，P 波和 SV 波信号与参数 v_{P0}、v_{S0}、ε 和 δ 有关，而 SH 波则用横波垂向速度 v_{S0} 和参数 γ 来描述。

对于各向同性介质，无量纲各向异性参数 ε、δ 和 γ 为零，因此这些参数可方便地表征各向异性的强度。接近于水平和垂向 P 波速度之间分数差参数 ε 定义了（通常简称为）"P 波各向异性"的特性，同样 γ 表征 SH 波的各向异性。

虽然与 ε 和 γ 相比，δ 的定义不很清晰，但该参数同样有一个明确的含义——它决定了在垂直入射方向上的 P 波相速度函数的二阶导数。对方程（6.4.12）根号前取正号后求导，并将表达式 δ 代入得到

$$\frac{\mathrm{d}^2 v_P}{\mathrm{d}\theta}\Big|_{\theta=0} = 2v_{P0}\delta \qquad (6.4.18)$$

在定义了 Thomsen 参数后，可以对各类型波的相速度函数重新进行描述。SH 波相速度函数依据参数 γ 可以重新写成如下形式，即

$$v_{SH}(\theta) = v_{S0}\sqrt{1+2\gamma\sin^2\theta} \qquad (6.4.19)$$

显然，γ 是控制 SH 波运动的唯一各向异性系数。从实验数据发现 γ 基本是正值，意味着 SH 波速度从对称轴（$\theta=0°$）向各向同性面方向增加。

用 Thomsen 参数表达的准确的 P-SV 相速度函数（Tsvankin，1996），即

$$\frac{v^2(\theta)}{v_{P0}^2} = 1 + \varepsilon\sin^2\theta - \frac{f}{2}$$

$$\pm \frac{f}{2}\sqrt{1 + \frac{4\sin^2\theta}{f}(2\delta\cos^2\theta - \varepsilon\cos^2\theta) + \frac{4\varepsilon^2\sin^4\theta}{f^2}} \qquad (6.4.20)$$

式中，

$$f \equiv 1 - \frac{v_{S0}^2}{v_{P0}^2} = 1 - \frac{c_{55}}{c_{33}} \qquad (6.4.21)$$

它是唯一包含 S 波垂向速度的项。

对于一般 TI 介质，通过在根号里分离出包含 ε-δ 的项，方程（6.4.20）可以进一步简化为

$$\frac{v^2(\theta)}{v_{P0}^2} = 1 + \varepsilon\sin^2\theta - \frac{f}{2}$$

$$\pm \frac{f}{2}\sqrt{\left(1 + \frac{2\varepsilon\sin^2\theta}{f}\right)^2 - \frac{2(\varepsilon-\delta)\sin^2 2\theta}{f^2}} \qquad (6.4.22)$$

方程（6.4.22）在弱各向异性假设的前提下（$|\varepsilon|\ll 1$，$|\delta|\ll 1$）可以简化。用泰勒级数展开方程（6.4.22）中的根式并丢掉与各向异性参数 ε 和 δ 有关的二次项即得到关于 P 波相速度的表达式，即

$$\frac{v^2(\theta)}{v_{P0}^2} = 1 + 2\delta\sin^2\theta\cos^2\theta + 2\varepsilon\sin^4\theta \qquad (6.4.23)$$

对方程（6.4.23）开平方根并根据 ε 和 δ 进一步线性化得到弱各向异性近似下的 P 波相速度公式（1986），即

$$v_P(\theta) = v_{P0}(1 + \delta\sin^2\theta\cos^2\theta + \sin^4\theta) \qquad (6.4.24)$$

或等于

$$v_P(\theta) = v_{P0}[1 + \delta\sin^2\theta + (\varepsilon - \theta)\sin^4\theta] \qquad (6.4.25)$$

类似于 P 波的推导，对方程（6.4.22）进行线性化得到在弱各向异性条件下的 SV 波相速度为

$$v_{SV}(\theta) = v_{S0}(1 + \sigma\sin^2\theta\cos^2\theta) \qquad (6.4.26)$$

或

$$v_{SV}(\theta) = v_{S0}(1 + \frac{1}{4}\sigma\sin^2 2\theta) \qquad (6.4.27)$$

式中，σ 是 Thomsen 参数的组合形式，即

$$\sigma \equiv \left(\frac{v_{P0}}{v_{S0}}\right)^2 (\varepsilon - \delta) \qquad (6.4.28)$$

6.4.1.4 相速度和群速度

群速度矢量决定着能量传播（它定义了地震射线）的方向和速度，所以它在地震旅行时模型正演及反演方法中是至关重要的。速度随频率（频散）或角度（各向异性）的变化造成了群速度和相速度矢量的不同。在均匀介质中的群速度矢量与炮点—检波点方向一致，群速度矢量垂直于慢度面，而相速度（或慢度）矢量垂直于波前。由于各向异性的存在波前不是球形的，群速度矢量和相速度矢量一般也不同。群速度依赖于相速度函数和极化矢量，它

的一般表达式（Berryman，1979）为

$$v_G = \text{grad}_{(k)}(kv) = \frac{\partial(kv)}{\partial k_1}i_1 + \frac{\partial(kv)}{\partial k_2}i_2 + \frac{\partial(kv)}{\partial k_3}i_3 \quad (6.4.29)$$

式中，$k = (k_x, k_y, k_z)$是波矢量，平行于相速度矢量，长度为$k = \omega/v$（ω是角频率）；i_1，i_2和i_3是单位坐标矢量。引入一辅助笛卡尔坐标系统$[x, y, z]$并将水平轴围绕原坐标系统$[x_1, x_2, x_3]$的x_3轴进行旋转，其旋转角度为ϕ，使得相速度矢量位于$[x, z]$坐标面上。将相速度矢量看作是与垂直轴的极角σ的函数，其方位角为ϕ，将导出以下方程，即

$$v_{Gx} = \frac{\partial(kv)}{\partial k_x} = v\sin\theta + \frac{\partial v}{\partial \theta}\Big|_{\phi=\text{const}}\cos\theta \quad (6.4.30)$$

$$v_{Gz} = \frac{\partial(kv)}{\partial k_z} = v\cos\theta - \frac{\partial v}{\partial \theta}\Big|_{\phi=\text{const}}\sin\theta \quad (6.4.31)$$

$$v_{Gy} = \frac{\partial(kv)}{\partial k_y} = \frac{1}{\sin\theta}\frac{\partial v}{\partial \phi}\Big|_{\phi=\text{const}} \quad (6.4.32)$$

方程（6.4.30）至（6.4.32）通过相速度函数的三维变化表达了任意各向异性介质的群速度矢量。

由于VTI模型是方位各向同性的，所有三种类型波（一个纵波和两个横波）的相速度不依赖于方位角ϕ，且垂直于垂向传播平面，因此方程（6.4.32）的群速度分量为零。我们只需将每一种类型波的合适的相速度函数代入两个分量方程（6.4.30）和（6.4.31），可以得到相应的群速度矢量。显然，在对称轴方向（$\theta = 0°$）和各向同性面（$\theta = 90°$）上相速度的导数为零，群速度矢量和相速度矢量重合。

对于SH波来说，群速度的形式最简单，根据SH波相速度公式（6.4.19）它可以表示为群角为ψ的函数，即

$$v_G = \frac{v_{S0}\sqrt{1+2\gamma}}{\sqrt{1+2\gamma\cos^2\psi}} \quad (6.4.33)$$

对于一般TI介质中的P波和SV波来说，群速度矢量的大小和群角的方程如（6.4.30）和（6.4.31）描述，即

$$v_G = v\sqrt{1+\left(\frac{1}{v}\frac{dv}{d\theta}\right)^2} \quad (6.4.34)$$

$$\tan\Psi = \frac{\tan\theta + \frac{1}{v}\frac{dv}{d\theta}}{1 - \frac{\tan\theta}{v}\frac{dv}{d\theta}} = \tan\theta\left[1 + \frac{\frac{1}{v}\frac{dv}{d\theta}}{\sin\theta\cos\theta\left(1 - \frac{\tan\theta}{v}\frac{dv}{d\theta}\right)}\right] \quad (6.4.35)$$

在线性化的弱各向异性近似上进行群速度分析较为方便。对近似的 P 波速度方程（6.4.24）进行微分，我们得到

$$\frac{\mathrm{d}v_\mathrm{P}(\theta)}{\mathrm{d}\theta} = v_\mathrm{P0}\sin2\theta\,(\delta\cos2\theta + 2\varepsilon\sin^2\theta)\qquad(6.4.36)$$

由于在方程（6.4.34）中含相速度一阶导数的项是平方项，所以它仅有 ε 和 δ 的二次项和更高阶项。因此，对于弱各向异性来说，群速度作为相角的一个函数与相速度一致。

然而，对 v_G 的估计不应该在相角上，而应相对群角 ψ 进行。为了得到 ψ，将方程（6.4.24）和（6.4.36）代入方程（6.4.35）并舍去 ε 和 δ 的二次项得到

$$\tan\psi_\mathrm{P} = \tan\theta\,[1 + 2\delta + 4(\varepsilon-\delta)\sin^2\theta]$$

或 $\qquad(6.4.37)$

$$\psi_\mathrm{P} = \theta + [\delta + 2(\varepsilon-\delta)\sin^2\theta]\sin2\theta$$

同样参考 P 波的方式可以获得 SV 波的运动学的弱各向异性近似，可以得到

$$\psi_\mathrm{SV} = \theta + \sigma\sin2\theta\cos2\theta = \theta + \frac{\sigma}{2}\sin4\theta\qquad(6.4.38)$$

6.4.2　各向异性介质分类及其对应地质结构

对各向异性介质的分类是由刚度张量的对称性所定义的，一般四阶张量具有 $3^4 = 81$ 个分量。每一个各向异性对称系统用刚度矩阵的特定结构来表征，不同刚度矩阵的对称性，减少了刚度矩阵中的独立元素的个数，得到不同定义的介质类型。

6.4.2.1　三斜晶系介质

最一般的各向异性模型有 21 个独立刚度系数，称为三斜晶系介质。三斜晶系介质是对具有多重裂缝系统的地层的描述。但其独立参数太多，在地震学中的应用受到了极大的限制。

6.4.2.2　单斜晶系介质

单斜晶系介质具有 13 个刚度系数，具有一个空间方向上的镜像对称面，描述了地层中包含有两种及以上各自平行但非正交的裂缝系统，我们用具有水平对称面的单斜晶系介质来描述。

6.4.2.3　正交晶系介质

正交晶系介质模型用 3 个镜像对称但相互垂直的面来刻画，共有 9 个独立刚度系数。在沉积盆地，正交晶系介质描述了在具有垂向对称轴的横向各向同性介质中存在平行的垂向裂缝系统。在地震勘探中，正交晶系介质模型假设是最简单现实的对称系统。如果背景的横向各向同性介质的对称轴与地面具有倾斜角度，我们称之为倾斜正交晶系介质。

6.4.2.4　横向各向同性介质

目前绝大多数的地震各向异性研究是在具有一个对称轴的横向各向同性介质上实现的。在该模型上所有地震信号仅仅依赖于传播方向与对称轴的夹角。任何包含该对称轴的平面代表一个镜像对称面，另一个垂直于对称轴的面称为各向同性面。

具有水平层状沉积的大套地层或相对于地震波长具有小尺度周期性的薄层（不同特性的各向同性层交替成层）的介质，我们用具有垂向对称轴的横向各向同性介质来描述，简称 VTI 介质。VTI 介质具有 5 个独立刚度系数。

当横向各向同性地层倾斜时，对称轴相对于地表也发生倾斜，我们称作具有倾斜对称轴的横向各向同性介质，简称 TTI 介质。这种介质在复杂的逆掩推覆地区是非常典型的。构造运动形成的地层弯曲变形以及各向同性介质背景中具有倾斜裂缝系统的介质都需要用 TTI 介质去描述。

将对称轴旋转到水平方向即可得到水平对称轴的横向各向同性模型，简称 HTI 介质。HTI 介质是镶嵌在各向同性背景上的平行的垂向裂缝系统所引起的。HTI 介质模型有两个相互垂直的垂向对称面——对称轴面和各向同性面。

图 6.4.1 为展示 VTI、TTI、HTI 介质的实例。

图6.4.1　VTI（a）、TTI（b）、HTI（c）介质的实例

6.4.2.5　各向同性介质

如果介质中波在所有方向传播都是相等的，称作各向同性介质，简称 ISO 介质。此时，刚度矩阵变成了四阶各向同性张量，可用两个拉梅常数表示。各向同性介质是对介质最简单的简化和假设，实际介质中不存在。

6.4.3　各向异性偏移方法

建立在均匀各向同性介质基础上的地震波成像理论已不能满足复杂各向异性介质的成像需要，必须进行各向异性偏移成像。地震各向异性主要表现在地震波速度随传播方向而变化。各向异性偏移技术主要包括各向异性参数建模（各向异性参数求取）和各向异性偏移方法。在各向异性参数建模和偏移成像方法方面，时间偏移和深度偏移有根本的区别。

6.4.3.1　各向异性叠前时间偏移

在各向异性介质下，由简单双曲线方程近似计算的旅行时存在误差，而且随着炮检距增大，误差变大，因此使用各向同性叠前时间偏移进行复杂构造成像是不合理的。各向异性叠前时间偏移是通过 Alkhalifah 的炮检距—中点旅行时方程来实现，从旅行时计算公式（6.4.39）可以看到，各向异性叠前时间偏移的旅行时计算增加了炮检距的高阶项，该高阶项是由等效各向异性参数 η_{mig} 和 v_{mig} 来表征的 (6.4.40)。

$$T_{\text{VTI}}^2 = T_0^2 + \frac{x^2}{v_{\text{mig}}^2} - \frac{C(\text{VTI})x^4}{v_{\text{mig}}^4} \qquad (6.4.39)$$

$$C(\text{VTI}) = \frac{2\eta_{\text{mig}}}{\left[T_0^2 + (1+2\eta_{\text{mig}})x^2/v_{\text{mig}}^2\right]} \qquad (6.4.40)$$

因此，对于各向异性叠前时间偏移而言，只需要得到每个时间点的偏移速度以及对应的等效各向异性参数即可。利用等效各向异性参数对偏移道集的影响，通过评估道集是否拉平来获得等效各向异性参数。

6.4.3.2 各向异性叠前深度偏移

由声学近似下的频散关系可以得到相应的伪纵波方程。许多学者对频散关系进行了深入研究，推导出了多种不同的频散关系和伪纵波方程。Alkhalifah（2000）指出在强各向异性介质中，纵波波速度是独立于横波的，因此认为纵波速度仅是 v_{P0}，δ，ε 的函数。利用各向异性介质精确频散关系，令横波速度为零，即可得到 VTI 介质的伪纵波频散关系式（6.4.41）。

$$k_z^2 = \frac{v_{\text{nmo}}^2}{v_{P0}^2}\left[\frac{\omega^2}{v_{\text{nmo}}^2} - \frac{\omega^2(k_x^2+k_y^2)}{\omega^2 - 2v_{\text{nmo}}^2\eta(k_x^2+k_y^2)}\right] \qquad (6.4.41)$$

式中，$v_{\text{nmo}} = v_{P0}\sqrt{1+2\delta}$，$\eta = \dfrac{\varepsilon - \delta}{1+2\delta}$

将频散关系式两端分别乘以频率—波数域地震波场 $\varphi(k_x, k_y, k_z, \omega)$，并将其变换至时间—空间域可得 VTI 介质的伪纵波方程（6.4.42）。

$$\frac{\partial^4 \varphi}{\partial t^4} - (1+2\eta)v_{\text{nmo}}^2\left(\frac{\partial^4 \varphi}{\partial x^2 \partial t^2} + \frac{\partial^4 \varphi}{\partial y^2 \partial t^2}\right) = v_{P0}^2 \frac{\partial^4 \varphi}{\partial z^2 \partial t^2} - 2\eta v_{\text{nmo}}^2 v_{P0}^2\left(\frac{\partial^4 \varphi}{\partial x^2 \partial t^2} + \frac{\partial^4 \varphi}{\partial y^2 \partial t^2}\right) \qquad (6.4.42)$$

将波动方程平面波解代入式子（6.4.42），得到高频近似下的 VTI 介质伪纵波程函方程（6.4.43）。

$$v_{\text{nmo}}^2(1+2\eta)\left[\left(\frac{\partial \tau}{\partial x}\right)^2 + \left(\frac{\partial \tau}{\partial y}\right)^2\right] + v_{P0}^2\left(\frac{\partial \tau}{\partial z}\right)^2 \times \left\{1 - 2\eta v_{\text{nmo}}^2\left[\left(\frac{\partial \tau}{\partial x}\right)^2 + \left(\frac{\partial \tau}{\partial y}\right)^2\right]\right\} = 1 \qquad (6.4.43)$$

由公式（6.4.41）的频散关系式，在深度方向上进行波场延拓，可实现 VTI 介质的单程波偏移。利用程函方程（6.4.43）可进行射线追踪，实现 VTI 介质积分法偏移。基于方程（6.4.42）进行有限差分地震波场数值模拟，可实现 VTI 介质逆时偏移。

对于 TTI 介质，其伪纵波方程可以通过坐标旋转获取，其中坐标旋转矩阵为

$$\begin{pmatrix} \cos\theta\cos\phi & \cos\theta\sin\phi & -\sin\theta \\ -\sin\phi & \cos\phi & 0 \\ \sin\theta\cos\phi & \sin\theta\sin\phi & \cos\theta \end{pmatrix} \qquad (6.4.44)$$

式中，ϕ，θ 分别为 TTI 介质对称轴的方位角和倾角。

VTI 介质各向异性深度偏移需要 3 个参数 v_{P0}, δ, ε。TTI 介质各向异性深度偏移需要 5 个参数 v_{P0}, δ, ε, θ, ϕ。正交晶系介质由于有 3 个对称面，需要每个对称面上的各向异性参数，对于倾斜正交晶系介质来说，需要 9 个参数 v_{P0}, δ_1, ε_1, δ_2, ε_2, δ_3, α, θ, ϕ，其中 α 是裂缝方向与地面坐标系的夹角。目前生产中常用的积分法、单程波、逆时偏移方法都有基于不同介质假设的各向异性偏移方法。实际生产应用中的难题是各向异性参数以及与之耦合的偏移速度的求取。

6.4.4 各向异性偏移应用实例

在山前复杂构造带地区，由于复杂的逆掩推覆运动形成了严重的地层弯曲变形，是典型的具有倾斜对称轴的横向各向同性介质（TTI）。显然用各向同性速度区描述各向异性介质，成像深度和成像空间位置则会与实际地下真实构造出现较大的误差，而且还会降低成像信噪比和分辨率，最终导致勘探目标的确定出现较大误差，甚至导致某一区块的勘探失败。

对 TTI 介质的正确描述需要对称轴方向的速度、两个各向异性参数以及对称轴的倾角和方位角 5 个参数。各向异性参数的估计是 TTI 各向异性偏移的核心工作，也是 TTI 介质先进偏移方法发挥作用的基础。而对于更复杂的正交晶系介质，则需要估计 9 个参数。

例如，KS1 三维工区，位于塔里木盆地库车前陆区的克拉苏构造带中段，地面地势北高南低，海拔高程在 1250～2150m 之间，相对高差多在 100m 内，最大达 500m。工区包内含山地区、山前冲积扇区、农田河道村庄 3 种地形地貌。山体区从岩性上可划分新近—古近系砂泥岩山体（新近系的库车组 N_2k-Q_1、康村组 N_1k 和基迪克组 N_1j，古近系苏维依组 $E_{2-3}s$）、第四系砾石山体 Q_1x、白垩系至三叠系砂泥岩山体。山体主要分布在工区北部、中部，由于长期的水蚀、风化作用，地形陡峭，断崖陡坎较多；戈壁、冲积扇及村庄分布于工区南部，地势相对平坦。

KS1 三维工区主要目的层为白垩系巴什基奇克组砂岩，上覆地层为古近系盐岩、膏盐岩和砂泥岩等地层。由于后期的构造作用，盐岩挤压流动变形严重，使得该区构造特征纵横向变化大、几何形态复杂。盐上为断弯褶皱，逆掩推覆严重，浅层倾角尤其大。从 KS1 井揭示的盐上地层看，地层倾角超过 70°，造成地表巨大起伏地下高陡复杂构造。膏岩盐层流动变形，厚度变化大；盐下侏罗、白垩系地层为典型的双滑脱叠瓦状高陡构造。因此，针对盐下勘探的 KS1 地区，地下介质属于典型的 TTI 介质。

本工区的 TTI 各向异性速度建模和参数求取包括以下主要步骤：

第一步：采用微测井约束的初至层析反演求取比较准确的表层速度，将基准面放置在地表小圆滑面上，偏移面以下镶嵌准确的表层速度模型。

第二步：进行初步的各向同性叠前深度偏移，得到各向同性的速度场及偏移剖面。

第三步：利用各向同性偏移剖面井震对比，确定 TTI 介质各向异性参数场的初始值。

第四步：进行 TTI 各向异性叠前深度目标线偏移迭代，优化各向异性速度和参数场。

第五步：确定最终 TTI 介质参数场，进行整体偏移。

TTI 各向异性偏移取得了较好地成像效果。主要表现两方面：（1）反射层的深度误差控制在合理范围之内，除个别井外，深度误差都控制在 0.5% 以内（如表 6.4.1 所示深度误差统计表）。（2）成像质量较高，反射能量聚焦，盐下各个构造接触关系清楚，地质结构合理。

如图6.4.2所示的深度偏移剖面对比，尽管2015年的处理成果也采用了TTI深度偏移处理，可以看到在新的速度优化和各向异性参数精细调整后，TTI各向异性偏移成像的质量得到了大幅度的提高。

表6.4.1　目的层白垩系顶实钻与地震深度误差统计表

序号	井名	白垩系顶（m）（实钻深度）	白垩系顶（m）（实钻分层）	白垩系顶（m）（地震资料）	白垩系顶误差（m）	误差率
1	KS1	−5438	6917	−5443	5	0.07%
2	KS1T	−5448	6907	−5450	2	0.03%
3	KS101	−5199	6940	−5120	−79	1.14%
4	KS102	−5548	7258	−5533	−15.1	0.21%
5	KS105	−5596	7342	−5550	−46.1	0.63%
6	KS106	−5333	7029	−5330	−3.1	0.04%
7	KS24	−4629	6140	−4634	5	0.08%
8	KS241	−4771	6492	−4768	−3	0.05%
9	KS242	−4729	6434	−4725	−4	0.06%
10	KS24-1	−4725	6367	−4754	29	0.46%
11	KS24-2	−4651	6208	−4657	6	0.10%
12	KS243	−4749	6275	−4741	−8	0.13%
平均值					17	0.25%

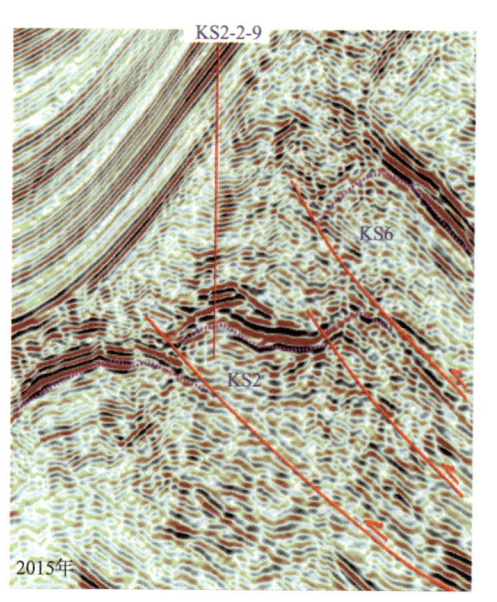

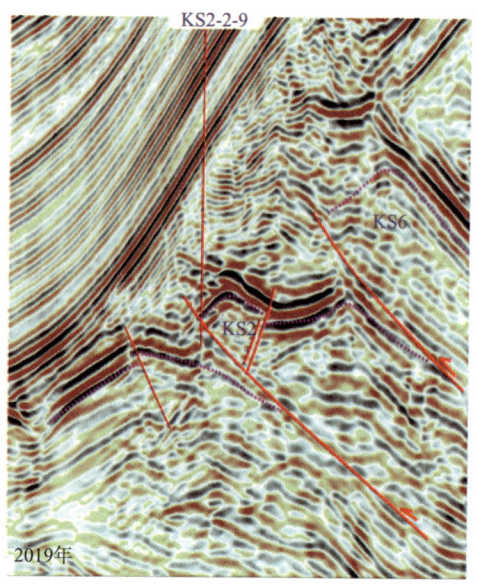

图6.4.2　TTI各向异性深度偏移剖面对比

6.5 山前复杂构造带成像方法选择策略

6.5.1 不同偏移方法对速度精度的敏感度分析

通过上述几种主要叠前深度偏移方法的讨论，从方法原理上讲，基于"双程"波场延拓的逆时偏移成像方法是目前工业化软件中对复杂构造成像精度最高的一种成像方法。由于该方法不受倾角限制，能适用于任意复杂速度体，且能较好地处理多路径问题。对介质的描述也可以是TTI等各向异性的。因此，从算法本身的角度，它较其他偏移方法有明显的优势。

但是在实际生产中，脱离了速度模型精度去单独地讨论偏移方法成像效果是不完备的。在上述讨论过程中，我们也一直强调速度精度对叠前偏移成像的影响很大。

下面，我们通过对正演模型数据的偏移，对比试验不同成像方法对速度场的依赖程度。对比试验包括：采用已知的速度模型、对速度模型进行不同比例的速度扫描，以及对已知速度模型进行平滑处理等试验。通过对比不同速度模型精度的偏移成像结果，检验不同成像方法在上述条件下的成像效果，从而优选出当前技术水平下适用于山前复杂构造的叠前偏移成像方法，以及不同勘探阶段的应用策略。

图6.5.1为对比试验采用的在近地表带有低降速层的复杂速度模型，先用此模型进行正演得到叠前道集数据体，再用不同方法进行叠前深度偏移成像。从该速度模型剖面看，其速度变化无论纵向、横向，还是地表起伏及其低降速层都变化较大。

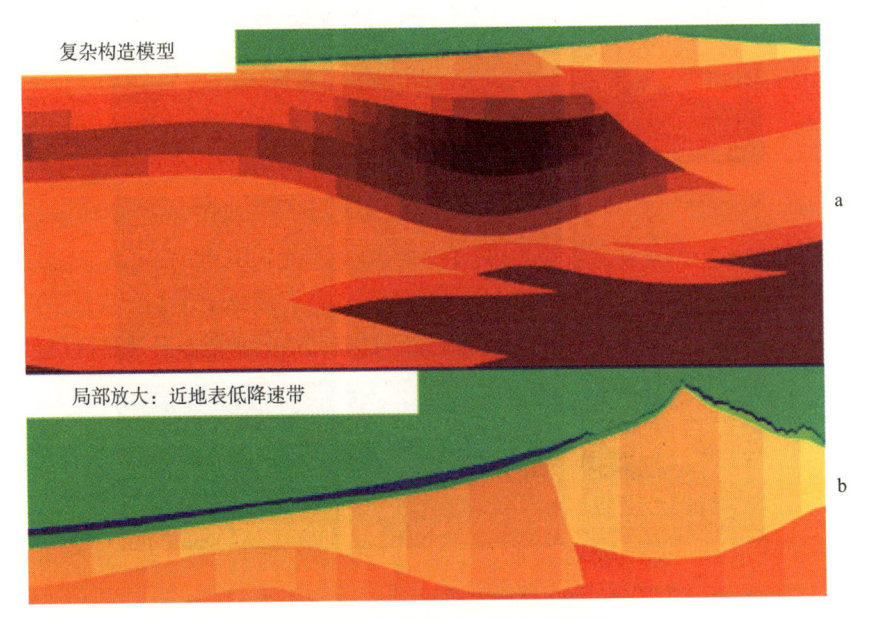

图6.5.1 复杂构造正演速度模型

a—速度剖面；b—浅层局部放大

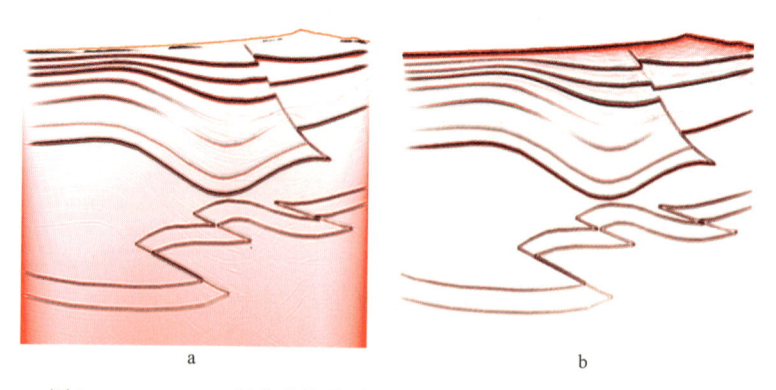

图6.5.2 Kirchhoff积分法偏移（a）与逆时偏移（b）成像效果对比

用 Kirchhoff 积分法和逆时偏移法进行叠前深度偏移成像的结果。对比二者成像不难发现，无论是 Kirchhoff 积分法，还是逆时偏移，在已知准确速度模型的前提下，两种偏移方法的成像效果都非常好，地下地质界面的成像效果都能完全满足目前复杂构造勘探的需求。

接下来同样应用另一个模型数据，我们测试速度场精度对不同偏移方法成像的影响。首先，将已知速度场中的其中两个层的速度整体乘以95%和105%，得到两个存在一定误差的新速度场。通过对比分析这三种速度场的不同偏移方法成像效果。图 6.5.3 所示为两种不同偏移成像方法及其对应的三种不同速度精度的成像效果对比。从图上可以看到，在已知速度场其中两层整体提高 5% 和降低 5% 的情况下，Kirchhoff 积分法使用该存在误差的速度场，仍然可以得到相对较好的偏移成像效果。而对于逆时偏移，速度误差的存在对成像效果的影响几乎是不能容忍的，剖面上偏移噪声明显增强。这说明 Kirchhoff 积分偏移对速度有一定的容错能力，或者说与逆时偏移比，Kirchhoff 积分偏移对速度场精度的要求较低。

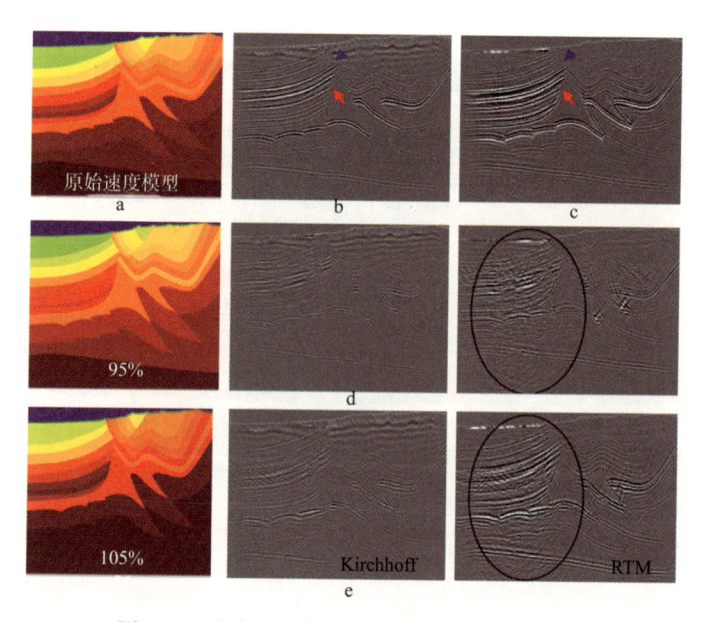

图6.5.3 改变速度场精度情况下成像效果对比

a—原始速度模型；b—积分法偏移剖面；c—逆时偏移剖面；
d—较小速度及其对应的不同偏移剖面；e—较大速度及其对应的不同偏移剖面

同样，再进行另一组微小速度误差对比试验，将正演速度场进行较小半径平滑后，再进行两种不同偏移方法成像效果对比（图6.5.4），Kirchhoff积分法的偏移结果仍然好于逆时偏移得到的成像结果。

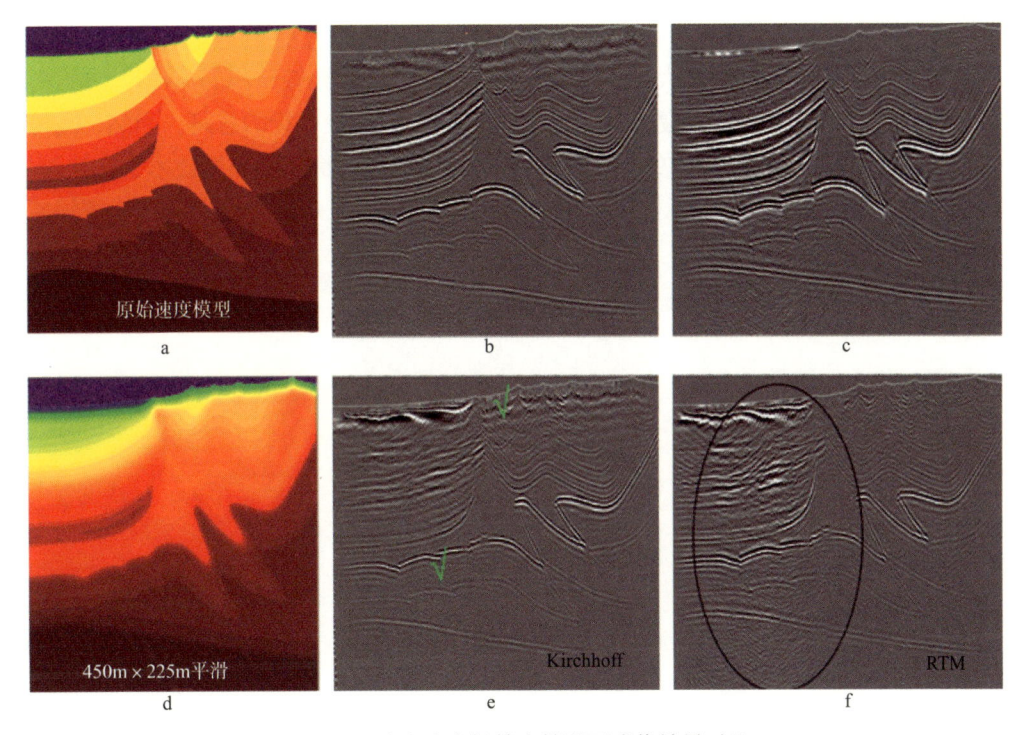

图6.5.4　改变速度场精度情况下成像效果对比

a—原始速度模型；b—积分法偏移剖面；c—逆时偏移剖面；d—平滑后速度模型；
e—平滑速度后的积分法偏移剖面；f—平滑速度后的逆时偏移剖面

6.5.2　山前复杂构造带成像方法优选

从上述的实验对比，以及结合前面偏移算法的理论分析，我们可以得出以下结论：基于Kirchhoff积分法的射线类偏移对速度的容错能力相对较强、偏移角度大、计算量小及占用计算资源量少、效率高，更便于开展目标线偏移迭代与速度分析建模。而且，对观测系统及地表变化的适应性灵活，更有利于山前复杂高陡构造区资料处理，是非常经济实用的叠前深度偏移方法。而波场延拓类叠前深度偏移，尽管其理论上成像精度较高，但存在计算量大、对速度精度要求高等问题，在山前复杂构造偏移应用中需要加以慎重考虑。

事实上，对于山前复杂高陡构造区的油气勘探开发来讲，精确的速度模型永远是未知的，建立构造模型和速度模型本身就是开展地震勘探研究的核心任务。尤其在目前技术条件下，实际能够开展工业化应用的速度反演方法，都是基于走时的速度反演方法，只能得到地下介质等效的速度模型，而非准确的速度模型。由于波动延拓类偏移技术对速度场的精度依赖性较强，当速度场存在一定偏差时（实际生产中一定存在误差），很难得到高质量的成像结果。只有当目标区的勘探开发程度较高，应用充分的钻井资料就可以得到较高精度的速度场时，逆时偏移一定能取得满意效果。

对于单程波的波动方程偏移，由于其近似方法与偏移倾角的限制，且对速度精度要求也较敏感，一般不适应于山前复杂构造的偏移成像。

所以，对于现阶段，针对山前复杂构造区的地震偏移成像策略应该是先以积分类叠前深度偏移为主，包括Kirchhoff积分法和高斯束偏移，尤其在资料信噪比较低区域可选择高斯束偏移。在经过前期地震勘探和大量勘探开发钻井实践，获得比较精确的速度模型的情况下，再利用逆时偏移技术进一步改善复杂构造的成像精度，是比较可行的思路。当然，随着计算机技术和叠前成像技术的快速发展，与之相伴生的高精度速度反演和建模技术也在快速发展。如全方位网格层析、全波形反演（FWI）等。逆时偏移也一定是山前复杂构造成像追求的重要趋势和方向。

7 应用实例分析

随着山前地震勘探技术突破带来油气勘探的大发现以来，以起伏地表 TTI 叠前深度偏移成像为核心的山前复杂构造地震勘探配套技术系列在我国西部多个山前前陆区油气勘探中得到全面推广应用，突破了塔里木库车、准噶尔盆地南缘、柴达木盆地英雄岭、四川盆地西部龙门山前、鄂尔多斯盆地西缘等所谓的"地震勘探禁区"，推动油气勘探取得一系列重要发现。下面重点分析塔里木盆地库车前陆区、准噶尔盆地南缘地区和柴达木盆地英雄岭的应用实例。

7.1 塔里木盆地库车前陆区应用实例

7.1.1 塔里木盆地库车前陆区勘探概况

7.1.1.1 库车前陆区区域地质结构

库车坳陷位于新疆维吾尔自治区塔里木盆地北部，南接塔北隆起，北到天山褶皱带，东至吐格尔明，向西包括乌陷凹馅。区域整体呈近北东向展布，东西长 490km，南北宽 20～80km，轮廓面积 29600km² （图 7.1.1）。

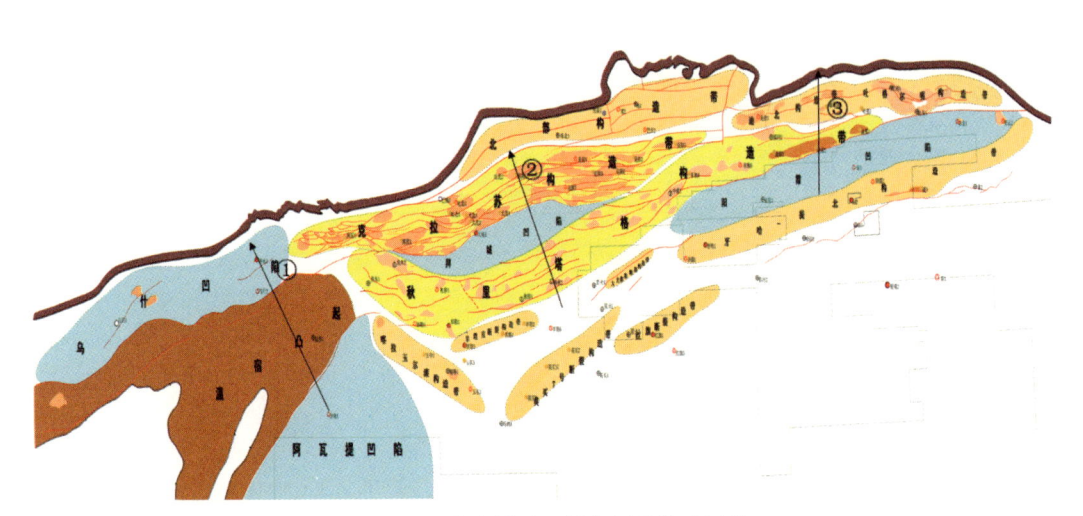

图7.1.1　库车坳陷区域位置及构造区带

库车前陆冲断带位于塔里木盆地北部南天山造山带与塔北隆起之间。古南天山及周边地区在中生代和新生代早期的区域构造活动并不强烈，但是在晚新生代时期受印度板块与欧亚板块碰撞的影响发生板内造山作用，而强烈隆升形成新南天山。库车坳陷充填的中、新生代地层受新南天山挤压和塔北隆升的影响也发生了强烈的收缩变形，形成库车前陆盆地，并发育一系列的逆冲断层和线性褶皱构造。

受南天山的强烈挤压，库车坳陷为一典型的前陆冲断带，其构造变形具有"整体挤压，分层变形"的特征。"整体挤压"是指在南天山与塔里木板块近南北向区域挤压作用下，克拉苏构造带和却勒—西秋构造带的盐上层、膏盐岩层和盐下层整体受到挤压，都发生了构造变形。只是由于与南天山距离的不同、卷入变形地层的能干性不同等原因，形成了不同的构造样式。"分层变形"是指由于厚层的古近系库姆格列木群塑性膏盐岩层的分割，盐上新生界与盐下中生界地层具有分层变形的特点，其构造变形样式具有明显的差异性，但同时盐上地层、膏盐岩层和盐下地层的变形在整体区域应力作用下，又是相互关联的"三位一体"关系。

图 7.1.2 是库车坳陷中段典型的地质结构剖面。可以看出，库车坳陷从山前到前陆形成了一个完整的冲断系统，整个系统中既发育有薄皮滑脱构造，又发育有基底卷入构造。其中薄皮滑脱构造主要发育于克拉苏构造带，北部构造带为厚皮构造，发育基底卷入断层，南部西秋构造带主要发育早期的基底断裂。后期受构造运动作用活化，区域整体由北到南形成一个完整的前陆冲断体系。中部克拉苏区带由于中生界煤系滑脱层及古近系膏盐岩滑脱层发育，整体在两套滑脱层的作用下，呈叠瓦状构造发育特征，向北在北部构造带，受强烈的南天山挤压作用，同时两套滑脱层都减薄变差或消失，发育了大型基地卷入断裂。南部秋里塔格区带由于位于先存古隆起高部位，下滑脱层（侏罗—三叠系）相对不发育，因此可能发育局部低幅度断块。

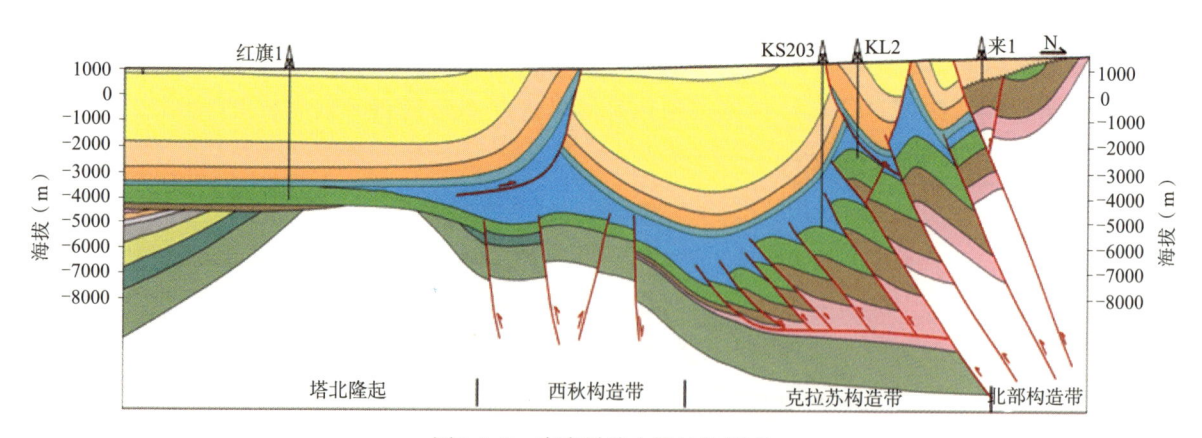

图7.1.2　库车坳陷中段结构剖面

剖面位置见图7.1.1②

图 7.1.3 为库车坳陷东段典型地质结构剖面。该区域位于古近系膏盐岩向西尖灭、新近系膏盐岩逐渐发育的转换部位。由于该区域山体于南缘古隆起位置相对较近，吉迪克组膏盐岩层分布范围相对小，故构造变形向南传递较弱。北部整体在山体推覆下，整体呈大型背斜形态，核部发育高角度犁式断层，南部发育滑脱型断层。迪那 2 构造为典型受中生界煤系滑脱层及新近系膏盐岩控制的顶、底板双重滑脱构造。

库车坳陷西段（图7.1.4），整体表现为隆、凹相间特征。南部温宿凸起高部位，中生界、古生界整体缺失，新近系吉迪克组之间覆盖于基底变质岩之上；北部发育乌什凹陷，为一山间盆地，古近系膏盐岩在该区域缺失，北部受南天山强烈挤压推覆作用，发育受一系列基底卷入断层控制的断块。由于该区域内温宿凸起距山体在库车坳陷距离最短，受北部山体与南部古隆起夹持，中间发育山间小型凹陷。

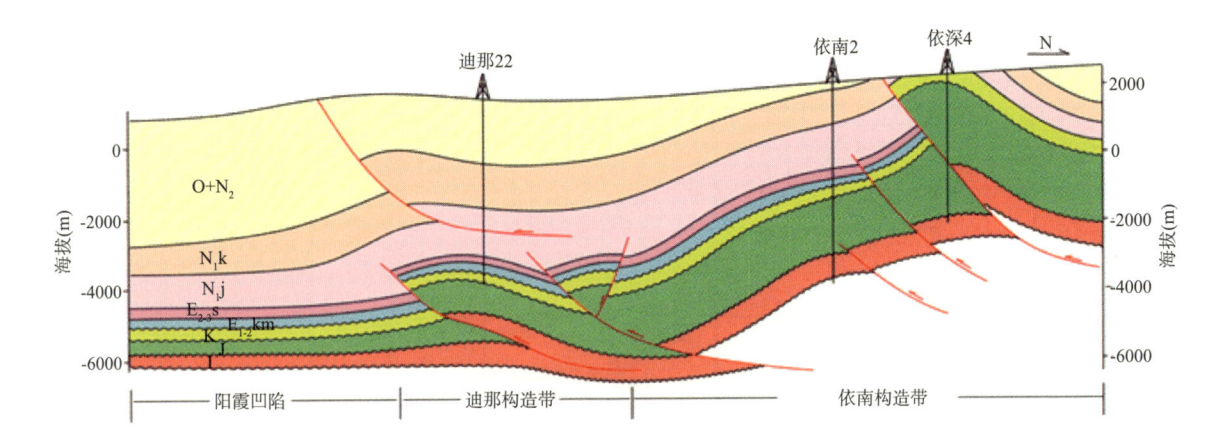

图7.1.3 库车坳陷东段结构剖面

剖面位置见图7.1.1③

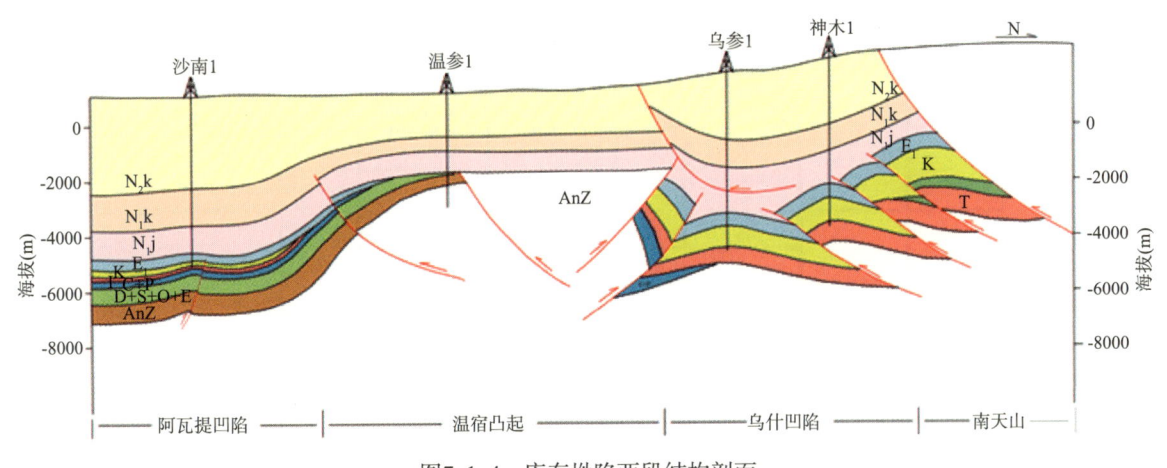

图7.1.4 库车坳陷西段结构剖面

剖面位置见图7.1.1①

库车坳陷是塔里木盆地油气勘探历史最长、发现最早的一级构造单元，从1952年开始勘探，至今已有近70年。库车地区的油气勘探始于1958年的依奇克里克油田，随后受勘探技术限制一直没有大的突破。直到1998年KL2气田的发现，奠定了西气东输工程的基础，是库车地区的标志性事件，证实了库车地区优越的石油地质条件。截至2019年底，库车地区共发现油田田23个，落实了KS、DB两个万亿方气区，中秋区带展现出万亿方的勘探前景，是塔里木盆地油气最为富集的区域。

7.1.1.2 主要地层特点及勘探难点

库车坳陷是一个以中、新生界沉积为主的复合前陆盆地。该区油气资源丰富，是塔里木盆地天然气勘探的主战场。但是由于该区地表条件及地下构造都十分复杂，地震资料品质差，严重制约了该区油气勘探进程。库车前陆冲断带的地震勘探技术难点可以归纳为两个方面。

7.1.1.2.1 复杂多重滑脱变形带来的构造建模及地震成像难题

库车坳陷主要发育两套巨厚塑性地层，即古近系库姆格列木群膏盐岩（库车东部地区为吉迪克组膏盐岩）和中生界煤系地层，受两套塑性层的分割，地层特征如下（图7.1.5）：

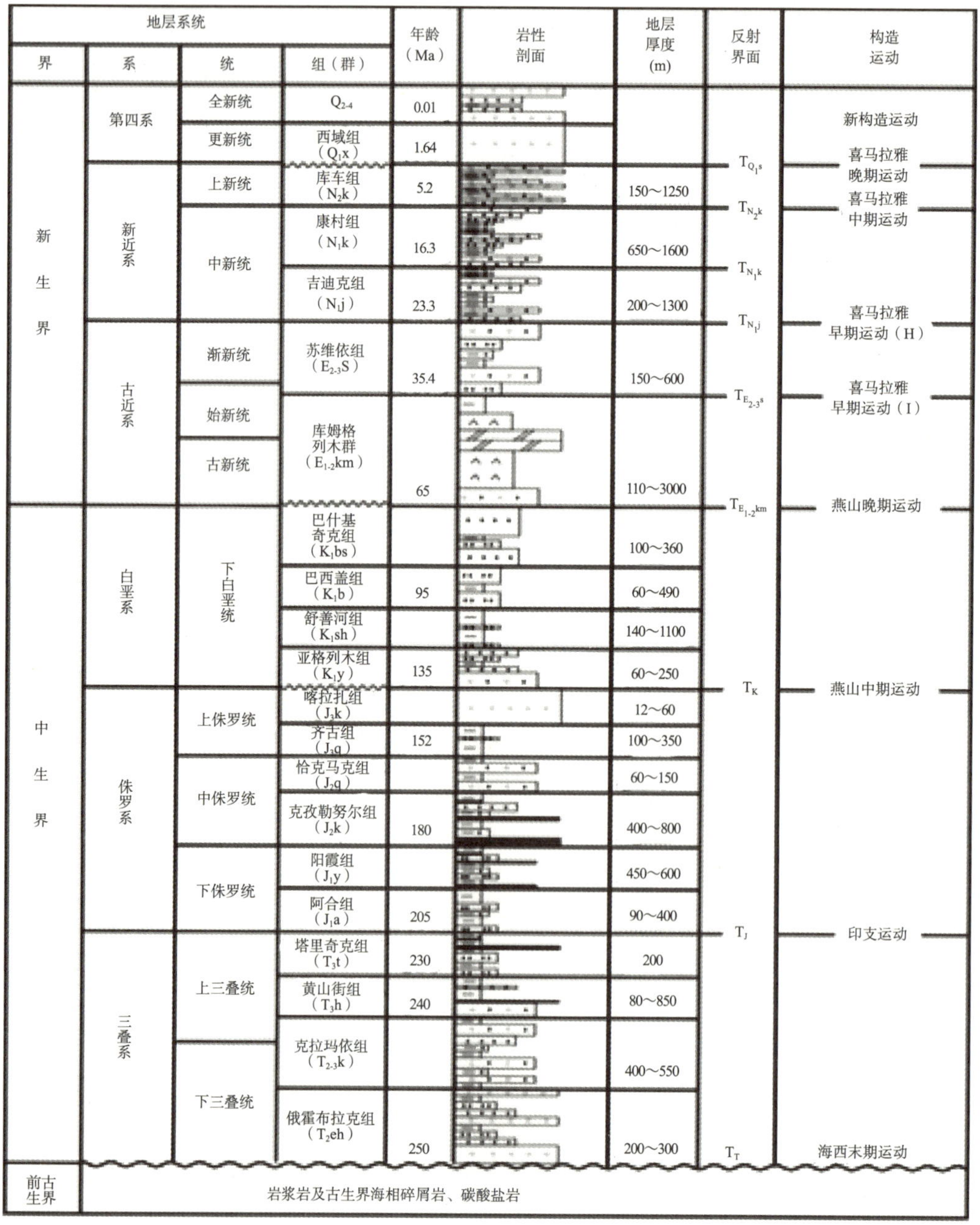

地层系统				年龄(Ma)	岩性剖面	地层厚度(m)	反射界面	构造运动
界	系	统	组（群）						
新生界	第四系	全新统	Q_{2-4}	0.01					新构造运动
		更新统	西域组(Q_1x)	1.64			$T_{Q_1^s}$	喜马拉雅晚期运动
	新近系	上新统	库车组(N_2k)	5.2		150~1250	T_{N_2k}	喜马拉雅中期运动
		中新统	康村组(N_1k)	16.3		650~1600	T_{N_1k}	
			吉迪克组(N_1j)	23.3		200~1300	T_{N_1j}	喜马拉雅早期运动（H）
	古近系	渐新统	苏维依组$(E_{2-3}S)$	35.4		150~600	$T_{E_{2-3}^s}$	喜马拉雅早期运动（I）
		始新统	库姆格列木群$(E_{1-2}km)$			110~3000	$T_{E_{1-2}km}$	
		古新统		65				燕山晚期运动
中生界	白垩系	下白垩统	巴什基奇克组(K_1bs)			100~360		
			巴西盖组(K_1b)	95		60~490		
			舒善河组(K_1sh)			140~1100		
			亚格列木组(K_1y)	135		60~250	T_K	燕山中期运动
	侏罗系	上侏罗统	喀拉扎组(J_3k)			12~60		
			齐古组(J_3q)	152		100~350		
		中侏罗统	恰克马克组(J_2q)			60~150		
			克孜勒努尔组(J_2k)	180		400~800		
		下侏罗统	阳霞组(J_1y)			450~600		
			阿合组(J_1a)	205		90~400	T_J	印支运动
	三叠系	上三叠统	塔里奇组(T_3t)	230		200		
			黄山街组(T_3h)	240		80~850		
		中三叠统	克拉玛依组$(T_{2-3}k)$			400~550		
		下三叠统	俄霍布拉克组(T_2eh)	250		200~300	T_T	海西末期运动
前古生界			岩浆岩及古生界海相碎屑岩、碳酸盐岩					

图7.1.5 库车坳陷地层柱状图

中生界。三叠系、侏罗系原始沉积厚度中心位于现今南天山山前甚至以北，而白垩系的原始沉积厚度中心相对南移。侏罗—三叠的煤系以下地层，由下三叠统及前古生界地层组成，岩性以陆相沉积的砂岩及砂泥岩为主；煤系地层主要分布在侏罗系中、下统及上三叠统，多为河流、沼泽—湖泊相沉积，岩性以页岩、砂质泥岩、黑色炭质泥岩及煤层为主，厚度为700～2400m。该套地层既是库车坳陷主力烃源岩，又是一套软弱层，为构造变形中重要的下滑脱层；煤系以上地层由侏罗系上统及白垩系组成，区域沉积稳定，为一套陆相扇三角洲、滨浅湖相沉积，岩性以砂岩和砂泥岩互层为主，厚度约600～2600m，是区域勘探的主要目的层。

新生界。新生界与下伏地层之间为明显的角度不整合接触，厚度与岩性的横向变化也很明显，沿着区域构造走向与倾向上均存在较大的差异。古近系库姆格列木群膏盐岩，为潟湖相的蒸发岩，其岩性主要为大套的膏盐岩夹薄层泥岩，厚度变化剧烈，约为100～4000m，其塑性很强，为区域滑脱效能最高的一套地层。受强塑性的作用，在克拉苏构造带和却勒—西秋构造带下方厚度巨大，最大厚度超过3000m，巨厚的膏盐岩层向东、南、西方向减薄，逐渐相变或者缺失。苏维依组厚度较稳定，一般在300m左右。新近系吉迪克组在库车坳陷中西部分布广泛而稳定，与下伏苏维依组、上覆康村组均为整合接触，厚约600～700m左右，为砂岩和泥岩；但在东秋里塔格地区岩性为泥岩、膏盐岩，是东部地区有效盖层和滑脱层。盐上中新统上部康村组、上新统库车组和第四系地层，主要由砂砾岩、砂岩、粉砂岩和泥岩组成，最厚处可达6000m以上。

新生界古近系库姆格列木群膏盐岩层及吉迪克组膏盐岩层具有分布范围广、厚度大、塑性强的特点，是区域构造变形的上滑脱层；侏罗系中下统和三叠系煤系地层，在库车地区整体具有厚度大、分布广的特点，其中在前陆隆起区以北的克拉苏区带沉积最厚，表现为煤系与泥岩地层交互发育的特点，其塑形仅次于古近系—新近系膏盐岩，是库车地区构造变形的下滑脱层；区域勘探目的层为夹持在两套塑性层之间的白垩系刚性地层，塑性地层对构造的发育及成藏起着控制作用，是区域含油气构造异常发育的主控因素。

库车地区地层结构受两套塑性滑脱层（古近系膏盐岩，中生界煤系地层），及南天山强烈推覆共同作用，可以分为盐上、盐—煤系间、煤系下3个系统（图7.1.6），各个变形系统均存在明显差异。盐上表现为基于底板滑脱的推覆构造，整体表现为宽缓向斜和紧闭背斜

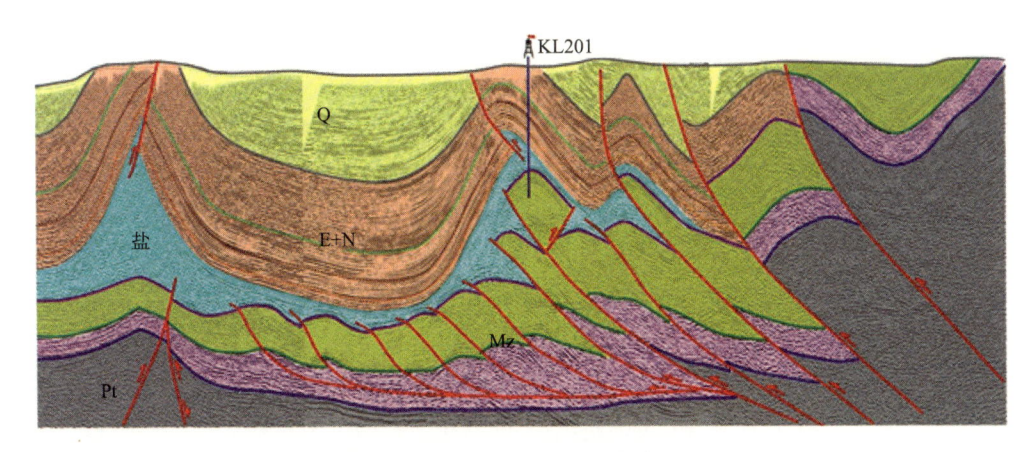

图7.1.6　库车坳陷地质结构剖面

的组合，在背斜部位，构造强烈突破，断裂及其发育，并伴随有高部位的剥蚀。区域盐间整体受早期沉积的不均衡性，及后期剧烈的变形作用，厚度及形态变化极大，表现为盐拱、盐墙、盐焊接等多种形态。盐下主要表现为基于被动顶、底板的双重构造，叠瓦堆垛剧烈。库车地区整体结构在强推覆及多重滑脱的综合作用下，特征复杂，使得区域结构体现出多重结构发育，横向特征变化大的特点，区域准确的结构建模及在此基础上的速度建场难度极大，从而增加了复杂构造成像的难度。

除构造及速度变化剧烈制约外，复杂的双重滑脱构造变形导致深层构造的地震反射信噪比极低，同样会给地震成像方面带来一系列巨大挑战。

首先，盐上冲断构造带对下伏地震反射能量形成屏蔽。盐上构造变形导致逆冲断裂非常发育，在这些断裂带附近，由于地层的强烈挤压，形成高陡及倒转地层、复杂破碎带发育区。这一区带对地震波的上下传播造成严重吸收和散射。在地震剖面上，逆冲断裂下方地震资料的信噪比往往很低，同时在山地地区，由于地质条件复杂，其噪声的组分更多、更复杂，不仅有面波、折射等线性噪声、随机噪声，更有散射波和转换波等，这些噪声混合在一起使得地震信噪比大幅度降低。

其次，膏盐岩或煤层对下伏地层有屏蔽作用。由于膏盐岩或煤系地层是油气藏良好的盖层，故在前陆盆地的勘探目标往往在煤层或膏盐岩的下方。然而由于煤层或膏盐岩与上下地层的波阻抗差很大，对地震波的吸收作用强，界面的反射系数大，对下伏目的层形成了较强的屏蔽作用，所以对其下方目标层的成像造成较大困难。

再次，由于上覆地层构造变形强和山前快速沉积变化导致的岩性纵横向变化大，既有泥岩、砂岩交互变化，又有不规则的膏盐岩、砾岩的变化，往往造成速度、各向异性变化大。时间域处理成像多表现为"假构造"现象。正是由于时间域成像存在假象，导致前期钻探的大批井失利。而深度域中的速度规律又难以准确把握，难以得到地下准确成像。特别是受高速砾岩及膏盐岩两套特殊盐性体的影响，速度纵横向变化规律非常复杂，导致盐下构造研究存在速度陷阱。因此，搞清高速砾岩及膏盐岩空间分布特征及速度变化规律，进行精细深度域速度建场、落实盐下构造有着极其重要的意义。

7.1.1.2.2　复杂起伏地表及表层结构带来的难题

库车地区除了复杂的地下结构外，剧烈起伏的地表及其表层结构，也给地震采集施工、资料处理技术应用带来了极大的挑战，主要表现为以下两个方面：

(1) 地表复杂多变。

库车地区地貌类型包括山体区、山前砾石堆积区、戈壁区、沼泽区、浮土区等多种类型，各种地表类型交替出现，地形起伏变化剧烈，沟壑纵横，断崖林立，相对高差大，发育大量的河道和冲积扇，地表类型极其复杂（图7.1.7）。同时，由于剧烈的造山运动，山体区地表出露岩性非常复杂，不仅有新生界古近系—新近系和第四系砾石堆积和沙泥岩（图7.1.8），还有中生界煤层和灰岩，以及古生界变质岩，各种岩性风化破碎严重，出露岩性的速度和地层倾角差异性明显。这种复杂的地表地震地质条件造成激发和接收条件差，单炮资料信噪比低，空间变化快，给地震采集施工、处理技术应用带来巨大挑战。

(2) 复杂地表的信号处理、校正及浅表层速度建模难题。

地表类型多样，尤其在复杂山地山前带，地形起伏剧烈、断崖林立、沟壑纵横，海拔相对高差极大。并且表层结构变化极大，低降速带厚度介于 $0\sim500\mathrm{m}$ 之间，且不均匀分布。

另外，区域内不均匀发育的冲积扇变化大，构造变形区出露地层变化快，导致传统意义上的高速层速度变化剧烈，达 1600～4000m/s。以上浅、表层的结构特点，使得库车地区的静校正及浅表层速度建模技术应用难度极大，从而制约了构造的准确成像及落实。

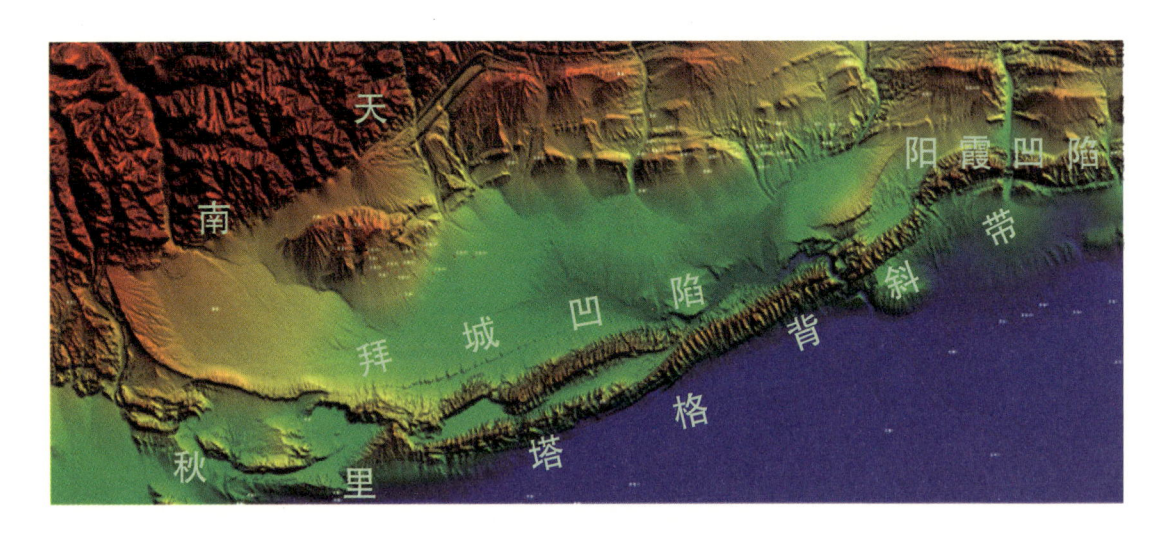

图7.1.7　库车坳陷地表高程影像图

图7.1.8　库车前陆盆地古近系—新近系砂泥岩山体典型照片

7.1.1.3　地震技术主要攻关历程

库车坳陷是塔里木盆地石油地质条件最为优越，油气最为富集的区域，也是油气勘探历史最长，过程最为曲折的区域之一。库车坳陷从1952年开始勘探，至今已有近70年，地震勘探技术的进步在其每一次重大发现中，均起着至关重要的作用。回顾其勘探历程，大体可以分为以下几个阶段：

— 233 —

(1) 地面调查及地表构造钻探阶段。

在喀桑托开背斜发现油砂及天然气苗后,于 1954 年 3 月 15 日和 5 月 25 日,在喀桑托开地面背斜西部的喀西 1 井、喀西 2 井分别开钻,标志着库车坳陷最早的油气地质勘探真正起步。根据地面构造,在该背斜上先后打了 4 口地质浅井,均发现了气层显示。该阶段由于缺乏地震资料,只有地质露头资料及少量重磁资料,同时受限于钻进技术的限制,主要的勘探思路是"追踪油苗、广探构造、钻探浅层"。1954—1983 年,在大量的地质露头调查及地球物理勘查的基础上,在库车前陆褶冲断带共发现了 46 个地面构造。其中,11 个构造发现油苗、油砂或干沥青,结合喀桑托开背斜钻探的认识,当时评价认为库车坳陷是一个找油的有利地区,油气分布在地表浅层构造之中,按照这一认识开始了地表浅层构造的钻探。1954—1983 年,从浅到深在 10 个构造上,共钻探了 63 口石油探井,均见到了不同程度的油气显示,但只发现了依奇克里克油田(储量 347×10^4t)。该油田是塔里木盆地第一个油田,从而使地质家看好了库车坳陷的含油气前景。

通过该阶段的勘探,认识到库车坳陷是一个以中生界为主的生油坳陷,其构造是以近东西向展布、南陡北缓的线状背斜为主,按其地表构造形态特征由北向南可划分为北部单斜鼻状构造带、依奇克里克直线背斜构造带、拜城凹陷、秋里塔格背斜构造带、南部平缓背斜带等 5 排次级构造带。由于山前地形复杂,成排成带发育的背斜是在天山强烈的挤压背景下形成的褶皱带,地面与地下构造高点不重叠,地震勘探和钻井技术又不过关,更多的井位于地表浅层构造的高点,由此打了一批空井,勘探效果很差。后来总结归纳为两方面的经验教训:一是跟踪油苗钻探地表浅层构造,油苗点破坏严重、保存差,不利于成藏,地下的高点与地面高点又有偏离,是钻探成效差的主要原因;二是没有应用地震技术查清地下构造,是钻探深部构造失利的根本因素。

(2) 常规二维与地震勘探配套技术攻关发展阶段,实现了盐下勘探的突破。

1983—1984 年,数字地震勘探技术引进国内,开始探索应用到库车复杂山地勘探中。由于装备能力、技术认识有限,勘探很快受阻。受物探装备条件的限制,当时选择了最有利于施工、最有可能得到地震资料的大型山间冲沟,采用弯线施工的方式,在库车山地进行了第一轮的数字地震侦查勘探。测线基本不成网,线距为十几至几十公里不等,施工方法主要是采用了小吨位可控震源,结合大面积坑炮组合激发,以及较大的道距(50m)、较短的排列(2000~3000m)、较低的覆盖次数(24~60 次)等。有部分测线得到较好的叠加剖面和反射信号,部分测线资料很差或基本没有得到资料。即使得到了有明显反射的叠加资料,由于成像技术和认识不过关,也无法正确合理描述构造形态及其发育规律。

20 世纪 80 年代末 90 年代初,随着塔北、塔中勘探的不断突破和塔里木会战指挥部的成立,盆地地震勘探工作得到快速持续推进。尤其 20 世纪 90 年代初地震技术快速发展,数字地震仪器能力的提升、井炮激发的大力推广、野外作业装备能力的提升等三方面的进步推动了山前地震勘探实现了从沿沟弯线到直测线地震部署采集的转变。塔北二维数字地震工作逐步向北部山前延伸,库车坳陷部署采集了部分较高覆盖次数的二维,资料成像质量和效果有了明显改善。同时,北部库车坳陷的钻探工作也逐步推进,结合前面 80 年代的沿沟弯线地震资料,先后在库车山前钻了东秋 5、克参 1、大宛 1、KL1 等 4 口探井。只有大宛 1 井发现了盐上浅层次生油气藏,即大宛齐油田,其他 3 口井均未发现工业性油气流或未达地质钻探目的。其关键原因还是地震资料品质差,且山前构造区的测网较稀疏,无法准确落实目标。但结合这3口深井的钻探情况和前期地面背斜钻探的认识,对于进一步搞清大的构造格局发挥了重要作用。认识到古近系—新近系盐上、盐下构造样式完全不同,对油气成藏与保存不同。重建了盐上盐下不同的构造模式、不同储盖组合和勘探目标。推动油气勘探目标由盐上浅层背斜,向盐下深层保存完整的背斜转变(图7.1.9)。实施方面需要采取不同勘探思路和勘探技术对策等,对地震技术的成像精度和能力提出进一步发展提升要求。

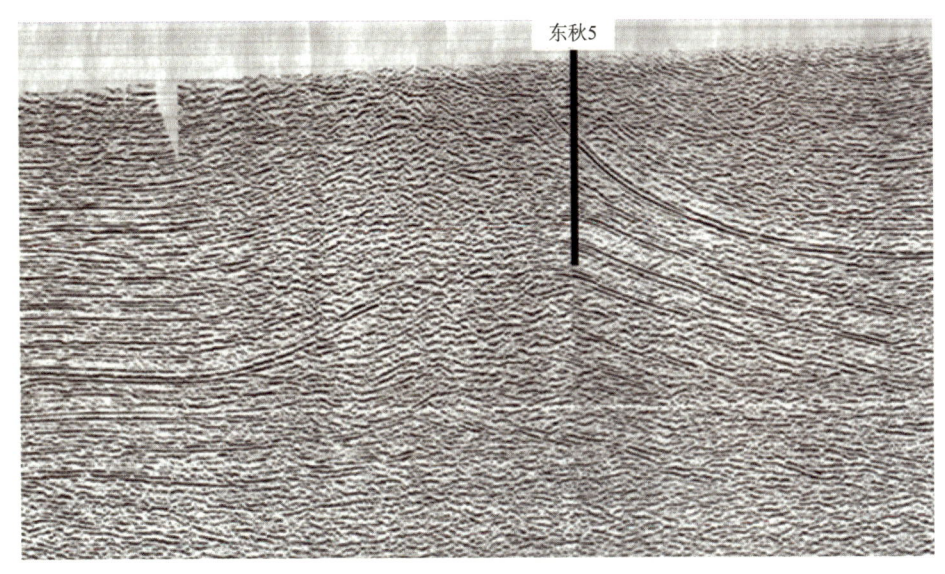

图7.1.9　过东秋5井二维时间域剖面(1984年)

　　1993—2000年间,库车地区持续开展了山地地震勘探技术攻关研究,并于1997年专门设立了山地地震技术攻关年。在系统总结前期技术经验的基础上,针对制约复杂山地地震勘探技术的一系列疑难问题,开展一体化系统配套技术攻关。按照"采集处理解释相结合、物探技术与装备制造相结合、生产与科研相结合"的组织模式,开展了大量系统而细致的技术攻关与基础研究工作。通过多年艰苦卓绝而富有成效的地震技术攻关,塔里木盆地复杂山地地震勘探技术得到了突飞猛进的发展,一些关键的物探技术问题得到突破,并在实际的生产实践中取得了显著的效果。以1998年KL2井的突破为标志,塔里木盆地复杂山地地震勘探技术首次站在了世界山地地震勘探技术的前沿。

　　在山地地震资料采集方面:开展了最长达12km排列长度,最小10m道距,以及单边排列、中间不对称排列、非纵观测等直测线地震观测方法攻关,形成了基于地质目标及构造特征的灵活观测技术;进行了高密度表层结构调查与表层结构建模方法研究,并实施了超深微测井调查试验,总结了一套多方法综合应用、循环迭代、分区分段的精细表层结构建模与静校正技术;加强了勘探装备的研发和升级,18t、20t、28t可控震源,18m、30m、50m山地钻机,30m、50m、100m砾石钻机及万道数字地震仪等重大设备的相继投入使用,有效地提升了复杂山地与山前带的攻关作业能力和技术水平。在测量方面:GPS导航定位技术、RTK实时动态差分测量技术及卫星遥感影像多信息辅助设计技术也得到了开发应用。这些装备与技术的发展应用,使得山地地震作业真正能上得了山、定得准位、放得了炮、记录到信号。同时,完善了三级工序质量控制与保障体系,确保了地震资料的采集质量和效果。

在室内处理解释方面，折射静校正、DMO 叠加、综合去噪等技术的工业化应用，以及基于浮动基准面的叠后时间偏移成像、零速层偏移、统一面显示成像技术的发展，资料解释中的连片工业制图、时间变速成图技术研发、断层相关褶皱理论的引入为区域较简单盐下构造的落实奠定了基础。正是在这些技术进步的基础上，利用新采集二维直测线及部分沿沟老测线，基本搞清了整体构造格局，构造成排成带发育的分布特征清晰地呈现在勘探工作者的眼前，并进一步落实了 KL2、DL2、DB1、吐孜洛克、依南 2 等一大批有利构造和勘探目标。

地震技术的持续攻关和不断进步，不仅形成了具有塔里木特色的复杂山地地震勘探技术系列，而且推动油气勘探实现了重大突破。1998 年，位于库车坳陷克拉苏构造带上的 KL2 井获得高产工业气流，发现国内最大的特高产、特高丰度整装气田——KL2 气田。之后两年先后在库车山地秋里塔格构造带东部又发现了一个千亿方以上级别的大气田 DL2 井气田（图 7.1.10），在克拉苏构造带西部发现了 DB 气藏，以及吐孜等多个含油气构造。这一批大的天然气勘探发现，直接推动我国启动了以塔里木盆地为主要气源地的"西气东输"工程，推进我国天然气工业实现了第一次跨越式发展。

（3）宽线大组合地震采集与叠前深度偏移技术攻关，走出低谷，实现深层勘探大突破。

尽管 1998—2001 年间，KL2、DL2 相继突破，但两大气藏的构造具有显著特点。如图 7.1.10 所示，盐上为倾角较小的北倾单斜地层，目标为盐下第一高断片，构造相对简单，地面起伏不大。因此，气藏目标之上的地层及地表起伏变化对气藏地震成像在时间域和深度域的构造形态、高点位置，对勘探来说影响较小（影响的仅仅是构造本身两翼的陡缓及构造轴线的微小偏移，勘探井位一般不会布置于构造两翼，时间域与深度域成像最大的可能是影响构造的胖瘦和储量精度）。常规二维地震勘探阶段储备了大批的有利构造圈闭和构造显示。但由于两方面原因导致之后勘探一度出现极其复杂和困难的失利局面，使得区域勘探进入了一个低潮期：一是构造主体和深层地震资料品质总体仍然比较差，或测线控制密度不够，真正可以落实的剩余圈闭很少；二是二维地震测线控制密度较高、资料品质也较好，但由于地表起伏变化复杂，上覆浅层地层速度变化大等因素导致时间域地震成像显示的构造高点位置存在假象。2001—2006 年，东秋 8、却勒 6、KL4 等 21 口探井相继失利，使勘探家充分认识到山前盐下复杂高陡构造勘探的复杂性、常规二维地震无法满足构造落实需求的局限性，以及进一步提高地震资料品质成了影响圈闭落实和勘探目标优选的关键技术问题，必须尽快解决的迫切性。如图 7.1.11 为过 KL4 井的二维地震剖面，从剖面看 KL4 构造反射清楚，但钻井两次加深都未钻遇目的层，也就是说 KL4 号构造根本不存在，或者该断片横向上根本不在这个位置。

面对新形势下的高要求，为了解决复杂山地高陡构造带成像这一主要问题，从 2005 年起，库车山地又开始了新一轮的地震勘探技术攻关。这轮攻关的基本目标和出发点即是提高资料的信噪比，其核心思想是通过强强联合的"宽线＋大组合"二维采集提高资料信噪比，增加深层目标的照明度，达到提高目标成像的质量。传统的宽线采集本身即是通过多条炮线和检波线采集提高总的覆盖次数和横向照明度；大组合的目的即是通过改变传统多串（3 串）检波器小面积组合接收的方式，增加检波器串数量到 9～10 串、横向拉大组合基距（结合地表高程变化与组内静校正量的限制，可以设计拉开到 100～150m）。因此，通过宽线＋大组合的观测系统设计应用，可以达到非常强化、点阵式的面积接收系统，真正达到压制噪声、提高覆盖次数、增加横向照明度，提高目标成像质量的目的，起到了发现和锁定目标的关键作用。同年首次将这一攻关思路和技术应用于库车坳陷克拉苏构造带的KS1号构造，地震资料品质有一定的改善，但由于单线覆盖次数太低，效果不显著。2006年，宽线大组合技术在宽线观测参数进行了优化，减少炮线和接收线数，增加单线覆盖次数，以及进行了横向大组合检波试验，提高了地震资料的信噪比。2007—2008年宽线、宽线＋大组合采集技术在库车山地得到了大规模推广应用，锁定了一批重点勘探目标，相继推动KS2、KS5等一批深层构造的勘探获得突破，为克深目标的发现起到了关键作用。

KS2井成为克深万亿方气田突破的关键。由于以前地震资料信噪比低，KS2构造只能隐约见到构造轮廓，无法精确落实构造。为了改善资料品质，精确落实KS2号构造，2006年对BC220测线采用宽线观测系统进行宽线大组合重新采集攻关。攻关后资料品质显著提高，构造部位的成像效果得到大幅度改善，构造目的层信噪比高，连续性好，南北回倾明显，从而锁定了KS2号构造。

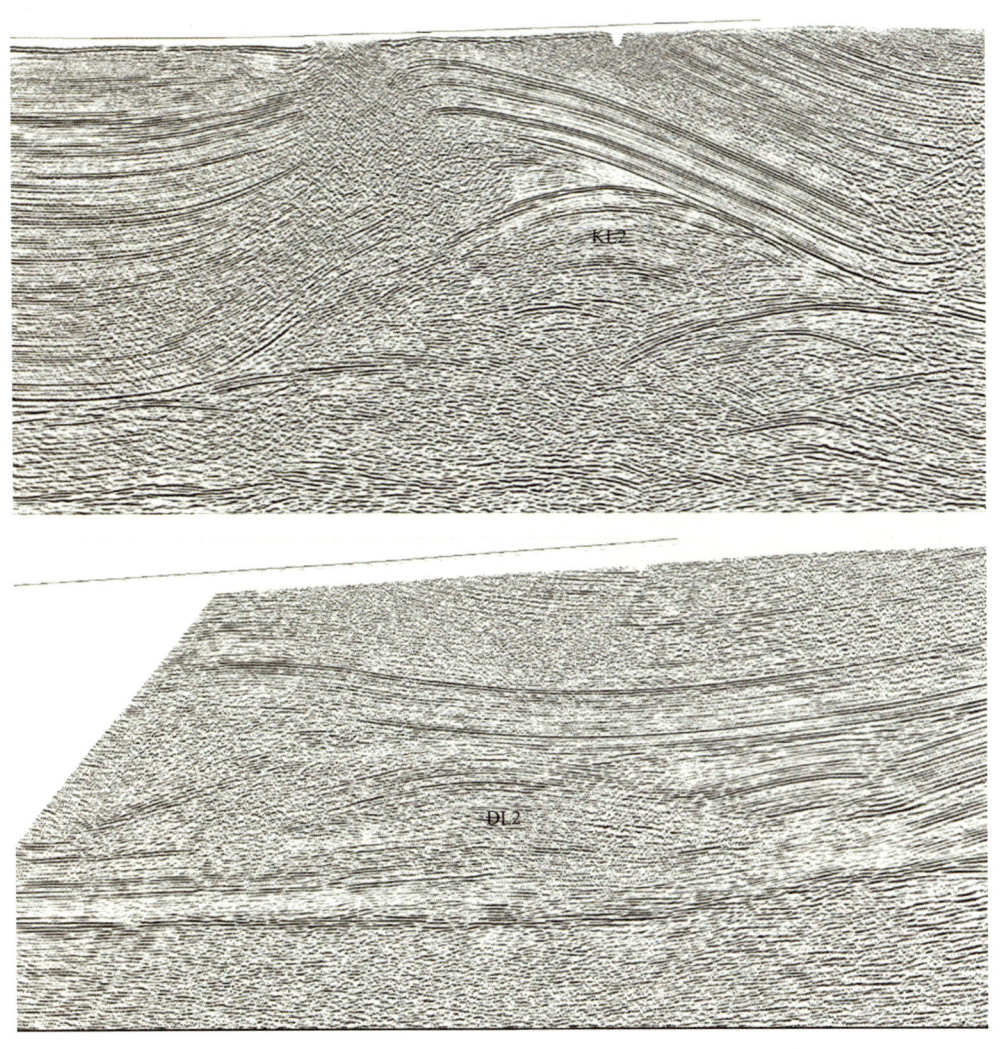

图7.1.10 KL2、DL2气藏发现时的二维老剖面（叠后时间偏移剖面）

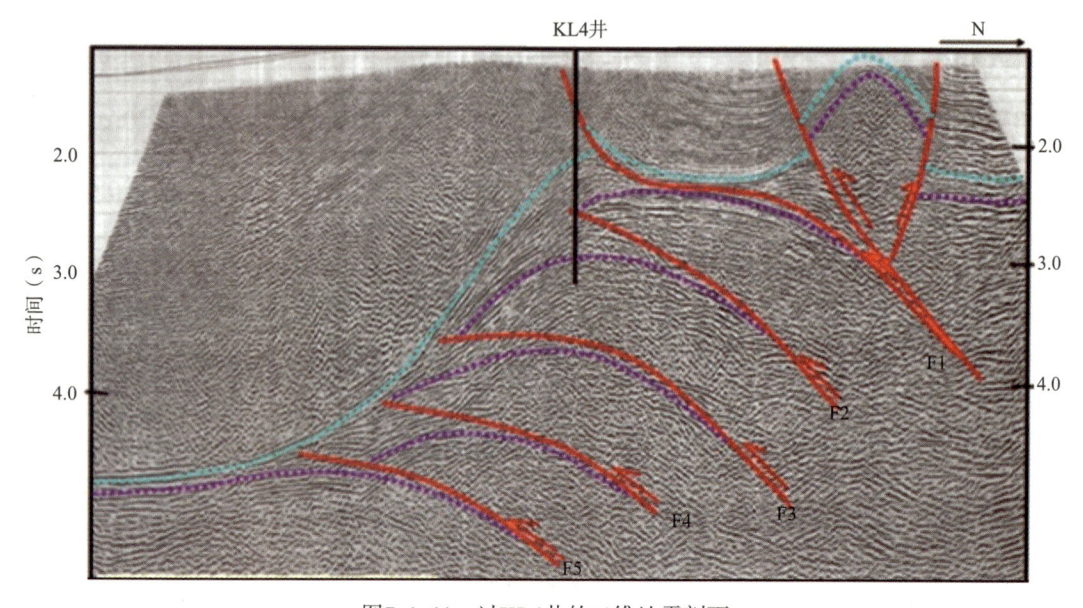

图7.1.11 过KL4井的二维地震剖面

常规采集
最大偏移距5505m，最小偏移距离135m，线距30m
覆盖次数90次，3串组合

2线2炮宽线
最大偏移距5985m，最小偏移距离15m，线距30m
覆盖次数600次，6串组合

图7.1.12 BC06-220线宽线攻关效果

图7.1.12为常规剖面与宽线大组合剖面效果对比。通过对比可以看出，采用宽线攻关方式使构造模式变得更加清晰，目的层、浅层及陡倾角地层成像能力得到大幅度改善，从而证实了宽线攻关方式改善复杂构造成像质量的能力。

KS2井于2007年6月19日开钻，2008年6月13日钻至井深6780m，圆满完钻，完钻层位为白垩系巴什基奇克组。该井酸化后采用8mm油嘴计量，折日产（41.3～46.6）$\times 10^4 m^3$。KS2井的突破证实了DB－KS区带的整体含油气性，标志着KS区带的重大突破，后续KS1、KS5等气藏于2009年相继突破，整体揭开了克深万亿方气田的勘探序幕，成为塔里木勘探史上的标志性事件之一。

7 应用实例分析

（4）面向叠前深度域成像的复杂构造三维地震勘探攻关，推动油气勘探实现全面突破。

二维地震勘探技术在克拉、克深油气勘探突破中发挥了重要的作用，但随着库车地区勘探目标渐趋复杂、勘探进程进一步加快，如何精细描述纵横向剧烈变化的构造及断裂特征成为制约库车地区勘探、开发进程的关键。而二维地震资料受采集方法及测线密度限制，无法解决复杂波场的偏移归位及断裂的精确描述等问题，尤其是对复杂山地高陡构造，其构造及断块纵横向变化大，必须进行三维勘探才能够实现构造由线的框架描述，转向体的精细描述，才有可能搞清其复杂的地质问题，实现复杂构造的精细落实。

基于以上原因，2000年以来，随着地震勘探装备换代、计算机能力的飞速发展，以及KL2、DL2等气田突破后后续评价开发的需求，地震勘探开始逐步探索三维勘探技术，处理技术也开始从叠加到偏移的探索。2000—2002年，先后采集了KL2、DL1-2、DB等三维，同时组织开展了配套的山地三维地震采集、处理、解释技术攻关研究，三维地震勘探方法取得了长足的进步，叠后时间偏移技术、配套解释及变速成图等技术开始得到广泛应用，并获得了良好的勘探效果。这为进一步落实KL2、DL、DB等大型油气藏的储量规模，并指导后续开发方案的制定发挥了重要作用。但由于从采集设计思路到处理技术都是基于时间域、基于叠加和叠后时间偏移理论技术进行的，即使应用了三维资料，部分探井、甚至开发评价井仍然失利。如前文第1章中提到的却勒6、迪那2-3、DB103等井。这一情况促使我们认识到在复杂构造区必须开展叠前深度域成像问题研究。从2003年却勒三维开始叠前深度偏移成像处理攻关探索，回答了为什么在时间域却勒6比却勒1井高75ms，而实钻结果比却勒1井低近80m的问题，如图7.1.13所示。到2006—2008年连续3年DB三维叠前深度偏移成像攻关，不仅推动叠前深度偏移处理成像技术不断发展进步和推广应用。同时也充分认识到要做好叠前深度偏移成像，必须改变传统的基于叠加理论的采集参数和观测系统设计方法和技术，必须面向叠前深度偏移成像方法进行观测参数和观测系统设计，必须开展基于叠前深度偏移成像的数据预处理技术研究，改变传统的静校正、去噪等技术的应用方法和流程。

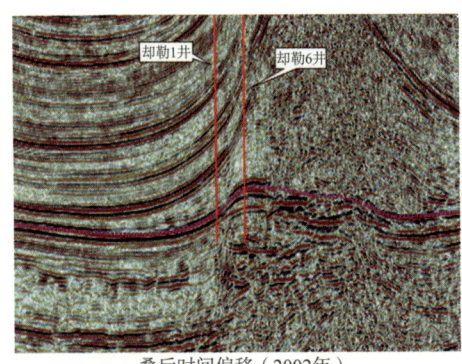

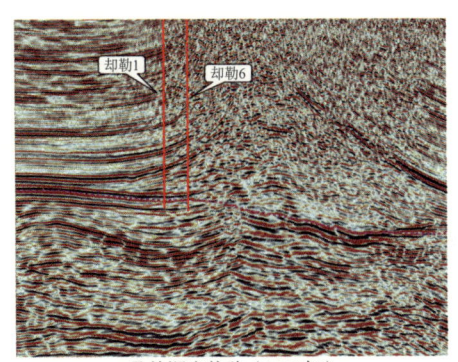

叠后时间偏移（2002年）　　　　　　叠前深度偏移（2003年）

图7.1.13　过却勒1和却勒6的叠后时间偏移三维剖面与叠前深度偏移剖面对比

2008年KS2突破后，为了满足落实区带结构及构造特征的需要，在KS2井区一次性采集超大面积山地三维地震1002km^2，此后到2011年间又陆续部署采集了KS5、KL3、吐北4等4块窄方位中等覆盖次数三维，实现从DB、KS5、KS1-2、KL3三维的连片，解决了克深构造带的勘探突破。

在大面积连片三维采集的基础上，通过逐步开展深度域成像技术攻关，地震处理成像技术实现了从叠后时间偏移，到叠前深度偏移的转变；偏移方法实现了从各向同性叠前深度偏移到TTI各向异性叠前深度偏移成像处理；形成了以积分法为主，束偏移、波动方程逆时偏移并用的成像算法系列；偏移基准面应用方法实现了从水平基准面到起伏地表、近"真"地表的TTI各向异性叠前深度偏移成像处理。总之，在三维地震采集基础上，地震成像方法及其描述的介质对象越来越接近复杂山前构造地表结构与地下构造变形特征，地震资料品质、成像质量有显著提高，构造归位更合理，解决了盐上高陡层、目的层高点断点位置的横向偏移等问题，各个叠置发育的断片接触关系更清楚，信噪比更高，发现了一批有利预探目标，以及后续KS5、深8、深9、深10、深11等一批气藏突破，从而奠定了克深万亿方气田的基础。

当然，随着KS构造带多个千亿方级气藏的发现，要求加快库车天然气勘探，整体评价DB-KS区带，落实油气规模储量及开发建产，使库车地区天然气勘探开发研究的重心逐步转变为圈闭精细描述与评价，对地震资料的成像精度和成像质量提出了更高的要求。如何进一步提高深层复杂目标、多层叠置构造区的成像精度，降低钻探风险和成本，提高开发效果，尤其，像KL8井钻探前后认识的变化，KS6气藏评价井的失利，KS1-2多口开发井钻探和生产不理想等，对地震的成像精度提出空前的新挑战。

例如，KS2气藏发现探明后，建产过程中多口井钻探结果与设计存在较大误差，多表现为目的层深度误差和目的层的地层倾角误差，但由于构造规模、幅度较大，总体对生产影响不大。可另有其中几口井出的问题不仅对产量，对整体气藏的认识也产生了较大怀疑。图7.1.14 显示其中问题较大的两口井KS2-2-9，KS2-1-7布井时的过井剖面，两口井均为部署于构造轴部略偏南的开发井。其中，KS2-2-9钻井结果问题最大，根本没有钻遇目的层。KS2-1-7井尽管钻遇目的层，但地层南倾角度很大，投产后很快出水，说明其钻遇的是构造气藏南翼的边部控制断裂附近，气柱高度小，没有达到开发井设计目的。说明当时的三维叠前深度偏移技术及其得到的资料还不能满足构造精细描述和气藏开发的地质需求。

KS2-2-9井过井剖面（2013年）   KS2-1-7井过井剖面（2013年）

井位部署设计时的构造图   KS2-2-9、KS2-1-7等井完钻后的构造图

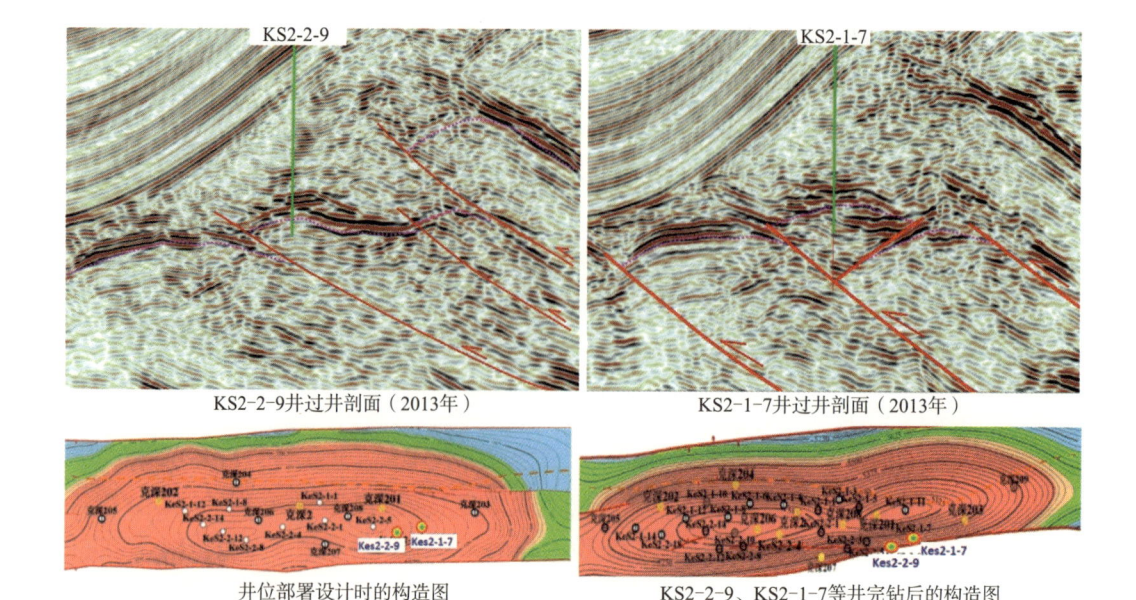

图7.1.14 常规三维及各向同性叠前深度偏移（不能满足深层构造精细描述）

由于山前地面及地下地质条件限制，山地三维地震施工的困难、复杂性及勘探投资的限制，2011年之前库车地区三维采用的观测方位较窄，横纵比一般在0.2左右，覆盖次数较低，一般小于100次。这种窄方位低覆盖的三维勘探方法相对于二维采集有效提高了复杂构造的成像效果，基本满足了当时的勘探风险的需要。但随着勘探的深入，对一些极其复杂的构造，要解决构造及断块的精细描述、解决开发的问题，比如DB1、KS2井区开发面临的问题，尽管多轮次开展叠前深度偏移处理攻关，问题仍然无法解决，逐渐暴露出三维资料仍存在方方面面的问题。在采集方面，受认识、技术能力及投资的限制，观测方位不足、覆盖次数不够，必然会导致资料处理方面速度建场困难、偏移归位困难、成像结果多解性强等问题，在解释评价方面存在盐下波组识别难、构造建模难、圈闭落实难等问题。因此，为进一步满足精细构造解释和油藏描述的需要，有必要开展更高勘探精度的三维勘探方法攻关研究。

2011年，在前期三维地震资料基本解决勘探发现的认识问题的基础上，基于后期开发评价暴露的问题和需求，在库车的DB地区首次开展宽方位较高密度三维地震采集攻关试验，方位角提高到0.7，覆盖次数提高到255次。更高覆盖次数，更宽方位角，对复杂山前构造成像有着明显的优势。随着可控震源激发技术的发展和"两宽一高"技术的推广，2012年在地表相对平缓的BZ1井区首次开展了基于可控震源的宽方位高密度采集，标志着库车已经进入宽方位高密度三维地震勘探技术新阶段。

2017年以来，为了进一步解决勘探的复杂小断块描述、开发的精细气藏描述，满足库车地区新的勘探开发形势，进一步提高复杂构造成像的精度，在分析总结前期宽方位高密度三维地震采集资料基础上，提出并形成了以起伏地表TTI叠前深度偏移成像为核心的地震地质一体化三维地震目标勘探技术，在库车地区取得了良好的应用效果。其主要技术思路及技术包括以下两个方面：

①基于叠前深度偏移成像的较宽方位高密度目标勘探观测系统设计及采集关键技术。

要解决的核心问题是如何通过较宽方位高密度观测系统，才能使采集观测到的数据更好地满足叠前深度偏移成像方法对数据信噪比、观测方位与角度、目标照明度的要求，得到的数据更有利于提高深度偏移速度反演与建模的精度。总结前期勘探成果与技术经验，在确保一定覆盖密度和信噪比的基础上，叠前深度偏移成像技术的关键在于速度建模的精度。为此，根据目前速度反演与建模方法对数据的要求和由表及里、由浅到深的速度建模流程，重点做好以下几方面工作：一是针对库车复杂的表层及浅表层特点，形成一套针对表层及浅表层速度建模的采集设计与施工方法。其要点及特点是通过正反演模拟与论证分析，来优化及论证观测系统，在此基础上围绕目前浅表层深度偏移速度建模方法——微测井约束层析反演技术。一方面，在原有宽方位高密度观测系统设计的基础上，针对速度变化复杂部位强化炮道密度（增加炮、加密小排列线道），提高复杂部位的资料信噪比，提高中小偏移距的相对比例，有利于层析反演速度精度。另一方面，在提高总体道密度基础上，复杂区域采取单点接收（减少组合时差影响），从而提高初至精度，也有利于提高层析反演速度精度。其次，针对区域浅表层速度变化剧烈，静校正及速度建模难度大的特点，在约束层析反演中，必须加大微测井速度的有效控制点密度和深度，强化微测井的密度及深井的数量。再次，针对山前区域近代冲积扇砾岩体发育，不同母岩、不同粒度的扇体速度差别极大，浅层砾岩发育区的速度建模更加困难，勘探思路上采取地震非地震三维联合部署实施，发挥非地震的优势，如砾岩体电阻率明显高于砂泥岩等特点，清晰刻画不同砾岩体的空间分布，为后续的浅层速度研究与偏移速度建模奠定基础。二是围绕复杂构造深层速度描述与建场难度大，成像复杂的特点，以及TTI叠前深度偏移方法对速度精度的要求，针对性地优化采集观测系统的参数设计。重点是针对主要的地质目标体，选取适当的排列长度与观察方位，针对超深目标体，要加大排列长度。通过构造特征分析及地震正反演模拟，选取科学合理的观测参数。在部分极其复杂区域，辅之以地面三维地震与井中联合地震（如3D-VSP等）联合采集，来进一步提高采集的针对性，以期建立更合理的构造模型与更精确的速度模型。三是针对前期三维勘探及钻探认识，在三维正反演模拟基础上，针对复杂构造强化针对性目标采集设计，在目标体照明分析、优化炮道密度、加密炮道设计后，关键在准确物理点位的到位与施工参数、质量的落实。具体实施中必须配套以直升机、无人机、室内放样等新兴技术来提高采集施工的效果及效率。

②基于起伏地表（可以近似看作"真"地表）TTI叠前深度偏移的处理关键技术。

在资料采集之后，做好山前复杂构造区的三维地震TTI叠前深度偏移处理，形成面向叠前深度偏移成像的配套预处理技术，关键要体现在三个方面：

一是偏移基准面的建立与校正，尽可能避免传统静校正量的应用，使偏移成像的基准面接近"真"地表面。在库车山体区，地形起伏剧烈，低降速带较薄但变化快，而高速层速度变化快，常规的静校正处理技术只以叠加成像最佳为准则，且无法建立统一的表层模型，校正量的应用也必然改变远近道的时差关系，不利于后期偏移速度的反演，不能满足叠前深度偏移需求。微测井约束层析静校正方法在初至信息之外，更注重微测井等近地表野外调查结果的利用，得到的近地表速度模型精度高，不仅可用于静校正与时间域相关去噪技术应用，且其可用于后续深度偏移表层速度建模。二是偏移前的信号预处理工作必须要有针对性。包括以下几个方面：首先是对观测数据本身的不规则、点位不准的校正。诸如五维数据规则化技术来消除炮、检点不规则、不到位、不均匀，覆盖次数差异、不同期次采集及不同区块间的差异等造成的能量差异、偏移画弧等问题。应用五维数据规则化技术，一方面使炮检属性均匀，有利偏移成像算法；其次，利用五维数据重构技术，也能够压制部分随机干扰噪声，提高资料的信噪比。另外，子波或波形一致性的问题，由于受地表变化，激发接收参数变化等因素的变化，都会引起炮与炮、道与道之间波形的差异，需要做正确合理的针对性校正，如统计反褶积、地表一致性振幅补偿等技术的合理应用。再次要处理好噪声压制与振幅保持的关系，一方面传统的噪声压制方法大多数在时间域开展，需要在静校正应用后的数据上做工作，而偏移的数据最好不做或尽可能少做静校正，这一矛盾如何处理？另一方面，部分噪声压制效果很好的去噪方法都对波场的能量关系有伤害，即保幅存在问题，这对偏移成像、波场收敛同样会造成重要影响，如何发挥偏移本身的噪声压制能力，得到保持波场的合理振幅关系是我们追求高精度成像的重要内容，前面章节已系统讨论。三是针对复杂构造TTI叠前深度偏移成像中关键的速度建模思路与技术。基本思路采用由表及里、由浅到深，分为近地表、中浅层及深层三段式建模的方式。其中，第一段近地表的浅表层建模是山前复杂构造偏移速度建模的关键与重中之重。即从偏移基准面到地震剖面上能够得到清晰有效反射同相轴之间的地层速度建模问题。由于这一区间反射信息较缺乏、信噪比低，应用反射波无法估算该段地层的速度，即使估算的速度精度也非常低。根据本文提出的静校正与表层速度建模一体化解决的思路，在表层采用拟真地表偏移起始面，以减小静校正处理对地震波走时的改造，保留更"原汁原味"的速度信息。针对库车地区浅层第四系砾岩分布广泛且厚度较大的特点，通过嵌入微测井约束层析反演速度，建立一个合理准确的浅表层速度模型。同时针对库车地区古近系—新近系高速砾岩发育、速度变化快的特点，采用地震非地震联合反演技术，准确刻画库车古近系—新近系、第四系高速砾岩的发育及速度变化特征，提高盐上地层速度建模的精度。第二段中浅层速度建模，对反射地震勘探来说，是应用反射信息进行速度反演相对较为有利，且较准确的区段。一般指剖面上开始有清晰反射到主要目的层以上，由于这一深度段对应的观测系统设计时的中小偏移距，对应的地震反射应该信噪比最高、覆盖次数较大、地震反演速度最为可靠的深度段。在目前技术条件下，完全可以在构造格架控制下，应用区内钻井资料建立地质规律较为合理准确的初始速度模型，在用全局优化的反射波网格层析方法实现反演。对于海上或地表条件好的陆地区域，也可探索应用正在快速发展的叠前全波形反演FWI技术实现。第三段深层速度建模，多指主要勘探目的层以下的深层，由于观测系统的排列长度有限，深层对偏移速度的敏感性也较小，可以在构造格架与区域地质认识约束下建立合理初始模型，在此基础上进行适当的层析迭代则可。当然，对于山前复杂构造区的速度建模，无论应用什么先进的反演方法，都必须有一个合理准确的初始速度模型，才能取得事半功倍的效果。因此，需要偏移人员能够综合应用各种地质资料、钻井、测井、录井资料，需要勘探家在区内要录取足够的速度资料，包括声波测井、VSP、微测井等。在极复杂区的地震采集设计中甚至要考虑井震联合采集获取更丰富的速度及更准确的构造模型。另外，在开展井震一体速度分析的基础上，进行全程TTI各向异性关联参数迭代（不建议做完各向同性再做各向异性），在大幅度提高迭代效率的同时提高TTI速度与参数建场的精度。

7.1.2 关键技术应用

7.1.2.1 面向目标的采集关键技术

针对库车地区极其复杂的地表和地下构造，为了提高原始资料采集的信噪比及叠前深度偏移处理的针对性，近年来通过持续不断的技术攻关及实验，在基于高密度、宽方位地震采集基础上，发展了一系列针对库车地区地质特点的采集方法，形成了一套适用于库车复杂山地的采集技术。

7.1.2.1.1 针对浅表层速度建模的设计优化

库车地区浅表层结构极其复杂，低降速带变化剧烈，给区域的浅表层结速度建模及静校正带来了巨大的挑战。针对以上难题，在基于叠前深度偏移成像的目标采集设计中，解决近表层速度变化问题的关键技术由传统的静校正技术，转变为基于地表的深度偏移技术；工作与技术设计的重点由传统时间域处理中静校正量计算与应用，改变为以速度建模为核心。为此，在基于高密度采集方法设计的思路基础上，需要对观测系统进行针对性的优化，为提高浅表层建模精度取全取足必要信息。

为了提升观测系统设计的针对性，在采集设计中针对不同观测系统开展正反演反复模拟实验，从而达到最优观测系统，取得较好的应用效果。以KS5三维为例，通过正演实验表明当浅表层速度误差达到5%时，深层成像会产生明显的畸变，其速度误差可以超过200m/s，因此浅表层的成像及速度建模对深层构造有着极其重要的影响，通过正反演反复论证，可以明确库车克深区带最优化的观测系统、最适合区域浅表层建模的观测方法，并针对性采取了以下方法：

（1）山体复杂区域加密炮道，提高浅层信噪比。

库车地区浅层构造对深层成像有着极为重要的作用。为了有效提高微测井约束层析反演浅表层速度的精度，进而提高TTI叠前深度偏移资料的精度，库车地区近年来针对浅表层采用了灵活的观测系统，尤其针对浅表层采用了加密炮道的设计，发展了提高浅层覆盖密度的子排列接收技术，为解决浅层成像问题奠定了基础。以KS5三维为例（图7.1.15），在南部高陡部位，其炮线距由240m加密至120m，加密12条炮线，共加密炮数3744炮。同时，增加49条小排列，用近炮点的10条小排列接收，有效增加近偏移距接收信息的绝对数量和提高相对比例，使浅层层析反演的有效覆盖次数、偏移距数量显著增加。不仅有利于保障浅层速度反演精度，增加有效覆盖次数，也有利于提高浅层成像质量。

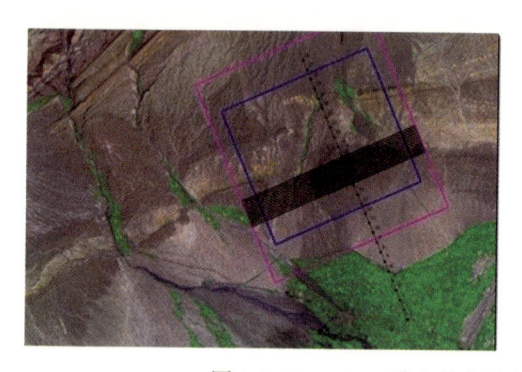

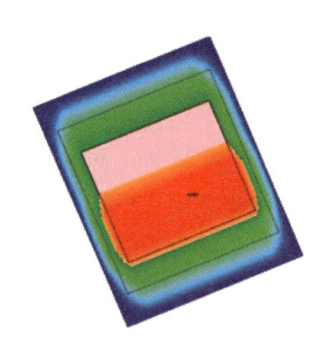

图7.1.15　KS5三维山体高陡部位子排列加密示意图

（2）加密加深复杂区微测井，为提高表层模型精度奠定基础。

在FWI技术还没有发展成为陆上勘探关键技术的当下，表层初至走时层析反演是目前山前复杂构造区表层速度反演的主要技术手段。应用中为了使走时层析反演表层速度模型更接近地下真实结构变化，而非走时反演的等效模型，微测井约束显得尤为重要。从图7.1.16有（无）微测井约束的反演模型对比可以清晰显示出，微测井约束的层析反演模型其表层速度描述的精度显著高于无微测井约束的模型，可以同时解决后续的静校正及TTI叠前深度偏移成像问题。在库车地区低降速带复杂区域，采用加深加密微测井的措施，通过提高微测井密度及测井深度，提高表层速度约束的精度，使得表层层析反演的精度进一步提高，为TTI叠前深度偏移速度建模奠定基础。

另外，在库车复杂构造地区，由于地震波场极其复杂，为了有效提高表层建模的精度，除了增加微测井的密度及深度外，部分区域尽可能以单点接收，减少组合对初至波形、走时的影响，利于提高初至时间的拾取精度，进一步提高表层建模的精度。

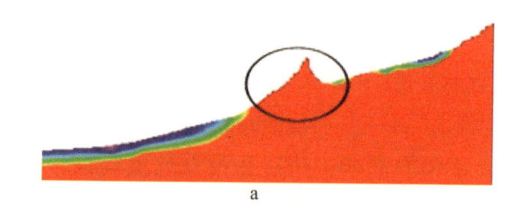

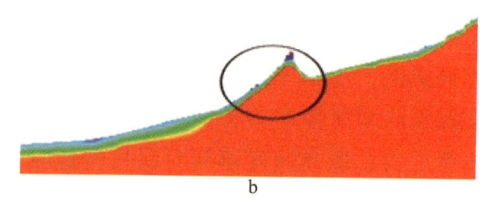

图7.1.16　无微测井约束（a）与微测井约束（b）层析反演表层模型对比分析

7 应用实例分析

(3) 地震、非地震联合部署。

在前陆盆地，无论山前构造的快速隆升变形，还是盆地沉积的快速充填，都会导致地下速度横向变化快，影响深层构造成像的精度和质量。尤其山前区的砾岩冲积扇发育变化快，与围岩速度差异大，导致速度纵横向变化规律非常复杂。因此搞清浅表层高速砾岩空间分布特征及速度变化规律，对于进行精细速度分析及建场有着重大意义。以往的研究表明，单纯地利用地震资料及现有钻井的资料，很难有效预测浅层高速砾岩的分布特征。非地震的电阻率资料能够反映高速砾岩的赋存特征（图7.1.17），因此地震、非地震联合部署可以进一步理清库车地区浅表层砾岩横向展布特征及速度变化规律，提高浅表层速度建模的精度，有效提高深层TTI深度偏移成像的精度及信噪比。

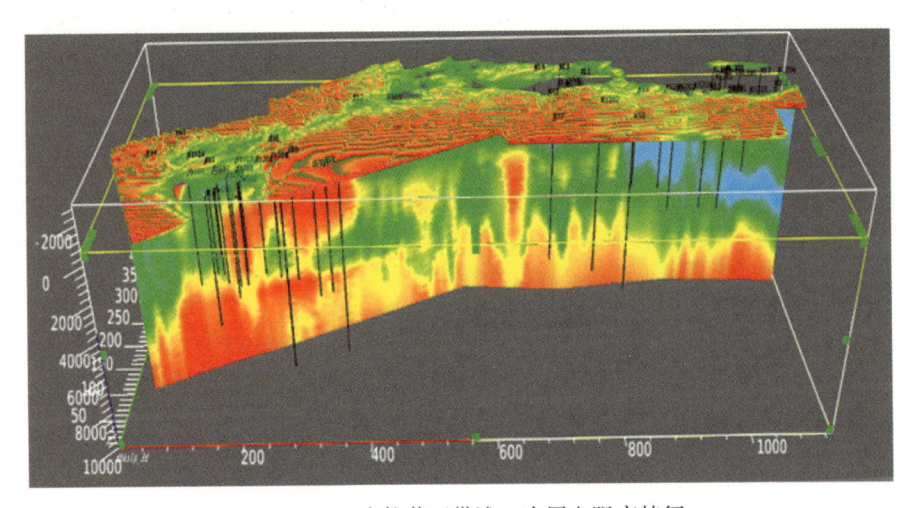

图7.1.17 克拉苏区带浅、表层电阻率特征

7.1.2.1.2 优化基于深层复杂构造成像的TTI叠前深度偏移参数的设计

库车地区深层构造具有埋藏深，且结构复杂的特点。以KS5井区为例，其目的层埋深大多在6500～7000m，南部较深部位目的层深度可达近8000m，为保证反射波的时深曲线近似为双曲线，最大炮检距应不小于主要目的层的深度。综合考虑速度分析精度要求及动校正拉伸要求，其最大炮检距不应小于7000m。对过KS5井的真地表模型进行不同最大炮检距的叠前深度偏移处理分析（图7.1.18），最大炮检距越大，深层信噪比越高，而且，最大炮检距在7200m以内增大时，目的层的信噪比和成像改善非常明显。最大炮检距达到7200m时，KS5号构造的底界才具有较高信噪比和较好的成像效果。因此，从提高目的层信噪比及成像效果考虑，最大炮检距应不小于7200m，综合速度反演的要求，KS5三维其最大炮检距选取7874m（当然越大越有利于中深层速度反演，但要求设备更多，费用更高）。

从复杂构造TTI叠前偏移成像处理的方法理论分析，为了提高绕射波能量收敛效果，提高资料信噪比，要求库车地区地震采集观测系统设计要采用适当的横纵比，这样有利于复杂波场的收敛。对于库车前陆盆地这样构造变形应力相对单一，主要为南北挤压应力场形成的深浅构造都为近东西向展布的背斜带，观测系统方向应为垂直走向，在没有考虑HTI或用正交晶系偏移方法的技术条件下，观测方位角度不需要太宽。根据区域勘探经验表明叠前偏移一般要求绕射波至少75%的能量收敛，最大偏移距为0.54倍目的层深度。最终，综合分析

—245—

库车地区观测系统横纵比最佳比值应选择在 0.4～0.5 之间，TTI 叠前深度偏移效果相对最好。据此，在 KS5 井区再次三维采集时其最大非纵距确定为 3210m，横纵比为 0.45。

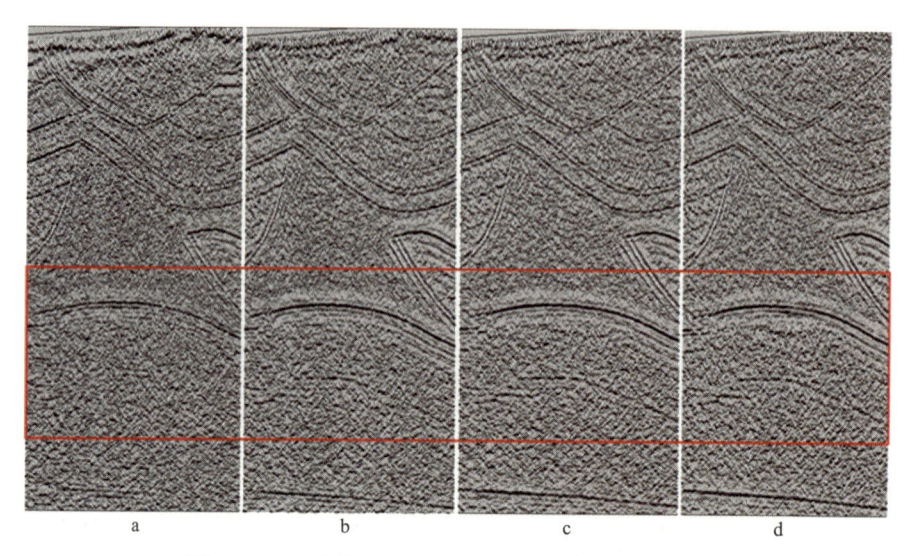

图 7.1.18　不同最大炮检距正演的叠前深度偏移剖面

a—最大炮检距 3200m；b—最大炮检距 5200m；c—最大炮检距 7200m；d—最大炮检距 10000m

另外，随着勘探技术的不断发展，Walkaway-VSP 等新技术的应用，已经成为提高类似库车复杂构造区资料信噪比，建立精细构造模型、速度模型、各向异性参数模型的另一个重要手段。尽管常规高密度三维地震，通过采集参数的不断强化，使得 TTI 叠前深度偏移成像的精度大幅度提高，但受限于采集原理，其无法实现直达波的成像，但 Walkaway-VSP 可以有效突破常规地震采集的瓶颈，实现直达波的地震成像，其成像效果有了大幅度提高。如图 7.1.19 所示，对比 KS 地区的 TTI 叠前深度偏移成像地震剖面及 Walkaway-VSP 剖面，可以看出，复杂高陡区的地震成像精度与质量得到了大幅度的提升，为进一步刻画高陡复杂区的构造提供了准确模型。因此，不仅可利用 VSP 直达波的优势，提供地下准确的速度模型及横向各向异性参数的参考模型，用于地面三维资料的偏移成像。而且高信噪比的井中准确成像资料（Walkaway-VSP，3D-VSP 等）也为地面三维成像提供了标准模型、攻关目标方向和参考依据。

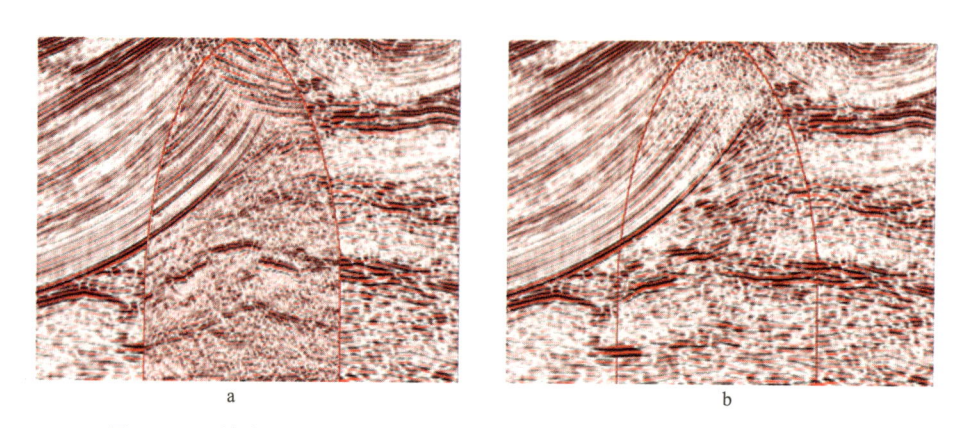

图 7.1.19　镶嵌了 Walkaway-VSP（a）与常规地面三维地震剖面（b）对比

7.1.2.1.3 针对噪声压制的高密度采集设计

库车地区的地表及地下条件复杂，原始资料信噪比极低。基于以往采集的地震资料及近期新采集的地震资料充分表明，高密度高覆盖的设计是提高资料信噪比，提升地震成像品质的关键。对比2008年采集的KS1三维及2017年二次三维采集地震资料可以发现，其炮道密度由26.67万道/km^{2}增加到180万道/km^2，覆盖次数由120次增加到810次，有效压制噪声提高了资料信噪比（图7.1.20），是采集提高地震资料成像品质最直接有效的方法之一，但采集的成本也会随之增加。设计的重点是一定成本条件下，如何得到更高密度、更均匀采样的数据，达到提高最终偏移资料信噪比与成像质量的目的。实现高密度采集，无非3个途径：增加激发、增加接收、激发接收同时增加。对于山前复杂构造的起伏地表区，无法通过大面积推广可控震源，提高激发密度实现较低成本的高密度采集，只有在接收端优化观测系统和接收参数。近两年发展并开始推广的节点仪器采集，为实现一定成本下复杂构造区高密度三维地震采集提供了较好的技术选择。节点采集不仅能降低传统电缆与大、小线施工的高强度劳动、作用安全风险及排列铺设的人工成本，而且灵活方便，便于各接收物理点布设的准确到位。另外，不像传统地震仪器受能力与道数限制，节点采集道数可无限扩展。同时为了减少组合，提高初至拾取精度，野外大面积推广单点数字检波器，代替传统多串检波器组合。这样可以通过节点仪器、单点接收等技术革新，在采集成本可以承受的条件下，支撑复杂山地实现高密度采集。

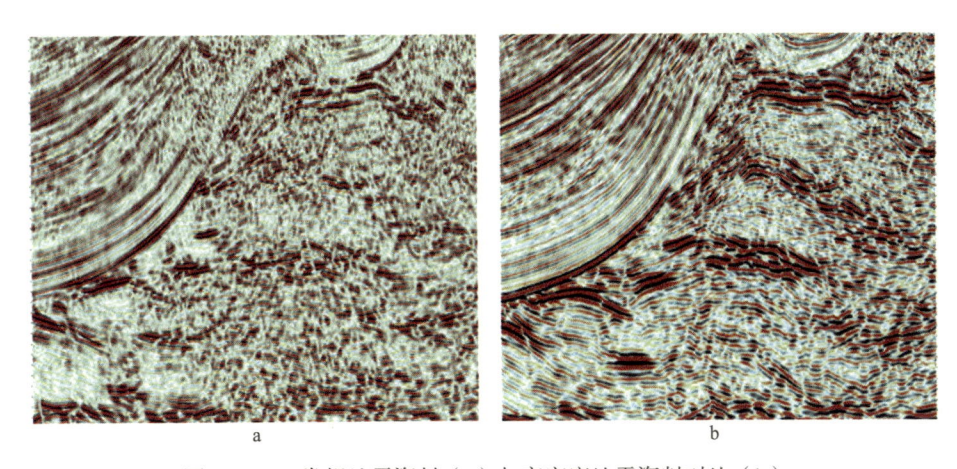

图7.1.20 常规地震资料（a）与高密度地震资料对比（b）

基于节点与单点检波器的广泛应用，得到的高密度空间采样数据，具有时间和空间采样间隔小等特点，尽管由于不用组合降低了单炮记录的信噪比，但会在很大程度上避免因时间和空间采样不足带来的假频影响，为类似FKK等基于三维的叠前去噪算法应用提供良好的条件。当然，在采集过程中为了有效分离面波干扰及线性干扰，适应地表与安全作业，可采用灵活放样、全方位噪声采集的方法，为室内处理中噪声分离提供条件。室内处理中，也可以通过五维数据规则化等技术使采样数据更均匀，有利于各种数学算法应用，这样就可以通过对三维高密度空间采样叠前数据体的炮集或者所形成的正交子集进行三维傅氏变换。根据信号和规则干扰在三维傅氏变换域可分离的特征，进行视速度滤波，达到叠前三维压制规则干扰的效果，从而有效提高资料的信噪比。

7.1.2.1.4 照明分析

库车地区盐上、盐下构造变形强、地层高陡快变，为了有效提高盐下地震反射采集的针对性效果，采集设计中必须根据前期地质认识成果，建立地下地质结构模型，开展针对超深复杂构造的波场照明分析。这是提高区域构造成像效果及采集设计针对性的一个重要手段，是确定观测系统参数的重要参考指标。以KS5三维为例，对过KS5井的地质模型（图7.1.21）进行不同最大炮检距的波动方程照明分析，最大炮检距依次选择为4000m、5000m、6000m、7000m、8000m、9000m。

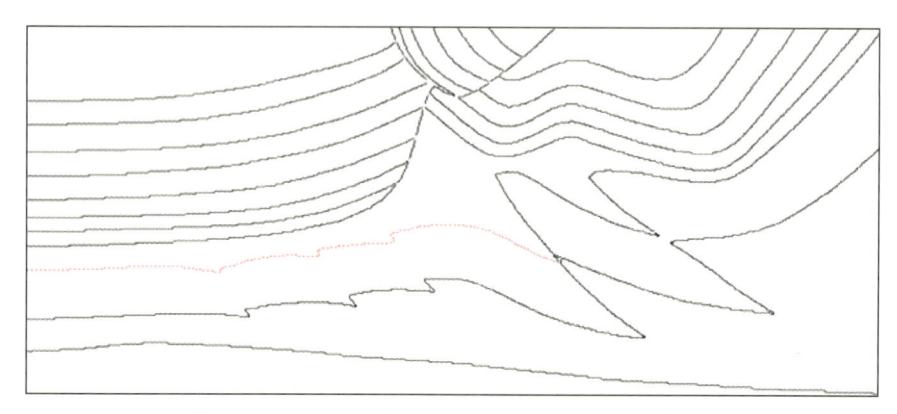

图7.1.21　过KS5井用于波动方程照明的地质模型

从图7.1.22所示的上述各最大炮检距对应的照明效果分析，总体来说，随着最大炮检距的增加，深层照明能量逐渐增强；相比而言，最大炮检距在7000m以内时，随着最大炮检距的增加，深层照明能量增幅明显；当最大炮检距达到7000m以后，最大炮检距的增加，照明能量的变化幅度不大。因此，从照明能量的角度考虑，最大炮检距应不小于7000m。

为了有效提高区内深层复杂构造目标的成像效果，尤其是重点气藏的成像效果，通过正演模拟与照明分析，可以确定局部加密炮点、接收小线的地表最有利位置。正像本书2.6节分析的结果一样，在地面第14～18炮所处位置加密，可对KS5号构造南翼、顶部及盐边界高陡部分贡献最大，实际设计与施工作业中采用了加密炮点的针对性变观设计，最大限度地提高重点部位的覆盖次数及照明效果，达到提高资料采集质量的目的。

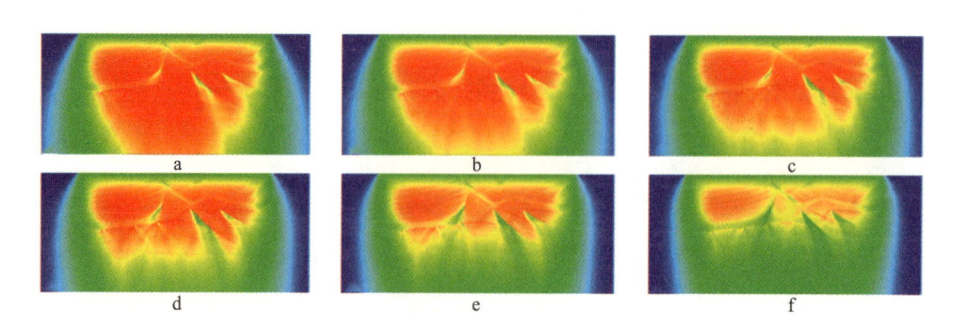

图7.1.22　不同最大炮检距的照明效果对比

a—最大炮检距9000m的照明效果；b—最大炮检距8000m的照明效果；c—最大炮检距7000m的照明效果；
d—最大炮检距6000m的照明效果；e—最大炮检距5000m的照明效果；f—最大炮检距4000m的照明效果

7.1.2.1.5 信息化配套技术与能力提升

库车地区主要构造发育分布区的地表条件极其复杂，尤其是部分区域高大山体发育，使得野外实地选点、施工作业难度大、工期长。因此为了有效提高区域选点的效率，基于高清卫星遥感数据体及高精度高程图的室内选点可以大幅度提高采集设计的效率，通过卫星遥感信息，结合卫星定位系统（GPS）及地理信息系统（GIS）的综合应用，可以很好地为地震勘探数据采集工作提供服务和指导。以KS5三维为例，通过室内选点优化后，高大山体上，可达到与实测选点吻合率85%，仅15%的实际炮点需要人工干预后，用于野外生产（图7.1.23）。另外，为了提高复杂高大山体的采集的效率，无线节点仪器的应用也极为重要。通过节点采集，可以改变原来有线节点的局限性，大幅度提高采集效率，确保空间物理点的到位，解决复杂地表对采集的限制，同时可以降低成本，有效保障采集的品质。以2018年采集的KS5三维为例，Hawk节点仪器采集作业的应用，有效缓解了大道数地震采集的设备压力，同时规避复杂山体区大线布设与作业带来的施工安全风险。

同时，在高大山区的野外采集作业中，充分发挥GPS及北斗系统，应用实时差分（RTK）测量方法的实时性、高效性、灵活性和高精度，提高实地放样的精度。同时，在野外地震勘探施工中，推广应用卫星授时和北斗短报文通信功能，实现爆炸机自主激发，解决了高难山体区通讯问题，保证了采集效率与作业安全。

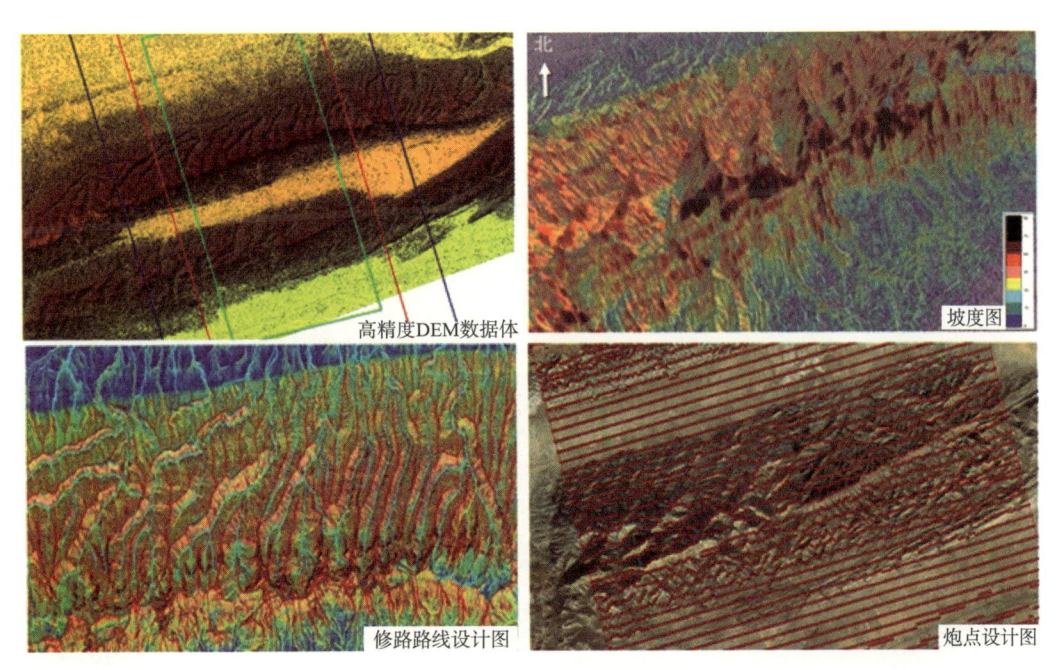

图7.1.23 基于信息化技术的室内选点设计

近年来，为了有效提高高大山体的采集效率及安全性，一方面，加大钻井、测量、接收的装备技术的不断发展力度，不断提升轻型化、自动化率；另一方面，加大直升机及无人机的推广应用，保障了人员、装备、物理点位的准确到位，物资运输，资料的及时回收，真正实现了山地地震作业无禁区（图7.1.24）。而且作业效率与采集质量得到大幅度提高，为山地高密度三维地震勘探技术发展提供了基础装备保障。

图7.1.24　直升机及无人机在采集中的应用

7.1.2.2　偏移前预处理配套技术

复杂山地区地震资料偏移前预处理十分重要。其主要体现在两个方面：一是在时间域解决部分目前深度域无法处理的高频速度变化引起的旅行时畸变问题；二是为偏移提供质量较高的输入数据，以便可以利用它进行偏移速度迭代建模处理和最终的偏移成像工作。通过不断地探索研究，形成了相对成熟的库车复杂山地地震资料偏移前预处理配套技术。

7.1.2.2.1　静校正处理技术

无论叠前叠后，还是时间域深度域，复杂山体区的地震资料处理都无法回避，而且是最难以解决的技术问题——静校正。图7.1.25所示为库车秋里塔克构造带分布区的近地表结构与对应地质露头剖面、地震剖面，从中可以看出该区表层结构极其复杂，横向变化快。目前技术条件下，比较实用有效的解决方案是在微测井约束层析静校正基础上，进行初至剩余静校正和反射波剩余静校正，以逐步提高山地区静校正的精度，改善成像效果，并解决目前深度偏移速度模型无法解决的高频速度变化问题。

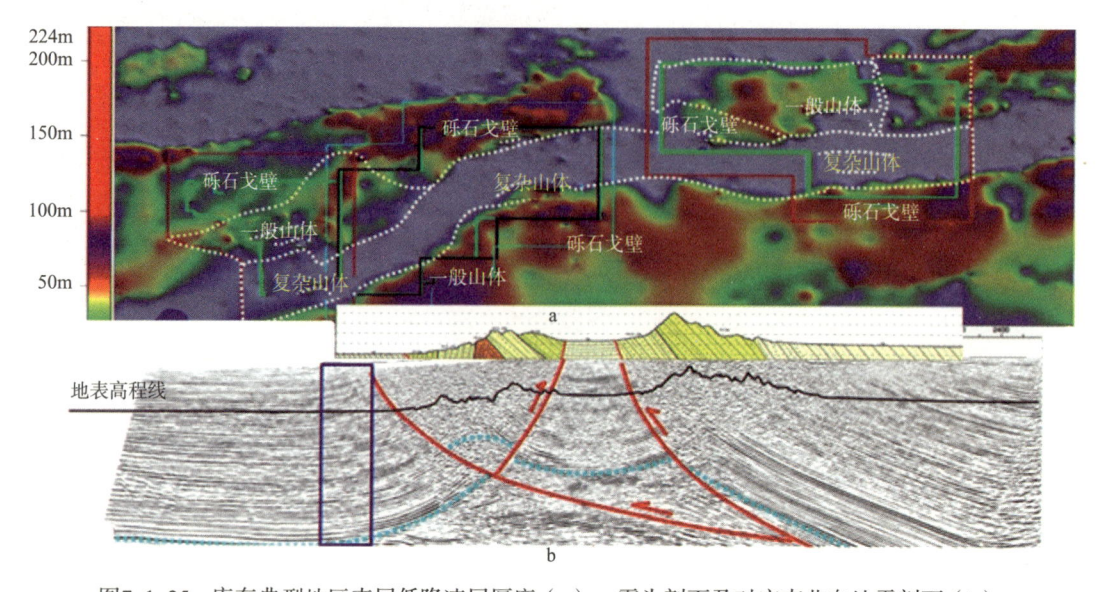

图7.1.25　库车典型地区表层低降速层厚度（a）、露头剖面及对应南北向地震剖面（b）

(1) 微测井约束层析静校正技术。

与常规静校正方法不同，微测井约束层析静校正方法在初至信息之外，更注重微测井等近地表野外调查结果的利用。采用微测井或小折射等资料建立一个浅表层速度模型，在该浅表层速度模型约束下，再进行初至层析反演建立一个符合地质结构的近地表速度模型。在此基础上，计算得到一套微测井约束层析静校正量。该方法得到的近地表速度模型精度高，静校正效果好，且其可用于后续深度偏移表层速度建模。

图 7.1.26 是应用不同静校正方法叠加剖面效果对比。从中可以看出，进一步加入微测井信息后，在初至信息不足区域，如变观区、山前过渡带、区块衔接部位，应用微测井约束层析反演静校正方法后成像更好，构造形态更加清楚。

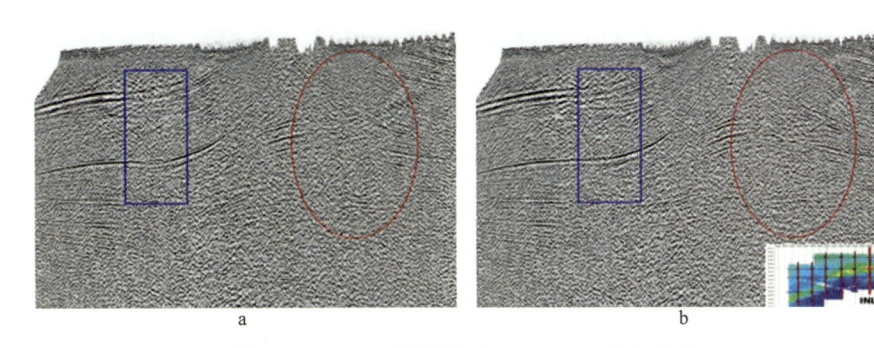

图7.1.26 应用不同静校正方法叠加剖面效果

a—常规层析静校正；b—微测井约束层析静校正

(2) 剩余静校正技术。

在应用微测井约束层析静校正的基础上，进一步采用三维初至波剩余静校正技术和超级道反射波剩余静校正技术解决剩余的中短波长静校正问题。

三维初至波剩余静校正技术：在应用基准面静校正之后，对初至时间进行拟合，通过对各共炮点或共检波点道集的综合分析，多炮统计求出静校正高频分量（相对时差）。其技术特点是：不依赖反射波信噪比，对剩余静校正量值的大小无限制。根据这些特点，三维初至波剩余静校正方法是解决山前复杂构造带低信噪比区剩余静校正问题的很好方法。

超级道剩余静校正技术：常规地表一致性反射波剩余静校正采用单个地震道和模型道互相关的方式获取单道的时差。该方法的优点是效果比较稳健；缺点是在低信噪比地区很难见到效果。而超级道剩余静校正则有不同，它对模型道进行了一定的处理。在给定的拾取时窗内，假定地震数据的子波稳定而不时变，对于拾取时窗内的若干强轴，取其主波峰为中心的子时窗进行叠加，形成模型道，为了与常规的模型道区分，称之为超级道。该方法降低了反射波剩余静校正对信噪比的依赖度，比较适合山地低信噪比区的剩余静校正处理（图 7.1.27）。

7.1.2.2.2 叠前多域迭代去噪处理技术

山前复杂构造区地表起伏变化快、结构变化复杂、表层介质非均质性强等固有特点，使得这些地区的地震原始记录散射波十分发育，而且它们常常在时间、空间和频率上与体波数据叠置在一起，影响范围宽泛，更重要的是散射波能量较强。所以压制散射波干扰对提高复杂山地区地震资料信噪比具有重大意义（图 7.1.28）。此外为了提高偏前道集质量，减弱偏移划弧，一些外源干扰、异常振幅等噪声也必须进行压制。

— 251 —

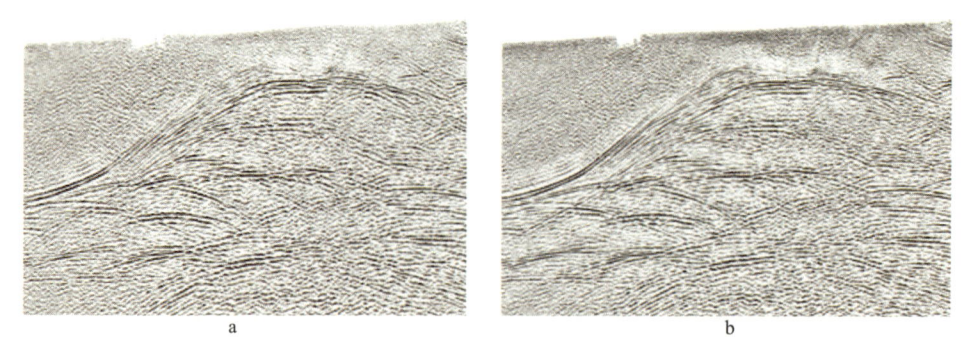

图7.1.27　应用超级道剩余静校正前（a）、后（b）叠加剖面

由于大多数散射波本质上是面波沿地面传播中遇到突变点产生的一种波，且从线性散射波和双曲型散射波两翼趋势线与面波平行看，可以将面波速度视为散射波的速度。所以目前对散射波的压制主要还是将其当作线性噪声进行压制。

以往多采用二维方法对线性噪声进行压制，但随着计算能力的不断提高，近几年重点发展了基于正演模拟和多维去噪的方法，能最大限度保护低信噪比区的有效信号，逐渐成为噪声压制方法的主力。这些方法包括面波正演噪声压制、十字子集线性噪声压制、高维降秩去噪等技术。这些方法在前文已有相关说明，在此不再赘述。

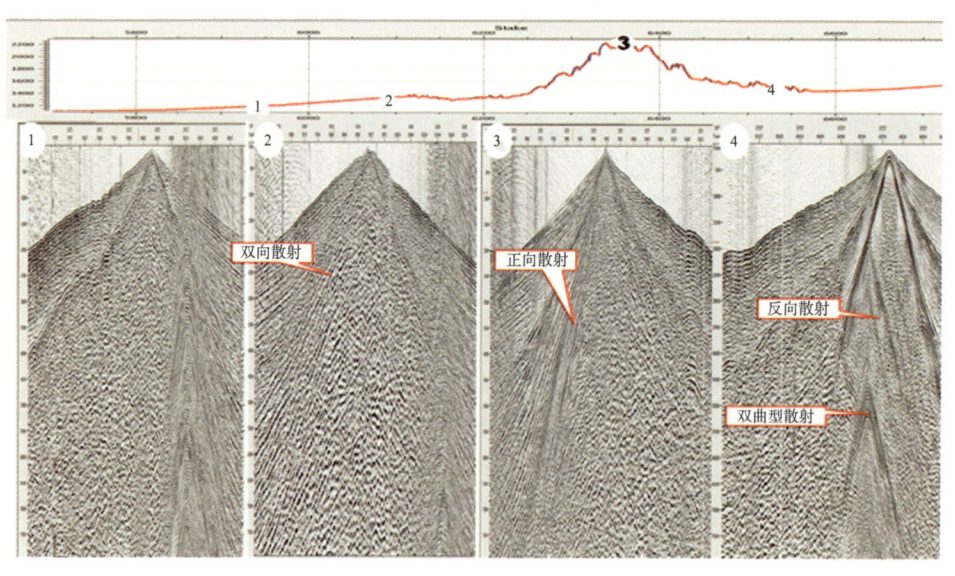

图7.1.28　山地区散射干扰示意图

复杂山地地震资料信噪比相对较低，因此在噪声压制上除了使用正演压制和多维去噪等方法外，更强调分步、分域、分频、迭代压制噪声以突出有效波，保护有效信号；更强调多维去噪与振幅补偿迭代处理，强调多维去噪与剩余静校正迭代处理。如图7.1.29所示，使用新的噪声压制处理流程后，单炮上的噪声压制效果更好，有效信号更加突出，空间能量更加均衡。使用该道集进行叠前深度偏移，有效信号能量突出，空间能量更加均衡，偏移画弧背景噪声弱，偏移成像效果进一步得到改善，如图7.1.30所示。

图7.1.29 以往二维去噪方法流程（a）和新去噪处理流程（b）所得单炮

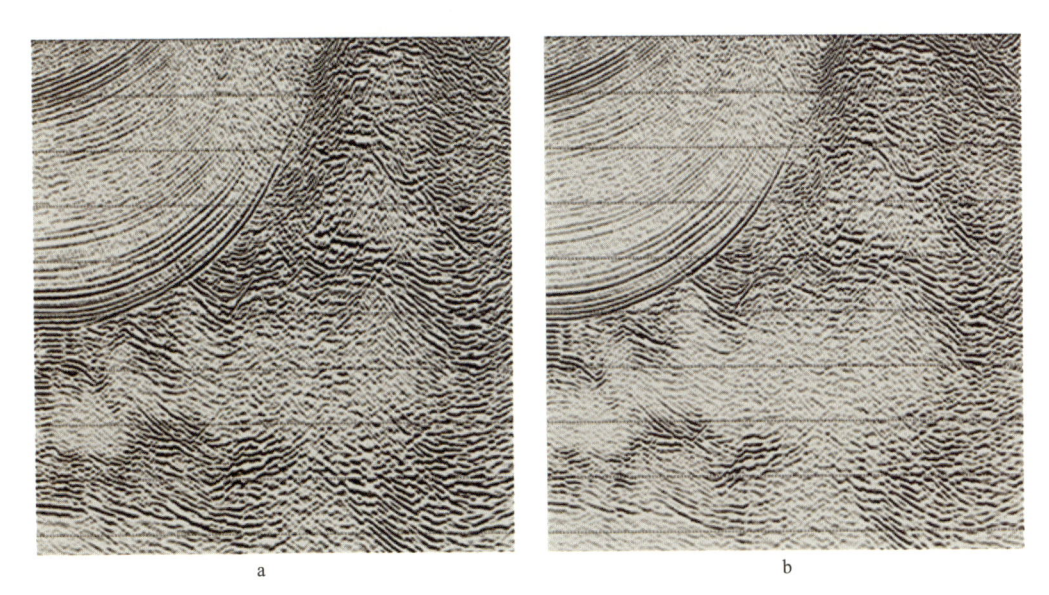

图7.1.30 使用不同去噪处理流程所得道集进行叠前深度偏移结果

a—以往二维去噪流程处理的单炮偏移结果；b—新去噪处理流程的单炮偏移结果

7.1.2.2.3 数据规则化处理

地表条件的多变往往存在炮、检点不规则情况，这种不规则会导致面元属性不均匀，进一步会影响偏移成像，造成偏移画弧等问题。针对这种问题，数据规则化，特别是近年来逐步应用的五维数据规则化技术，是一种比较好的解决方案。一方面，这种方法保真度较高，而且适用于各种观测系统；另一方面，可以利用其内部的五维数据重构技术，压制部分随机干扰噪声，有效提高山地地震资料的信噪比。如图7.1.31和图7.1.32所示，应用五维数据规则化后，炮检点分布均匀，而且通过随机噪声的压制，地震资料信噪比亦有所提高，有利于进行后续的叠前深度偏移处理。

a　　　　　　　　　　　　　　　b

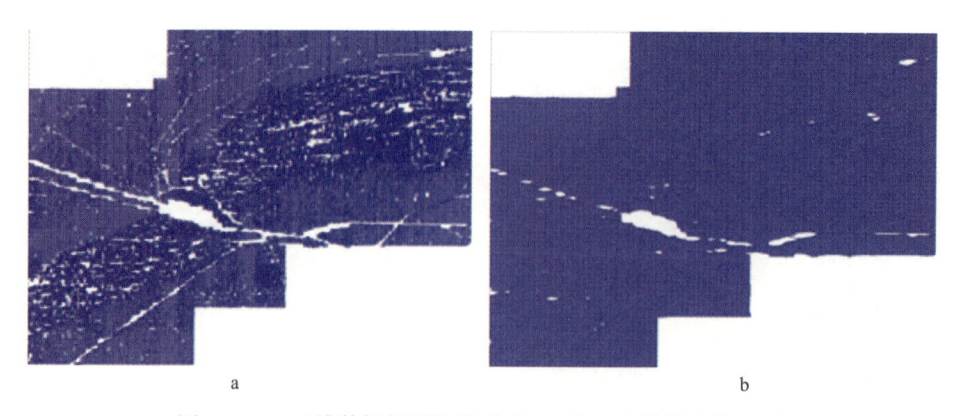

图7.1.31　五维数据规则化前（a）、后（b）检波点位置图

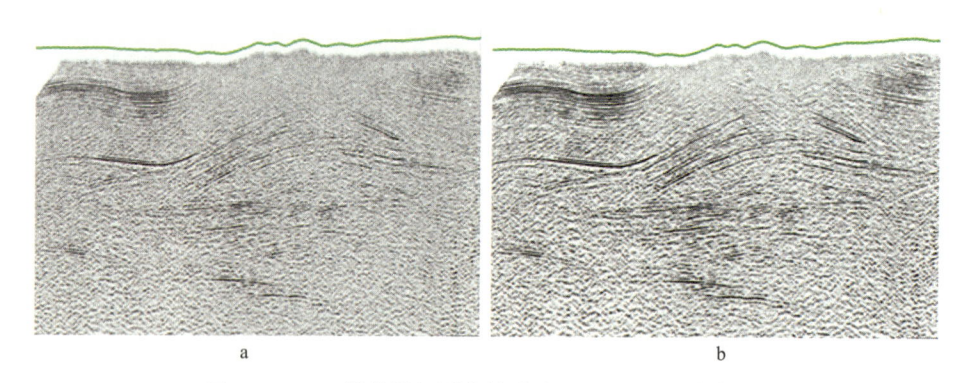

a　　　　　　　　　　　　　　　b

图7.1.32　五维数据规则化前（a）、后（b）叠加剖面

7.1.2.3　速度建模及叠前深度偏移

常规的速度建模方法主要是利用地震数据的信息进行速度模型的迭代反演优化，其手段相对单一，最终结果在构造平缓简单、地震资料信噪比高的区域效果较好。对于库车如此复杂的地表及地下构造，其显然是无法满足该区速度建模要求的。为此，提出多信息综合速度建模方法。充分利用钻井、地质、地震反演、非地震勘探、岩石学等多种信息，并结合地震信息（网格层析成像）对地下地质情况做最大程度上的逼近。它可以有效减弱山地地震资料信噪比低的影响，建立一个符合地质规律、精度相对较高的深度偏移速度模型。

7.1.2.3.1　基本思路

如前所述，不同于叠前时间偏移速度模型，叠前深度偏移速度模型存在累积误差效应，即从浅至深，误差会逐渐累积，而且越浅层的速度误差，影响越大。因此，叠前深度偏移速度建模过程中特别注重浅层速度模型的精度，复杂山地尤其如此。图7.1.33是库车山地典型叠前深度偏移剖面。根据它的剖面特征结合区域地质规律，在速度建模时按照由表及里、由浅到深，大致可以按地质地层结构把速度划分为3~4部分分段建模，尽可能提高速度模型精度。

第1部分从地表开始到第四系砾岩底界，或高速顶，厚度约300~500m（蓝色线以上）。这部分包括低速层、低降速层、第四系高速砾岩，其速度结构可以参考露头剖面，通过微测井约束层析反演表层建模和近地表调查得到相对准确的速度模型。

第2部分从第四系砾岩底界或高速顶面开始,到盐顶(蓝色线以下,水绿色虚线以上),厚度差异大,从几百到几千米不等。这部分地层的地震地质特点非常显著。一方面,这部分地层的速度变化大,但分布规律相对明确。其主要由快速沉积的第三系地层构成,速度随深度变化明显;但在北部山前或斜坡区,由于不同期次冲积扇的存在,古近系—新近系高速砾岩沿老山边或大断裂不规则分布(砾岩速度在 4500~6100m/s,最大厚度 4000 多米),与围岩速度差异较大。因此,古近系—新近系高速砾岩的准确刻画十分重要,正像前面介绍采集设计时所说,为了解决这一技术问题,充分发挥地震非地震一体化综合同步勘探的优势,综合重磁电勘探资料有效描述砾岩体的发育位置、规模及空间分布,用于偏移速度初始模型建立。另一方面,这部分地层埋藏深度适中,是整个三维地震勘探观测系统覆盖和照明最有效的部分,也是整体地震资料信噪比最高,最有利于应用地震信息反演速度的层段。因此,在前面应用地震非地震进行符合地质规律的准确初始模型基础上,很容易利用全局优化的三维网格层析技术对速度进行优化求解的部分。

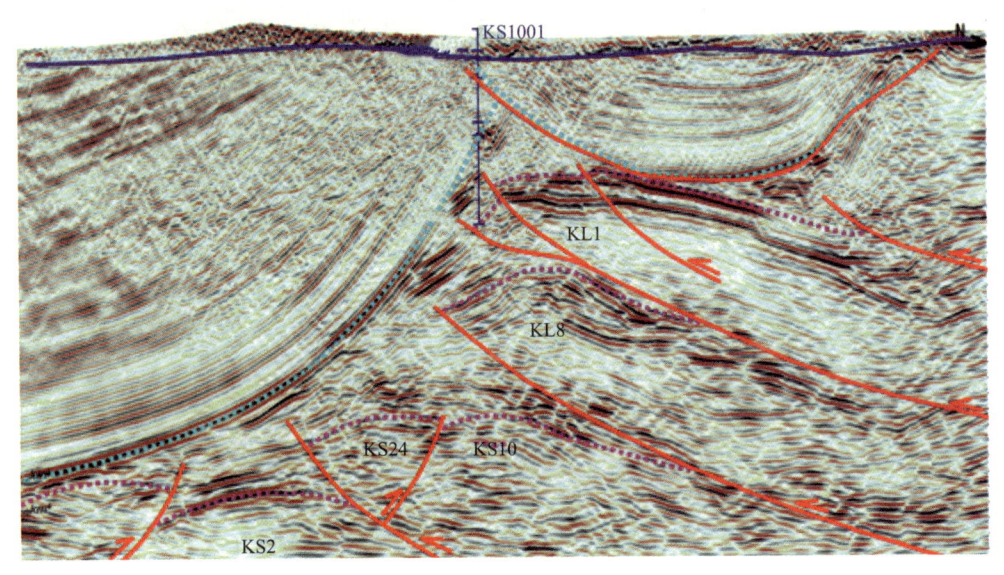

图7.1.33 库车山地典型叠前深度偏移剖面

第3部分为塑性膏盐岩地层,内部含泥岩、白云岩薄层(水绿色虚线以下,粉色虚线之上)。膏盐厚度从几十到几千米不等,速度在 4200m/s 左右。这部分需要综合地质、测井、VSP 等资料,在此基础上进行网格层析速度优化求解建模。也可以和之下(粉线之下)第4部分一起,在构造格架建模的基础上,综合地质、钻井得到的速度资料,建立符合地质结构与规律的初始,再应用网格层析进行优化迭代建模。尤其对于埋深接近和大于排列长度的深层,一方面速度反演精度低,另一方面速度对成像质量的影响也降低。所以,地质建模与初始模型的建立非常重要。

7.1.2.3.2 微测井约束表层速度建模

复杂的近地表结构一直制约着库车山前地震资料叠前深度偏移处理技术的发展应用。近两年来,微测井约束初至层析反演方法的应用有效地提高了深度偏移浅层速度模型的精度。如图 7.1.34 所示,a 图为库车 KS—DB 地区地表高程影像,可见北高南低的总体格局、东西走向山体、南北向冲沟及与冲沟对应的山前冲积扇。粉色标示的两大扇体，物源来自北部天山老山，冲积扇体为高速砾岩体。而就进物源沉积（用暗色标示）的两个小扇体；b 图两条剖面，为 a 图中黄色箭头对应位置的东西南北向层析反演速度剖面。对比 a，b 图可见，微测井约束层析反演得到的表层速度模型较好地揭示了该区冲积扇的速度变化规律与结构。尤其从 b 图东西向层析反演速度剖面可见，尽管所在位置已远离北部山体，地表起伏总体变化不大（除局部冲沟外），但受两大来自老山物源的高速砾岩冲积扇影响，横向速速变化极为复杂，这正是山前复杂构造区速度建模与成像的困难之一。

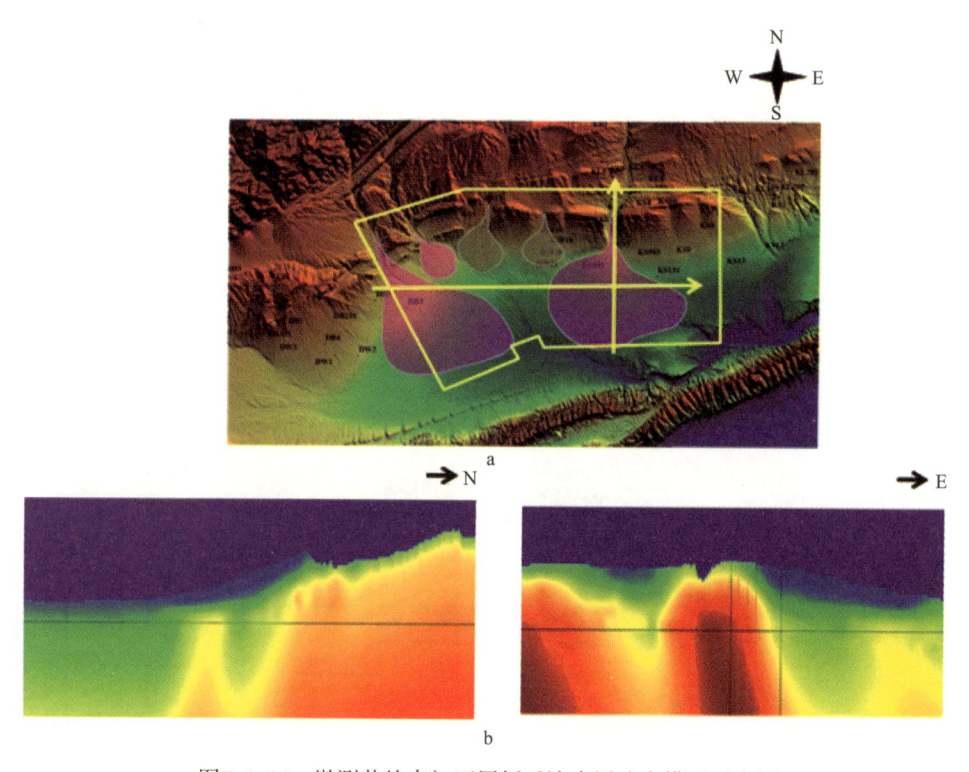

图 7.1.34　微测井约束初至层析反演表层速度模型示意图

a—库车KS-DB地表高程影像；b—对应位置的东西、南北向层析反演速度剖面

利用微测井约束初至层析反演，解决了走时层析反演的等效模型，使速度模型更接近地下真实速度结构。由此可建立较高精度的浅表层速度模型，有利于下伏地层速度的正确反演和整体偏移速度模型精度的提高，有效地改善了偏移成像效果。如图 7.1.35 所示，图中为库车某三维工区深度偏移重新处理前后对比实例。早期，浅表层速度建模没有用微测井约束层析反演，速度精度较低，导致浅层速度误差累计影响到深层速度的反演和目的层成像质量。如图 7.1.35a 所示，在垂向刻度 1000～3000m 之间的同一套地层，在横向构造与沉积变化不大条件下，其速度变化达 1000m/s 以上，显然与该区的地质认识是不符。其对应的偏移结果，如图 7.1.35c 中红色箭头所示处产生的偏移划弧异常成像显然也不对，从图 7.1.35a，b 所示的地形线及图 7.1.35b 所示的浅表层速度变化看，显然是浅表层速度不合理导致的偏移划弧。在应用高精度浅表层速度建模后，同一套地层的速度变化较小，符合区域速度变化规律，深度偏移剖面结果成像正常，如图 7.1.35b，d 所示。

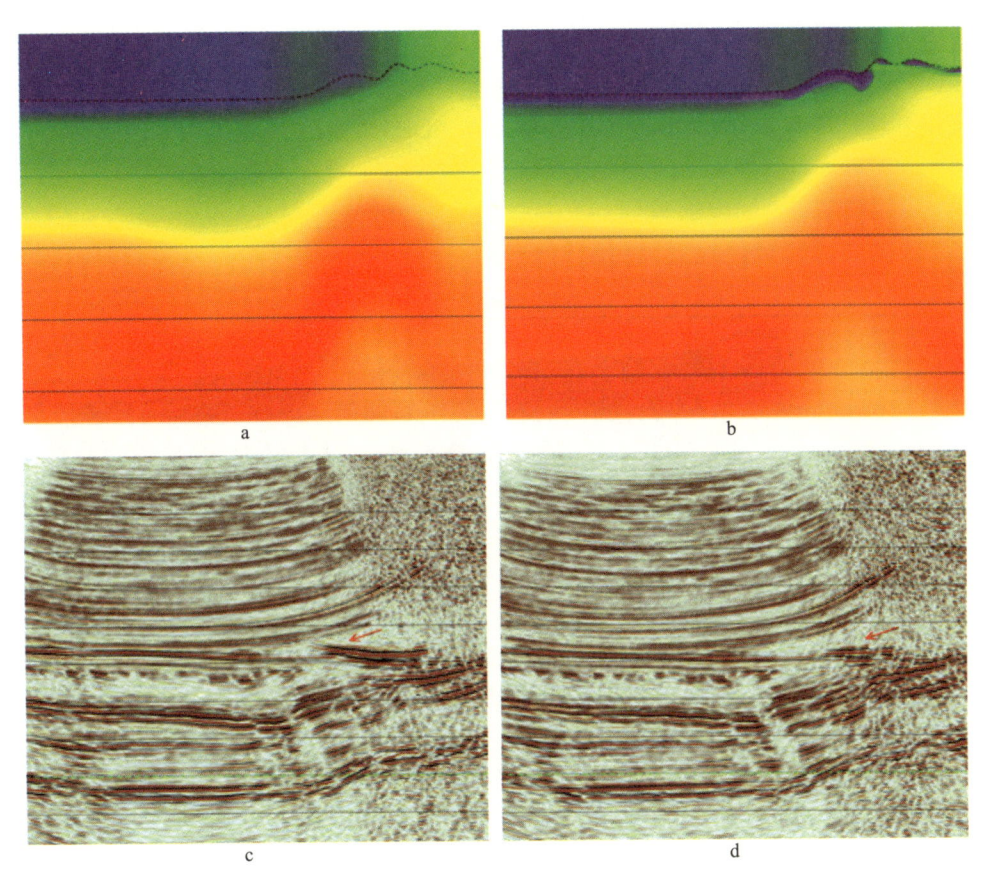

图7.1.35 高精度浅表层速度建模方案前(a,c)、后(b,d)速度及深度偏移结果对比

7.1.2.3.3 地震—非地震联合反演砾岩速度异常体

库车地区浅层高速砾岩发育,速度纵横向变化规律非常复杂,导致盐下构造研究存在速度陷阱。如图 7.1.34 所示,微测井约束层析反演剖面上可以观测到浅表层的砾岩高速异常体,但当砾岩体埋藏较深时,层析反演的精度就会受到限制,高速砾岩异常体的发育分布必须通过如非地震的电磁资料来刻画。如库车坳陷早期的 BZ1 井即是由于浅层钻井揭示砾岩厚度大于 4000m,导致设计目的层迟迟未钻遇,提前完钻。后经过几年的研究,再次上钻加深才取得突破。因此,搞清高速砾岩空间分布特征及速度变化规律,对于进行精细速度分析及建场有着重大意义。常规的速度建模方法主要是利用地震数据的信息进行速度模型的优化迭代,其手段单一,其最终结果很大程度上取决于地震资料的信噪比与地质规律认识的判断。非地震资料研究表明:电阻率资料能够反映高速砾岩的赋存特征,但是受非地震资料本身精度低的限制,单纯利用非地震资料也难以精细研究砾岩的空间分布特征及速度变化规律。因此,地震—非地震联合应用是解决库车地区高速砾岩带来的速度问题的有效手段。

传统的基于井控制的稀疏脉冲测井约束反演方法受井控及井的分布限制比较严重,空间规律受井的影响很大,反演的异常体平面属性图上(砾岩分布)存在围绕控制井点画圈的现象,不能合理反映高速砾岩的分布规律。由于高速砾岩体特殊的沉积成岩过程,非地震的电阻率资料能较好反映的高速砾岩的空间分布规律特征,与实际砾岩层的空间分布特征较为吻合。因此,通过基于沉积相控制的地震—非地震联合反演,反演得到的速度规律与钻井揭示的地层速度规律较为吻合，反演剖面能够反映高速砾岩的沉积具有多期性特征。如图 7.1.36 所示，DB 地区连井速度剖面与测井得到的速度规律吻合较好，反映了深浅两套高速砾岩的分布规律和速度变化规律。DB6、DB5、DB301、DB3 等井在浅层第四系钻遇了高速砾岩，对浅层各井的速度反映较好，同时反映了砾岩分布的多期叠置规律，速度下大上小，反映了砾岩粒度从下往上变细的规律。

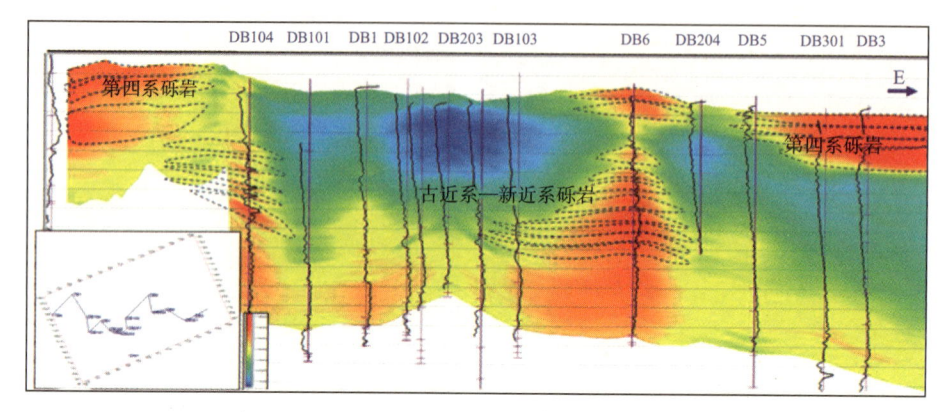

图7.1.36　DB地区地震非地震联合反演连井速度剖面

地震—非地震联合反演资料可以有效地落实高速砾岩的速度变化规律及分布形态，对库车地区砾岩速度异常体建模这一关键问题的解决有着重要的意义，已经成为叠前深度偏移速度建场中极为关键的一环，对叠前深度偏移成像有着极其重要的作用。库车地区砾岩分布极为广泛，尤其是在克拉苏区带的 BZ—DB 地区。另外 KS5 地区也广泛发育砾岩，其速度特点与 BZ—DB 地区除存在共性外，还存在一定的差异性，使得整个库车地区砾岩速度不能一概而论，速度有高有低，决定于物源区母岩的性质。图 7.1.37 与图 7.1.34 所示位置表达内容相同，表征了从 DB—KS5 地区的砾岩发育规律。从图 7.1.37a，b 对比可以明显看出，地面地形可明显看出发育 5 个砾岩冲击扇体，但速度规律有着明显的差异，3 个粉色的为主河道控制的远源扇体，粒度较粗，速度较高。剩余两套扇体为新近系地层变形风化的近源堆积，成岩作用弱，粒度相对较细，速度较低。通过地震—非地震联合反演速度体的平面切片几个扇体的不同性质，将此反演成果应用到叠前深度偏移速度建场的初始模型中，可以有效揭示宏观速度规律，加快迭代收敛效率和提高速度建场精度。

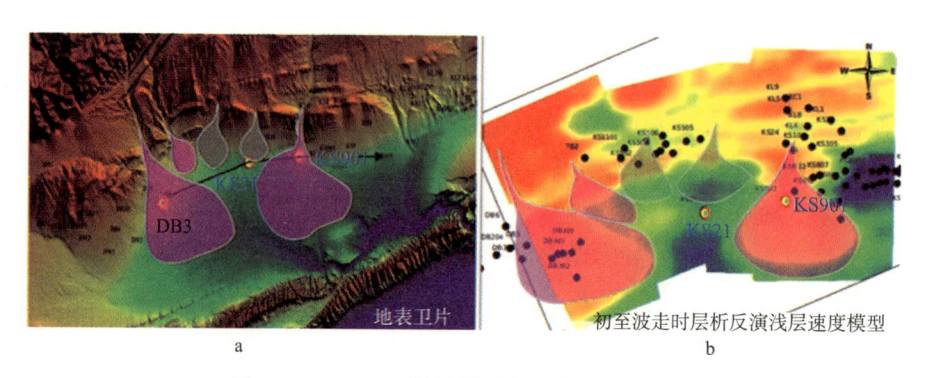

图7.1.37　KS5区域浅层砾岩卫片及速度规律

7 应用实例分析

通过应用地震—非地震联合反演资料前后地震成像效果对比可以看出（图 7.1.38），成像效果有了明显的改善，叠瓦状发育各个逆冲断块的接触关系更加明显，构造形态更加清晰，为构造的精细落实奠定了基础。

7.1.2.3.4 井震联合构造模型及初始速度模型的建立

正如前文所述，山前复杂构造地震叠前深度偏移初始速度建模需要做两大部分工作：一是建立符合区域地质结构认识和地层速度变化的三维构造层位格架模型，也可称为速度结构实体模型；二是在此基础上根据钻井揭示的地层速度，结合微测井约束反演的浅表层速度以及地震—非地震联合反演的速度，填充三维构造格架模型，形成符合区域速度变化规律的初始速度模型，以确保速度迭代的快速收敛和最终速度模型的合理。

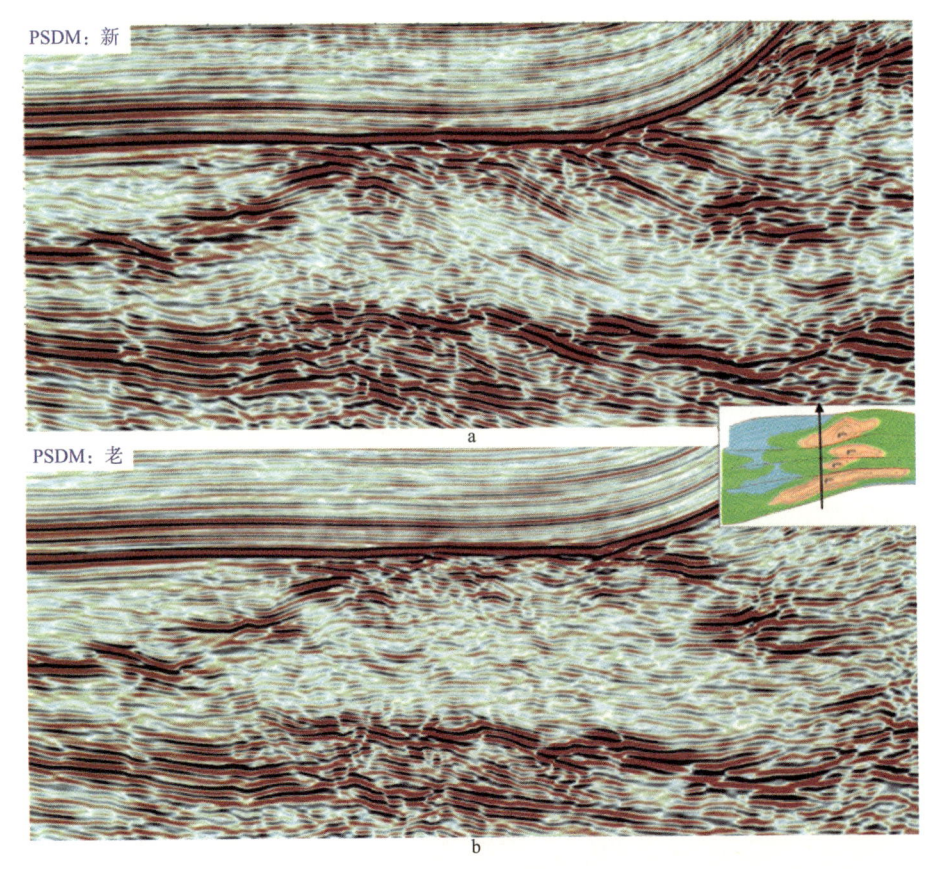

图 7.1.38　KS5 工区应用地震—非地震联合反演砾岩速度体前（a）后（b）剖面对比

速度结构实体模型建立的难点和特点在于：一是其所用构造层位模型，有别于地质构造建模与传统的构造层位解释；二是这一模型建立的目的在于控制大的速度变化规律，及对速度异常体的发育分布特点进行刻画描述，解释的层位不一定是标准的地质地层界面，而更重要的是要反映纵横向速度突变的界面；三是需要按速度变化进行层位、断层解释与追踪，仅仅是划分速度块体。在库车地区，速度结构建模的重点难点是构造运动比较剧烈的北部山体区和逆冲叠瓦构造发育的盐下。在这些部位刻画层位既要考虑地质构造特点与速度变化的特点，又要考虑后续速度迭代更新过程中的方面操作（图 7.1.39）。

— 259 —

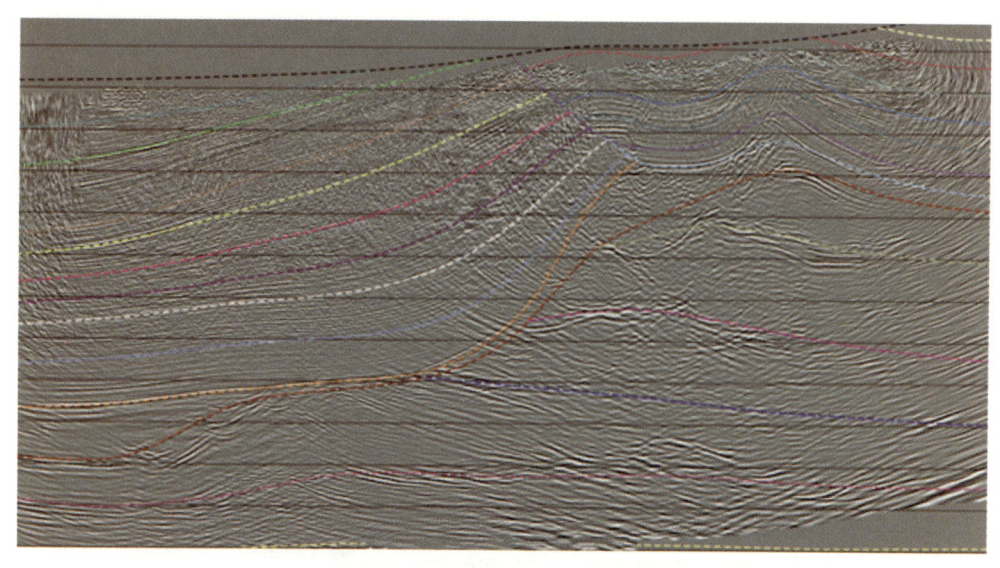

图7.1.39 库车地区典型层位构造建模示意图

在层位构造框架模型的基础上，可以应用表层反演速度、地震—非地震联合反演速度及钻井揭示的地层速度充填构造框架，建立初始速度模型。初始速度模型绝不能按传统方法直接应用均方根速度，通过DIX变换得到的层速度来建立。初始速度值的大小、横向变化规律最好充分考虑该区钻井、地质认识及其他物探资料，初始速度的变化规律必须符合区域速度变化规律。如图7.1.40所示，初始速度的趋势基本与井资料吻合。

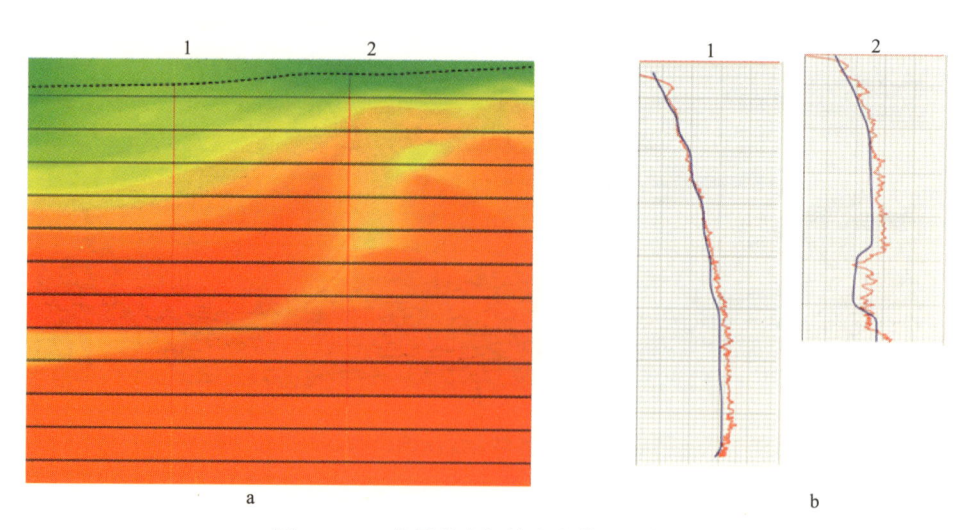

图7.1.40 井震联合初始速度模型示意图

a—建立的初始速度模型；b—1、2两口井的VSP速度（红色）与模型应用的各向同性速度（蓝色）

7.1.2.3.5 偏移起始基准面的建立

偏移起始基准面一般为地表的小半径平滑面，尽可能贴近地表，在复杂地表区尤其如此。如前文所述，偏移起始基准面的选取需要综合考虑静校正时移处理引起的旅行时畸变、深度偏移速度模型的求取精度、高频速度变化的描述三个方面问题。偏移起始面是否合适直接关系到深度偏移速度反演精度和最终成像质量。

偏移起始基准面确定后，还需要将所有地震道从其真实地表位置校正到小平滑后的基准面上，这个时移量一般要求较小，而且多为垂向时移。一旦将数据校正到基准面后，就可以按照正常迭代方案进行射线追踪和偏移了。但在速度横向剧烈变化的复杂山地区，不合适的平滑或较大的时移校正会导致偏移结果产生异常。如图 7.1.41 所示，a 图和 b 图的偏移起始面都是通过对地表平滑得到的，前者平滑半径为 2000m，如 c 图红色虚线所示。后者平滑半径为 500m，如 c 图黑色虚线所示，二者的偏移成像差异十分明显，前者红色箭头处为一假断裂，而且无法通过调整偏移速度模型消除，后者红色箭头处无偏移假象，符合区域地质认识。通过不断地探索、试验，库车复杂山地区偏移起始面定义如下：起伏地表平滑半径一般为炮、检线距的 2 倍，基本控制在 500m 以内。

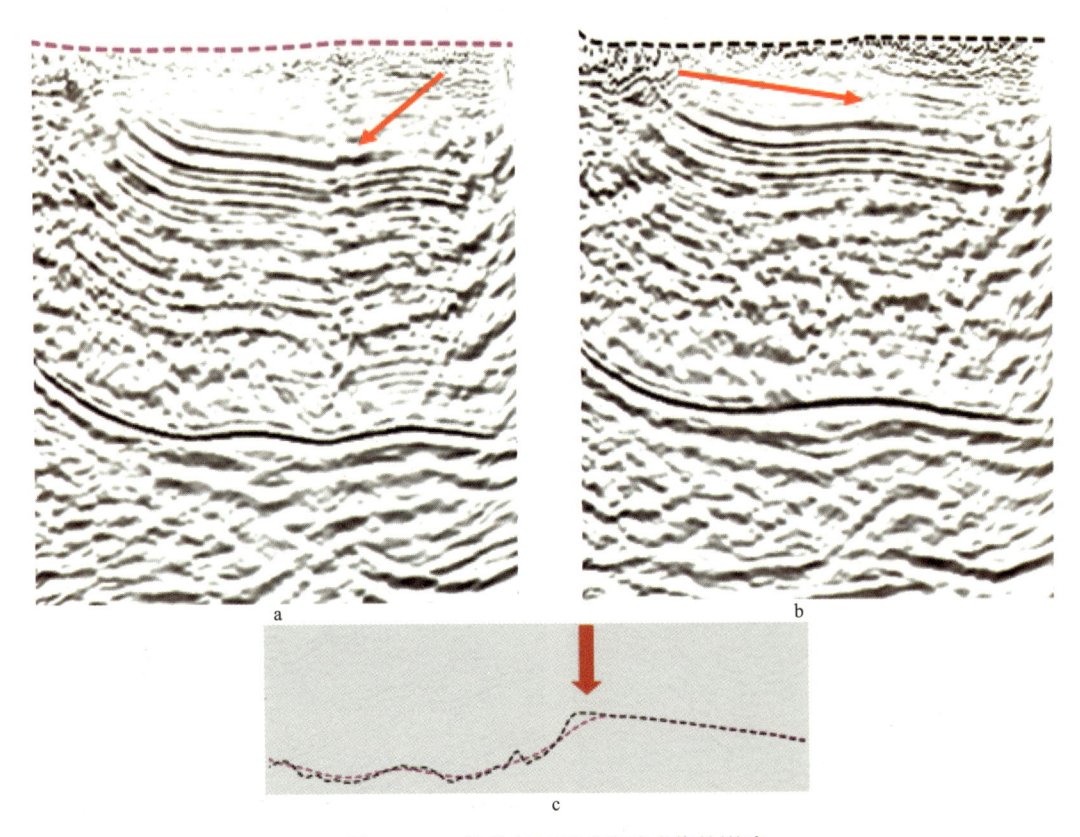

图7.1.41　偏移起始面对偏移成像的影响

7.1.2.3.6　速度模型的迭代更新

目前库车山地叠前深度偏移速度模型的迭代方法主要以构造约束的网格层析法为主。它能充分利用网格层析反演速度精度高的特点，同时通过控制构造约束网格层析速度更新量的方式，有效避免低信噪比区速度更新过大而出现异常问题。同时，要不断通过系列质控分析技术和图件，监控速度空间结构与变化趋势，成像质量变化趋势，以及倾角倾向、信噪比等，可以较好地实现复杂山地叠前深度偏移速度模型的优化迭代，建立精度较高的偏移速度模型，如图 7.1.42 和图 7.1.43 所示。

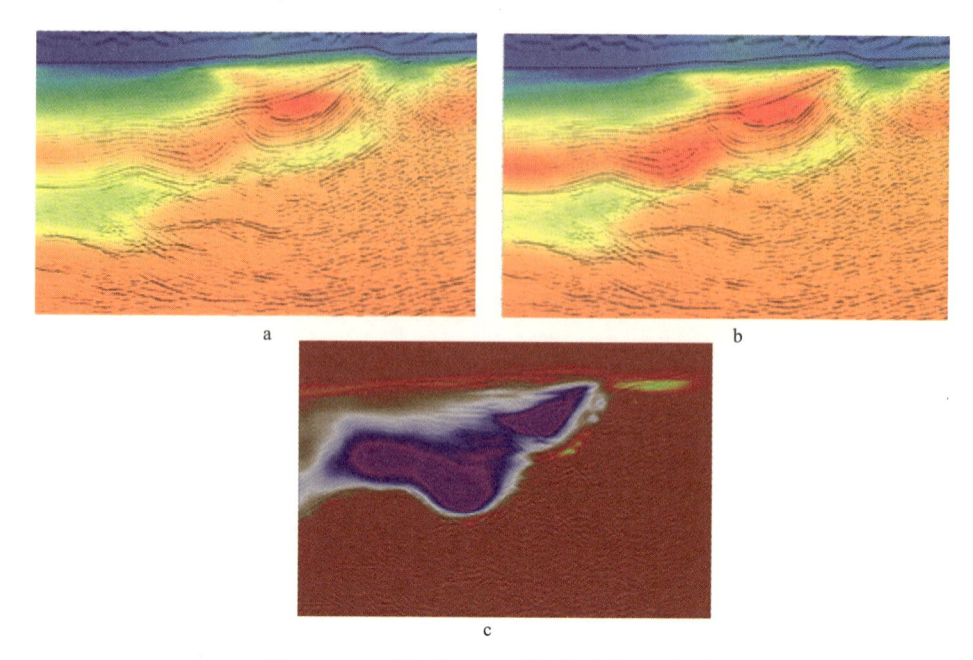

图7.1.42　库车某工区三维网格层析示意图

a，b—分别为网格层析前后速度模型与地震剖面叠合图；c—速度更新量与地震剖面叠合图，粉红色速度更新量为正值

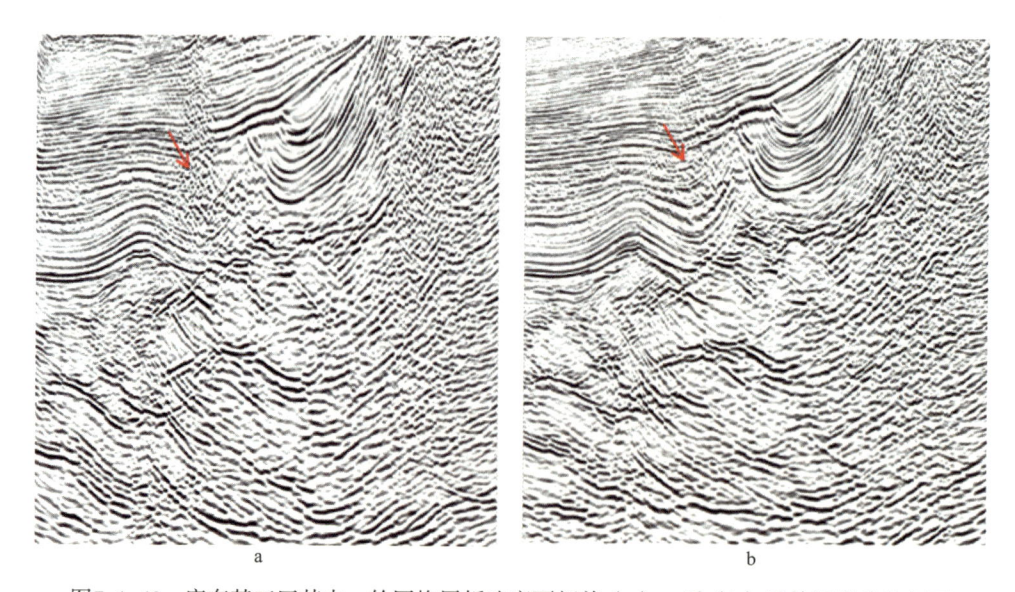

图7.1.43　库车某工区其中一轮网格层析速度更新前（a）、后（b）叠前深度偏移剖面

7.1.2.3.7　井控 TTI 各向异性参数建模

TTI 各向异性参数包括各向异性速度场、δ、ε、倾角和方位角5个参数场。其中，最重要的就是前面重点详细的介绍的速度建模，这里不再赘述。倾角和方位角一般从偏移剖面上直接拾取，具体理论方法见前面章节，这里主要介绍实际生产中 δ、ε 的求取。

这两个各向异性参数的求取一般分为初始和迭代两个阶段。在初始阶段一般取常数值，迭代阶段根据钻井和地震数据情况适当调整。图7.1.44为库车某工区盐顶层位与钻井深度求取的初始δ值平面图。如图 7.1.44 所示，钻井分布极不均匀，主要集中分布在 4 个区域，其中两个红色虚圈区域δ值的变化比较小，值域范围在 0.06～0.065，考虑到红框区域位于南部缓坡区，盐上构造平缓，资料信噪比高，统计结果比较可靠。其他两个区域位于北部山体区，构造极复杂，地层倾角大，成像位置不准确，各井点计算的δ值变化都比较大，统计结果可靠性相对较低。最终选择 0.06 常数作为该区δ的初始值，再通过之后的偏移迭代逐步优化。根据经验，初始ε一般设为δ的 1～1.5 倍。迭代过程各向异性参数的求取原则与初始阶段基本一致，但要考虑控制各向异性值的值域范围与区域变化规律的把握。只有通过井震一体、处理解释一体结合，不断优化迭代 5 个各向异性参数，最终才能使井震深度误差收敛到一个相对较小的区间，满足地质需求。如图 7.1.45 所示，在库车地区 KS 构造带如此复杂的条件下，对井深 6500～7000m 钻井目的层，TTI 各向异性叠前深度偏移处理后，井震误差能控制在正负 20m 之内，实属不易。

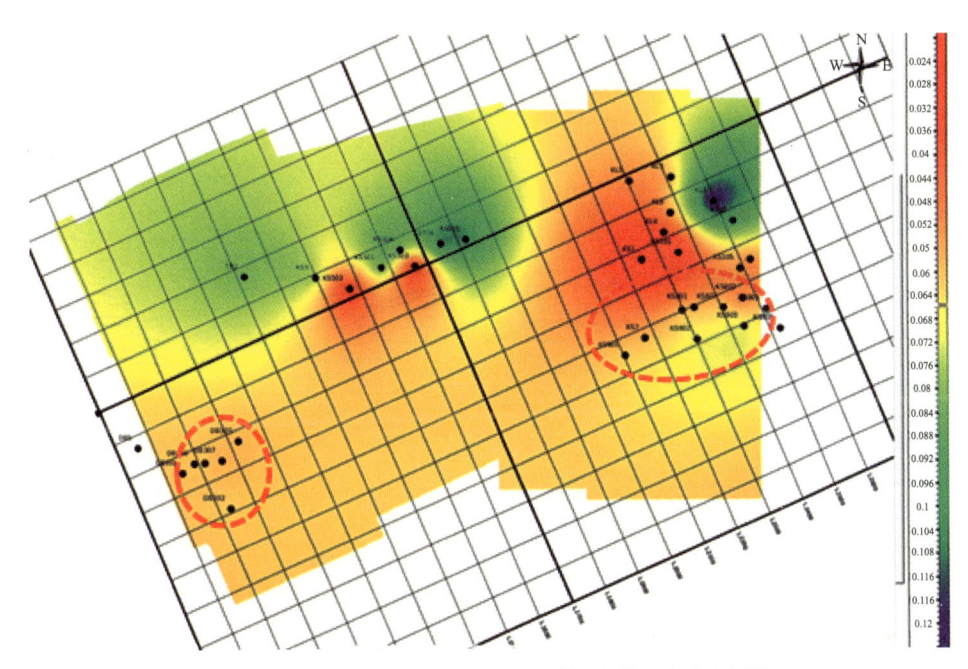

图7.1.44　库车某工区盐顶各向异性参数δ平面示意图

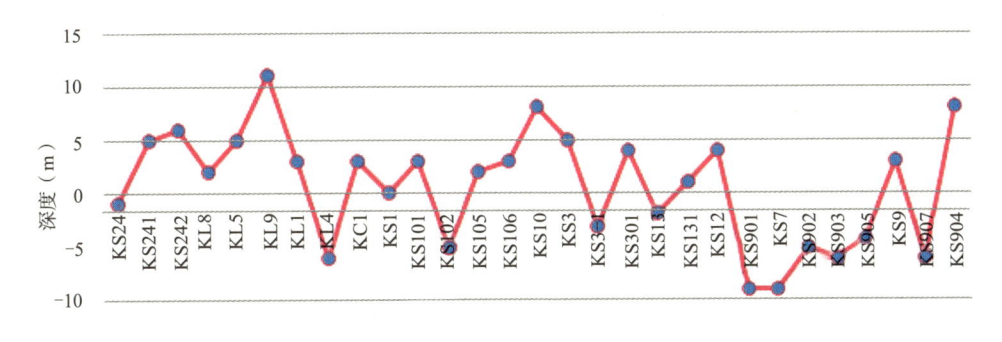

图7.1.45　库车某工区深度偏移盐顶井震误差示意图

— 263 —

7.1.2.3.8 不同偏移方法对比优选

正像前面理论分析所阐述的目前成熟的工业化叠前深度偏移方法中,逆时偏移的成像精度最高,Kirchhoff 积分法的成像精度最低。但是,在库车山地实际生产中,二者的差异并不明显。如图 7.1.46 所示,逆时偏移只在红色箭头处较 Kirchhoff 积分法偏移结果稍有改善,相较逆时偏移 4~6 倍于 Kirchhoff 积分法的运算时间,这点优势几乎可以忽略。当然,产生这种矛盾的根本原因在于目前可以工业化应用于山前复杂构造速度模型的方面只有基于射线理论的走时层析反演方法,只能反演速度的低频变化,它的精度有限(一个波长),更适应于 Kirchhoff 积分法偏移。低频速度模型不能满足高精度的逆时偏移算法,其优势无法得到发挥。从目前大多数的生产实例看,逆时偏移的偏移效果略好于 Kirchhoff 积分法。

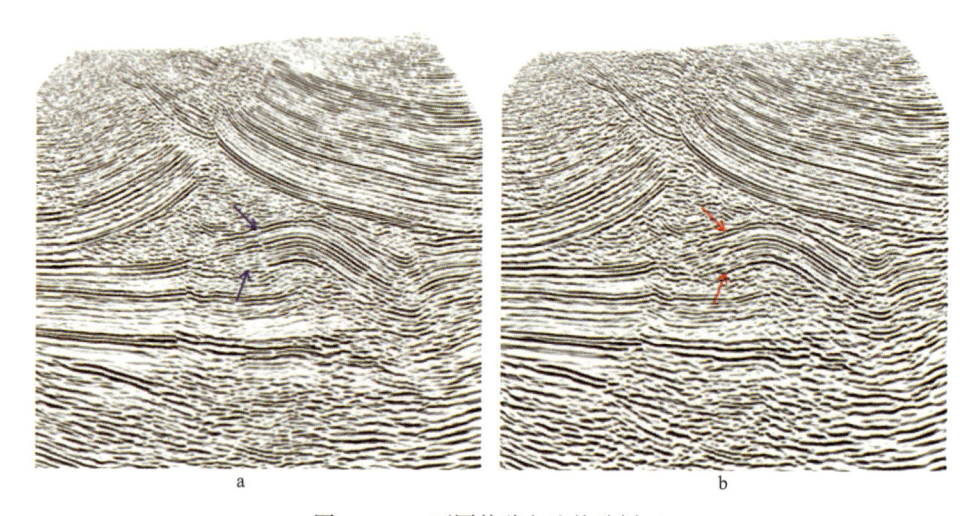

图7.1.46 不同偏移方法偏移剖面

a—Kirchhoff积分法;b—逆时偏移

7.1.3 主要应用成效

库车前陆盆地极其优越的石油地质条件与极其复杂的盆山结构与构造变形特征,使得其近 40 年的油气勘探一直受世界瞩目。尤其从克拉、迪那气田发现,"西气东输"工程实施,到目前 3000×10^4t(油气当量)大油气建设完成,库车地区每项重大勘探成果的取得、每项地质认识的突破,都与地震技术的每项进步息息相关。从地震技术发展的角度,可以说 40 年的勘探开发史,就是一部地震技术持续攻关与不断进步的技术发展史。经历了常规直测线二维地震推动克拉与迪那气田发现,宽线大组合攻关突破推动 KS 区带勘探突破,从常规三维地震支撑气藏高效建产,到较宽方位高密度三维地震支撑盆地勘探开发全面突破,当然伴随着地震成像核心技术从叠后时间偏移、叠前时间偏移,各向同性叠前深度偏移发展到 TTI 各向异性叠前深度偏移成像,地震成像实现了"从无到有,从杂乱到清晰"的质变飞跃。构造钻探从"圈闭带轱辘,高点带弹簧",到"圈闭百发百中,高点八九不离",油气实现持续重大突破,大油气田梦想初步实现。

以 KS 构造带早期常规二维域资料为例（图 7.1.12），信噪比极低，除盐上浅层及盐下浅部最简单的构造有模糊的成像外，由于处于盐上、盐下地层的双重复杂变形，深部构造基本没有成像。直到 2005 年以后，随着宽线＋大组合勘探技术的应用，除浅层相对简单的构造外，深部构造也得到了成像，使得 KS 构造的轮廓可以得到体现，能够勾勒出构造的大体形态，从而奠定了 KS2 气藏突破的基础。随着勘探开发的逐步深入，2010 年 KS 三维及其叠前深度偏移资料成像品质较二维资料有了质的提升（图 7.1.47）。无论断块的形态，断块间的接触关系及断层特征较二维资料实现了由无到有，由模糊到清晰的根本性变化，从而为 KS 区带勘探的进一步突破及后续的评价开发奠定了基础，成为建成 KS 区带万亿气区最有利的支撑。

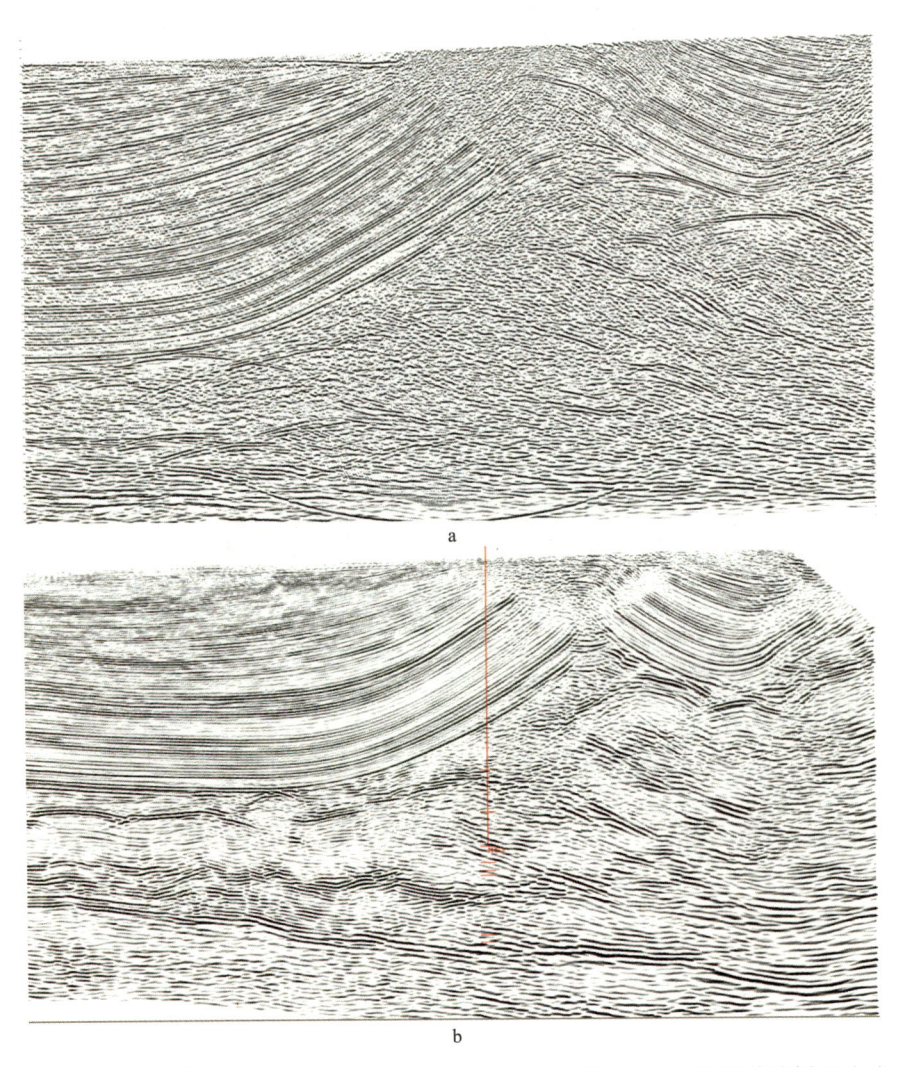

图7.1.47　过KS2井宽线大组合二维地震剖面（a）与2010年三维地震叠前深度偏移剖面（b）对比图

近几年，KS 区带已经逐渐由常规三维过渡到针对目标采集的较宽方位高密度三维勘探，目的就是通过这里提出的基于起伏地表圆滑面叠前深度偏移的三维地震目标勘探的技术思路和方法，进一步提高深层构造叠置带的成像，为深层气藏的开发服务。图 7.1.48 为 KS 地区常规三维叠前深度资料与宽方位高密度叠前深度偏移资料对比，可以看出目的层的成像质量、资料信噪比都有了极大的改善，尤其是在高陡复杂部位，其各个断裂的成像及断块之间的接触关系都得到了明显的体现，为KS区带后续的评价、开发奠定了基础。

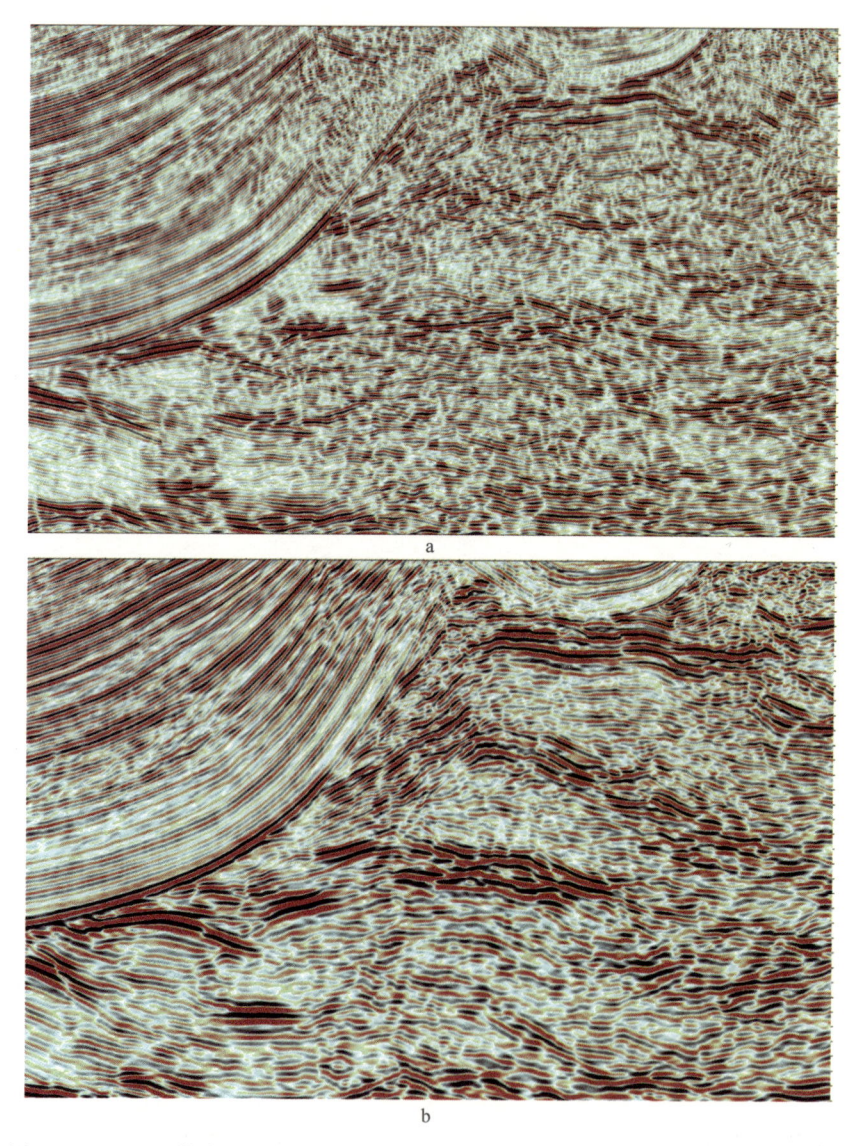

图7.1.48　KS区带常规三维（a）与高密度目标勘探三维（b）地震资料成像对比图

地震技术的进步推动库车地区克拉苏构造带继东段发现KL-KS万亿方大气区之后，在西段的BZ—DB区带又形成另一个万亿方大气区。图7.1.49是BZ地区的二、三维资料对比图。可以看出，尽管BZ地区二维地震资料（2006年）信噪比相对较高，深浅层反射都非常丰富，目的层绕射波发育。由于二维地震的局限性，目的层绕射波无法很好收敛、实现偏移归位，致使逆冲断块无法准确成像、内部小断块及断裂特征均无法体现。正如图7.1.49中竖线所示BZ1井位置，在a图的二维剖面上表现为较大"构造"（本质为几个绕射波），在b图的三维剖面上表现为规模不大的断块。整体对比实现两条剖面，可见BZ—DB地区构造极其破碎，断块发育，前期勘探迟迟无法展开。2013年宽方位高密度三维地震勘探及多轮次连片资料处理攻关后，资料品质得到了大幅度提升，各个小断块可以在资料中清晰地反映出来，断裂特征也更加清晰，从而为形成BZ—DB新的万亿方大气区奠定了基础。正是在此基础上，实现了BZ—DB地区构造的准确落实，勘探、评价实现了全面展开，一大批气藏相继突破。截至2020年，万亿方储量规模已经基本靠实，成为库车地区继KS以后的第2个重要储量接替区域。

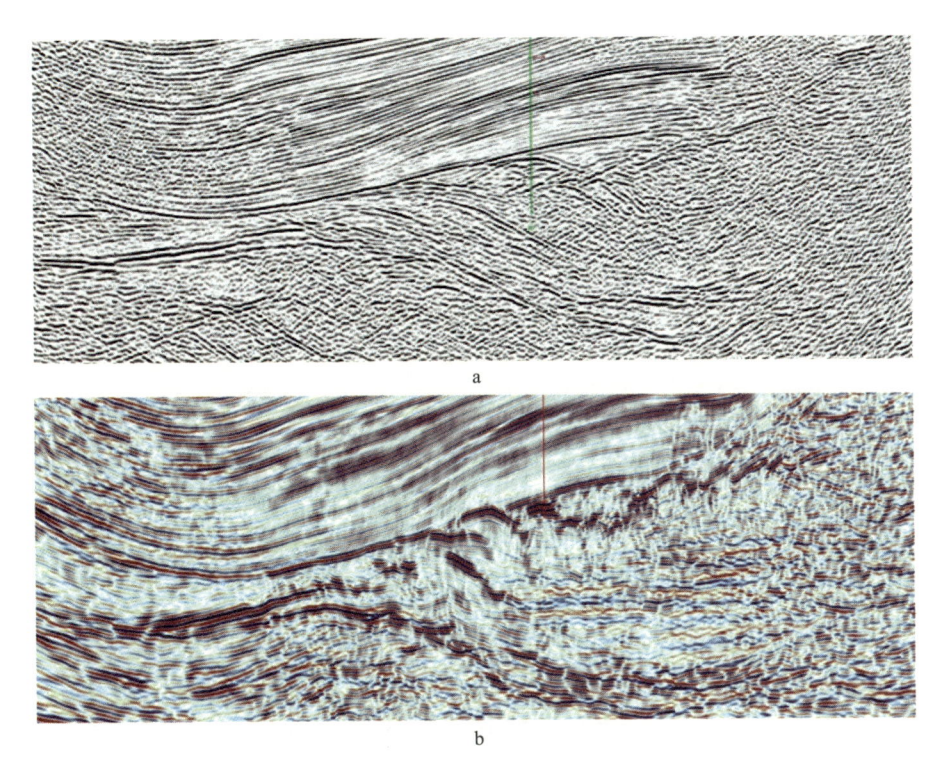

图7.1.49　BZ地区二维时间偏移（a）与三维叠前深度偏移（b）资料对比

秋里塔格构造带是库车地区又一重要区带，也是继克拉苏构造带后最为重要的接替区带，2018年底ZQ1井获得重大突破，同样是地震技术进步的重要体现。长期以来，秋里塔格构造带被看作是与克拉苏构造带同等重要地位、同样有利的勘探区带。但从最早的DQ5井开展深层钻探，到XQ2、JM1等一系列探井、风险探井的失利，足见地质家、勘探家对此区带的重视与期待。但最终都因地震资料不过关，导致圈闭不准或认识不清而钻探失利。如图7.1.50是ZQ1构造不同年度，应用不同地震资料的对比。可以看到，正是由于随着地震勘探技术的不断发展，ZQ构造带的地震资料，经历了构造成像从无到有，从模糊到清晰的过程，尤其是宽方位高密度三维叠前深度偏移资料，是最后构造落实的关键因素。这也是中国石油勘探历史上少有的，破例在没有进行钻井，实现油气突破条件下，先做三维地震采集与技术攻关，然后再上钻井实现油气勘探大突破的勘探战例。早期的常规二维时间域资料，信噪比极低，构造部位基本不成像。2007年左右应用宽线大组合资料，信噪比有了显著提升，但ZQ1号构造位置，由于盐上结构特征复杂，而且上覆两套膏盐岩，速度及结构特征变化大，使得资料品质尽管有了一定的提高，但依然难以识别与落实目标。而基于起伏地表叠前深度偏移目标勘探设计的较宽方位高密度三维采集与TTI叠前深度域偏移相关技术的应用，使得资料有了质的提升。由此，首次用地震资料揭示了古近系—新近系两套盐滑脱层的空间变化及其对勘探目标、不同目的层的控制作用，明确了对ZQ—DQ构造带的再认识，重新落实描述了ZQ1号构造，提供的ZQ1井于2018年12月12日完井测试获得高产油气流，实现了秋里塔格构造带历史性的勘探突破，进一步夯实了秋里塔格构造带的勘探潜力，成为库车地区最为重要的接替领域。

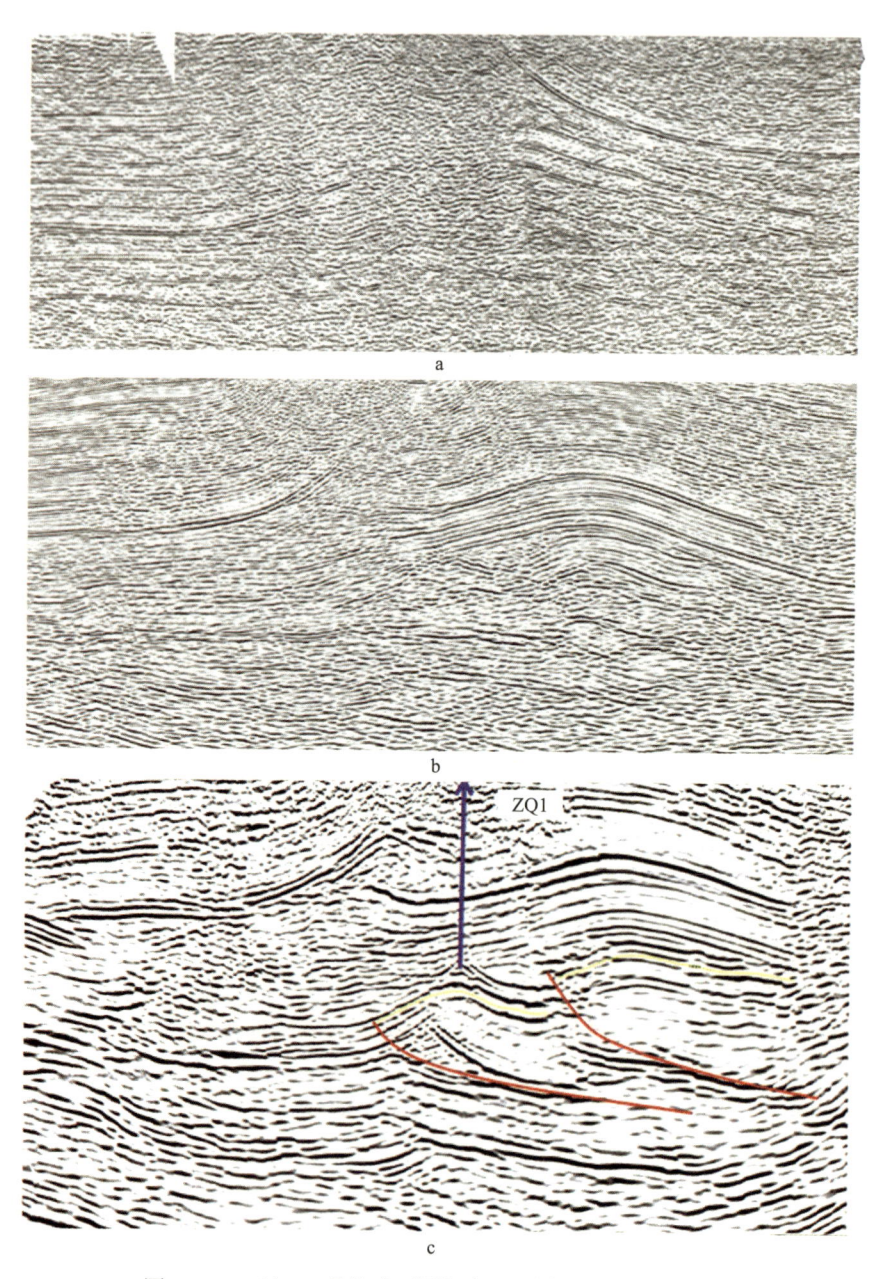

图7.1.50　过ZQ1号构造不同年度、不同地震资料对比图

a—过ZQ1号构造常规二维叠后时间域偏移剖面（2005年）；b—过ZQ1号构造2007年宽线大组合二维叠后时间域偏移剖面；
c—过ZQ1构造2018年采集三维叠前深度偏移剖面

得益于地震采集处理技术的不断进步,地震资料品质的不断提升,成像精度的不断提高,为库车地区构造的精细落实奠定了基础。历年探井误差率整体呈现逐年下降的趋势,由2004年、2005年库车地区钻井深度平均相对误差大于7%,逐渐下降到2019年的1.3%,探井误差率整体减少到原来的五分之一(图7.1.51)。而钻井深度一般在6500~7500m,最大深度已经超过8000m,这一技术水平绝对属于国际领先。在精度不断提升的同时,库车地区的勘探成功率也不断提升,2019年克拉苏构造带勘探成功率达82%,较三维叠前深度偏移应用前(2010年)的42%有了极大的提升,使得库车地区勘探持续不断突破。KS、BZ—DB两个万亿方气区相继发现和开发动用,中秋区带实现重大突破,展示出又一个万亿方大气区的规模勘探潜力。

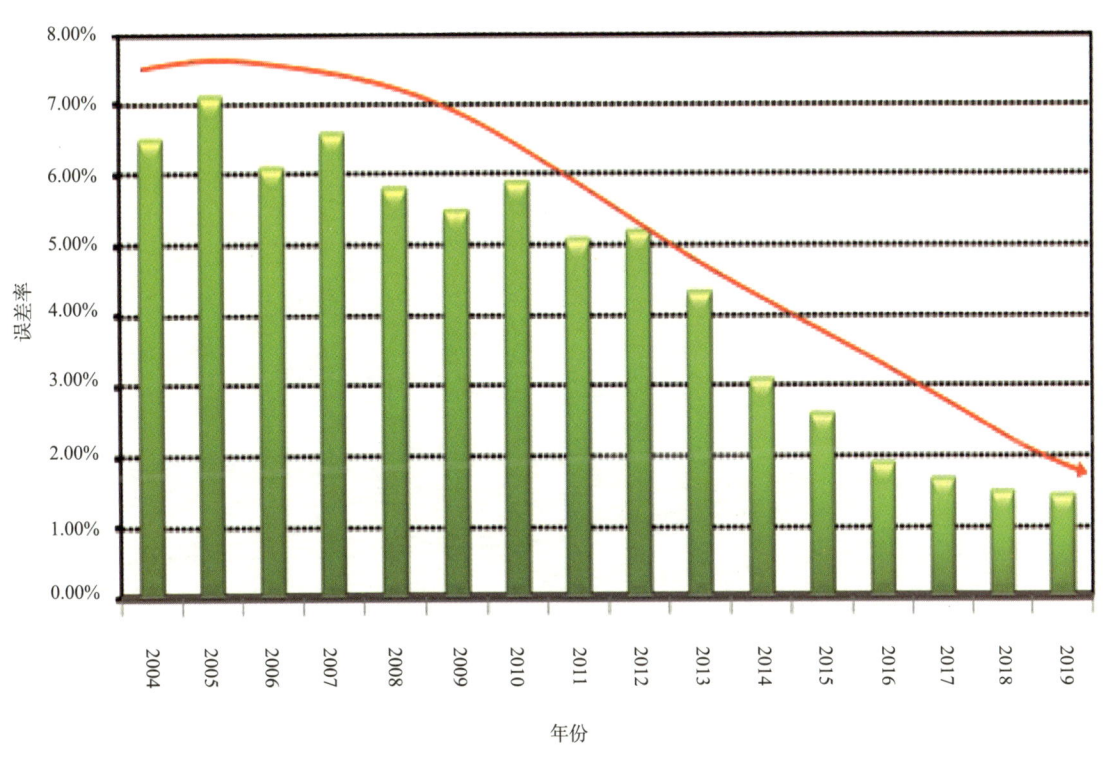

图7.1.51 克拉苏构造带历年探井误差率直方图

回首库车坳陷半个多世纪的勘探历程,地震勘探技术的进步是每一次重大发现的关键,伴随着地震勘探技术的不断发展,地震成像质量的不断提升。图7.1.52为目前塔里木盆地库车山前典型的地震成像剖面及其反映的构造变形特征。地质认识逐步清晰,在三叠—侏罗煤系与古近系膏盐岩两套滑脱层控制下,建立了双滑脱构造模式,形成的背斜断背斜构造成排成带规律发育,支撑了库车地区从克拉苏构造带到秋里塔格构造带的全面勘探突破,成为塔里木油田增储上产的核心区域,也为塔里木油田2020年建产3000×10^4t大油气田发挥了重要的技术保障作用。随着基于起伏地表TTI叠前深度偏移地震勘探技术的不断完善发展及全面推广应用,库车地区的勘探领域与前景必将会更加广阔,储量产量必将进一步持续攀升,支撑塔里木盆地建设大油气田的目标持续推进。

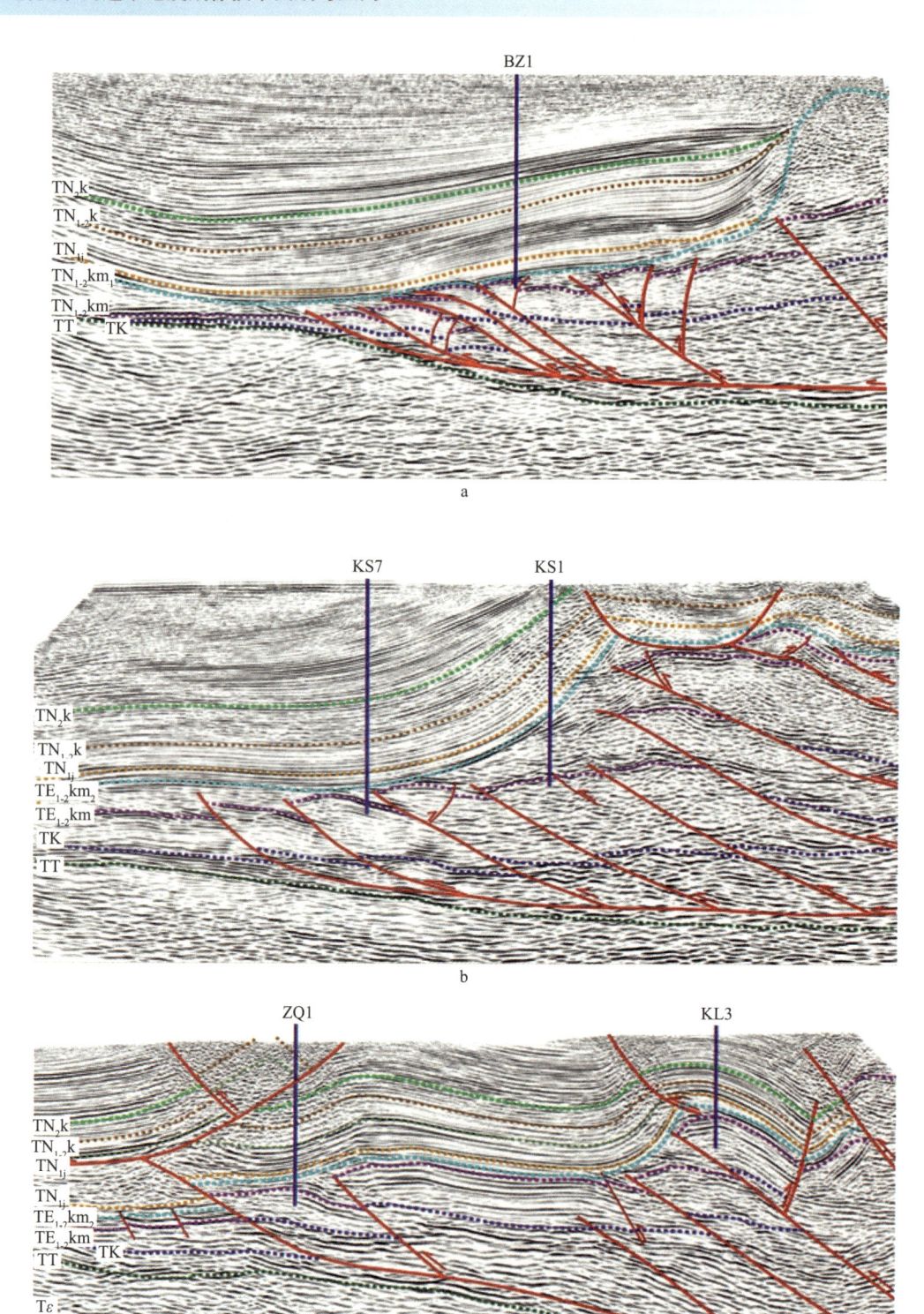

图7.1.52 库车山前典型的地震成像剖面及其反映的构造变形特征解释

a—BZ—DB地区TTI叠前深度偏移剖面；b—KS地区叠前深度偏移剖面；c—ZQ—KL3 TTI叠前深度偏移剖面

7.2 准噶尔盆地南缘应用实例

7.2.1 准噶尔盆地南缘勘探概况

准噶尔盆地南缘（简称准南）位于准噶尔盆地与天山造山带之间的结合部位，西起扎伊尔山、东到北三台凸起，南起依林黑比尔根山前和博格达山前，北至 SQ1 井—MS1 井—DD1 井一线（图 7.2.1），轮廓面积约 25000km²。地表地质条件复杂。地表南部主要为山体（依次出露基岩、石炭系、二叠系、三叠系、侏罗系、白垩系、古近系—新近系、第四系），向北过渡为山前冲积扇—戈壁砾石，碱地—农田黏土，横向变化剧烈。地势南高、北低，海拔高度由南部山体区 3000～5000m 向北部盆地农田区递减至 1000m，地形起伏巨大，其间冲沟、河流发育，表层结构变化剧烈。地下构造复杂，褶皱强烈，断层发育，地层分布及产状变化大。

准南油气勘探始于 20 世纪 30 年代，主要以地表调查为主，针对独山子地表背斜构造进行钻探，发现了独山子油田（N）。新中国成立后，在围绕油苗找构造的地质思想指导下，首先开展了石油地质普查、地质详查及大规模浅井钻探，基本弄清了准南缘的地表地层和构造特征，1958 年在南缘山前带齐古背斜发现了齐古油田（J）。20 世纪 80—90 年代，为落实准南构造发育特征，开始了大规模的二维地震勘探及重点区块大面元三维地震勘探，基本落实了准南地质结构关系。针对西湖背斜、安集海背斜、呼图壁背斜等较为简单的背斜进行钻探，发现了呼图壁气田（E）。2000—2009 年，为进一步落实准南主体构造中、浅层构造细节，持续开展二维及三维地震攻关，资料品质得到较大提升，主体构造形态基本得到落实。在此阶段针对各大构造的中上组合均进行了钻探，陆续发现了吐谷鲁、霍尔果斯、安集海油藏及玛河气田。但受技术能力与勘探思路、认识等条件的限制，准确落实圈闭的难度较大，突破井之后所钻探的评价井多未获得理想效果，勘探不能实现全面展开，这极大地制约了准南整体勘探进程。从另一个侧面也反映出中浅层石油地质条件存在的不足，构造活动太强，油气成藏（尤其保存条件）限制了油气藏的规模。要发现落实大型规模聚集的油气藏，需要调整勘探思路，向更接近源岩、构造完整、保持条件更好的中下组合转变。2010—2017 年，为突破下组合整装大型油气田，该阶段大力实施了二维宽线地震攻关，共部署二维宽线 1920km/76 条，下组合资料品质得到较大提高。在此基础上，先后在西段西湖背斜、独山子背斜及中段呼图壁背斜针对下组合分别部署钻探了 XH1 井、DS1 井及 DF1 井 3 口风险探井。尽管因构造圈闭落实程度和工程事故，均未获得勘探突破，但区带结构及圈闭发育特征得以初步落实。

受车排子凸起、三台凸起等分割影响，南缘整体呈东西分段、南北分带特征。西段发育系列古凸起背景，早期受北西—南东向雁行压扭断裂控制，发育高泉及艾卡两排印支—燕山期正向构造带，后期受喜马拉雅期近南北向断裂影响沿两排正向构造带，局部形成系列近东西展布圈闭群。中段早期海西—印支期发育局部近东西向古凸起背景，中期燕山期转换为凹陷背景，后期喜马拉雅期为前陆背景；中段现今主要受喜马拉雅期影响，沿侏罗系水西沟群、白垩系巨厚泥岩及古近系安集海河组 3 套滑脱层及左旋压扭背景控制，整体发育"东宽西窄"的四排线状背斜带，自南向北发育托齐隐伏带、东湾构造带、霍玛吐构造带及呼安构造带（图 7.2.2）。

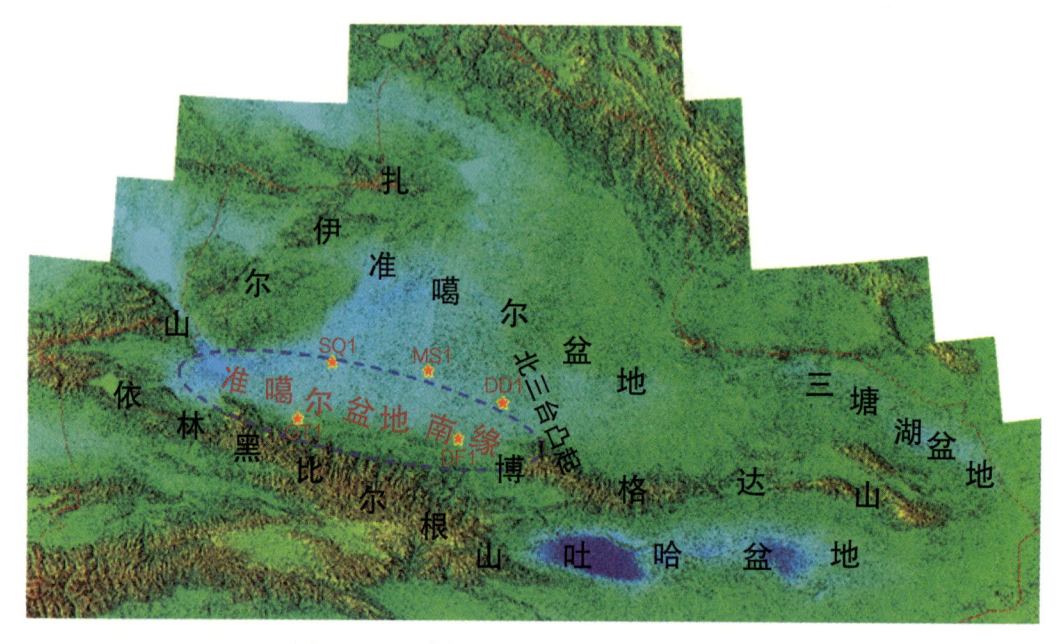

图7.2.1 准噶尔盆地及准南缘区域地貌位置图

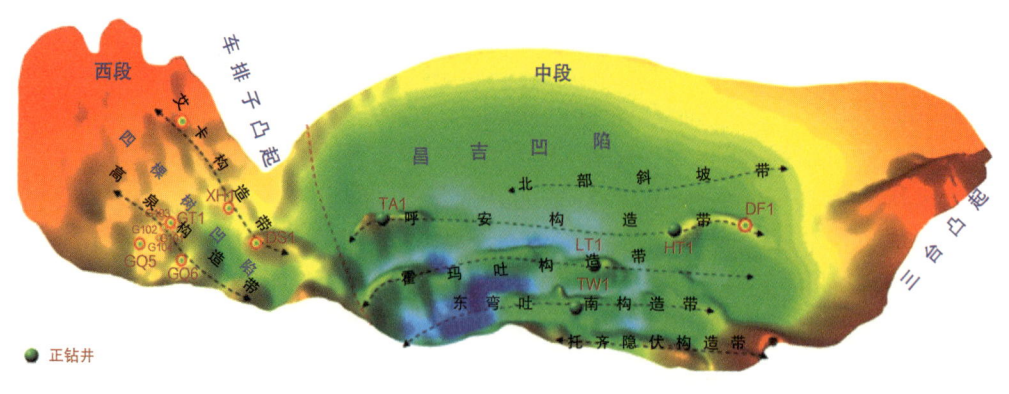

图7.2.2 准南缘侏罗系顶面构造纲要图

2018 年再上南缘，围绕下组合深大构造历经多轮次风险井位论证，部署上钻了风险探井 GT1 井。2019 年 1 月，GT1 井在清水河组试油获高产油气流，日产油 1213m³、气 32.17×10⁴m³，自此正式拉开了南缘下组合深大构造的勘探序幕。随后部署 HT1 井、LT1 井、TW1 井、TA1 井 4 口风险探井。2020 年 12 月，HT1 井率先完钻、在清水河组 7367～7382m 井段试油再获高产工业油气流，日产气 61×10⁴m³，油 106.3m³，这是继南缘西段 GT1 井获得日产超千吨油流后的又一历史性突破。GT1 井、HT1 井的钻探成功，证实了准南下组合具备形成大油气田的地质条件，是准噶尔盆地下一步油气并举、增储上产的主战场。

7.2.2 准南缘基本石油地质条件及地震攻关历程

7.2.2.1 烃源岩及其分布特征

准南主要发育四套烃源岩，即：中、上二叠统芦草沟组和红雁池组湖相泥岩，中、下侏罗统水西沟群煤系地层（包括暗色泥岩、碳质泥岩、煤），白垩系吐谷鲁群湖湘泥岩和古近系安集海河组湖相泥岩（王绪龙等，2000）。这 4 套烃源岩相互重置共同构成了南缘有利的烃源岩组合，如图 7.2.3 所示。

中二叠统芦草沟组和红雁池组烃源岩：主要由湖相暗色泥岩、碳质泥岩、油页岩和白云质灰岩组成。芦草沟组主要分布在南缘东部博格达山前凹陷，厚度大，生烃潜力好，地面出露区表现为一套油页岩，自东向西砂质成分增多；红雁池组主要分布在南缘山前凹陷。芦草沟组和红雁池组是盆地内有机质最丰富的地层，为准南重要的一套烃源岩，从烃源地化指标分析，其 TOC 含量为 2.73%～21.4%，R_o 处于 0.5%～1.62%。已发现的齐古油田以及阜康断裂带部分油气来源于该套烃源岩。二叠统烃源岩在三叠纪进入生烃门限，侏罗纪进入大量生油时期，白垩纪为主要生气阶段，古近纪以后生气速率开始下降。

中、下侏罗统水西沟群烃源岩：主要为一套以河流、湖泊和沼泽相为主的含煤碎屑岩建造，是准南主力烃源岩层系，地层平均厚度达 2000m 以上，暗色泥岩最大厚度达 500m。分布范围几

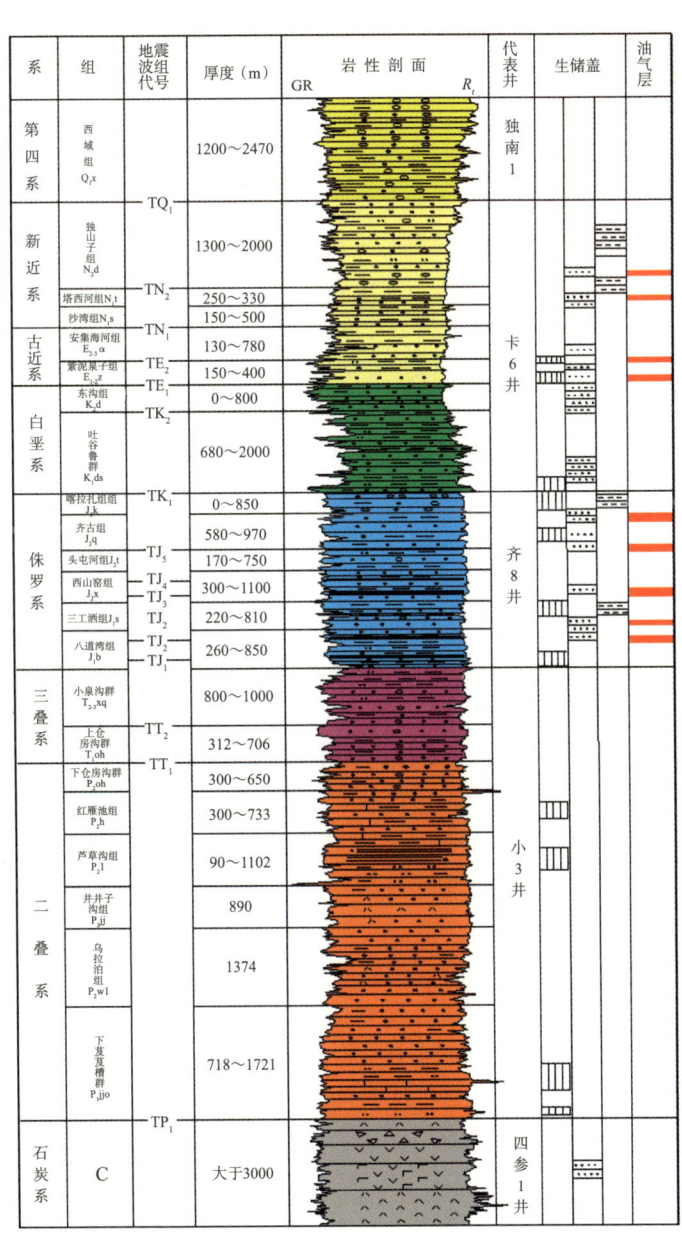

图7.2.3 南缘中段下组合综合柱状图

乎涵盖了整个北天山山前坳陷。生烃中心位于红光镇断裂以东至阜康之间，是一套以腐殖型干酪根为主的烃源岩。从烃源地化指标分析，侏罗系煤层 TOC 含量达 15.1%～91.9%，R_o 处于 0.41%～1.56%。晚侏罗世开始进入生烃门限，早白垩世末范围进一步扩大，晚白垩世以后进入生烃全盛时期。

下白垩统吐谷鲁群烃源岩：主要由湖相暗色泥岩组成，在准南均有分布，厚度达 1000m 以上。从托斯台、玛纳斯、昌吉河—阿克屯地区分布的地面样品分析，该套源岩 TOC 含量相对较低，为 0.06%～1.26%，R_o 亦较低，为 0.5%～0.85%。但从油田研究院 2007 年对霍玛吐背斜带原油分析发现，白垩系烃源岩在南缘中段已成熟。

古近系安集海河组烃源岩：岩性为暗色泥岩，厚度达数百米，是一套有利源岩。主要分布在准南中西部，即分布于西湖背斜、独山子背斜以南至霍尔果斯背斜南北的狭小范围内，其 TOC 含量为 0.07%～3.19%，R_o 为 0.36%～1.33%。安 5 井、卡 6 井安集海河组原油均由该套烃源岩贡献。

7.2.2.2 储盖组合特征

准南主要发育 5 套储层：包括三叠系储层、侏罗系储层、白垩系储层、古近系及新近系储层。这些陆相碎屑岩储层具有纵向上分布层位多、横向上变化快、非均质性强的特点。有利储层的沉积相主要为冲积扇前缘相、河流相、三角洲前缘相和滨浅湖相。

三叠系储层：主要分布在中—下三叠统，以洪积相、河流相和三角洲相的砂砾岩体为主。储层性质主要受沉积条件和成岩后生作用控制。在现今埋藏较浅区域，为一套主要储层。

侏罗系储层：在准南为一套厚度大、平面展布广的陆源碎屑沉积体，是主要的储层之一。发育有河流相（包括辫状河和曲流河）、三角洲相、湖泊相和沼泽相等。从目前勘探情况分析，西段四棵树凹陷头屯河组规模储层、八道湾组规模储层及中段喀拉扎组规模储层是侏罗系最现实、最有利的储层。

白垩系储层：位于白垩系吐谷鲁群底部，为一套粗碎屑岩。遍布整个准噶尔盆地的大部分地区，薄厚不均，从 0 至数十米，岩性以砂砾岩、砾岩、砂岩为主，以滨湖相和河流三角洲相沉积为主，是在侏罗系剥蚀面上发育起来的一套粗碎屑沉积。GT1 井、HT1 井均揭示为一套高效优质储层。

古近系、新近系储层：古近系、新近系储层位于紫泥泉子组、安集海河组、沙湾组和塔西河组，以三角洲相、河流相及滨湖相砂体为主要储集类型，厚度较薄，横向变化较快，是浅层勘探的有利储层。

准南主要发育 5 套区域盖层：岩性以泥质岩和膏岩为主体，主要包括中上三叠统小泉沟群上部泥岩、下侏罗统三工河组湖相泥岩、白垩系吐谷鲁群泥岩、古近系安集海河组湖相泥岩和第三系膏岩、膏泥岩。

准南自上而下主要发育 5 套有利的储盖组合，目前各套储盖组合均有不同程度发现：从浅到深的第 1 套、第 2 套组合总体表现为小而肥的浅层勘探目标层；第 5 套仅在山前冲起带有少量发现，主要目标区大构造整体埋深大，当前钻井工程难度较大；第 3 套已获重大突破，表现为高效规模成藏、西油东气特征，是下步油气并举、增储上产的主要储盖组合；第 4 套发育规模有效储层且近缘，是下步风险预探的潜力储盖组合。

7.2.2.3 构造及发育特征

准南从石炭纪至现今主要经历了三期构造演化阶段：石炭纪—二叠纪陆内裂谷演化阶

段，中—晚三叠世—中新世陆内坳陷演化阶段，上新世—第四纪前陆盆地演化阶段。构造变形具有南北分带、东西分段和上下分层特征。准噶尔盆地新近系至今前陆盆地结构特征明显，从南到北可划分为：褶皱冲断带、前渊凹陷、前陆斜坡、前缘隆起4个构造单元（图7.2.4）。准南自下而上可划分为3个构造层，侏罗系及以下地层为下构造层，白垩系为中构造层，古近系及以上地层为上构造层，纵横向变形差异较大。平面上，中段强、东段、西段相对较弱；纵向上，上构造层变形程度大，褶皱冲断明显，中下构造层变形程度相对较弱，以反冲构造和双重构造为主，目前勘探关注的重点构造层为中下构造层。

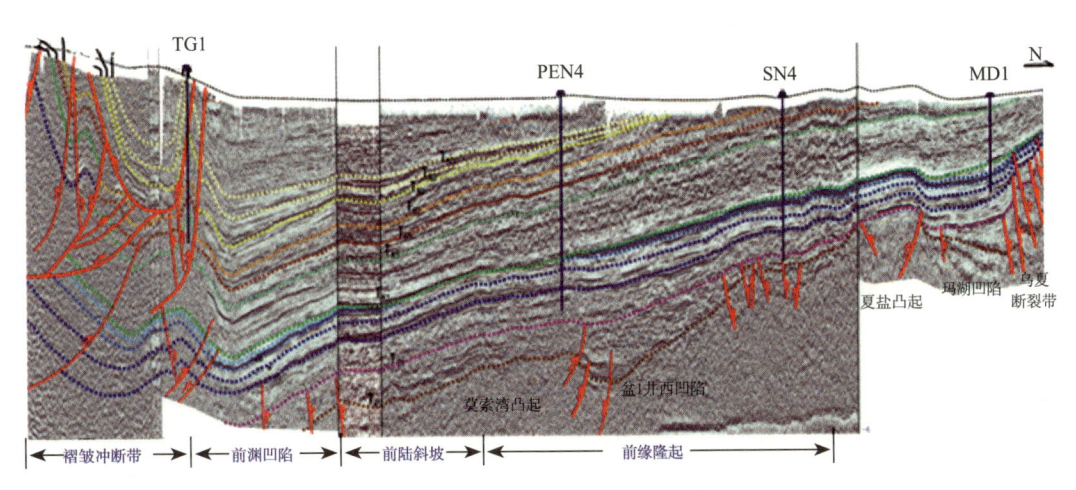

图7.2.4 准南缘地震地质解释结构剖面

7.2.2.4 地震勘探难点及历程

准南推覆构造极为发育，地层变形强烈，受多期构造运动的影响，山前地形起伏剧烈，冲沟河流密布。面临地表、地下双复杂，给地震勘探野外采集施工带来了极大的困难和挑战，地震资料成像、区域构造样式建立、地震地质层位追踪难度大。准南地区地震技术探索最早始于20世纪70年代。从1979年开始，加大了山地地震方法和技术攻关研究力度，在之后的40多年时间内一直没有中断，地震资料品质得到不断提高。按照地震勘探技术进步和不同时期的攻关技术特点，大致分为4个阶段：

（1）常规二维攻关阶段（2000年前）：采用浅井（山体）及坑炮（戈壁）激发，短排列接收（120道1.8km），30m道距，低覆盖次数（30～60次），以叠后时间偏移处理为主。主要针对南缘中部的二、三排构造部署山地二维，地震测网密度达到了（2～3）km×（4～6）km。

（2）常规三维攻关阶段（2000—2008年）：采用组合井激发，依据表层调查成果建立的近地表模型设计激发深度（戈壁砾石区极限深度45m），排列接收道数增大到480道，覆盖次数提高到90～120次，面元20m×40m，以叠前时间偏移处理为主。针对二、三排构造有利目标古牧地、霍尔果斯、吐谷鲁、玛河气田、西湖背斜部署山地三维5块，满覆盖面积636km²。

（3）宽线大组合攻关阶段（2007—2013年）：采用单井或组合井激发，宽线、大组合接收，排列接收道数增大到800道（10km），高覆盖次数（120～720次），开始探索叠前深

— 275 —

度偏移技术。针对吐东、霍玛吐背斜带、齐古断褶带、高泉地区共计部署宽线1622km/60条。主体区域基本形成格架网，下组合大构造分布初步查清，但深部地层反射仍不清楚，构造形态及高点落实程度仍然较低。以DS1井为例：过井叠前深度偏移剖面预测地层为南倾25°～30°，实钻取心地层倾角南倾50°～60°。经重新处理，二维观测偏移归位仍然存在问题（图7.2.5）。

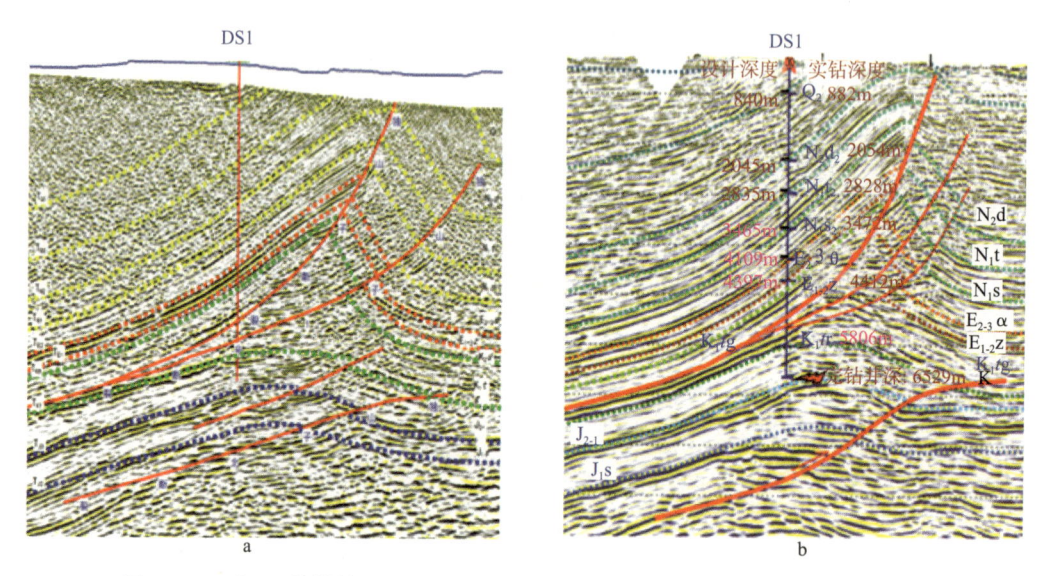

图7.2.5 过DS1井钻前（a）、钻后（b）NS200704叠前深度偏移地震资料对比

（4）高密度三维攻关阶段（2014年至今）：随着仪器能力与作业能力的提高，开始在山前极复杂区探索高密度三维勘探，期望通过高的覆盖密度提高资料信噪比和成像的照明度。技术上先进行高密度线束三维试验，在确信能得到较好成像效果的基础上，再优化形成经济可行的较高密度三维观测系统及其采集参数。如霍尔果斯山地高密度线束三维，和常规三维比较（图7.2.6），中上组合白垩系、古近系成像效果显著提高，但因数据横向不满足偏移孔径范围，下组合侏罗系成像精度仍较低。如果按照高密度线束的施工炮道密度开展大面积三维采集，又会带来采集成本的大幅增加，操作上不现实，需要开展经济技术一体化设计，形成技术上可行、经济上可接受的解决方案。

较高密度三维：在地表相对平缓，有利于高密度三维勘探的区域，通过线束三维效果分析，优化激发接收线距为200m左右，覆盖次数400以上，最高覆盖次数540次，面元10m×30m，炮道密度100万道以上，表层调查等以满足各向异性叠前深度偏移处理和速度建模为标准。针对齐古断褶带、四棵树凹陷及安集海背斜、FK1井等重点目标区，先后部署高密度三维勘探。以QING1井北三维为例，地表相对平缓，以冲积扇为主，地下构造发育，地震成像质量高（图7.2.7），下组合构造样式清楚，圈闭形态完整，推动TW1井风险探井上钻，目前钻至5000m，井震误差小于30m，说明资料成像较为可靠。

总结准南复杂山地40多年的地震技术攻关历程，到目前基本形成了以"真"地表叠前深度偏移为核心的地震采集、处理、解释技术系列和17项关键技术，为准南缘中深层油气勘探实现重大突破，形成油气并举发挥了有力的技术支撑（表7.2.1）。

观测系统：BLBS270R 面元：20m×40m 覆盖次数：4纵×15横=60次
接收道数：2060 接收线距：300m 最大纵距：5380m 纵横比：0.21

a

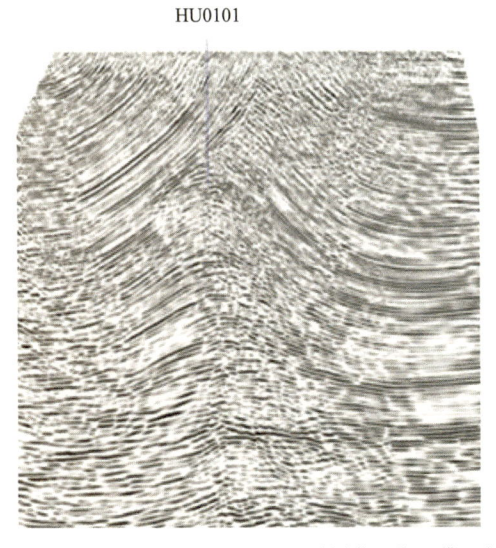

观测系统：24L20S1200R 面元：5m×5m 覆盖次数：30纵×12横=360次
接收道数：28800 接收线距：200m 最大纵距：5995m 纵横比：0.4

b

图7.2.6 过HUO101井常规三维和高密度三维资料对比

a—常规三维；b—线束高密度三维

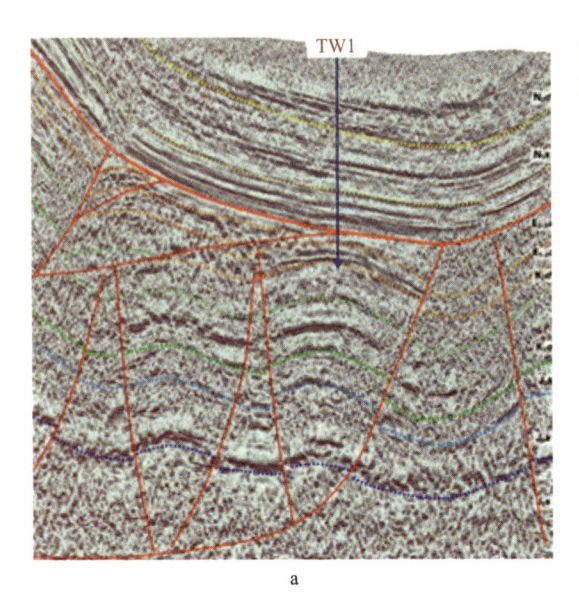

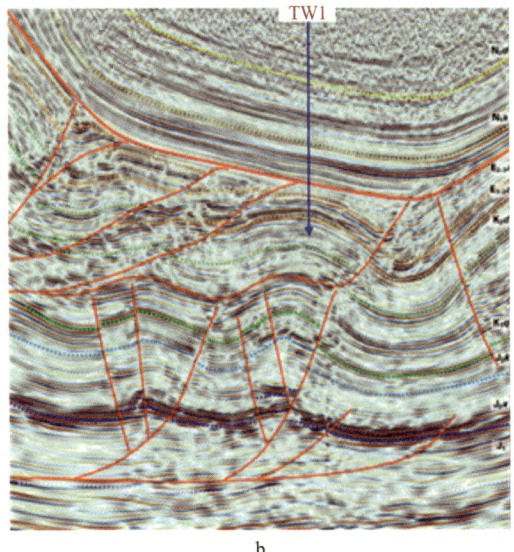

图7.2.7 过TW1井老二维（a）与较高密度三维（b）资料对比

表7.2.1 准南缘山前高密度地震勘探技术

主体技术	技术系列	序号	单项技术
高密度复杂山地地震勘探技术	复杂山地地震采集技术系列	1	（1）高覆盖二维宽线观测系统设计技术；
		2	（2）复杂冲断带高密度三维观测系统设计技术；
		3	（3）可控震源低频激发设计技术；
		4	（4）多种方法联合表层调查及模型约束的初至波静校正技术；
		5	（5）可控震源高效采集技术
	复杂山地地震处理技术系列	6	（1）叠前偏移基准面求取技术；
		7	（2）OVT域处理技术；
		8	（3）宽频处理技术；
		9	（4）叠前综合振幅补偿技术；
		10	（5）多信息约束一体化砾岩体描述与叠前偏移速度建模技术；
		11	（6）"真"地表叠前深度偏移成像技术
	复杂山地地震解释技术系列	12	（1）浅表层砾岩体多属性雕刻技术；
		13	（2）正演模拟技术；
		14	（3）构造建模技术；
		15	（4）多信息联合标定技术；
		16	（5）构造演化分析及平衡剖面验证技术；
		17	（6）山前带复杂区变速成图技术

7.2.3 影响准南缘叠前深度偏移速度建模的近表层结构研究

准南缘构造发育演化特征决定了其近地表起伏变化和纵横向速度变化快。古近系—新近系以来的强烈构造变形与天山快速抬升，导致山前冲积扇沉积变化极快，东西向不同的构造发育段、南北向不同的构造带控制了不同物源、不同粒度的扇体发育，必然导致纵横向速度的快速变化，加之构造的剧烈起伏变化，二者叠加造成偏移速度建模的巨大挑战（图7.2.8）。

平面上，准南下组合构造发育的主体区（图7.2.9）基本位于巨厚砾石带和黄土砾石带及其周缘。四棵树背斜群、东湾—吐东南背斜群、安集海—呼图壁背斜群构造主体上覆巨厚、不等厚砾岩层，中浅层砾岩对构造形态和高点影响大；独山子背斜＋霍玛吐背斜构造两翼发育有不等厚砾岩层，在时间域表现为静校正问题与"假构造"问题，深度域表现为影响偏移速度建模的关键因素，影响构造形态落实。前期在准南部署XH1、DS1等多口钻井，钻前根据地震时间域资料成图，钻探目标均为完整背斜形态。钻后加入砾岩厚度、速度认识重新成图，深度构造图与等t_0图差异大，圈闭形态和高点变化剧烈，导致钻探失利。这就是准南缘地震勘探最大特点与最大难题，也是近几年开展以叠前深度偏移为核心的地震勘探技术研究和突破的核心关键认识。针对这一认识，准噶尔盆地的勘探家与决策层非常敏锐、非常果断，采取了具有魄力、更有前瞻性的研究和实物工作量投入，为后期的技术研究勘探突破奠定了坚实的基础。

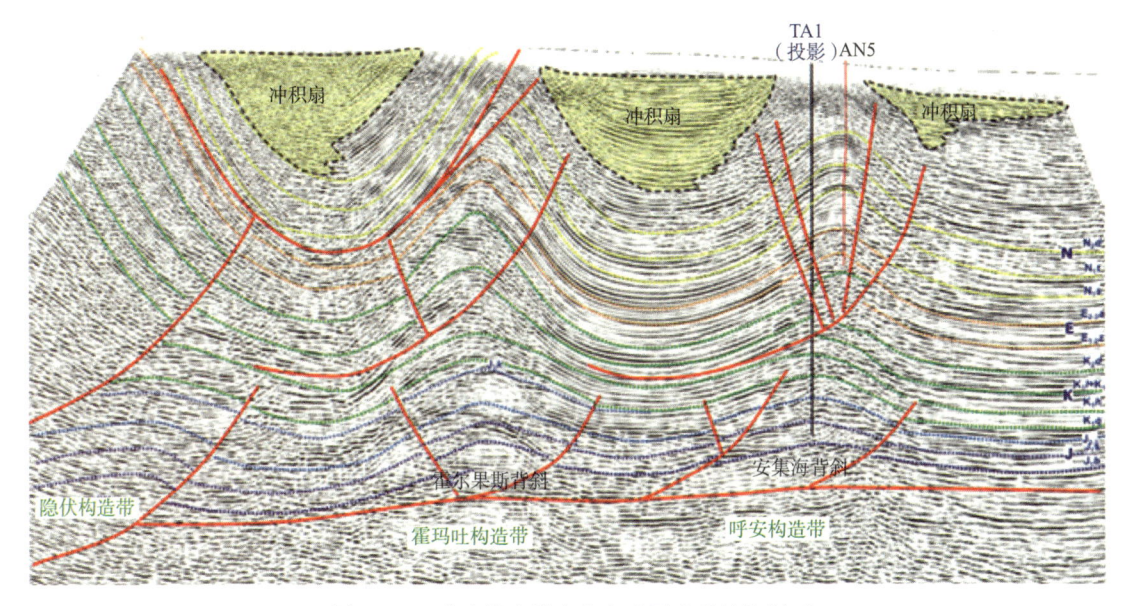

图7.2.8 准南缘中段南北向地震地质结构剖面

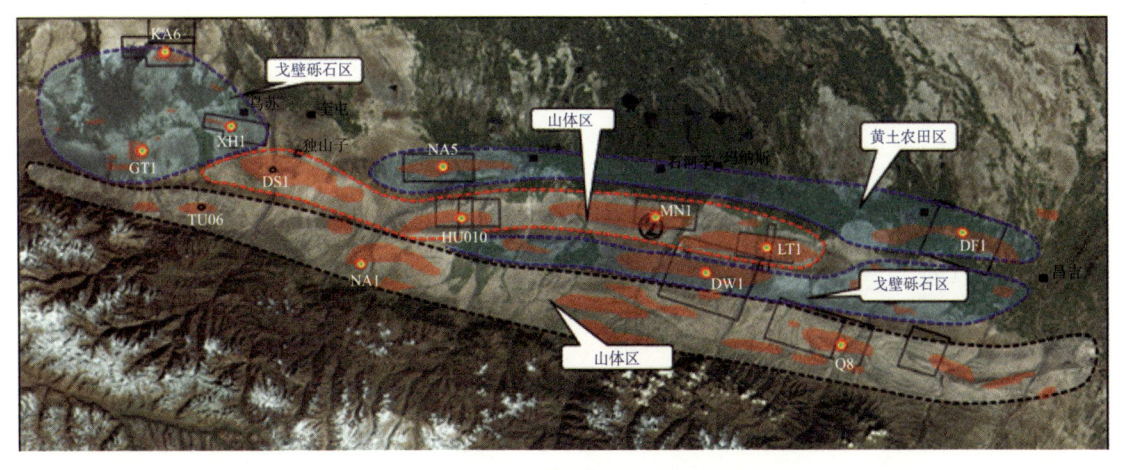

图7.2.9 准南地表卫片地质情况调查平面图

为提高浅表层建模精度，形成砾岩戈壁区静校正选取标准和提高拟真地表叠前深度偏移浅表层建模精度。自2019年开始先后开展专项野外沿河流踏勘，定点观测，建立成因模式，深入分析低速砾岩、高速砾岩厚度分布规律等基础上，建立"早期多级扇叠合进积、晚期快速堆积"砾岩成因模式。准南高速砾岩发育三排冲积扇群（图7.2.10），南部受托齐断裂控制，东西发育两大体系五大冲积扇；中部受霍玛吐构造带控制发育3个次级扇体，北部受独

— 279 —

山子—安集海构造控制发育两个次级扇体。低速砾岩受喜马拉雅期正向构造控制，发育南、中、北三大冲积扇群，总体南厚北薄，这样快速的变化严重影响时间域静校正及深度域速度建模，其中扇体过渡带是影响成像及建模的关键区。初步建立了浅表层两套砾岩成因模式，落实了两套砾岩的宏观分布，为浅表层开展钻孔调查整体部署提供了支撑。

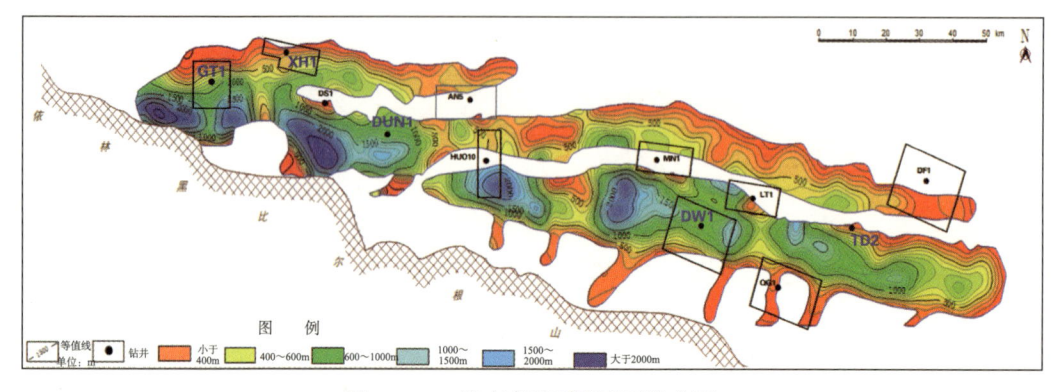

图7.2.10　准南高速砾岩平面分布图

为了进一步落实砾岩扇体对深层构造影响，结合野外调查认识和上面建立的空间沉积分布模式，立足落实下组合有利目标，整体规划南缘区域深微测井和非地震（时频电磁勘探）部署方案，进一步细化不同砾岩体的刻画。整体部署实施一批深微测井25口，实测砾岩体速度。同时利用时频电磁能有效反映砾岩发育规律的特点（图7.2.11），部署时频电磁测线25条1054km。结合地震反射特征，多信息分区建立了不同区域、不同结构特征的砾岩时深量板（图7.2.12），描述砾岩速度异常体的空间发育规律，初步形成"非地震表征宏观结构、深微测井/钻井控点、地震控面"的砾岩结构表征方法，为砾岩精细刻画提供支撑。

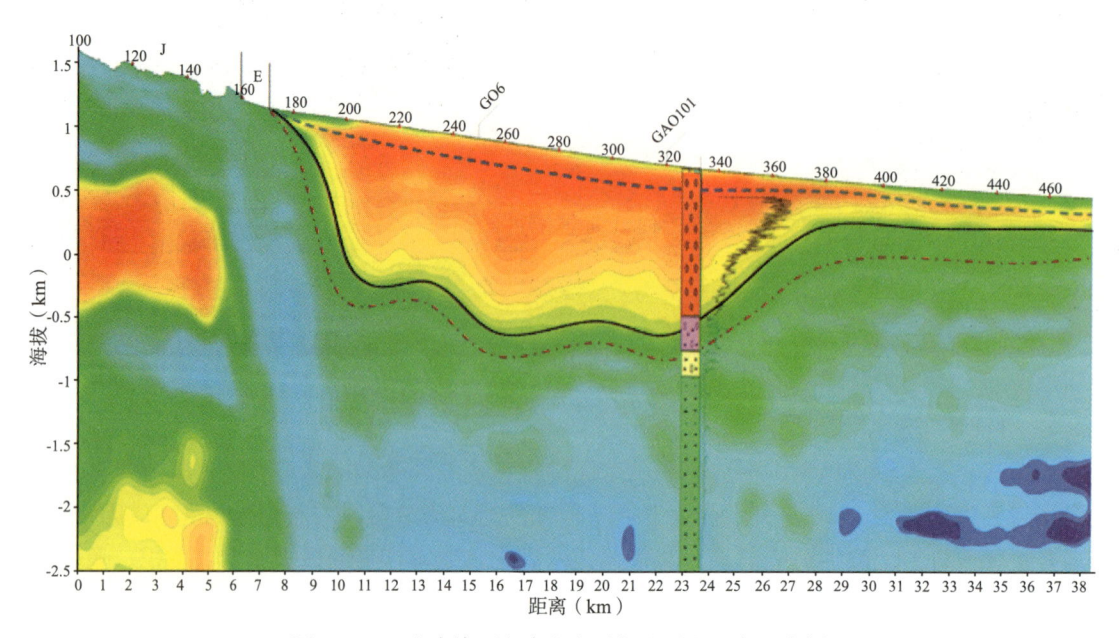

图7.2.11　准南缘西段南北向时频电磁电阻率反演剖面

7 应用实例分析

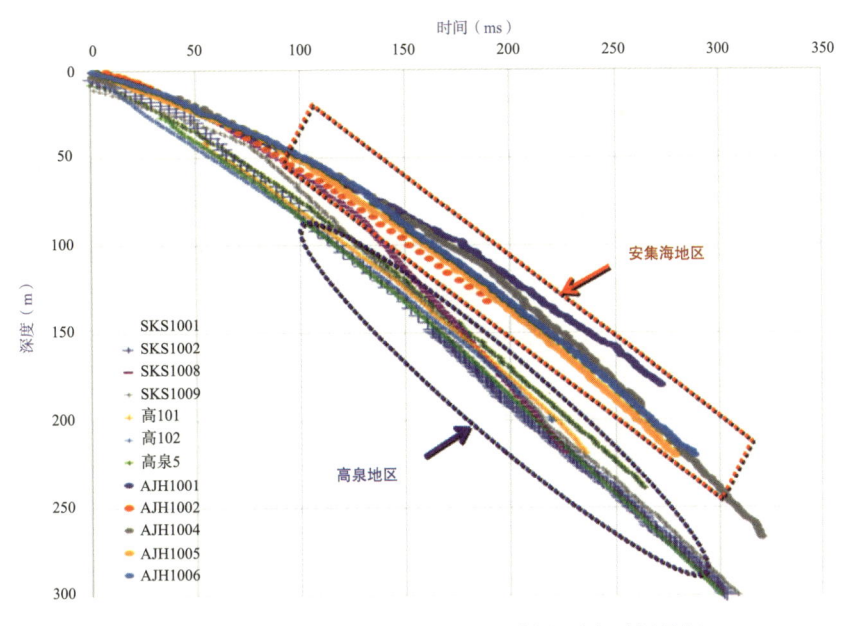

图7.2.12 准南缘深井微测井调查低速砾岩时深量板

基于深微测井、大钻基本搞清浅表层结构及重点区砾岩速度分布规律（图 7.2.13）。浅层砾岩体横向具有两类地表结构：南部低速+高速砾岩、北部低速砾岩+正常地表。总体发育两套速度层：一是 2000m/s 以下的低速砾岩层；二是 3000m/s 左右的高速砾岩层。呈现纵向分段（低速+高速）、横向分区（扇体间）特征。低速砾岩同一扇体内部具有较一致的规律，整体随埋深增加速度增大。不同扇体存在差异，表现为物源控制速度变化，由南向北逐渐降低，高泉地区速度高于安集海地区，南部物源粒度粗、速度整体偏大。高速砾岩段同一扇体内部速度整体随埋深增大而增大，近似线性关系，不同期次砾岩基本随深度呈线性增大趋势，但变化梯度不同。不同扇体间表现为速度不同。

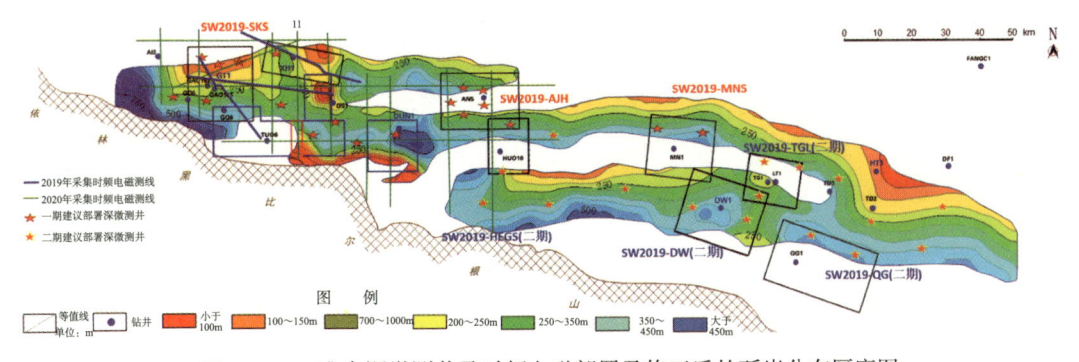

图7.2.13 准南深微测井及时频电磁部署及修正后的砾岩分布厚度图

前期研究针对浅层砾岩的分层只是从纵向上划分为低速、高速砾岩两套地层。结合本次宏观研究的结果，分析砾岩测井曲线特征发现：早期沉积的高速砾岩地层具有低声波时差、变化幅度小的特征，晚期沉积的砾岩为砾石和少量沙泥互层，具有较低声波时差、宽幅震荡特征。通过合成记录综合标定，进一步确定了高速砾岩内部不同沉积期次砾岩与砂泥岩之间

— 281 —

的反射特征，可将高速砾岩纵向上分为三期沉积，并对不同沉积期次的砾岩底界反射进行横向追踪，落实了高速砾岩各期次扇体的厚度变化，并作为地震速度建场和地震相分析的控制层位。

为准确表征砾岩的空间分布特征，根据地震相变化特征，创新利用多属性融合技术，即将振幅、相位、频率、连续性信息等对地震相变化较为敏感地震属性通过体运算，产生一种新的地震属性体。这样就可以用一个属性体来表征地震相的空间变化，进而刻画砾岩扇体相带平面变化。砾岩扇体扇根岩性组合为厚层砾石混杂堆积，地震反射一般表现为较弱振幅、中低频、杂乱反射；扇中岩性主要为厚层砂砾岩夹泥岩隔层沉积，地震反射一般表现为较强振幅、中高频、亚平行较连续反射；扇根岩性为砂砾岩与泥岩互层沉积，地震表现为强振幅、中高频、平行连续反射。如在 GT1 井三维区（图 7.2.14），三期扇体总体呈南厚北薄的变化趋势，并表现出冲积扇不同相带不断向北进积的特征，即最晚三期扇体沉积最厚的区域位于工区的北部，二期最厚区位于中部，一期位于南部。利用融合的属性体并叠合地震剖面，就可以进一步搞清砾岩的空间变化特征，为速度研究和构造形态落实奠定了基础。

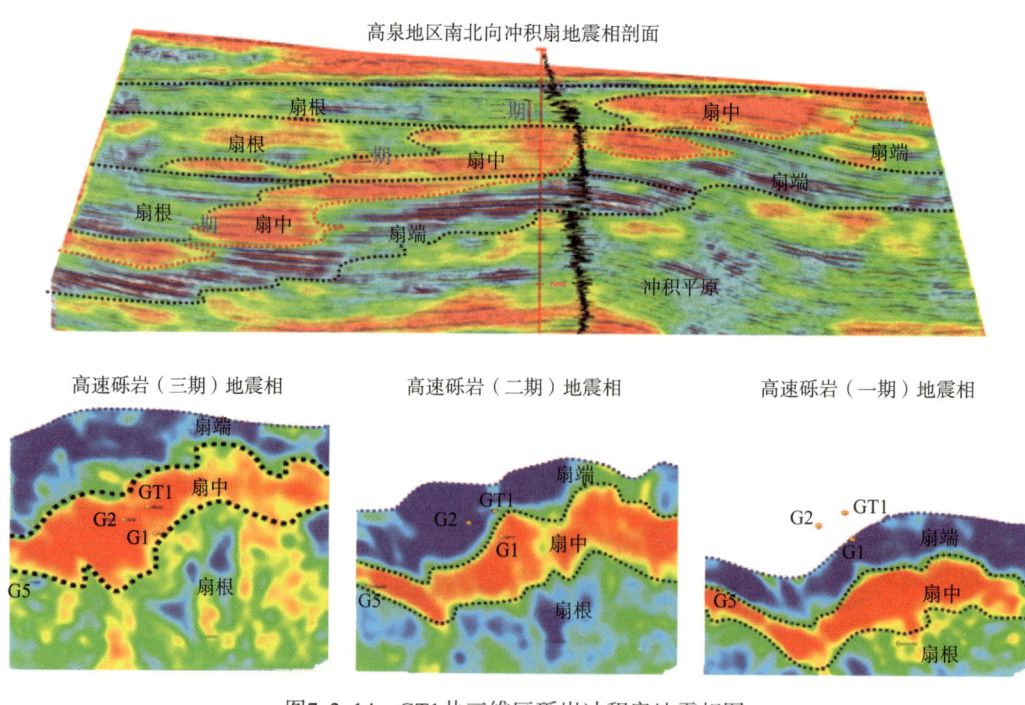

图7.2.14　GT1井三维区砾岩冲积扇地震相图

7.2.4　近期高精度三维叠前深度偏移攻关成效

随着 2019 年 GT1 井在下组合白垩系清水河组获得重大突破，拉开了南缘下组合深大构造勘探序幕。为了尽快搞清南缘全区下组合油气成藏聚集规律与规模，整体部署实施了高精度三维 860km²，同时对原有不同区较高品质的三维资料重新处理 668km²/5 块。经过近两年来的叠前深度偏移一体化攻关，准南缘山前地震资料品质、成像精度得到显著提高，反射特征突出，能量保持较好，有利于构造样式的建立和精细构造解释。不同区块、不同位置的勘探目标类型、勘探组合进一步明晰。

从由西到东的三条典型剖面可以看出，经过叠前深度偏移攻关，资料改善明显。在西部巨厚砾岩发育区（图7.2.15），过 GT1 井的地震叠前深度偏移剖面层次感显著提高，浅层砾岩轮廓清楚，内部沉积期次清晰，三标志层（低速高速砾岩界面、安集海低速层、西山窑煤层）波组特征突出，横向稳定变化，易于对比追踪。对侏罗系沉积前基底结构变化及对侏罗系沉积分布的控制反应清晰，对不同期次构造活动的特征响应明显：深层控制古构造的逆冲断层、后期走滑断层及晚期逆掩滑脱断层等，对GT1的成藏起到不同的控制作用。可见这一轮基于"真"地表的叠前深度偏移成像的一体化攻关，资料品质有了质的飞跃，对深化地质认识能起到非常重要的作用。

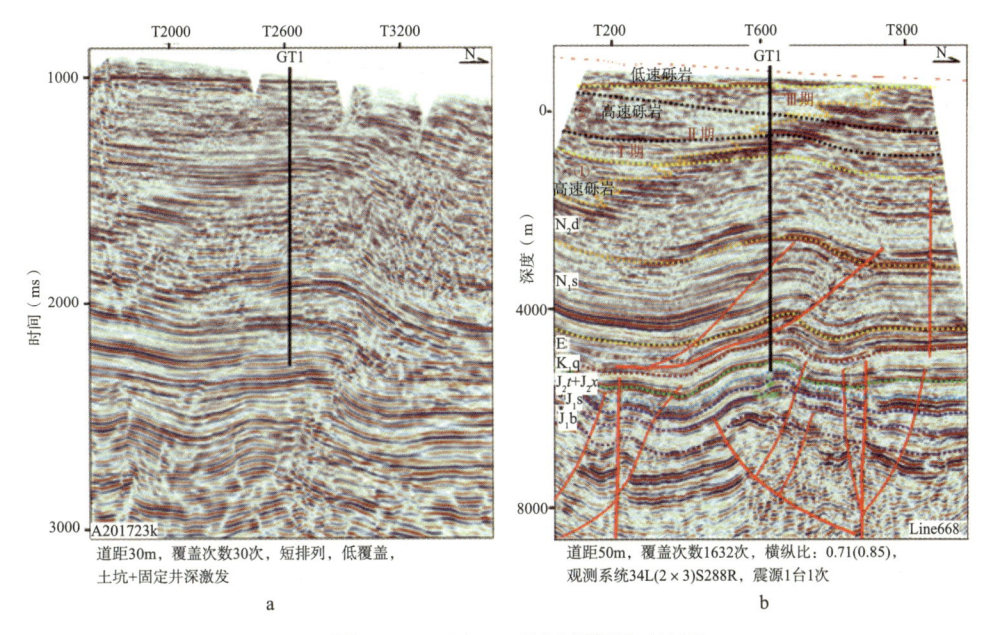

图7.2.15 过GT1井新老资料对比图

a—二维宽线时间资料；b—高密度三维深度资料

在中段多重构造叠置区（图7.2.16），构造北翼及构造主体中下组合成像明显改善，西山窑煤层成像更加聚焦。可以明显看出，受三套滑脱层控制，浅中深三重叠置关系清楚，储盖组合与成藏组合反应明显，构造变形与东西两端不同。不同变形层形成的构造特点、高点位置不同，勘探很难同时兼顾。

在东段强变形逆掩推覆区（图7.2.17），浅层背斜构造成像更聚焦，逆掩带下盘成像从无到有，整体结构更加清晰，有利于目标的整体认识与评价。

总之，通过近几年准南缘山前地震勘探技术攻关和新技术的运用，形成了一套适应南缘特殊地震地质条件的以"真"地表叠前深度偏移成像为核心，高密度、宽方位采集及高精度表层调查为主的山前复杂构造地震勘探技术。山前地震资料品质显著提高，区域构造格局和成藏规律进一步明确，构造落实精度大幅提升，准南缘中下组合"西油东气"均获突破。油气并举态势基本形成，整体勘探、规模发现的条件基本准备。

— 283 —

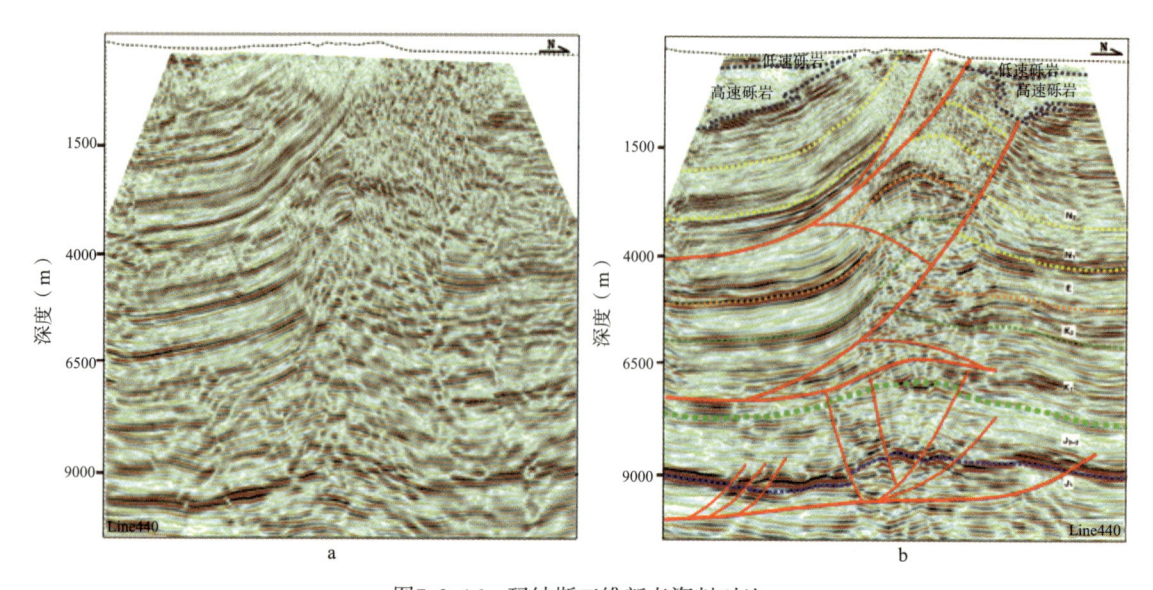

图7.2.16 玛纳斯三维新老资料对比

a—2012年常规深度偏移；b—2020年攻关叠前深度偏移

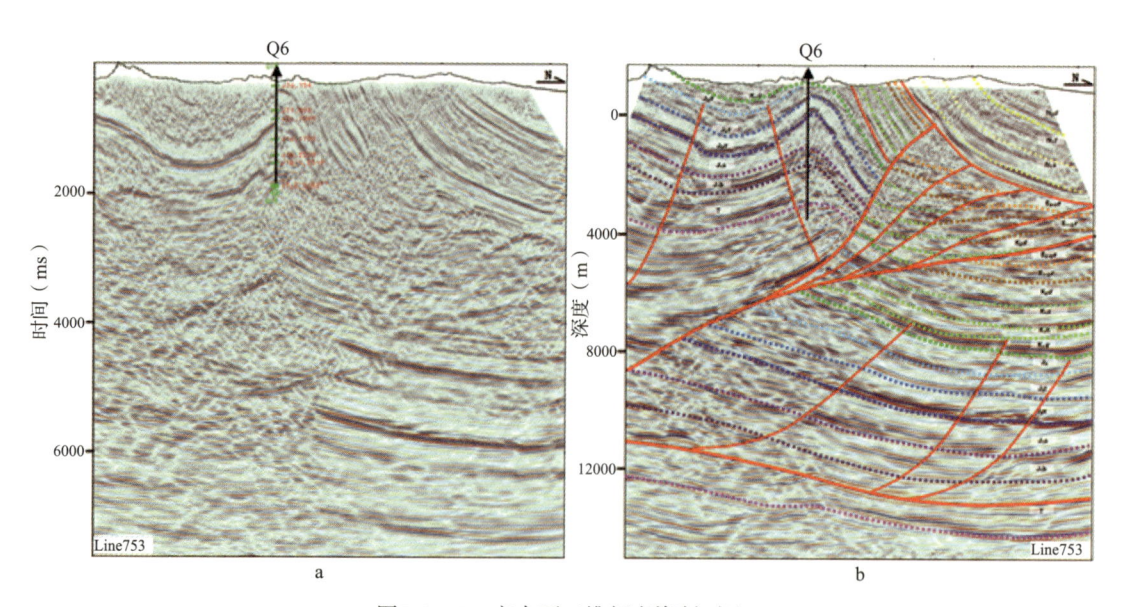

图7.2.17 齐古西三维新老资料对比

a—2016年常规叠前时间偏移；b—2019年攻关叠前深度偏移

同时，准南缘的地震攻关实践再次证明，山前复杂构造地震攻关是一个多学科联动的庞大系统工程，需要从地震成像的基础理论、基本方法研究着手，从最基本、最细微的表层砾岩体速度调查入手，开展长期的、扎实的研究工作。相信随着勘探经验的逐步积累和技术水平的整体提高，南缘山地勘探难题终将彻底解决，大油气田勘探梦想终将实现。

7.3 柴达木盆地英雄岭地区应用实例

素有"聚宝盆"之称的柴达木盆地位于青藏高原北部，喜马拉雅造山运动使其成为世界上地质条件最复杂的盆地之一（图7.3.1）。而"南昆仑，北祁连，八百里瀚海无人烟"的荒凉也使其成为全国乃至全球最艰苦的油田。近60年来，几代石油人为此付出巨大努力和奉献。近几年，随着山前复杂构造地震勘探技术的突破，油气勘探又取得了英雄岭构造带、阿尔金山前带油气勘探的全面突破。

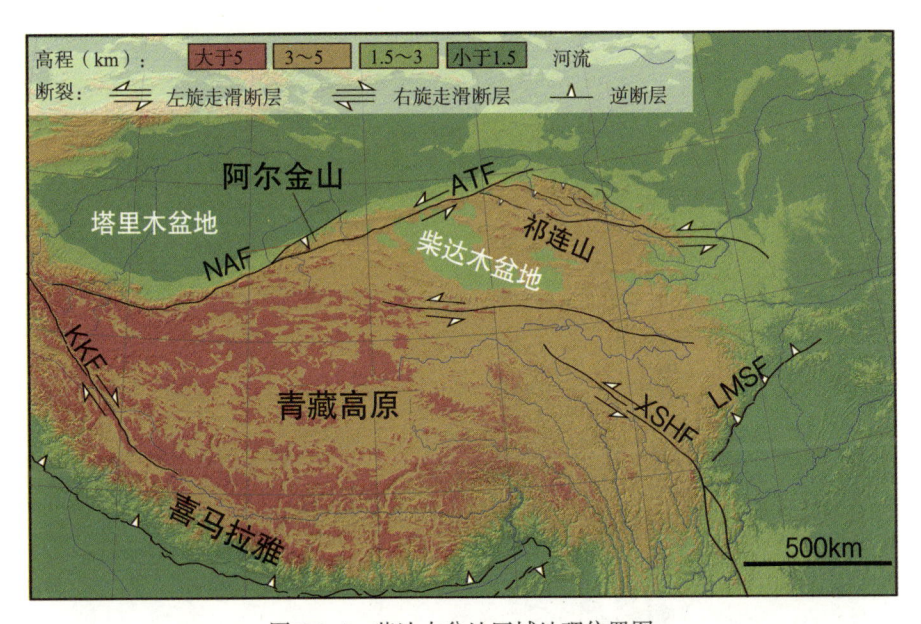

图7.3.1 柴达木盆地区域地理位置图

英雄岭区域上位于柴达木盆地西南部，属于西部坳陷中部，东西长约120km，南北宽35～40km，面积约4000km²，总体呈NW向展布。地面海拔高、变化大（2800～3600m）（图7.3.2）。气候极其恶劣，属高原大陆性气候，以干旱为主要特点。气温变化剧烈，绝对年温差可达60℃以上。

在地质历史中，长期位于沉积、沉降中心的茫崖坳陷附近，晚喜马拉雅—新构造运动期间发生构造抬升，为一典型的反转构造带，地面大面积出露新近系（图7.3.3）。

由于构造变形剧烈，出露的新近系、第四系地层成岩作用差、固结程度低，在特殊的构造变形、干旱气候、多风条件下形成非常特殊、相对松散、多孔多洞、直立陡峭的山地地形地貌。主要表现为山高坡陡、断崖林立、沟壑纵横，地形变化剧烈，地面相对高差为100～400m不等，导致地震施工条件、作业环境极其恶劣（图7.3.4），安全风险极大。加之低降速层厚度大、横向变化快，干旱缺水，传统的地震方法无法得到资料，称为"地震勘探技术的禁区"。

— 285 —

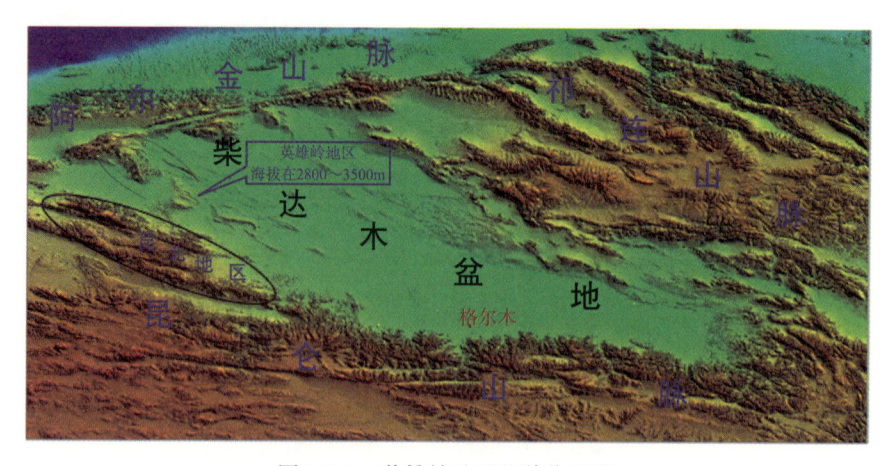

图7.3.2　英雄岭地区地貌位置图

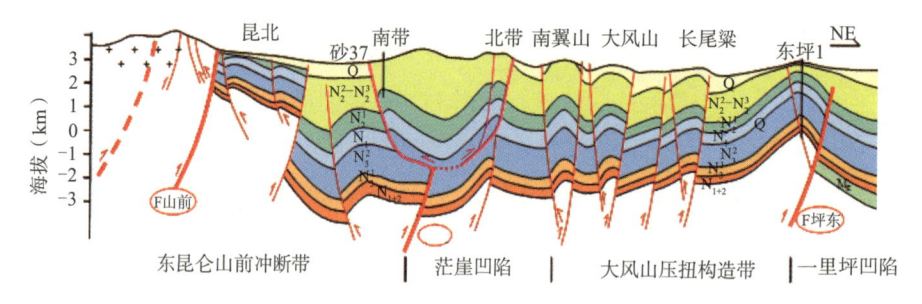

图7.3.3　东昆仑冲断带地质结构剖面

图7.3.4　英雄岭地区局部地貌及部分地震设备搬运作业场景照片

该区地震勘探技术探索最早始于1985年。从1996年开始，加大了山地地震方法和技术攻关研究力度，在之后的10多年时间内一直没有中断。按照地震勘探技术进步和不同时期的攻关技术特点，大致分为5个阶段：

（1）常规二维攻关阶段（1996—2001年），也是地震攻关探索阶段。所得的地震资料品质很差，基本看不到有效反射信息，无法用于地质解释。

（2）二维大组合攻关阶段（2002年），资料信噪比得到一定的提高，但绝大多数地区地震资料仍无法用于地质解释。

（3）高密度二维攻关阶段（2003年），地震资料信噪比有一定改善，山地区域可以见到明显的反射，但是断层位置、构造轮廓仍然不清晰，难以满足油气勘探开发的需要。

（4）宽线攻关阶段（2005—2010年）。有效波随着覆盖次数的增加逐渐加强，剖面质量得到了明显改善，大部分地震剖面可以显示出大的构造轮廓，勉强能够用于地质构造解释。

（5）山前复杂构造三维地震技术推广（2011年以后）。借鉴塔里木盆地库车地区克深构造带突破的配套技术经验，结合该区宽线攻关的技术成果认识，2011年按照中石油股份公司和青海油田公司的部署安排，青海油田和东方地球物理公司成立了采集处理解释一体化攻关项目组，开展了英东地区复杂山地三维地震技术攻关。通过多井组合激发、多检波器组合接收、宽方位高密度三维观测系统，创新了基于潜水面标志层的综合静校正技术、叠前多域多步组合去噪技术及复杂山地高陡构造多信息综合解释技术，推动英雄岭地震勘探技术和油气勘探实现了全面突破。

图7.3.5为2011年首先突破的英东三维剖面对比图。新资料明显反映了该区受古近系—新近系膏盐岩（或泥岩）滑脱层变形控制，分为盐上、盐下两大构造变形体系，决定了盐上盐下不同的勘探目标和类型，深化发展了该区油藏地质认识。在此基础上重新整体建立了英雄岭地区新的油气成藏模式（图7.3.6），为全区展开勘探奠定了地质认识基础和持续开展地震技术攻关的信心。

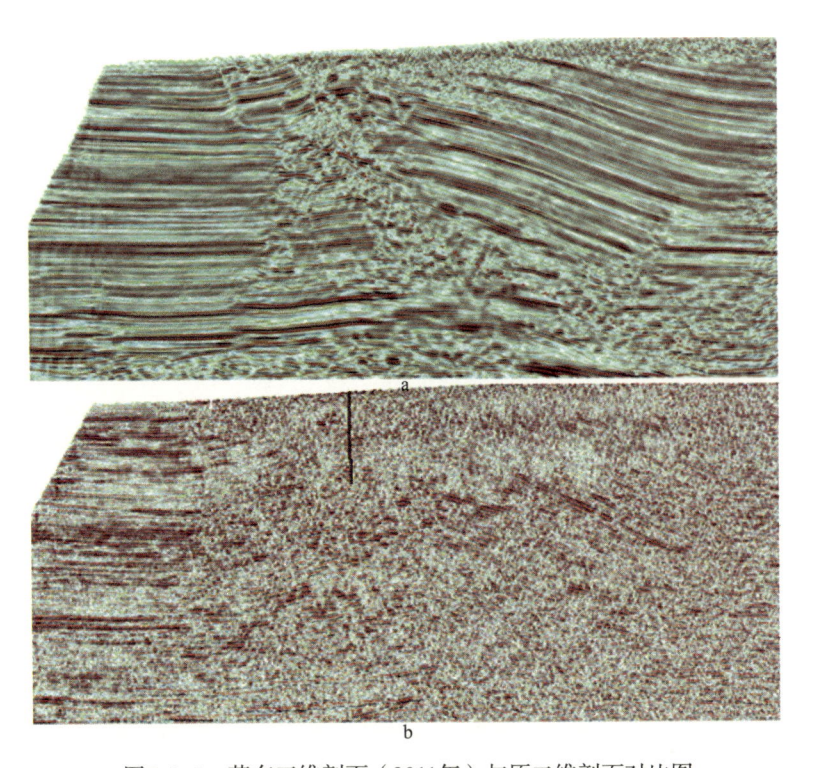

图7.3.5　英东三维剖面（2011年）与原二维剖面对比图

a—2011年英东三维叠前时间偏移剖面；b—2005年采集05036宽线二维剖面

自 2011 年在英东实现第一块较宽方位高密度三维勘探取得突破性进展后，基于高品质地震资料研究成果，不仅探明英东地区盐上浅层亿吨级高效油藏，而且发现了英西—英中盐下、盐间灰云岩高产油气藏。尤其近几年随着以起伏地表 TTI 叠前深度偏移为核心的山前复杂构造地震勘探技术在柴达木盆地的推广应用和发展完善，地震资料的成像质量和精度不断提升，推动油气勘探实现了持续突破，推动了该区三维地震整体部署分步实施。目前全区已经实现了高精度三维全覆盖，满覆盖面积达到 2980km²。

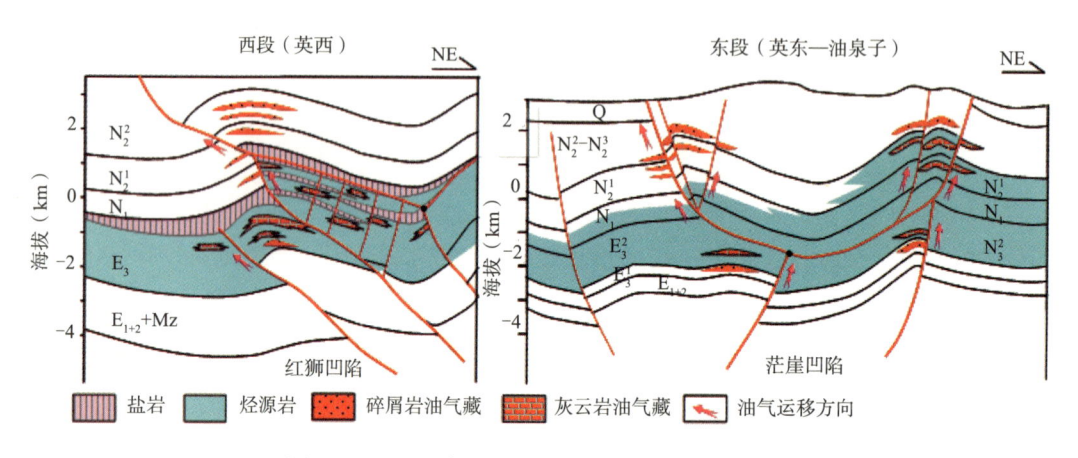

图7.3.6　重新建立的英雄岭地区油气成藏新模式

图 7.3.7 至图 7.3.9 是目前英雄岭地区从西到东 3 条典型的新老剖面对比图。从这几条剖面的对比中可以看出，以起伏地表 TTI 叠前深度偏移为核心复杂构造三维地震勘探技术在英雄岭地区勘探突破中发挥的关键作用，也可以看出在如此复杂的地表、气候、地下地质条件下，该项地震技术取得的巨大成就。

正是由于三维地震资料品质实现了"从无到有"质的飞越，从而突破了英雄岭"双复杂"（复杂地表、复杂构造）地震勘探的禁区，攻克了制约该区油气勘探的地震瓶颈，形成了成熟的复杂山地地震勘探配套技术系列，揭开了英雄岭地下复杂构造神秘面纱，明确了地质结构、地层分布及构造特征，精确描述了断裂及圈闭细节，有力支撑了英东、英西—英中、干柴沟、黄瓜峁等多个油气勘探突破。"十三五"期间，英雄岭构造带提交三级地质储量达 3×10^8t。

英雄岭构造带是柴达木盆地油气最富集区带之一，第四次全国油气资源评价确定油气资源量为 8.8×10^8t，油气勘探潜力大。从层系上看，前期勘探发现了中浅层（N_1-N_2^2）碎屑岩和中层 E_3^2 湖相碳酸盐岩两类油藏，中深层 E_3^1-E_{1+2} 勘探研究程度相对较低；从区带上看，中带及北带勘探程度仍然较低，圈闭发育，具备寻找"小而肥"效益油气藏的潜力和大面积湖相页岩夹碳酸盐岩规模页岩油气藏地质基础。通过对复杂山地地震勘探配套技术的不断升级完善，特别是真地表叠前深度偏移技术的工业化应用及大连片叠前深度偏移的推广，在进一步提高复杂构造成像及圈闭识别精度的基础上，有望持续获得勘探新发现。同时，该技术已经推广到柴达木盆地祁连山山前冲断带，在红山等区块应用见到了初步成效，有望突破祁连山山前冲断带圈闭难落实、勘探无发现的瓶颈。

7 应用实例分析

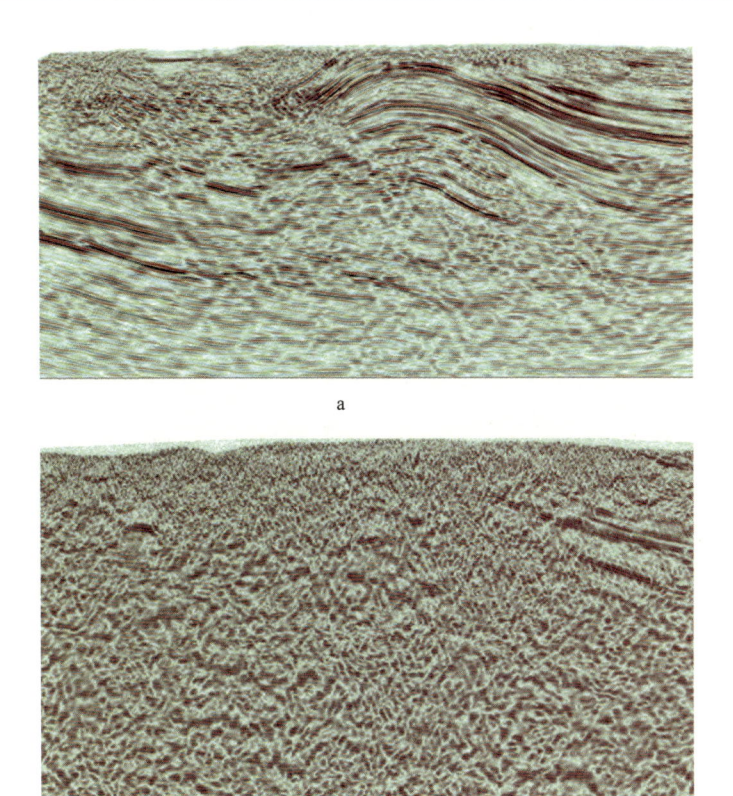

图7.3.7 干柴沟—咸水泉西侧二维、三维地震对比剖面

a—干柴沟—咸水泉三维叠前深度偏移剖面；b—干柴沟—咸水泉二维04022剖面

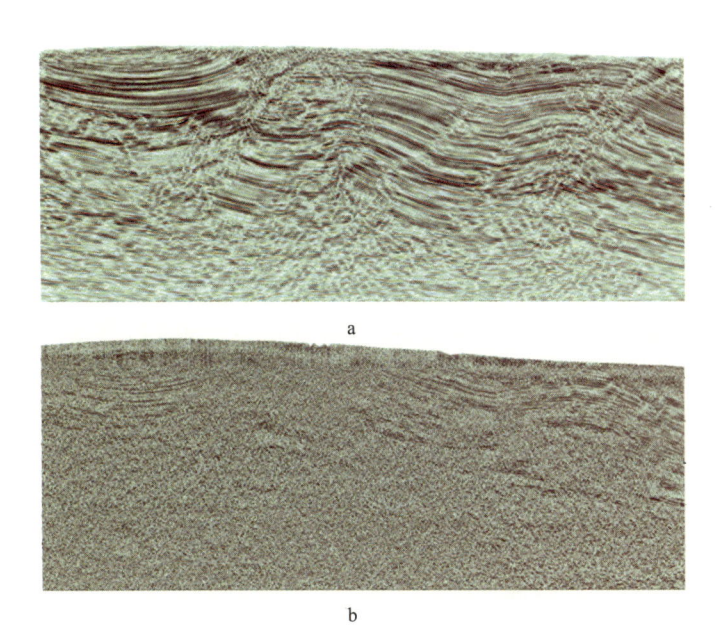

图7.3.8 干柴沟—咸水泉东侧二维、三维地震对比剖面

a—干柴沟—咸水泉三维叠前深度偏移剖面；b—干柴沟—咸水泉二维06025剖面

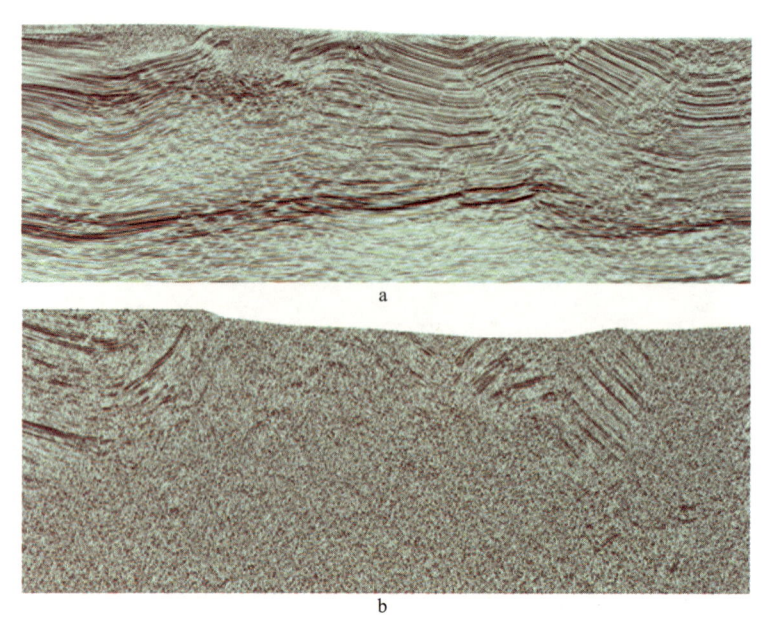

图7.3.9　开特—峒东二维、三维地震对比剖面

a—开特—峒东三维叠前深度偏移剖面；b—开特—峒东CDM-70二维剖面

7.4 结论

依托国家科技重大专项"高精度地球物理勘探技术研究与应用"项目，通过开展"山前复杂构造带叠前深度偏移配套技术"专题研究，以库车坳陷实际地震资料为对象，结合理论分析、模型正反演模拟试验、应用实例分析等工作，重点研究解剖了如何应用工业化的成熟技术和软件，通过流程优化与再造，解决了目前生产中的实际问题，形成了适应于山前复杂高陡构造正确成像的关键技术和配套流程。在研究中，初步取得了如下几点主要结论：

(1) 山前复杂构造区地表起伏剧烈、表层结构复杂、地下逆冲推覆构造变形强烈，基于传统时间域的地震成像方法会在剖面上产生"假构造"，导致油气钻探失利，"构造带轴辘、高点带弹簧、圈闭捉迷藏"的现象常常发生。基于起伏地表的TTI各向异性叠前深度偏移成像方法是山前复杂高陡构造勘探中地震成像方法的必然选择。

(2) 山前复杂高陡构造地震勘探叠前深度偏移成像技术的应用是一项非常复杂的系统工程。从地震采集观测系统设计、野外实施，到资料处理、成像的一系列技术环节，都需要发展完善或改变传统的、基于叠后时间偏移成像的技术及其应用方法和流程。

(3) 针对山前复杂构造地震叠前深度偏移成像技术应用的观测系统设计与优化，不同于传统基于水平叠加技术时代的参数设计与评价，必须满足适当的宽度、足够的道密度、相对的均匀度等要求。主要原因如下：

①叠前与叠后偏移成像实现过程方法不同。基于传统的水平叠加与叠后偏移技术，首先追求叠加成像质量。而对于叠前偏移，在单炮记录信噪比一定的条件下，炮检点的几何关系

(观测系统)决定着最终成像的质量！评价观测系统好坏的关键是能否满足成像分辨率的要求、能否满足叠前偏移成像算法的要求，是否有利于压制复杂地表产生的噪声和叠前偏移过程产生的噪声。

②三维观测系统设计与优化的总体方向是高密度较宽方位。一方面通过高密度实现波场的均匀、连续采集，达到压制不均质地表散射噪声、压制偏移方法本身产生的偏移噪声、提高叠前偏移质量和信噪比的目的。在工作量不变（投资与仪器能力）的前提下，只要满足空间采样定理，可以考虑扩大面元（减小线距、增大点距），提高均匀性，达到压制地面噪声和偏移噪声的目的。更利于满足炮域叠前偏移方法的要求！另一方面，通过较宽方位不仅实现了波场记录的完整性、节约了一定成本，更能避免目前成像技术难以解决的、由于浅层发育的方位各向异性问题（HTI偏移问题）。

③在当前技术条件下，可以借助波动方程正反演模拟、照明分析技术，以及本文提到的道密度（包括炮密度、道密度）、基于CRP面元的观测系统属性分析、模拟偏移振幅、振幅离散度等参数和技术手段，定性与定量相结合，合理优化适应于叠前偏移的采集观测系统参数设计，科学研判适合野外施工和满足叠前偏移的观测系统方案，达到兼顾勘探目标与降低采集成本的目的。因此，采集设计实现了由叠后到叠前深度偏移的发展。

（4）山前复杂高陡构造叠前深度偏移成像质量的关键并不是算法的高精度，而是偏移速度场的精度。目前，在基于走时的速度反演技术条件下，我们只能得到关于地下介质的等效速度模型，而非准确的速度模型。由于波动方程偏移技术对速度场的精度依赖性较强，当速度场存在偏差时，波动方程深度偏移很难得到良好的成像结果。因此，目前复杂区的叠前深度偏移成像，仍应发挥Kirchhoff积分法偏移角度大、效率高、灵活性强的特点，进行偏移速度场建立和勘探早期的偏移成像处理。只有通过多轮钻井和处理的不断认识，速度场精度较高时，再探索应用逆时偏移等方法提高成像精度。

（5）叠前偏移与叠后偏移对输入数据的要求不同，决定了叠前偏移前的预处理工作与叠后处理也不同。因此，技术应用的针对性和重点不同。主要区别体现在静校正、噪声压制和数据规则化3个方面。

①在噪声压制方面，针对山前复杂构造区资料低信噪比的特点，应充分发挥观测系统与叠前偏移本身的滤波作用对噪声压制的互补性。在野外采集和观测系统设计中，尽可能通过高密度、均匀采样得到不同波场的真实连续采样；在三维叠前预处理中，由于信噪比太低，难以预测信号和噪声，提高信噪比的重点是进行强能量线性噪声和强能量异常噪声压制；在叠前偏移中，通过偏移算法本身的滤波作用和成像条件（如积分法的同相叠加原理等）压制噪声。通过从采集到处理成像的系统工程，达到合理压制噪声提高成像质量的目的。

②在静校正技术应用方面，由于叠后偏移中CMP面与静校正量的应用，导致的速度畸变与假构造问题非常严重。山前复杂构造叠前深度偏移基准面建立和校正是提高其复杂构造成像精度的核心技术之一。形成了静校正和偏移成像基准面统筹考虑的技术思路、流程和相应的关键技术。为实现山前复杂构造基于起伏地表圆滑面的叠前深度偏移成像和浅表层速度建模奠定了技术基础。

③在叠前数据规则化方面，由于水平叠加是在规则的CMP网格划分和定义条件下进行的，其叠加数据体在空间是均匀分布的，对偏移计算非常有利。而对于叠前偏移来说，输入的对象是叠前道集。叠前数据规则化是叠前深度偏移处理非常重要的配套技术。由于观测系

统、地表变化等因素导致的采集不均、不足等不满足叠前偏算法的数据缺陷问题，要根据不同的偏移算法，开展有针对性的叠前数据规则化处理。

（6）针对山前复杂高陡构造的叠前深度偏移地震成像，偏移速度建模是工作成败的核心和关键。研究的重点是把握速度的纵横向变化规律，目标是建立一个满足成像要求、符合宏观地质规律的等效速度模型。包括三大重点：

①以初至层析反演技术为核心的近地表速度建模是复杂区叠前深度偏移速度模型的首要重点，也是最大难点。正确反映近地表结构横向变化规律的浅表速度建模是实现起伏地表偏移的关键。不仅有利于解决静校正问题，提高偏前预处理的质量，更有利于提高叠前深度偏移整体速度建模的精度和成像精度。

②对山前复杂构造区，叠前深度偏移的速度建模方法应改变传统的、通过叠前时间偏移建立初始模型的方法。应充分合理综合利用钻井资料、VSP测井速度、非地震反演速度、地质认识与规律分析等资料，从浅到深，地震地质一体化、地震一非地震一体化、处理解释一体化的叠前深度偏移初始速度建模思路是解决复杂构造叠前深度偏移速度建模的关键，能够确保成像规律正确、有效减少迭代次数，提高工作效率。通过垂向CVI速度分析＋沿层速度分析＋网格层析速度分析，乃至FWI（全波形反演）等技术提高模型精度，最终达到提高成像质量的目的。

③井震结合，处理解释一体化建立TTI各向异性参数模型，开展TTI各向异性叠前深度偏移，不仅能减小深度偏移成果与钻井深度的误差，提高成像质量，还能为叠前反演等提供更加丰富、准确的道集资料。

（7）以起伏地表叠前深度偏移成像为核心的山前复杂构造三维地震勘探技术系列及流程基本成熟，已经在生产实践中得到广泛推广应用，为我国西部复杂区油气勘探开发发挥了非常重要的作用，已经成为该类区域油气勘探开发的主导技术之一。

参考文献

白辰阳，张保庆，耿玮，肖婧．2015. 多方位地震数据联合解释技术在 KN 复杂断裂系统识别和储层描述中的应用 [J]．石油地球物理勘探，50(2):351-356.

蔡希玲．1999. 声波和强能量干扰的分频自适应检测与压制方法 [J]．石油地球物理勘探，34（4）：373-380.

程乾生．1996. 信号数字处理的数学原理 [M]. 北京：石油工业出版社．

大港科技丛书编委会．1999. 地震勘探资料采集技术 [M]. 石油工业出版社．

狄帮让，顾培成．2005. 地震偏移成像分辨率的定量分析 [J]．石油大学学报（自然科学版），29(5):23-27.

狄帮让，孙作兴，顾培成，魏建新，徐秀仓．2007. 宽 / 窄方位三维观测系统对地震成像的影响分析——基于地震物理模拟的采集方法研究 [J]．石油地球物理勘探，42(1):1-6.

狄帮让，熊学良，等．2006. 面元大小对地震成像分辨率的影响分析 [J]．石油地球物理勘探，41(4): 363-368.

丁吉丰，裴江云，等．2017."两宽一高"地震资料处理技术在大庆油田的应用 [J]. 石油地球物理勘探，52(增刊 1):10-16.

段卫星，邱志欣，张庆淮，等．2003. SK 地区目标地震勘探采集设计技术及应用效果 [J]. 石油地球物理勘探，38(2)：117-121.

甘其刚，杨振武，彭大钧．2004. 振幅随方位角变化裂缝检测技术及其应用 [J]. 石油物探，43(4):373-376

韩文功，等．2006. 地震技术新进展 [M]. 东营：中国石油大学出版社．

贾福宗，李道善，曹孟起，李隆梅，黄莉莉．2013. 宽方位纵波地震资料 HTI 各向异性校正方法研究与应用 [J]. 石油物探，52(6):650-654.

李庆忠．1994. 走向精确勘探的道路——高分辨率地震勘探系统工程剖析 [M]. 北京：石油工业出版社．

李庆忠．2001. 对宽方位角三维采集不要盲从 [J]．石油地球物理勘探，36(1):122-125.

李伟波，胡永贵，张少华．2012. 地震采集观测系统的构建与优选 [J]．石油地球物理勘探，47(6):845-848.

李伟波，李培明，王薇，王纳申．2013. 观测系统对偏移振幅和偏移噪声的影响分析 [J]. 石油地球物理勘探，48(5):682-687.

李欣，尹成，等．2014. 海上地震采集观测系统研究现状与展望 [J]. 西南石油大学学报，36(5):67-80．

李振春，等 . 2004. 地震数据处理方法 [M]. 北京：石油工业出版社

李振春，等 . 2011. 地震叠前成像理论与方法 [M]. 东营：中国石油大学出版社 .

凌云研究小组 . 2003. 宽方位角地震勘探应用研究 [J]. 石油地球物理勘探，38(4):350～357.

刘百红，杨强，石展，等 . 2010. HTI 介质的方位 AVO 正演研究 [J]. 石油物探，49(3):27-34.

刘洋，李承楚 . 1999. 双相各向异性介质中弹性波传播特征研究 [J]. 地震学报，21(4):368-373.

陆基孟 . 1993. 地震勘探原理 [M]. 东营：中国石油大学出版社 .

罗国安，杜世通 . 1996. 小波变换及信号重建在压制面波中的应用 [J]. 石油地球物理勘探，31(3):337-349.

马在田 . 1989. 地震偏移成像技术 [M]. 北京：石油工业出版社 .

马在田 . 1997. 计算地球物理学概论 [M]. 上海：同济大学出版社 .

马在田 . 2005. 反射地震成像分辨率的理论分析 [J]. 同济大学学报，33(9): 1144-1153.

牛滨华 . 2002. 半空间介质与地震波传播 [M]. 北京：石油工业出版社 .

齐宇，魏建新，狄帮让，等 . 2009. 横向各向同性介质纵波方位各向异性物理模型研究 [J]. 石油地球物理勘探，44(6):671-674.

钱荣钧 . 2008. 地震波的特征及相关技术分析 [M]. 北京：石油工业出版社 .

钱绍瑚 . 1993. 地震勘探 [M]. 武汉：中国地质大学出版社 .

佘德平，等 . 2007. 应用低频信号提高高速屏蔽层的成像质量 [J]. 石油地球物理勘探，42(5):564-567.

唐东磊，蔡锡伟，何永清，等 . 2014, 面向叠前偏移的炮检组合方法 [J]. 石油地球物理勘探，49(6):1034-1038.

田梦，张梅生，万传彪，等 . 2007. 宽方位角地震勘探与常规地震勘探对比研究 [J]. 大庆石油地质与开发，(6):138-142.

王华忠，冯波，王雄文，等 . 2015. 地震波反演成像方法与技术核心问题分析 [J]. 石油物探，54(2):115-125.

王华忠，郭颂，周阳 . 2019. "两宽一高"地震数据下的宽带波阻抗建模技术 [J]. 石油物探，58(1):1-8.

王华忠 . 2019. "两宽一高"油气地震勘探中的关键问题分析 [J]. 石油物探，58 (3):313-324.

王金龙，胡治权 . 2012. 三维锥形滤波方法研究及应用 [J]. 石油地球物理勘探，47(5):705-711.

王井富，徐学峰，关业志 . 2010. 高效采集技术简介及对装备需求 [J]. 物探装备，20(2)：106-109，116.

王林飞，刘怀山，童思友 . 2009. 地震勘探空间分辨力分析 [J]. 地球物理学进展，24(2):626-633.

王梅生，胡永贵，王秋成，等 . 2009. 高密度地震数据采集中参数选取方法探讨 [J]. 勘探地球物理进展，32(6)：404-408.

王喜双，赵邦六，董世泰，等 . 2014. 面向叠前成像与储层预测的地震采集关键参数综述 [J]. 中国石油勘探，19(2):33-38.

王霞，李丰，张延庆，等 .2019. 五维地震数据规则化及其在裂缝表征中的应用 [J]. 石油地球物理勘探，54(4):843-852.

阎世信，谢文导 . 1998. 三维地震观测方式应用的几点意见 [J]. 石油地球物理勘探，33(6):787-795.

杨文采 . 1989. 地球物理反演和地震层析成像 [M]. 北京：地质出版社 .

印兴耀，张洪学，宗兆云 . 2018. OVT 数据域五维地震资料解释技术研究现状与进展 [J]. 石油物探，57(2):155-178.

俞寿朋 . 1993. 高分辨率地震勘探 [M]. 北京：石油工业出版社 .

云美厚 . 2005. 地震分辨率 [J]. 勘探地球物理进展，28(1): 13-18.

岳玉波，等 . 2011. 保幅炮域高斯波束偏移 [J]. 中国石油大学学报（自然科学版），35(1):52-55.

詹仕凡，陈茂山，李磊，万忠宏，等 .2015. OVT 域宽方位叠前地震属性分析方法 [J]. 石油地球物理勘探，50(5):956-966.

张昌君，曲良河，吕功训，李卫忠 . 1997. 多频带消除地滚波的方法 [J]. 中国石油大学学报（自然科学版），21（5）：13-15 .

张金淼 . 2018. 海上双正交宽方位地震勘探技术研究与实践 [J]. 中国海上油气，30(4):66-75.

张军华 .2011. 地震资料去噪方法——原理、算法、编程及应用 [M]. 东营：中国石油大学出版社 .

张慕刚，骆飞，汪长辉，等 . 2017."两宽一高"地震采集技术工业化应用的进展 [J]. 天然气工业，37(11): 1-8.

赵政璋等 . 2005. 地震资料叠前偏移处理技术 [M]. 北京：石油工业出版社 .

Abma R, Sun J, and Bernitsas N. 1999. Antialiasing methods in Kirchhoff migration[J]. Geophysics, 64: 1783-1792.

Alkhalifah T and Larner K. 1994. Migration error in transversely is tropic media [J] . Geophysics, 59(9):1405-1418 .

Alkhalifah T.1997. Seismic data processing in vertically inhomogeneous TI media [J] . Geophysics, 62(2):662-675 .

Andreas C. 2004.Acquisition footprint can confuse[J]. AAP G Bulletin, 88(3):26.

Bleistein N. 1987. On the imaging of reflectors in the earth[J]. Geophysics, 52: 931-942.

Claerbout J. 1971. Toward a unified theory of reflector mapping [J]. Geophysics, 36:467-81.

Canning A and Gardner G H F. 1998. Reducing 3-D acquisition footprint for 3-D DMO and 3-D prestack migration[J]. Geophysics, 63: 1177-1183.

Chen J and Schuster G T. 1999. Resolution limits of migrated images[J]. Geophysics, 64:1046–1053.

Cordsen A, Galbraith M.2002. Narrow v_s versus wide azimuth land 3D seismic surveys [J] .The

Leading Edge, 21(8):764-770.

Dellinger J A, Gray S H, Murphy G E, and Etgen J T. 2000. Efficient 2.5-D true-amplitude migration[J]. Geophysics, 65: 943-950.

Gary S. 1997. True-amplitude seismic migration: A comparison of three approaches[J]. Geophysics, 62: 629-638.

Gray S H. 1992. Frequency-selective design of the Kirchhoff migration operator[J]. Geophys. Prosp., 40: 565-571.

Grechka V and Tsvankin I.1998.3-D description of normal moveout in anisotropic media[J]. Geophysics, 63:1079-1088.

Hanitzsch C. 1997. Comparison of weights in prestack amplitude-preserving Kirchhoff depth migration[J]. Geophysics, 62: 1812-1816.

Helbtg K. 1983. Elliptical anisotropy—its significance and meaning[J]. Geophysics, 48: 825-832.

Jianfeng Z, Jizhong W, Xueying L. 2013. Compensation for absorption and dispersion in prestack migration: An effective approach [J] . Geophysics, 78(1): S1-S14.

Levin S A. 1998. Resolution in seismic imaging: Is it all a matter of perspective? [J] . Geophysics, 63(3):743 - 749.

Liner C L, Underwood W D and Gobeli R. 1999. 3-D seismic survey design as an optimization problem[J]. The Leading Edge, 18:1054–1060.

Mallick S, Frazer L N. 1991. Reflection/Transmission cofficients and azimuthal anisotropy in marine seismic studies [J] . Geophysical Journal International, 105:241-252.

Maureen D, Silver, Paul G. 2009. Shear Wave Splitting and Mantle Anisotropy: Measurements, Interpretations, and New Directions[J]. Surveys in Geophysics, 30 (4-5): 407–61 .

Mike G. 2004. A new methodology for 3D survey design [J] . The Leading Edge, 10:1017-1023.

Ostrander W J.1984. Plane waves reflection coefficients for gas sands at normal angles of incidence[J].Geophysics, 49(10):1637-1648.

Ricker W.1953. Wavelet contraction, wavelet expansion and control of seismic resolution[J]. Geophysics, 18(2): 768-792.

Robein E. 2010. Seismic Imaging: A Review of the techniques, their principles, merits and limitations[M]. EAGE Publications .

Roche S.2001.Seismic data acquisition —the new millennium[J]. Geophysics, 66: 54–54.

Rutherford S R and Williams R H. 1989. Amplitude versus offset variations in gas sands[J]. Geophysics, 54(6):680-688.

Robein E. 2010. Seismic imaging—a review of the techniques, their principles, merits and limitations [J]. EAGE Publications BV.

Safar M H. 1985. On the lateral resolution achieved by Kirchhoff migration [J] . Geophysics, 50 (4): 1091-1099.

Sheriff R E, Geldart L P. 1995. Exploration Seismology[M]. Cambridge University Press.

Shuey R T.1985. Amplification of the Zoeppritz equations[J]. Geophysics,50(4): 609-614.

Thomsen L. 1986. Weak elastic anisotropy[J]. Geophysics, 51(10): 1954-1966.

Tsvankin I.1997. Anisotropic parameters and P-wave velocity for orthorhombic media [J] . Geophysics, 62(4):1292-1309.

Tsvankin I.1997. Reflection moveout and parameter estimation for horizontal transverse isotropy[J]. Geophysics, 62(2):614–629.

Vermeer G J O.1998.Creating image gathers in the absence of proper common offset gathers[J]. Exploration Geophysics, 29(4):636-642.

Vermeer G J O.1999.Factors affecting spatial resolution[J]. Geophysics, 64: 942–953.

Vermeer G J O. 2003. 3D seismic survey design optimization[J]. The Leading Edge, 22: 934–941.

Yilmaz Ö. 1987. Seismic Data processing[M]. Tulsa: Society of Exploration Geophysicists.

Zhao P. 1996. An efficient computer program for wavefront calculation[J]. Geophysics, 22: 239-251.